Die Logistik als Motor regionaler Strukturentwicklung

Strukturwandel und Strukturpolitik

Herausgegeben von Prof. Dr. Wolfram Elsner

Schriftleitung: Dipl. Vw. Karsten Pietsch

Band 8

PETER LANG
Frankfurt am Main · Berlin · Bern · Bruxelles · New York · Oxford · Wien

Martin Wrobel

Die Logistik als Motor regionaler Strukturentwicklung

Sektorale Clusterstrukturen und Netzwerkpotentiale am Beispiel Bremen und Hamburg

PETER LANG
Europäischer Verlag der Wissenschaften

Bibliografische Information Der Deutschen Bibliothek
Die Deutsche Bibliothek verzeichnet diese Publikation in der Deutschen Nationalbibliografie; detaillierte bibliografische Daten sind im Internet über <http://dnb.ddb.de> abrufbar.

Zugl.: Bremen, Univ., Diss., 2004

D 46
ISSN 1438-2644
ISBN 3-631-52510-9

www.peterlang.de

Zur Reihe „Strukturwandel und Strukturpolitik“

„Strukturwandel“, vor allem „globaler“ Strukturwandel ist in aller Munde. Er ist in der Tat das wichtigste Phänomen, in dem sich die *Dynamik* des Wirtschaftens äußert und das dem Wachstum der Wirtschaft zugrunde liegt. Auch Wirtschaftspolitik ist seit mehr als zwei Jahrzehnten weit eher „Strukturpolitik“ (im weitesten Sinne, also institutionelle Strukturen eingeschlossen) als „Globalsteuerung“.

Statisch-statistisch gesehen haben Struktur und Strukturwandel mit ökonomischen Phänomenen *auf „mittlerer“ Aggregationsebene* und ihrem Wandel zu tun: Sektoren, Branchen, sektorale Cluster, Kooperationen und Netzwerke, ferner Regionen, regionale Cluster und Netzwerke sowie schließlich Betriebsgrößenklassen (wie z. B der „Mittelstand“ oder Kleinstunternehmen und Existenzgründer). Diese strukturelle Dimension der Wirtschaft beschreibt also zugleich das moderne Feld der *Meso-Ökonomik.* Zur Strukturpolitik zählen dementsprechend die *sektorale* Strukturpolitik (industrial policy), die heutzutage auch *cluster- und netzwerkorientiert* ist, einschließlich der Technologiepolitik, die *regionale* Strukturpolitik, einschließlich der Humankapitalförderung i. w. S., sowie die *Mittelstands- und Existenzgründungsförderpolitik.*

Dynamisch und *ökonomisch-theoretisch* betrachtet haben Strukturwandel und Strukturpolitik etwas mit unmittelbaren (d. h. nicht nur indirekten, preisvermittelten) *Interaktionen* von Akteuren zu tun. Diese finden i. d. R. in komplexen und mit Unsicherheit behafteten Entscheidungssituationen statt und induzieren Prozesse, deren Ergebnisse nicht nur in Mengen und Preisen beschreibbar sind. Solche Interaktionen verlangen vielfältige *Koordinierungs- und Kooperationsleistungen* von den Akteuren einschließlich der öffentlichen Akteure. Diese Leistungen wiederum lassen sich nach aller Erfahrung und theoretisch erhärtet vor allem in *„mittelgroßen“ Gruppen* effektiv erbringen. Dort finden *soziale Lernprozesse* relativ leicht statt, und private Akteure können in ihrem Rahmen im evolutionären Prozeß *soziale Institutionen* der Koordination und Kooperation herausbilden. Netzwerke, als fortgeschrittene Kooperationsformen, bewirken dann nach empirischen Erkenntnissen erhebliche Effizienzsteigerungen, z. B. oft erhebliche Beschleunigungen des Innovationsprozesses zwischen kleinen und mittleren Unternehmen. Solche Prozesse sind jedoch zugleich - sowohl in der sozialökonomischen Realität wie in sozialen Experimenten, erhärtet durch theoretische Forschung - oft *blockiert,* anhaltend *fragil* und/oder sehr *zeitaufwendig.*

Die Koordinations- und Kooperationsleistungen der privaten Akteure lassen sich dann *initiieren, stabilisieren* und/oder *beschleunigen* durch eine moderne Wirtschafts(struktur)politik, die die Anreize, Motive und Leistungen der Privaten nicht (etwa im Sinne der traditionellen Kollektivguttheorie) ersetzt, sondern sich wiederum interaktiv mit diesen koordiniert, um die Privaten zu Beiträgen im eigenen, aber auch im strukturpolitischen Interesse zu motivieren. Zu dem damit angedeuteten Paradigma einer *„interaktiven“* (und damit zugleich „schlankeren“) *Wirtschafts- und Strukturpolitik* soll diese Buchreihe ebenfalls Beiträge liefern.

Insgesamt soll mit dieser Reihe der Anspruch verfolgt werden, eine moderne *Meso-Ökonomik* zu repräsentieren. Diese soll die vielfältigen Insuffizienzen reiner Mikro- und reiner Makro-Ökonomik und die vielfältigen, meist unbeabsichtigten (wenngleich oft systematischen) strukturellen Effekte von mikro- und makroökonomischen Vorgängen und mikro- und makropolitischen Aktionen aufdecken und schließlich die Probleme durch adäquate privat-private und privat-öffentliche Interaktionsstrukturen einer Lösung näherbringen.

Wolfram Elsner, Bremen

Einleitung des Herausgebers

Die vorliegende Arbeit ist der eher begründende, die Methodik entwickelnde und sie exemplarisch anwendende Teil des *Forschungsprojekts „Logistik-Sektor und Hafenregionen"*, dessen weitere Teile, weitergehende Datensätze, Modellierungen und alternative Berechnungen, auch im Vergleich mit dem europäischen „Referenzhafen" Rotterdam, in einem weiteren Band dieser Reihe präsentiert werden.

Die Arbeit nähert sich mit einem innovativen, verallgemeinerbaren *primär- und sekundärstatistischen Forschungsansatz* der empirisch-statistischen Operationalisierung und Untersuchung des Querschnittssektors „Logistik". Dieser ist gesamt- ebenso wie raum- und regionalwirtschaftlich von zunehmender Bedeutung und entspricht, wie alle *Querschnittssektoren* und wirtschaftlichen Querschnittsfunktionen, als solcher weder der amtlichen Statistik der Wirtschaftszweige noch der sektoralisierten Entstehungsrechnung der VGR und kann folglich statistisch nicht ohne weiteres ermittelt werden. Dies stellt ein seit langem bekanntes *Defizit der amtlichen Wirtschaftstatistik* dar, die damit vielfach zunehmend wichtige Querschnittsfunktionen mit ihren derzeitigen sektoralen Einteilungen nicht adäquat abbilden kann und somit in ihrer Relevanz gegenüber den Entwicklungen in der Realität zurückbleibt. Insoweit ist die vorliegende Arbeit auch ein Beitrag zu flexibleren sektoralen Statistiken, ein Beitrag, von dessen Methodik und Ergebnissen auch die amtliche Statistik profitieren kann.

Raumwirtschaftlich betrachtet ist die *Logistik* die sektorale Funktion der effektiven physischen *Raumüberwindung* angesichts zunehmender räumlicher und funktionaler Fragmentierung der Wertschöpfungsketten (WSK). Dabei hat sie nicht mehr nur die Funktion der Raumüberwindung i.e.S. zu leisten sondern auch eine erhebliche *Verbindungs-, Re-Integrations- und Koordinationsfunktion*. Dies macht ihre erhebliche und wachsende gesamtwirtschaftliche Funktion aus. Als solches ist sie auch nicht mehr nur in den traditionellen Transportbranchen repräsentiert sondern auch in begleitenden, planenden und koordinierenden Dienstleistungen – ebenso natürlich auch in den logistischen „Brückenkopf"-Funktionen in der Industrie (und dort wiederum statistisch „versteckt").

Die genannten Funktionen erfüllt die Logistik, in dem sie ihrerseits von *räumlich konzentrierten Funktionszentren* aus operiert, dort auch ihre Headquarters errichtet, von diesen aus ihre Leistungen in den überregionalen Raum exportiert und durch Anlagerung höherwertiger und wachsender Funktionen zum Wertschöpfungs- und Arbeitsplatz-Wachstum dieser so begünstigten Regionen beiträgt. Regionen, die von solchen räumlichen Konzentrationen – *lokalen Clustern* – der Logistik profitieren können, können auch insgesamt regionalwirtschaftlich gewinnen.

Allerdings müssen sie dabei zugleich vom *internen Strukturwandel*, der in dem breiten und heterogenen Querschnittssektor naturgemäß stattfindet, profitieren können. Und dies ist alles anderes als eine Selbstverständlichkeit, selbst – oder vielleicht gerade – für einen *traditionellen Logistik-Standort* mit gewachsenen logistisch relevanten Infrastrukturen und gewachsenem Logistik-Potential. Zu solchen traditionellen logistischen Standorten gehören *Hafenstandorte* mit ihren immensen logistischen Infrastrukturen, Schnittstellen-Funktionen und langen logistischen Erfahrungen. Sie bilden traditionelle Knotenpunkte im Modal-Split von Hochseeschiffahrt, küstennaher Schiffahrt, Binnenschiffahrt, Schiene und Strasse.

Im Zuge der globalen funktionalen und räumlichen Neuorganisation der WSK und der damit verbundenen Anreicherung und Neuorganisation der logistischen Funktionen sowie des internen sektoralen Strukturwandels der Logistik *schrumpfen traditionelle logistische Formen*, Firmen, Teilsektoren und Standorte überproportional. Neue, z.T. überproportional *expandierende Teilbereiche* dagegen lokalisieren sich nicht automatisch, oder manchmal *gerade* nicht, in diesen traditionellen logistischen Standorten. *Hafenstandorte* profitieren regionalwirtschaftlich und erhalten Entwicklungsschübe aus der Logistik also nur, wenn sie angemessene *neue Rollen* finden in den neu organisierten globalen WSK. Sie müssen sich definieren „within a paradigm of ports as elements in value-driven chain systems“ (Robinson 2002, S. 241).

Regionalwirtschaftlich kommt für traditionelle *Agglomerationen*, zu denen Hafenstädte i.d.R. gehören, aber der Aspekt des *räumlichen Strukturwandels* hinzu, der zu Lasten der *Kernstädte* geht. Hafenstädte sind als Kernstädte typischerweise Benachteiligte im räumlichen Strukturwandel, der „die Fläche“, insbesondere das *weitere suburbane Umland* begünstigt und in dem dieses insbesondere davon profitieren kann, daß wichtige Verkehrsinfrastrukturen – hier v.a. zunehmend die *Lkw-bezogene Infrastruktur*, also Straße und Autobahn – weitgehend *ubiquitär* bereitgestellt werden. So scheint es eine weiträumige Suburbanisierung und *Neuorganisation in der Fläche* auch und vielleicht ganz besonders im Bereich der logistischen Funktionen zu geben.

In Deutschland schließlich kommt hier als Besonderheit hinzu, daß die zwei wichtigsten Hafenstandorte *Stadtstaaten* sind, deren wirtschaftliche und *fiskalische Existenz* entscheidend von den Suburbanisierungsprozessen tangiert wird, deren negative Wirkungen für die Stadtstaaten nur höchst unzulänglich vom föderalen Finanzausgleichsmechanismus fiskalisch kompensiert werden können (vgl. Elsner [Hg.] 2002).

Es ist diese *Problematik im Schnittbereich* von logistischem Funktions- und Strukturwandel, räumlichem Strukturwandel und regionalwirtschaftlicher und fiskalischer Entwicklung der Stadtstaaten als traditionellen Hafenstädten und logistischen Zentren, in die sich die vorliegende Arbeit einordnet. Ihr Erkenntnisinteresse ist dabei an der *Regional*entwicklung der Stadtstaaten und durchaus auch an regional*politischen*, also z.B. cluster-politischen Handlungspotentialen orientiert.

Deshalb begnügt sich die Arbeit auch nicht mit der – ohnehin bereits komplizierten – sekundärstatistischen Konstruktion des Logistik-Sektors sondern geht weiter. Sie untersucht die räumliche Organisation und Entwicklung des Sektors in seiner

- räumlichen Konzentration
- internen sektoralen (d.h. Wirtschaftszweig-) *und* beruflichen Strukturen und Strukturentwicklungen
- regionsinternen Einbindung in die WSK, d.h. seiner (hauptsächlich vertikalen) funktionalen Verflechtung in der Region (d.h. im sog. Cluster) sowie schließlich in seiner
- strategischen kooperativen Verknüpfung, d.h. seinen Netzwerken und Netzwerk-orientierten Handlungspotentialen.

Damit stellt die Arbeit einen wichtigen Schritt dar zum Ausloten von Handlungspotentialen für Logistik-Unternehmen, Berater, Koordinatoren, Fachverbände wie auch für i.e.S. regional*politische* Akteure. Denn

(1) räumliche Konzentrationen logistischer Potentiale,
(2) regionsinterne intrasektorale Strukturen,
(3) Strukturen der regionalen funktionalen Verknüpfung logistischer Funktionen mit den globalen WSK und schließlich
(4) die regionalen strategischen Kooperationsmöglichkeiten

stellen wichtige „*Standortfaktoren*“ für die regionalwirtschaftliche Entwicklung der jeweiligen Region dar. Einige dieser Faktoren haben eher traditionellen Charakter ((1), (2)), andere werden in der neueren regional- und industrieökonomischen Literatur vielfach als *die* zentralen Faktoren dynamischer Regionalentwicklung unter den heutigen Bedingungen der Organisation der WSK angesehen ((3), (4)).

Die Arbeit geht also vom Ankerpunkt *regionalwirtschaftlicher* Entwicklungsmechanismen aus. Sie fokussiert dabei auf die Anwendungsfälle der beiden *Hafen-Stadtstaaten Bremen und Hamburg*, wobei die regionalentwicklungsstrategische Perspektive Bremens gegenüber der Hamburgs im Vordergrund steht. Die Arbeit fragt also nach dem „Potential der Logistik für die wirtschaftsstrukturelle Entwicklung“, das v.a. „durch den Einsatz des Cluster- und Netzwerkkonzepts (als Entwicklungsinstrumente) aktiviert werden kann“ (S. 30).

Vor der Untersuchung der Potentiale von Clustern und Netzwerken, für deren Analyse eine eigene anspruchsvolle Methode angewendet wird, steht aber die Analyse regionaler Sektorstrukturen und anderer Standortfaktoren, für die der Shift-Share-Ansatz umfassend angewendet wird. Damit entwickelt bzw. nutzt die Arbeit eine insgesamt umfangreiche und anspruchsvolle Methodik für Analysen in drei Bereichen:

- die *sekundärstatistische Operationalisierung* des Logistik-Sektors (für den Zeitraum 1990-2000, mit den beiden End-Zeitpunkten als Datenbasis, und im Regionalvergleich Bremen – Hamburg – Bund) (II. Kapitel)
- die Untersuchung der *internen Sektoralstruktur* und des *„Standortfaktors“* der Logistik und ihrer Veränderung im genannten *Längs- und Querschnittsvergleich* auf Basis der neugewonnen empirischen Bestimmung des Logistik-Sektors und seiner Teilsektoren – v.a. im Rahmen einer umfassenden Anwendung des Shift-Share-Ansatzes (III. Kapitel);
- die Untersuchung der *Cluster- und Netzwerkstrukturen* – auf primärstatistischer Basis – sowie der strategischen *Kooperationspotentiale*, die aus einem Vergleich von funktionalen Verflechtungen (Cluster) und strategischen Kooperationen (Netzwerken) erkennbar werden (IV. Kapitel).

Mit *Hamburg* (HH) und *Bremen* (HB) werden dabei zwei regionale Fälle präsentiert, die zwar als Kernstädte beide Benachteiligte des räumlichen Strukturwandels sind, aber in diesem Rahmen zugleich *unterschiedliche Entwicklungsvarianten* repräsentieren. HH kann die Gravitationskräfte von „global cities“ deutlich besser aktivieren, als es das deutlich kleinere HB vermag, das nicht generell in die Kategorie „global city“ eingeordnet werden kann. So weist HH v.a. bei den „sonstigen Dienstleistungen (DL)“ ein um 10%-Punkte höheres Niveau (knapp 58% aller soz.vers.pfl. Besch. i. J. 2000) als HB (gut 47%) und zudem auch ein höheres Wachstum in diesem Bereich auf (um gut 6%-Punkte zwischen 1990 und 2000 gegenüber gut 4%-Punkten; Wachstumsraten: 11,7% gegenüber 9,6%). Die „Fläche“ (i.e. der Bundesdurchschnitt als Referenz) zeigt demgegenüber das typische Muster des Aufholprozesses gegenüber den traditionellen Zentren (ein Wachstum von 15,6%-Punkten, vom niedrigeren Ausgangsniveau i.H.v. gut 44%). Dementsprechend liegt die Arbeitslosenquote in HH mit 10% (2000) deutlich unter der von HB (14,2%). Die Arbeitslosenquote in HH sank sogar im Beobachtungszeitraum, während die von HB stieg.

Die Arbeit ordnet solche prima-facie-Befunde richtig v.a. in die *Suburbanisierungsproblematik* ein. Dabei thematisiert sie sowohl Effekte *differentiellen Wachstums* zwischen „Stadt" und „(Um-)Land" als auch direkte *Wanderungen*. Sie ermittelt u.a. eine „Netto-Arbeitsplatz-Suburbanisierung", die über einen der Bevölkerungssuburbanisierung proportionalen (also eher „pull-bedingten") Effekt hinausgeht. Interessanterweise ist die Bevölkerung in HH im Beobachtungszeitraum gestiegen, so daß die dortige Arbeitsplatz-Suburbanisierung offenbar ausschließlich auf spezifische „angebotsseitige" (also „push-bedingte") Faktoren der Standortwahl der Unternehmen zurückzuführen ist. In früheren Untersuchungen hatte es sich bereits gezeigt, daß die Agglomeration HB unter den Agglomerationen in Westdeutschland aufgrund bestimmter Strukturmerkmale seit langem eine besonders intensive Scherenentwicklung zwischen Kernstadt und weiterem Umland aufweist (Vgl. Elsner/Gebauer 1995).

Die zunehmende Bedeutung, die Funktionsanreicherung, die intrasektorale Strukturentwicklung sowie die räumliche Entwicklung der *Logistik* vor dem Hintergrund der erwähnten Veränderungen in den WSK bildet die zweite Ausgangsproblematik der Arbeit. Die räumliche Dimension der Entwicklung der Logistik wird dabei „heruntergebrochen" auf neue *Standortfaktoren* für die Lokalisation der Logistik, die jenseits der traditionellen „harten" Verkehrsinfrastrukturen liegen und v.a. netzorientiert sind. Auf solche Überlegungen und Erkenntnisse aus der Literatur kann im letzten Hauptabschnitt der Arbeit zurückgegriffen werden.

Die vorliegende Arbeit ist zunächst aber wegweisend v.a. in der Weiterentwicklung, Konkretisierung und konsequenten Umsetzung der Idee der *statistischen Operationalisierung von Querschnittssektoren* auf der Basis des *Verschnitts von Wirtschaftszweig- und Berufsordnungs-Statistik*. Regionale Datenmatrizen mit „handverlesenen", breit gefaßten, qualitativen Selektionen von Wirtschaftszweigen (einschl. des sekundären Sektors) und von Berufsordnungen, in denen die Beschäftigten der Wirtschaftszweige nach den Tätigkeiten aufgegliedert sind, sind allerdings öffentlich nicht verfügbar und müssen gesondert aus den amtlichen Ursprungsdaten (betrieblichen Meldungen) ausgezählt werden. Sie müssen daher von der BA gekauft werden. Bei kleinen Regionen, wie es Stadtstaaten sind, sind dabei einzelne Zellen oft bereits so gering besetzt, daß bereits datenschutzrechtliche Befürchtungen die Veröffentlichung solcher wissenschaftlich hochrelevanter Informationen verhindern. Solche Daten bilden das Ausgangsmaterial der vorliegenden Arbeit, das hier jedoch nur in weiterverarbeiteter Form veröffentlicht werden darf. Diese Matrizen bilden das sog. „Logistik-Potential" ab.

Die amtliche Wirtschaftszweig-Statistik hat ihre Systematik im Beobachtungszeitraum allerdings modernisiert und verändert, eindeutige wechselseitige Übergänge zur Herstellung konsistenter Zeitreihen konnte sie bei genauerer Analyse jedoch nicht bereitstellen. Die angebotenen Übergangssysteme erwiesen sich als lückenhaft und unzulänglich. Ein erster wichtiger, jedoch aufwendiger methodischer Baustein, der in dem Projekt, dem die vorliegende Arbeit entstammt, entwickelt werden mußte, besteht daher in einer stochastischen Methodik der Generierung von *Übergangsschlüsseln von der alten auf die neue Wirtschaftszweig-Systematik* (bei gleichzeitiger Ausdifferenzierung der Wirtschaftszweige nach logistischen Berufsordnungen) zur Schaffung *konsistenter Zeitreihen* für die drei Gebietskörperschaften (HH, HB, Bund) in Gestalt *modifizierter Ausgangsmatrizen* des „Logistik-Potentials". Die Methodik besteht im Kern aus einem Matrizenoptimierungsverfahren (vgl. II. Kapitel, Punkt 2.2).

Vom „Logistik-Potential" ausgehend wurden sodann mit Hilfe von Expertenbefragungen in Unternehmen und von Bewertungsrunden mit Logistik-Wissenschaftlern, Zellen- bzw. Zeilen- und Spaltensummenweise *„echte" Logistik-Anteile* für die dort jeweils genannten Zahlen an Beschäftigten bestimmt. Es resultierten Matrizen mit reduzierten Beschäftigtenzahlen, die als *Logistiker i.e.S.* betrachtet werden können. Der *„Logistik-Sektor"* konnte somit quantitativ für den Längs- und Querschnitt bestimmt werden.

Die vorliegende Arbeit verfolgt allerdings die Analyse auf der Basis der so generierten Matrizen nicht weiter; dies bleibt den anderen Teilen der Projektveröffentlichung vorbehalten (s.o.). Hier wird die Arbeit vielmehr auf der *Basis der Zeilen- bzw. Spaltensummen*, also der Teilsektoren und Berufsordnungen des quantitativ neubestimmten Logistik-Sektors, d.h. auf Basis der neudefinierten sektoralen und funktionalen Strukturen der Logistik, fortgeführt.

Zunächst zeigt sich, daß HB im Vergleich zu HH die relativ größere Konzentration von Logistikern aufweist (7,9% zu 6,2% aller jeweiligen sozialversicherungspflichtig Beschäftigten). In *HB* ist also der so ermittelte Logistik-Sektor, trotz seiner Dispersion in die „Fläche", immer noch ein *Hochbesatz-Sektor* und dies eher als in HH (im Vgl. dazu der Bund: 6,0%). Und während die Beschäftigtenzahlen insgesamt in HH gestiegen (+1,8%) und in HB deutlich gefallen sind (-6,2%), *baut sich* gleichwohl *die Logistik in HH schneller ab* (-15,2%) als in Bremen (-11,9%) (im Vgl. dazu der Bund: -4,8%). *HH* weist anscheinend einen insgesamt *stärkeren Strukturwandel* auf als Bremen, der *den insgesamt schrumpfenden Logistik-Sektor* deutlicher schrumpfen läßt und dabei den Beschäftigtenabbau in der Logistik in anderen Beschäftigungsbereichen überkompensiert. Da der Logistik-Sektor insgesamt ein schrumpfender Sektor ist, scheint also HH im Strukturwandel Vorteile gegenüber HB aufzuweisen.

Vor dem Hintergrund dieses prima-facie-Befundes ist eine detailliertere *intrasektorale* Untersuchung erforderlich, um Stärken und Schwächen der Logistik an den beiden Standorten sowie deren strukturelle und standortbezogene Faktoren zu identifizieren. Läßt der intrasektorale Strukturwandel in HB und HH eine *Strukturverbesserung der Logistik* und damit ein relevantes regionalökonomisches Potential der Logistik an den beiden Standorten erkennen? Kann zumindest HB aus der *internen* Strukturverbesserung der Logistik ein Entwicklungspotential gewinnen?

Diesen Fragen dienen die empirisch-statistischen Untersuchungen des III. Abschnitts der Arbeit. Hier wird zunächst eine methodisch einfache Zuordnung der Zweige der Logistik bzw. der Logistik-Berufsordnungen (Zeilen- bzw. Spaltensummen) in eine Matrix des Hoch- bzw. Niedrig-Besatzes und des Wachstums bzw. der Schrumpfung vorgenommen.

Hier scheint HB zunächst (in 2000) eine günstigere Besatz-Wachstums-Struktur des Logistik-Sektors aufzuweisen als HH. Dies könnte erklären, warum der Sektor in HB insgesamt weniger geschrumpft ist als in HH. Mit 80% der Logistiker in schrumpfenden Teilsektoren schrumpft die Logistik in HH stärker als in HB, das immerhin „nur" 64% der Logistiker in schrumpfenden Teilsektoren aufweist. In HB scheint damit zumindest die Chance erhalten geblieben zu sein, daß sich in Teilsektoren der Logistik (mit 36% der Logistik-Beschäftigten) Kernkompetenzen weiter ausbilden. Natürlich reicht dies nicht aus, den starken negativen Strukturwandel des Gesamtsektors sektorintern zu kompensieren. In HH wird die Schrumpfung wenigstens sektorextern kompensiert. Immerhin wird in HB relativ stärker sektorintern kompensiert als in HH.

Die *funktionale* Betrachtung zeigt im Vergleich dazu, daß die Logistik im Strukturwandel der *unternehmens- und betriebsinternen Tätigkeiten* noch *deutlicher schrumpft* als dies bei institutioneller Betrachtung erkennbar wurde. Auch hier liegt allerdings HB in seiner Besatz-Wachstums-Struktur besser als HH. HB ist damit aufgrund der vergleichsweise geringeren Dynamik seines gesamten Strukturwandels stärker als HH gezwungen, die Logistik zu „halten", aber auch, den sektorinternen Strukturwandel auch sektorintern zu kompensieren – und es scheint dazu in der Tat auch einige Ansatzpunkte mehr zu besitzen.

Die anschließenden, auf die Logistik selbst zugeschnittenen, *Shift-Share-Untersuchungen* bieten hier die Möglichkeit für detailliertere Einblicke. Und sie konkretisieren den prima-facie-Eindruck.

Für beide Hafenregionen ist der *Strukturfaktor* der Logistik in allen angewandten Rechenmodellen *positiv*, während der *„Standortfaktor"* *negativ* ist. Der Niedergang der Logistik in den Hafenregionen ist also ausschließlich den Faktoren geschuldet, die mit ihrem Charakter als „alte" Agglomerationen bzw. Kernstädte zusammenhängen. Die dadurch indizierte wirtschaftsgeographische Lageproblematik bzw. Regionstyp-/Gemeindetyp-Problematik ist aber für HH gravierender als für HB. Die Logistik scheint aufgrund der stärkeren wirtschaftlichen Dynamik von *HH* dort stärker *aus der Kernstadt verdrängt* zu werden als in HB. Die Untersuchung zeigt dementsprechend als Kehrseite aber auch eine *bessere interne Zweigstruktur der Logistik („Strukturfaktor") in HH* als in HB. Das gilt zunächst nur für die sektorinterne Struktur im Ausgangszeitpunkt (1990). Die spätere „rückwärts gerechnete" Shift-Share-Analyse bestätigt jedoch, daß sich die Sektorstruktur der Logistik in HH sogar stärker verbessert hat als in HB. So gesehen hat HH auch innerhalb der Logistik einen dynamischeren und positiveren Strukturwandel aufzuweisen als HB. Das stärkere Schrumpfen des Gesamtsektors in *HH* dürfte vor diesem Hintergrund Indiz für eine *erhebliche Modernisierung und Produktivitätssteigerung der Logistik* sein, die parallel zur Schrumpfung und zur Verdrängung des Sektors in das Hamburger Umland stattfindet.

Die Arbeit widmet sich umfangreich auch *teilsektoralen Shift-Share-Berechnungen*, unter Verwendung verschiedener Rechenmodelle, Indizes und Lokalisationsmaße, die z.T. einer weiteren Aufgliederung des Strukturfaktors, z.T. einer weiteren Annäherung an den Standortfaktor dienen. Dabei wird u.a. bestätigt, daß zwar beide Hafenregionen den zentralen *sektorinternen Strukturwandel zugunsten der (z.T. outgesourcten) selbständigen Logistik-DL* (und zu Lasten der industrie-internen Logistik) durchgemacht haben, daß in diesem Modernisierungsprozeß jedoch HH Vorteile aufzuweisen bzw. gewonnen hat. Dies bestätigt den Eindruck der gesamtsektoralen Shift-Share-Berechnungen, wonach HH den günstigeren sektorinternen Strukturfaktor aufweist.

Einige Ergebnisse der methodischen *Zerlegung des „Standortfaktors"* indizieren eine *„alte" Struktur von Standortfaktoren*, die auf schrumpfende Teilsektoren bezogen sind und wachsende Teilsektoren weniger unterstützen (vgl. die Untersuchung des „Allokationseffektes" im III. Kapitel, Punkt 2.2.5). So zeigt sich auch für *Teilsektoren* der Logistik, daß spezifische Standortfaktoren (die allerdings stets schwierig zu konkretisieren sind) – in beiden Stadtregionen – den Nachvollzug von Wachstumsraten, die im Bund realisiert werden können, verhindern.

In beiden Regionen bleibt die sektorinterne Kompensation des Beschäftigungsabbaus in schrumpfenden Teilbereichen durch wachsende Teilsektoren unzureichend, der sektorinterne Strukturwandel also zu schwach bzw. rein „negativ". Dabei kann wie gesagt HB weniger als HH auf den sektorinternen oder den sektorexternen Strukturwandel setzen. Da der Logistik-Sektor in HB zugleich ein relativ größeres Gewicht hat, scheint HB wie gesagt in stärkerem Maße zur weiteren Ausbildung von Kompetenzen, Stärken und Chancen innerhalb des Logistik-Sektors geradezu gezwungen zu sein.

Als einen modernen Komplex von Standortfaktoren untersucht die Arbeit daher schließlich die *regionalen Cluster-* und *Netzwerk*strukturen in HB. Die Untersuchung kann wegen einer fehlenden parallelen Befragung für HH und das Bundesgebiet, die aus Zeit- und Ressourcengründen nicht durchgeführt werden konnte, nicht mehr im Regionalvergleich vorgenommen werden und beschränkt sich somit auf HB.

Datengrundlage ist hier eine Primärerhebung unter Unternehmen des Logistik-Sektors einschl. Industrieunternehmen mit großen logistischen Abteilungen. Erfragt wurden sowohl deren regionale funktionale Beziehungen entlang der WSK (Cluster-Beziehungen) als auch ihre strategischen Kooperationsprojekte (Netzwerk-Beziehungen). Die Untersuchung dieser Primärdaten wird noch einmal in die Diskussion um Cluster und Netzwerke als *Standortfaktoren* eingeordnet, die wichtige Faktoren der Entwicklung von Regionen geworden sind in einer Ökonomie, die auf fragmentierten WSK und zugleich auf elektronischen Netztechnologien beruht und für die daher *räumliche Nähe* und wiederholte, „dichte" Interaktionen zu einem wesentlichen Erfolgsfaktor geworden sind.

Die Befragung erreicht Unternehmen, die mehr als 30% aller Logistik-Beschäftigten in der Region beschäftigen. Die Untersuchung der Daten zielt hier allerdings nicht auf eine Rekonstruktion regionaler WSK. Ideale WSK für die regionalen Hauptprodukte sowie die Abbildung der primären Verflechtungs- und Kooperationsdaten auf die Schablone dieser idealen WSK müssen wiederum anderen Teilen der Veröffentlichung der Projektergebnisse vorbehalten bleiben.

In der vorliegenden Arbeit geht es um eine quantitative Bestimmung der *Netzdichte* und *Zentralitätsstrukturen* mit Hilfe des Netz-Analyse-Programms UCINET 6. Der Netzdichte liegen die primären Beziehungsinformationen in binärer Form (ja/nein) und als ungerichtete Beziehungen zugrunde.

Die statistisch ermittelte Dichte des Logistik-Clusters in HB i.H.v. 2,8% gewinnt einen Aussagegehalt aber erst im Vergleich mit entsprechenden Untersuchungen anderer Cluster. Für das eng verknüpfte und praktisch vollständig erhobene Cluster der Filmwirtschaft im Raum Potsdam/Babelsberg wurde für 2001 in der Literatur mit dem gleichen Analyseinstrument eine Dichte i.H.v. 13%, für das Holzwirtschafts-Cluster im Lande Brandenburg an gleicher Stelle dagegen nur eine Dichte von 0,3% ermittelt. Der Wert für das Logistik-Cluster in Bremen ist damit anscheinend durchaus valide und realistisch und liegt damit in einem *„mittleren" Dichte*-Bereich. Damit scheinen aber zugleich auch durchaus noch *Potentiale für eine regionsinterne Verdichtung* der Cluster-Beziehungen (eine „Importsubstitution" von Logistik-DL) vorzuliegen.

Ermittelt werden ferner *Kohäsions- und Zentralitätsindikatoren*. Diese Ergebnisse zeigen an, daß i.d.R. wenige *große Unternehmen* aus Industrie und Handel, aber auch einige größere Logistik-Dienstleister *Positionen mit hoher Zentralität* innehaben. Akteursbezogene Maße, die z.T. auch die „Richtung" einer funktionalen Beziehung (i.S. der Fließrichtung der WSK) als zusätzliche Informationen verarbeiten („degree", „closeness" und „betweenness"), bestätigen dieses Ergebnis.

Der Verschnitt dieser akteurszentrierten Maße mit weiteren primär erhobenen Unternehmensinformationen (Größenklasse nach Logistik-Beschäftigten, Unternehmensalter, Umsatzentwicklung) zeigt, daß diese zentralen Positionen i.d.R. von *„alteingesessenen" Unternehmen der zweitgrößten Umsatzklasse*, jedoch ohne herausragendes Umsatzwachstum, eingenommen werden. Die größten (Industrie-)Unternehmen der Region haben demnach anscheinend relativ mehr logistische Beziehungen mit Unternehmen außerhalb der Region. Die Arbeit diagnostiziert aus Unternehmensalter und mangelnder Umsatzdynamik der zentralsten Unternehmen *„sklerotische Strukturen" im regionalen Cluster*.

Strategische *Netzwerke* entstehen i.d.R. erst auf der Basis etablierter Clusterstrukturen, d.h. wenn ein Mindestmaß an Erfahrung miteinander und an gewachsenem Vertrauen die gemeinsame Definition von Zukunftsprojekten und das Eingehen einer verstärkten gegenseitigen Abhängigkeit zulassen. Es ist daher natürlich zu erwarten, daß die zu ermittelnden *Netzwerkstrukturen* nur eine *Teilmenge des Clusters* abbilden.

Die Auswertung förderte insgesamt 17 Kooperationen, davon *sieben Netzwerke mit mehr als drei Partnern*, zutage. Die letzteren sind in zwei Fällen um große *Industrieunternehmen*, in zwei weiteren Fällen um *Logistik-Dienstleister* und in den drei restlichen Fällen um verschiedene *sonstige Dienstleister* (davon jedoch keine Handelsunternehmen) organisiert. Sie haben i.d.R. *vertikale* Strukturen, schließen in vier Fällen jedoch auch *horizontale* Beziehungen ein.

Auch in den Netzwerken diagnostiziert die Arbeit durch Heranziehung der Informationen über Alter und Umsatzwachstum der beteiligten Unternehmen „sklerotische" Strukturen, was auf *„ältere" Netzwerke* hindeutet, die in eher späteren, weniger dynamisch wachsenden Phasen ihres Lebenszyklus stehen.

Dies wird bestätigt durch die Tatsache, daß viele *kleinere und mittlere Unternehmen* der Region mit z.T. hoher Umsatzdynamik in den regionalen Kontext der Cluster- ebenso wie der Netzwerkbeziehungen *nicht eingebunden* sind. Dies wiederum könnte mit erklären helfen, warum Cluster- und Netzwerk-Dichten relativ gering sind, daß also die *logistischen Cluster und Netzwerke* in der Region HB anscheinend noch *keine starken Standortfaktoren* repräsentieren.

Der Vergleich der formalen statistischen Beziehungsmaße der Gesamtheit der Netzwerke (die Dichte der Summe der Netzwerke z.B. beträgt 2,0%, liegt also erwartungsgemäß niedriger als die o.g. Dichte des Clusters) mit dem Cluster führt hier zu dem Schluß, daß die Logistik-Region HB, selbst gemessen an dem niedrigen Standard eines nur „mittelstark" ausgeprägten Clusters (s.o.), noch *erhebliche Entwicklungspotentiale für strategische Kooperationen* besitzt, die im Interesse einer dynamischeren Entwicklung der Region auszuschöpfen wären.

So kulminiert die Arbeit in einer eher skeptischen Beurteilung der Entwicklungsaussichten der Logistik-Region HB. Einige grobe *Handlungsorientierungen* beziehen sich abschließend naturgemäß wiederum v.a. auf die Faktoren „Cluster-Beziehungen" und „Vernetzung".

Die vorliegende Arbeit repräsentiert eine umfassende Methodik zur Ermittlung von Querschnittssektoren und ihrer lokalen Cluster-Organisation und Cluster-Verbindungen, ihrer regionalökonomischen Entwicklungs- und regionalpolitischen Handlungspotentiale. Sie sei strategischen Planern in Unternehmen, Beratern, regionalpolitisch Interessierten und Handelnden ebenso wie logistisch Interessierten und Handelnden sowie natürlich der Forschung, der beruflichen Weiterbildung und akademischen Lehre als Lektüre empfohlen.

Bremen, März 2004
Wolfram Elsner.

Danksagung

Ich möchte an dieser Stelle die Gelegenheit nutzen, meine Wertschätzung für die folgenden Personen zum Ausdruck zu bringen, die, jede auf ihre Art und Weise, daran mitgewirkt habe, diese Arbeit in der vorliegenden Form zu realisieren.

Mein besonderer Dank gilt Frau *Prof. Dr. Adelheid Biesecker*, die mich, wie keine andere, fortwährend in meiner Arbeit mit Rat und Tat unterstützt hat. Ich kann mit Fug und Recht behaupten, daß ich ohne ihren Einsatz für meine Sache jetzt nicht dort wäre, wo ich bin (nämlich beim Verfassen der Danksagung zu meiner Dissertation). Einzig ihr allein ist es zu verdanken, daß ich in schwierigen Zeiten mein Dissertationsvorhaben nicht einfach aufgegeben habe. Sie hat mich immer wieder motiviert weiterzumachen und das (große) Ziel nicht aus den Augen zu verlieren. DANKE!!!

Des weiteren danke ich *Dipl. Oec. Andreas Hübscher* für die angenehme Zusammenarbeit während des gesamten Projektes. Insbesondere seine akribische Zuarbeit im Zusammenhang mit der Operationalisierung des Logistiksektors war für den Erfolg der Arbeit von wesentlicher Bedeutung. "Hut ab" vor soviel mathematischem Verständnis.

Dipl. Ing. Matthias Scheibner gilt mein Dank sowohl für die phantastischen kartographischen Umsetzungen meiner Ideen als auch für seine ruhige, besonnene Art, die mir vor allem in Zeiten, in denen der Streß überhand zu nehmen schien, eine echte Hilfe war.

Last but not least möchte ich mich insbesondere bei meinen beiden Kollegen *Dipl. Oec. Christoph Otte* und *Dipl. Vw. Carsten Pietsch* bedanken. Ohne euch wäre der Alltag am Institut zweifelsohne deutlich grauer gewesen und mir der morgendliche Gang ins Büro wahrscheinlich das ein oder andere Mal erheblich schwerer gefallen.

Überdies gilt mein Dank einer Menge weiterer Personen, die hier aufgrund ihrer Vielzahl nicht alle namentlich erwähnt werden können.

Ottersberg, März 2004
Martin Wrobel

Inhalt

III. Kapitel Empirisch-statistische Branchenanalyse

IV. Kapitel Die Tiefenstruktur des Bremer Logistiksektors

V. Kapitel Der Standort Bremen und die Logistikbranche – Eine Chance für die wirtschaftsstrukturelle Entwicklung der Region?

Verzeichnis der Tabellen

Verzeichnis der Abbildungen

Einleitung und Konzeption

Im Zuge eines stetig voranschreitenden Zusammenwachsens der Weltgemeinschaft gerät von Zeit zu Zeit der ein oder andere Akteur – selbstverschuldet oder nicht – gesellschaftlich, politisch und/oder ökonomisch ins Abseits. Mit diesen "Abgehängten" sind an dieser Stelle nicht so sehr die Akteure gemeint, die bisher im großen Spiel des allgemeinen "Wachstumswahns" sowieso nur eine Rolle am Rand zugesprochen bekommen haben, wie beispielsweise viele der schwarzafrikanischen Länder. Vielmehr sind es die westlichen Industrienationen bzw. Teile von diesen, die hinsichtlich der Richtung und der Geschwindigkeit Schwierigkeiten haben, Anschluß an die Entwicklung zu halten.

Vor dem Hintergrund eines tiefgreifenden strukturellen Wandels, welcher weltweit die gesellschaftlichen, politischen und wirtschaftlichen Rahmenbedingungen vollständig veränderte und auch zukünftig weiter verändern wird, nimmt der Wettbewerb auf allen Ebenen zu. Im Zuge der technologischen Innovationen der 70er, 80er und 90er Jahre vor allem im Transport und Kommunikationssektor ist die Welt im subjektiven Empfinden vieler Menschen geschrumpft. Das Überwinden selbst größter Distanzen in kürzester Zeit ist kaum mehr ein Problem. Der Ausdruck des "global village" wird geboren und setzt sich durch. Parallel hierzu nimmt die Zahl der Länder, die sich sowohl politisch als auch wirtschaftlich nach außen hin öffnen (Internationalisierung und Deregulierung der Märkte), stetig zu.

Von den Auswirkungen dieses Strukturwandels sind innerhalb der westlichen Industrienationen besonders jene Regionen (negativ) betroffen, in denen Deindustrialisierungsprozesse den Niedergang einer vormals wachstumsstarken, die regionale Wirtschaftsstruktur dominierenden Leitindustrie eingeleitet haben. Da vor- und nachgelagerte Branchen eng mit der Leitindustrie verknüpft sind, teilen diese in der Regel die wirtschaftliche Entwicklung, was im o.g. Fall eine zusätzliche Verschärfung der Situation zur Konsequenz hat. Die mit einer solchen Entwicklung einhergehenden sozialen Kosten – vor allem in Form einer erhöhten Erwerbslosigkeit – sind in der Regel enorm. Beispiele für solche altindustriell geprägten und von Deindustrialisierungsprozessen stark betroffenen Regionen sind in Deutschland u.a. das Ruhrgebiet mit seiner Montanindustrie oder Bremen mit seiner ehemaligen Schiffbauindustrie.

Ein Blick auf die Entwicklung der Erwerbstätigen im Land Bremen innerhalb der letzten Dekade macht – stellvertretend für alle (westeuropäischen) von Deindustrialisierungsprozessen betroffenen Regionen – das Ausmaß der Betroffenheit deutlich. So sank hier die Zahl der Erwerbstätigen im Zeitraum von 1991 bis 2000 um über 4,6% – im gleichen Zeitraum stieg sie in der Bundesrepublik um 0,7% (Westdeutschland: 1,1%). Die Verluste sind dabei vor allem auf einen deutlichen Rückgang im Bereich des Verarbeitenden Gewerbes von -23.000 Erwerbstätigen (-24,6%) zurückzuführen. Konfrontiert mit einer derart massiven Fehlentwicklung muß die Suche nach Handlungskonzepten, die diesen Trend aufhalten bzw. umkehren können, landespolitisch Priorität besitzen.

Vor dem Hintergrund verengter finanzieller Handlungsspielräume der öffentlichen Hand (auch und vor allem im Hinblick auf strukturpolitische Belange) hat sich allerorts zunehmend die Überzeugung durchgesetzt, daß mit den knappen, zur Verfügung stehenden Mitteln in erster Linie vorhandene strukturelle Stärken der Region (des Landes, der Gebietskörperschaft etc.) ausgebaut und gefördert werden müssen. In der Regel, d.h. der allgemeinen Erfahrung nach, verspricht eine in diesem Sinne durchgeführte Allokation der Finanzmittel in der Folge die effektivste Aufwertung der regionalen Wirtschaftsstruktur. Die bis in die 80er Jahre deutschlandweit durchgeführte regionale Strukturpolitik, die in ihrem Kern einen solidarischen Ausgleich der regionalen Disparitäten zum Ziel hatte, ist (zumindest auf regionaler Ebene) abgelöst worden durch eine Politik, die einzig dem Gebot „*Stärken stärken*“ folgt und eine Profilierung der Region gerade über vorhandene Differenzen zu erreichen versucht.

In diese Neuausrichtung der Regionalpolitik fügen sich das Cluster- und auch das Netzwerkkonzept als regionalwirtschaftliche Entwicklungsinstrumente aufgrund ihrer Ansätze (gezielte Förderung des Clusters/des Netzwerkes im Gegensatz zu einer flächendeckenden Förderung aller regionalen Wirtschaftsbereiche), welche nahtlos an die neuen Bedarfe anknüpfen, hervorragend ein. Die hinter den Begriffen "Cluster" und "Netzwerk" stehenden Konzepte sind zwei, Anfang der 90er Jahre (wieder-) entdeckte Entwicklungsinstrumente – vor allem zur Aufwertung/Revitalisierung strukturschwacher Regionen –, die aufgrund ihrer häufig nachweislichen Erfolge zunehmend eine Schlüsselstellung in der heutigen Regionalplanung und Wirtschaftsförderung einnehmen. Bekannte deutsche Regionen, in denen die Konzepte erfolgreich umgesetzt werden konnten und einen sichtbaren Aufschwung der ganzen Region bewirkten, sind beispielsweise Wolfsburg und Jena. An beiden Standorten haben es die öffentlichen und privaten Akteure gemeinsam geschafft, eine Vielzahl an miteinander – sowohl auf funktionaler als auch auf strategischer Ebene – in Beziehung stehender Unternehmen einer Wertschöpfungskette (in Wolfsburg die der Automobilbranche und in Jena die der Opto-Elektronik) in der Region zu konzentrieren, so daß hierüber ein auf dem jeweiligen Gebiet international wettbewerbsfähiges Kompetenzzentrum mit hoher (i.S.v. räumlich weiter) Ausstrahlung entstanden ist. Eine solche geographische Ballung an Kapazitäten und Kompetenzen in einem speziell auf die spezifischen Bedürfnisse ausgerichteten regionalen Umfeld bringt eine Sogwirkung hervor, die immer mehr Unternehmen (entlang der jeweiligen Wertschöpfungskette) anzieht. Eine Reduzierung der Fixkosten, eine höhere Flexibilität und eine verbesserte Reaktionsfähigkeit sind nur einige der unternehmerischen Vorteile, die über eine (Betriebs-) Ansiedlung in einer Clusterregion erlangt werden können. Ein Zustrom zusätzlicher Unternehmen bedeutet für die Region wiederum in erster Linie höhere Einnahmen, geringere Sozialausgaben und eine weiter ansteigende Attraktivität, wobei letztere den beschriebenen Prozeß solange forciert, bis sich die Vorteile aufgrund wachsender Negativeinflüsse (welche u.a. aus der insgesamt zunehmenden Dichte hervorgehen können) in Nachteile verkehren.

Allzu häufig werden jedoch bei dem Versuch, die wirtschaftsstrukturelle Situation einer Region zu verbessern, seitens der verantwortlichen Akteure überhöhte Erwartungen in die Wirksamkeit des Cluster- und Netzwerkkonzeptes gesetzt. Längst nicht überall sind die Voraussetzungen für eine erfolgreiche Anwendung des Cluster- und Netzwerkansatzes gegeben. So benötigt eine Region eine – möglichst international wettbewerbsfähige – Kernkompetenz, an welche die wirtschaftspolitischen Bemühungen um die Initiierung eines Clusters ansetzen können. Aufgrund fehlender Plan- und Beeinflußbarkeit kann der zwar schon vorgekommene, aber äußerst seltene Fall, daß ein Cluster aus dem sprichwörtlichen "Nichts" entstanden ist, d.h. sich hierfür weder historisch gewachsene regionale Standortvorteile noch eine lokale, hochspezialisierte Nachfrage, sondern vielmehr ein zufälliges Ereignis als Ursprungsimpuls verantwortlich zeichnet, unbeachtet bleiben. Der Versuch, dieses dennoch, d.h. trotz des Fehlens eines geeigneten, ausbaufähigen und zukunftsträchtigen Fundamentes umzusetzen, ist in der Regel von vornherein zum Scheitern verurteilt und verschlechtert die Situation der Region (u.a. aufgrund vorgenommener Fehlinvestitionen) eher, als daß er sie verbessert.

Aufgrund seiner räumlichen Lage hat das Land Bremen – durch Deindustrialisierungsprozesse (hauptsächlich in den 80er und 90er Jahren) im Zuge des allgemeinen Strukturwandels heute mit erheblichen wirtschaftsstrukturellen Problemen konfrontiert – schon früh als Hafen- und Distributionsgewerbestandort Umschlags- und Verteilungsfunktionen im inländischen und grenzüberschreitenden Handel sowie Versorgungsfunktionen für ein weitläufiges Hinterland wahrgenommen. In dieser Funktion kann Bremen auf eine lang zurückreichende Tradition auf dem Gebiet Logistik zurückblicken. Ein Fundament, an welchem cluster- und netzwerkorientierte Maßnahmen potentiell ansetzen könnten, ist in Bremen im Logistikbereich gegeben. Die Frage, ob ein regionalpolitisches Engagement in diese Richtung eine wirtschaftsstrukturelle Aufwertung der Region bewirken könnte, bleibt jedoch offen. Im Zuge des Strukturwandels kann der Logistik in ihrer Funktion als Organisator, Übermittler und Lenker an den Schnittstellen zwischen Produktion und Beschaffung/Distribution ein anhaltender Bedeutungsgewinn attestiert werden. Sie ist das verbindende Element in sich global erstreckenden, international operierenden Wertschöpfungsketten, die, ermöglicht durch tiefgreifende Neuerungen im Transport- und Kommunikationssektor – vor allem der letzten zwei Dekaden –, in immer stärkerem Maße arbeitsteilig organisiert sind. Immer mehr Unternehmen weltweit formieren sich in grenzüberschreitenden Netzwerken, in welchen sich ihre Kompetenzen zum wechselseitigen Nutzen (i.d.R. zur Produktivitätssteigerung) ergänzen – die Reduzierung der internen Arbeit auf die jeweils unternehmenseigenen Kernkompetenzen bei gleichzeitiger Vergabe der randwärtigen Aufgabenbereiche an spezialisierte Partner im Netz nimmt zu. Davon ausgehend, daß sich dieser Trend auch weiterhin so oder in ähnlicher Form fortsetzen wird, muß die Logistikbranche als zukunftsträchtiges Wachstumssegment innerhalb der globalen Ökonomie angesehen werden.

Am Beispiel des Logistiksektors des Landes Bremen soll aufgezeigt werden, wie eine Identifizierung von regionalen Clustern und Netzwerken durchgeführt werden kann und welche Chancen sich potentiell bei einer erfolgreichen Umsetzung dieser Entwicklungskonzepte für die Wirtschaftsstruktur der Region ergeben. Zusammenfassend läßt sich die dieser Arbeit zugrundeliegende Kernfrage folgendermaßen formulieren: *Ist in der regionalen Konzentration logistikrelevanter Kapazitäten und Kompetenzen ein bisher unentdeckt gebliebenes Potential zur wirtschaftstrukturellen Entwicklung der Region – der Fokus liegt hierbei auf Impulsen für den Arbeitsmarkt – enthalten, welches durch den Einsatz des Cluster- und Netzwerkkonzeptes (als Entwicklungsinstrumente) aktiviert werden kann?*

Die interne Struktur der Arbeit weist einen schichtweisen Aufbau auf, d.h. jedes Kapitel versteht sich als Erweiterung des vorangegangenen. Dieses hat zur Folge, daß die am Ende eines Kapitels gewonnenen Erkenntnisse in ihrer Interpretation eher vorläufiger Natur sind und auf der Basis von nachfolgend ermittelten Ergebnissen durchaus eine Modifikation erfahren können. Sie sollten deshalb als vorübergehende Teilergebnisse gewertet werden. Verbindliche Endergebnisse sind dementsprechend erst im Abschlußkapitel (V. Kapitel) der Arbeit zu erwarten.

Ein Überblick über die Konzeption der Arbeit gibt die folgende Abbildung der *schematischen Abfolge der Leitfragen.*

Schematische Abfolge der Leitfragestellungen der Arbeit

Einleitung: Fragestellung

Kann der Logistiksektor als allgemeine wirtschaftsstrukturelle Stärke Bremens angesehen werden und wenn ja, birgt dieser bisher noch nicht freigesetzte Beschäftigungspotentiale für das Land?

I. Kapitel: ***Ausgangssituation I***

Wirtschaftsstrukturelle Ausgangssituation: Welche Priorität muß in Bremen landespolitisch der Suche nach wirtschaftlichen Wachstumsbereichen (mit positiven Nettobeschäftigungseffekten) überhaupt eingeräumt werden?

I. Kapitel: ***Ausgangssituation II***

Ist die Logistik gegenwärtig und zukünftig global als ein gesamtwirtschaftliches Wachstumssegment einzustufen, an welchem Regionen (also bspw. auch Bremen) unter bestimmten Voraussetzungen in Form von wirtschaftsstrukturellen (Beschäftigungs-) Impulsen partizipieren können?

II. Kapitel: ***Sekundärstatistische Operationalisierung***

Wie kann der bisher sekundärstatistisch noch nicht allgemeinverbindlich erfaßte Querschnittssektor „Logistik“ operationalisiert und damit für analytische Untersuchungen nutzbar gemacht werden?

III. Kapitel: ***Der Logistiksektor in Bremen I***

– eine quantitative Analyse –

Können Standort und Sektor in solchem Maße wechselseitig Nutzen aus dem gemeinsamen ("symbiotischen"?) Miteinander ziehen, daß hierüber ein dauerhaftes, dynamisches Wachstum (i.w.S.) eingeleitet werden kann?

IV. Kapitel: ***Der Logistiksektor in Bremen II***

(Die Clusterformation)

– eine qualitative Analyse/Teil I –

Gibt es in Bremen ein wettbewerbsfähiges Logistikcluster, dessen interne Strukturen das Potential aufweisen, die wirtschaftsstrukturelle Lage in der Region zu stabilisieren und zu verbessern?

IV. Kapitel: ***Der Logistiksektor in Bremen III***

(Das strategische Kooperationsnetzwerk)

– eine qualitative Analyse/Teil II –

Gibt es im Bremer Logistiksektor ein Netzwerk strategischer Kooperationen, welches die Aufwertung des Standortes zu einem nationalen „Center of Competence“ im Bereich Logistik unterstützt?

V. Kapitel: **Schlußfolgerungen**

Können im Abgleich der einleitenden Fragestellung mit den gewonnenen Ergebnissen den privaten und öffentlichen Akteuren Handlungsoptionen zur Entwicklung der lokalen Logistikbranche und hierüber der wirtschaftsstrukturellen Entwicklung der Region gegeben werden und wenn ja, wie sehen diese aus?

Aufbauend auf der grundlegend zu klärenden Fragestellung, ob der Logistiksektor eine Stärke des Standortes Bremen ist und Potential für regionale Beschäftigungsimpulse birgt, soll im *I. Kapitel* Aufschluß über die gegenwärtige wirtschaftsstrukturelle Situation des Landes, der daraus hervorgehenden arbeitsmarktspezifischen Erfordernisse und der diesbezüglich der Logistikbranche als solcher, sowohl auf gesamtwirtschaftlicher als auch auf regionaler Ebene, innewohnenden Entwicklungschancen erlangt werden. Nach einer einleitenden Betrachtung der Wirtschaftsräume Bremen und Hamburg sowie dem alten Bundesgebiet anhand gängiger Indikatoren (Arbeitslosenquote, BIP etc.) steht der Prozeß der Suburbanisierung im Mittelpunkt des analytischen Interesses der ersten Hälfte dieses Kapitels. Viele Kernstädte sind von den seit Mitte der 60er Jahre anhaltenden Suburbanisierungsprozessen in erheblichem Ausmaß negativ betroffen. Aufgrund einer auf steigenden Einwohnerzahlen basierenden, zunehmenden Nachfrage im Umland und einer für viele Wirtschaftszweige höheren Attraktivität desselben, welche aus den negativen externen Effekten im Zuge der zunehmenden Verstädterung der Kernstädte hervorgeht, verlieren die Kernstädte immer mehr Arbeitsplätze an das Umland. Mit Hilfe eines Rechenmodells läßt sich – auf Ebene der Wirtschaftsunterabteilungen – die jeweilige Ursache (s.o.) für die suburbanisierungsbedingten Arbeitsplatzverluste/-gewinne der Kernstadt gegenüber ihrem Umland (vice versa) bestimmen, was Hinweise auf potentielle Ansatzpunkte für regionalpolitische Handlungsmaßnahmen gibt. Vor dem Hintergrund, daß das Land Bremen ein auf dem Gebiet Logistik stark vorgeprägter Raum ist, erfolgt in der zweiten Hälfte des Kapitels eine theoretische Auseinandersetzung mit dieser Branche, aus der ihre gegenwärtige und zukünftige Bedeutung innerhalb der globalen Wertschöpfungszusammenhänge abgeschätzt werden soll. Das mit diesem Arbeitsschritt verfolgte Ziel ist die Klärung der Frage, ob die Logistikbranche als solche das Potential birgt, ihre dynamische Wachstumsentwicklung der letzten 2-3 Dekaden auch zukünftig fortzusetzen und – sollte das der Fall sein – ob das Land Bremen (beispielsweise durch Investitionsprogramme in diesem Bereich) daran in Form von wirtschaftsstrukturellen Impulsen partizipieren kann.

Um das wirtschaftsstrukturelle Potential der Logistik in der Region Bremen jedoch detailliert herausarbeiten und bewerten zu können, bedarf es innerhalb des *II. Kapitels* der Entwicklung einer Methode zur Operationalisierung des bisher sekundärstatistisch nicht erfaßten Querschnittssektors Logistik. Die entwickelte Methode basiert in der Hauptsache auf einer Verschneidung der logistikrelevanten Teilbereiche aus der institutionellen Statistik (Wirtschaftszweige) mit jenen aus der funktionalen Statistik (Berufsordnungen) auf Basis der *sozialversicherungspflichtig Beschäftigten*. Ein durch die Umstellung in der Methode der Datenerhebung auftretendes Problem von inkonsistenten Zeitreihen soll mit Hilfe des computergestützten Matrizenausgleichsverfahrens FRATAR, welches einen

"Umsteigeschlüssel" zur Harmonisierung der Daten liefern kann, gelöst werden. Da aber nicht davon auszugehen ist, daß alle nach der Umschlüsselung in der Matrix ausgewiesenen sozialversicherungspflichtig Beschäftigten in der Realität logistikrelevanten Tätigkeiten nachgehen (sie bilden vielmehr Logistikpotential ab), ist das Einbringen von Gewichten in die Matrix – ebenfalls mit Hilfe von FRATAR – zur Erfassung des Sektors unumgänglich. Diese Gewichte stellen die logistischen Anteile der logistikrelevanten Wirtschaftszweige und Berufsordnungen dar und werden auf Grundlage der Ergebnisse einer Unternehmensbefragung sowie eingeholter Expertenurteile ermittelt. Am Ende des Kapitels sollte die sekundärstatistische Erfassung des Querschnittssektors Logistik stehen, die die Grundlage für die in den nachfolgenden Kapiteln vorgesehenen Analyseschritte bildet.

Der analytische Schwerpunkt des *III. Kapitels* wird auf der Durchführung einer Shift-Share-Analyse des nunmehr sekundärstatistisch verfügbaren Logistiksektors liegen. Sie wird zeigen, auf welche Art und Weise und mit welcher Intensität die vorhandenen standortspezifischen Faktoren (räumliche Lage, Regionstyp, Branchenmix und regionale Infra-/Suprastruktur) die Entwicklung der Unternehmen des Sektors beeinflussen, d.h. diese fördern oder behindern. Nach einer ersten, im wesentlichen deskriptiven Methode zur Darstellung von Stärken und Schwächen im Bremer Logistiksektor in Form einer 4-Felder-Matrix, setzt die Shift-Share-Analyse an der Frage an, wieso die Beschäftigungsentwicklung im Zeitraum von 1990 bis 2000 in den logistikrelevanten Wirtschaftszweigen in Bremen häufig deutlich abweichend zu jener auf der Bundesebene (bzw. auch Hamburg als regionaler Vergleichsraum) verlaufen ist. Was ist der Grund dafür, daß in einigen Teilsegmenten des Logistiksektors in Bremen erheblich höhere Zuwachsraten als im Bund oder auch in Hamburg erreicht werden konnten, andere Bereiche jedoch massiv hinter der Entwicklung in den beiden Vergleichsräumen zurückblieben? Die Analyse umfaßt insgesamt fünf aufeinander aufbauende Arbeitsschritte. Der *erste* Schritt, die *gesamtwirtschaftliche Shift-Share-Analyse*, vergleicht die Entwicklung des Gesamtsektors in Bremen (bzw. Hamburg) mit jener im Bund und gibt ersten Aufschluß darüber, welcher Teil des Faktors "Struktur" (d.h. die Wirtschaftsstruktur/der Branchenmix oder die Standortbedingungen) für gegebenenfalls vorhandene räumliche Wachstumsunterschiede ursächlich verantwortlich ist. Der *zweite* Schritt, die *teilsektorale Shift-Share-Analyse*, geht weiter ins Detail, indem hier nicht die Entwicklung des Gesamtsektors, sondern das Wachstum der einzelnen, den Sektor bildenden Teilsegmente (d.h. die logistikrelevanten Wirtschaftszweige) in o.g. Weise ermittelt wird. Hiermit können Aussagen darüber getroffen werden, ob und wenn ja, welche Teilsektoren das ermittelte Ergebnis für den Gesamtsektor prägen und dominieren. Bis hierher wurde methodisch nur die wirtschaftsstrukturelle Entwicklung auf gesamträumlicher Ebene (Bund) auf die Region (Bremen, Hamburg) transferiert. Ziel des *dritten* Analyseschrittes – die *Erweiterung der Komponente "Strukturfaktor"* – ist es, die *Bedeutung* der einzelnen Teilsektoren für das Beschäftigungswachstum in der jeweiligen Region herauszuarbeiten. Hierzu wird – gemessen am Bundesdurchschnitt – sowohl die jeweilige Wachstumsdynamik jedes einzelnen logistikrelevanten Wirtschaftszweiges ermittelt als auch seine Präsens in der Region berechnet. Mit dieser Vorgehensweise sollen in erster Linie eindeutige Standortstärken herausgefiltert werden, d.h. vornehmlich die Wirtschaftszweige, die eine positive Entwicklungsdynamik mit einer gleichzeitig starken Präsenz in der Region verbinden. Hauptbestandteil des *vierten* Arbeitsschrittes ist die *"rückwärts" gerechnete Shift-Share-Analyse*. Mit ihr kann überprüft werden, ob die *Ausgangssituation* angesichts der beobachteten gesamträumlichen Entwicklung im Untersuchungszeitraum für die jeweilige Region positiv oder negativ einzustufen war. Mit anderen Worten kann hiernach die Frage beantwortet werden, ob sich die regionale Strukturqualität mit der Entwicklung von 1990 auf 2000 insgesamt verbessert oder verschlechtert hat. Der *fünfte* Analyseschritt beschäftigt sich mit der Berechnung des sogenannten *Allokationseffektes*. Mit seiner Hilfe kann eine trennscharfe Abgrenzung der Struktureffekte von den Standorteffekten erreicht werden, die in den vorangegangenen Arbeitsschritten in Teilbereichen noch zu stark verwoben waren, um eindeutige Ergebnisse zu erzielen, aus denen sich tragfähige Handlungsoptionen zur wirtschaftsstrukturellen Entwicklung ableiten ließen. Am Ende dieses Kapitels kann dann, auf Grundlage aller innerhalb der Shift-Share-Analyse gewonnenen Ergebnisse, eine abschließende Bewertung des Standortes (bzw. seiner Strukturen) und *seines* Einflusses auf die Entwicklung der Logistikbranche in der Region vorgenommen werden.

Neben diesen traditionellen Faktoren der unternehmerischen Standortwahl sind es aber vor allem auch die formellen und informellen Beziehungen der regionalen Akteure untereinander und das sich aus diesem Miteinander ergebende (im besten Fall produktivitätssteigernde) Umfeld, das wesentlich auf die Standortattraktivität Einfluß nimmt und als Entscheidungskriterium spätestens seit Anfang der 90er Jahre nicht nur ins Bewußtsein der Entscheidungsträger in den Vorstandsetagen der Unternehmen, sondern auch in das der Regionalplaner und Wirtschaftsförderer gerückt ist. Im *IV. Kapitel* wird aus diesem Grund, aufbauend auf den Erkenntnissen aus der schon zuvor erwähnten Befragung bremischer logistikrelevanter Akteure, eine Analyse dieser Beziehungen sowohl auf der funktionalen Ebene (d.h. der Ebene eines Clusters) als auch auf der Ebene der strategischen Kooperationsbeziehungen (d.h. der Ebene eines Netzwerkes) durchgeführt werden. Unter Nutzung des Computerprogramms UCINET werden die innerhalb der Unternehmensbefragung gewonnenen Informationen in Matrizen überführt, welche im Folgenden die Grundlage für die Berechnung von verschiedenen Beziehungsparametern darstellen. So stehen neben der *Dichte*, *Kö-*

hasion und *Zentralität* des jeweiligen Netzes (d.h. des Clusters oder des darauf aufbauenden Netzwerkes strategischer Kooperationsbeziehungen) vor allem die *akteursbezogenen* Zentralitätsmaße *Degree*, *Betweenness* und *Closeness* im Mittelpunkt der Analyse. Diese, jeweils nach den unternehmensspezifischen Kriterien Beschäftigungsgrößenklasse, Umsatzgrößenklasse und Umsatzentwicklung berechneten Maße liefern einen detaillierten Einblick in die internen Strukturen des Clusters und Netzwerkes des Bremer Logistiksektors. Sie geben Aufschluß über die Qualität und die Entwicklungsstufe des jeweiligen Beziehungsnetzwerkes, was Rückschlüsse auf das Vorhandensein bzw. auch die Umsetzbarkeit von endogen im Sektor enthaltener Entwicklungspotentialen zuläßt. Ergänzend zu den Schlußfolgerungen des III. Kapitels ermöglichen die Ergebnisse dieses Kapitels eine abschließende Bewertung des *Beziehungsgeflechts der logistikrelevanten öffentlichen und privaten Akteure* und der hieraus hervorgehenden Einflüsse auf die Entwicklung der Logistikbranche in der Region Bremen.

Das *V. Kapitel* beschließt die Arbeit mit einer kurzen Zusammenfassung aller wichtigen Ergebnisse der vorangegangenen Untersuchung und zeigt auf dieser Grundlage Handlungsoptionen auf, die geeignet erscheinen, dem Land Bremen über die lokale Logistikbranche wirtschaftsstrukturelle Impulse zu induzieren. Ziel dieser Optionen ist es, Vorhaben zu initiieren, an deren Ende – sozusagen als Resultat – eine anhaltende Reduzierung der Zahl der Erwerbslosen im Land Bremen steht.

I. Kapitel

Regionaler Strukturwandel – Städte mit strukturellen Problemen

1. Einleitung

Im I. Kapitel dieser Arbeit soll in der ersten Hälfte aufgezeigt werden, in welchem Ausmaß das Land Bremen – vor allem unter Berücksichtigung seines besonderen Status als Stadtstaat – im Bereich des Arbeitsmarktes die Auswirkungen der wachsenden Standortkonkurrenz im Zuge der sich international verändernden Rahmenbedingungen (technologische Innovationen, politische Abkommen usw.) spürt. Welche Attraktivität haben die ortsgebundenen, immobilen Standort- bzw. Produktionsfaktoren für Unternehmen und inwieweit verfügen sie über die Fähigkeit, ortsungebundene, mobile Faktoren zu halten oder anzuziehen?[1] Mittels eines Berechnungsmodells (Punkt 2.3) wird es möglich sein, die Attraktivität Bremens (bzw. auch die von Hamburg als Quervergleichsmöglichkeit) für bestimmte Wirtschaftszweige zu „messen" bzw. zu quantifizieren, um hierüber erste Erkenntnisse in bezug auf vorhandene strukturelle Stärken/Schwächen des Standortes zu erhalten. In der zweiten Hälfte des Kapitels geht es in der Hauptsache um die Frage, welche Bedeutung die Logistik (in Bremen ein Wirtschaftszweig mit langer Tradition) zukünftig innerhalb der in der Summe zunehmend globaler organisierten Produktionsprozesse einnehmen wird und ob insbesondere Standorte/Regionen mit bereits ausgebildeten Logistikkompetenzen aus einem Bedeutungsgewinn positive Struktureffekte ziehen können.

Bevor jedoch den o.g. Fragen nachgegangen wird, ist eine kurze Einführung in die beiden, in dieser Arbeit im Mittelpunkt stehenden Wirtschaftsräume Bremen und Hamburg sinnvoll, aus der – anhand einiger Kernindikatoren – ihre derzeitige strukturelle Situation sowie ihre in den letzten zehn Jahren (1990-2000) durchlaufene Entwicklung ersichtlich wird.

Die in der nachfolgenden Tabelle 1 anhand der Kennziffern ausgewiesene strukturelle Situation und Entwicklung der beiden Stadtstaaten Bremen und Hamburg zeigt ein auf unterschiedlichem Niveau befindliches, im großen und ganzen jedoch sehr ähnliches Bild, welches sich nur in einigen wenigen (wenn auch für die Einschätzung der Ausgangssituation entscheidenden) Facetten unterscheidet.

Einige bei der Analyse der ermittelten Kennzahlen augenfällige Besonderheiten in der Wirtschaftsstruktur sind darauf zurückzuführen, daß es sich bei beiden Untersuchungsräumen um *Stadtstaaten* handelt, d.h. um administrativ (eng) be-

[1] Vgl. Frey 2000, S. 4.

grenzte räumliche Einheiten, welche in der Fläche im Prinzip fast gänzlich durch ein urbanes Zentrum (inklusive seiner städtischen Rand- bzw. Übergangsbereiche zum ländlichen Raum) dominiert werden. So lag die Bevölkerungsdichte in beiden Ländern im Jahr 2000 mit 1.633 Einwohnern/km^2 (Bremen) und 2.271 Einwohnern/km^2 (Hamburg) erheblich über dem Bundesdurchschnitt (alte und neue Bundesländer) mit 230 Einwohnern/km^2. Damit gehören die Länder Bremen und Hamburg mit zu den verdichtetsten Räumen in der Bundesrepublik – was in dem jeweiligen Status des Stadtstaates begründet liegt.

Tabelle 1: Die Wirtschaftsräume Bremen und Hamburg im Überblick

Wirtschaftskennziffern im Überblick						
Region / **Kennziffer**	Bremen		Hamburg		Bundesgebiet-West	
	1990 (1991)[1]	2000	1990 (1991)[1]	2000	1990 (1991)[1]	2000
Einwohner (Stand: 31.12.)	*681.665*	*660.225*	*1.652.363*	*1.715.392*	*64.529.000*[2]	*68.409.654*[2]
Arbeitslose (Stand: 2000/Durchschnitt)	*38.905*	*41.128*	*75.493*	*74.655*	*1.883.147*	*2.529.374*
Arbeitslosenquote (Stand: 31.12.)	*13,5%*	*14,2%*	*10,5%*	*10,0%*	*6,4%*	*7,8%*
Offene Stellen	*3.453*	*5.088*	*8.218*	*11.272*	*313.604*	*451.900*
Bruttoinlandsprodukt - nominal - (in Mio. DM)[3]	*34.954*	*43.189*	*107.353*	*142.058*	*2.735.371*[2]	*3.539.957*[2]
Bruttowertschöpfung/in %: Land- und Forstwirtschaft, Fischerei[4]	*0,33*	*0,29*	*0,28*	*0,23*	*1,25*[2]	*1,03*[2]
Bruttowertschöpfung/in %: Produzierendes Gewerbe Inklusive Baugewerbe[5]	*32,90*	*29,84*	*22,22*	*17,46*	*36,67*[2]	*30,30*[2]
Bruttowertschöpfung/in %: Handel und Verkehr[6]	*23,46*	*22,40*	*25,94*	*24,59*	*17,75*[2]	*17,42*[2]
Bruttowertschöpfung/in %: Sonstige Dienstleistungen[7]	*43,31*	*47,47*	*51,66*	*57,72*	*44,34*[2]	*51,26*[2]

[1]: Die Angaben zur Bruttowertschöpfung sind für 1991, da im Berichtjahr 1995 eine Umstellung der Daten- bzw. Erhebungssystematik erfolgte und eine Umstellung älterer Daten nur bis einschließlich 1991 vorgenommen wurde; [2]: inklusive Ost-Berlin; [3]: Die Angaben zur Bruttowertschöpfung erfolgen innerhalb der Tabelle *immer* in jeweiligen Preisen; [4]: Wirtschaftszweigsystematik 1993 (WZ 93): Abteilungen A und B; [5]: WZ 93: Abteilungen C bis F; [6]: WZ 93: Abteilungen G bis I; [7]: WZ 93: Abteilungen J bis P.

Quelle: Statistisches Bundesamt, Statistisches Landesamt Bremen, Statistisches Landesamt Hamburg.

Etwas differenzierter sieht die Lage hinsichtlich der Bevölkerungsentwicklung in den Untersuchungsregionen aus. Während in den alten Bundesländern (inklusive Ost-Berlin) die Bevölkerung im Zeitraum von 1990 bis 2000 um 6% zunahm, betrug das Wachstum in Hamburg nur noch 3,8% und in Bremen schrumpfte die Bevölkerungszahl sogar um rund 3,2%. Wenn davon auszugehen ist, daß die Bevölkerung das produktive Potential einer Region darstellt, so ist die Entwicklung aus der wirtschaftlichen Sicht Hamburgs im Vergleich zu Westdeutschland ungünstig und im Fall von Bremen schlecht verlaufen.

Hinsichtlich der Arbeitsmarktdaten ist ebenfalls ein deutlicher Unterschied zwischen den beiden Wirtschaftsräumen Bremen und Hamburg festzustellen. So stieg die Arbeitslosenquote in Westdeutschland innerhalb des Untersuchungszeitraumes von 6,4% auf 7,8% – ein Anstieg um 1,4 Prozentpunkte. In Bremen fiel der Anstieg mit 0,7 Prozentpunkten zwar niedriger aus, jedoch befand sich die Quote 1990 schon auf einem deutlich höheren Niveau von 13,5%. Das Land Hamburg dagegen war im selben Zeitraum – entgegen dem Bundestrend – in der Lage, seine Arbeitslosenquote um 0,5 Prozentpunkte auf 10,0% im Jahr 2000 zu reduzieren.

In Verbindung mit den gemeldeten offenen Stellen verschärft sich die Arbeitsmarktsituation in Bremen weiter. So konnte in Bremen die Quote der Zahl der Arbeitslosen je gemeldete offene Stelle von 11 (1990) auf 8 (2000) reduzieren werden, doch liegt das Land damit noch deutlich hinter dem Bund, in welchem im Jahr 2000 auf jede offene Stelle 5,5 Arbeitslose entfielen (1990 lag das Verhältnis hier bei 6:1). In Hamburg, das diesbezüglich eine günstigere Ausgangssituation vorzuweisen hatte, reduzierte sich die Quote im selben Zeitraum – etwa im selben Umfang – von 9:1 auf 6:1, womit hier (im Gegensatz zu Bremen) in etwa das Niveau Westdeutschlands erreicht worden ist.

Die Zahlen machen deutlich, daß die Arbeitsmarktlage in Bremen im Vergleich zur Situation in Westdeutschland insgesamt als überdurchschnittlich schwach bezeichnet werden muß und hier in Zukunft eine große Herausforderung für das Land zu liegen scheint.

Die wirtschaftlichen Indikatoren ergänzen und spezifizieren das oben aufgezeigte Bild. So zeigt die Entwicklung des Bruttoinlandsproduktes für Bremen einen relativen Rückstand, für Hamburg dagegen einen relativen Vorsprung gegenüber dem Vergleichsraum Westdeutschland auf. Während das Bruttoinlandsprodukt in Westdeutschland im Untersuchungszeitraum nominal um 29,4% anwuchs, konnte in Bremen nur ein Zuwachs von 23,6% realisiert werden. Das Land Hamburg übertraf das Bundesergebnis um 2,9 Prozentpunkte (von 1990 auf 2000: +32,3%).

Ein Blick auf die einzelnen sektoralen Wertschöpfungsanteile läßt erste strukturelle Stärken und Schwächen der Wirtschaftsräume erkennen. So stellt sich Hamburg eindeutig als tertiärer Verdichtungsraum dar, in welchem der Anteil des Bereiches der *sonstigen Dienstleistungen* eine dominierende Stellung einnimmt. Der Anteil stieg von 51,7% (1990) auf 57,7% (2000). Gleichzeitig reduzierte sich der Anteil der Bruttowertschöpfung im Bereich des produzierenden Gewerbes mit einem Minus von 4,7 Prozentpunkten (auf rund 17,5%) vergleichsweise drastisch. In bezug auf die gesamtwirtschaftliche Entwicklung innerhalb der letzten Dekade hat in Hamburg ein positiv zu bewertender Strukturwandel stattgefunden, welcher vergleichsweise günstiger als jener im westdeutschen Bundesdurchschnitt verlaufen ist. Der im Vergleich zu Westdeutschland überdurchschnittlich hohe Anteil im Bereich Handel und Verkehr ist – wie auch in Bremen – traditionell gewachsen und findet sich vor allem in der Schiffahrt inklusive der Häfen sowie im Großhandel wieder. Der unterdurchschnittlich niedrige Anteil im Bereich Land- und Forstwirtschaft sowie Fischerei ist wiederum in beiden Ländern auf ihr Konstrukt als Stadtstaat zurückzuführen, in dessen eng begrenztem, vornehmlich urban geprägten Raum, flächenextensive Landwirtschaft mit der Zeit verdrängt wurde und heute (mit weiter abnehmender Tendenz) nur noch am Stadtrand in Form von fragmentierten Überresten zu finden ist. In Bremen stellt sich die strukturelle Entwicklung der vergangenen zehn Jahre im Vergleich zum Bund und, in Verbindung damit, die derzeitige wirtschaftliche Situation tendenziell gut, aber doch deutlich schlechter als in Hamburg dar. Wichtigster Unterschied zwischen den beiden Standorten ist, daß einerseits in Bremen der Anteil der Bruttowertschöpfung im produzierenden Gewerbe mit 29,8% deutlich über jenem in Hamburg (17,5%) und nur knapp unter jenem im Bund liegt. Andererseits sich der Anteil im Bereich der sonstigen Dienstleistungen mit 47,5% deutlich unter dem in der Bundesrepublik (West) und noch deutlicher unter dem Hamburger Anteil (57,7%) in diesem Wirtschaftsbereich befindet. In beiden Bereichen folgt die Entwicklung jener auf Bundesebene, ist tendenziell aber jeweils viel schwächer ausgebildet. Auch hier ist demnach der Bremer Wirtschaft ein Nachteil gegenüber dem Bundestrend zu attestieren.

Überdies macht *Meyer*[2] bezüglich des Standortes Bremen[3] weitere, die strukturelle Entwicklung negativ beeinflussende bzw. zum Teil sogar blockierend wirkende Defizit deutlich:

a) *ein insgesamt hohes industrielles Alter der Unternehmen des Verarbeitenden Gewerbes* (in der Summe fehlende wachstumsstarke Industriezweige mit hohem Innovationspotential und einem auf dem neusten Stand befindlichen Ausrüstungsniveau),
b) *ein relatives Defizit an kleinen und mittleren Unternehmen, sog. KMUs* (so sind die Großbetriebe [≥ 250 Beschäftigte] hinsichtlich Betriebs- und Beschäftigtenanzahl in Bremen im Verhältnis zum Westdeutschen Durch-

[2] Vgl. Meyer 2002, S. 130-133.
[3] Für den Standort Hamburg liegen in diesem Zusammenhang keine aktuellen Zahlen vor.

schnitt über- und vor allem Kleinbetriebe [≤ 50 Beschäftigte] unterrepräsentiert. Die durchschnittliche Betriebsgröße ist in Bremen im Vergleich zu Westdeutschland in allen Wirtschaftsbereichen – vor allem im Verarbeitenden Gewerbe – höher)[4] und

c) *eine geringe Autonomie der Großbetriebe* (geringe Entscheidungskompetenzen, da Steuerung und Lenkung über überregionale Unternehmens- und Konzernzentralen erfolgt[5] – relativ geringe Dichte an Hauptniederlassungen in Bremen; Ansiedelung und Weiterentwicklung höherwertiger Unternehmenssegmente erfolgt in der Regel in der Nähe der Zentralen).

Bei einer relativen Dominanz von Großunternehmen altindustriell geprägter und damit häufig eher wachstumsschwächerer Wirtschaftszweige mit einem überdurchschnittlichen Besatz an Arbeitnehmern an einem Standort besteht die Gefahr, daß diese aufgrund mangelnder Wettbewerbsfähigkeit langfristig eine zunehmende Zahl an Beschäftigten freisetzen – zumal ein Mangel an autonomer Entscheidungskompetenz eine regionalpolitische Beeinflussung deutlich erschwert. In einem solchen Fall wirkt sich ein KMU-Defizit in besonderem Maße standortschwächend aus, weil gerade diese „... aufgrund ihrer Flexibilität, Anpassungsfähigkeit und Innovationstätigkeit als Motor der wirtschaftlichen Entwicklung und des Strukturwandels *gelten* [Anm. d. Verf.]“.[6] Als herausragende Negativbeispiele der Vergangenheit Bremens seien hier der Bremer Vulkan, Nordmende und die AG-Weser zu nennen.

Nach dieser kurzen Darstellung der strukturellen Ausgangssituation der Wirtschaftsräume soll im Folgenden einer der die Raum- und Wirtschaftsstruktur einer Region wesentlich beeinflussenden und damit regionalpolitisch beständig in der Diskussion stehenden Prozesse aufgezeigt und analysiert werden – der der Suburbanisierung.

Es muß an dieser Stelle ausdrücklich darauf hingewiesen werden, daß die nachfolgende Auseinandersetzung mit dem Themengebiet der (Arbeitsplatz-) Suburbanisation im wesentlichen dazu dient, die sich aus diesem Prozeß im Bereich des Arbeitsmarktes ergebenden *Herausforderungen* für das Land Bremen aufzuzeigen. Eine mögliche wirtschaftspolitische Reaktion auf die spürbaren suburbanisierungsbedingten Arbeitsplatzverluste der letzten Dekade kann darin bestehen, den traditionell am Standort Bremen stark vertretenen Logistiksektor zu fördern und dessen Rahmenbedingungen zu verbessern, um durch die Schaffung neuer Arbeitsplätze in dieser Branche den Verlusten in anderen Bereichen entgegen zu wirken. Die Arbeit dient im wesentlichen der *Überprüfung der Er-*

---

[4] Landsberg/Wehling 2002; S. 9 ff.

[5] Vgl. Kremer/Harmes-Liedke/Korflür 2000, S. 93; Maier/Tödtling 2001, S. 79.

[6] Meyer 2002, S. 130.

folgsaussichten dieser wirtschaftspolitischen Strategie. Die Thematisierung der in Deutschland häufig vorzufindenden, vielschichtigen Interessenkonflikte zwischen den Kernstädten und ihrer Umlandgemeinden findet nur am Rande statt.

2. Aus den Städten in die 'Fläche': Suburbanisierung der „Arbeit"

Ein für viele Städte seit einigen Jahrzehnten anhaltendes Problem ist das der räumlichen Dispersion von Arbeitsplätzen in die 'Fläche', d.h. über die administrativen Stadtgrenzen hinaus ins direkte Umland und in den ländlichen Raum. Häufig sind die Städte (insbesondere kreisfreie Städte) nicht bzw. nicht mehr in der Lage, Unternehmen ein insgesamt attraktives Umfeld zu bieten, um Abwanderungen zu verhindern bzw. die Standortwahl eines Neugründers zu ihren Gunsten zu entscheiden. Die hierdurch für viele Städte entstehenden Probleme haben zum Teil drastische Auswirkungen auf ihre Handlungsfähigkeit oder gar darüber hinaus auf ihre Eigenständigkeit. In erster Linie handelt es sich um stagnierende oder sinkende kommunale Einnahmen (im wesentlichen Steuereinnahmen[7]) in Verbindung mit steigenden Ausgaben in Folge zunehmender Belastung (erhöhte Arbeitslosigkeit etc.), vor allem im Bereich der sozialen Systeme bzw. der haushaltsorientierten städtischen Infrastruktur durch steigende Durchschnittskosten aufgrund sinkender Auslastungsquoten.[8] Viele Städte sind unter Zuhilfenahme unterschiedlichster Aktionsprogrammen bemüht, diese gesamträumlich zu beobachtende Entwicklung im jeweils spezifischen Fall zu stoppen und den Trend umzukehren, um die Entstehung jährlich wachsender Haushaltsdefizite und die damit einhergehende schwindende Handlungsfähigkeit abzuwenden.

Nach einer Einführung in den modelltheoretischen Rahmen wird die gesamträumliche Situation in Deutschland aufgezeigt, um auf dieser Basis die Prozesse in der Region Bremen und (als Vergleich) der Region Hamburg zu untersuchen.

2.1 Eine theoretische Einführung

Spätestens seit Mitte der 60er Jahre ist innerhalb der siedlungsstrukturellen Entwicklung von Verdichtungsräumen in Deutschland ein Prozeß zu beobachten, der in der wissenschaftlichen und politischen Debatte als „Suburbanisierung" bezeichnet wird. Unter Suburbanisierung ist hierbei im allgemeinen die

> „Verlagerung von Nutzungen und Bevölkerung aus der Kernstadt, dem ländlichen Raum oder anderen metropolitanen Gebieten in das städtische Umland bei gleichzeitiger Reorganisation der Verteilung von Nutzung und Bevölkerung in der gesamten Fläche des metropolitanen Gebietes"[9]

---

[7] Hierbei handelt es sich um Verluste an Einkommens- und Gewerbesteuer.

[8] Vgl. Mäding 2001, S. 109-120.

[9] Friedrichs 1995, S. 99.

zu verstehen. Als *Kernstadt* ist dabei die durch administrative Grenzen trennscharf abgegrenzte eigentliche Stadt zu sehen (engl.: central city), die mit ihrem *städtischen Umland* (engl.: suburban zone), einem mehr oder weniger breiten, um die Kernstadt liegenden Siedlungsband (auch *suburbanes Umland* genannt), eng verflochten ist. Dieses Umland, welches sich vollständig außerhalb der administrativen Grenzen der Kernstadt befindet, muß dieser aber aufgrund der engen Verflechtungen funktional zugerechnet werden. Beide Raumeinheiten zusammen bilden das *metropolitane Gebiet* (häufig auch als *Stadtregion* oder *Agglomeration* bezeichnet). Der Bereich, der räumlich dem städtischen Umland nachfolgt, wird innerhalb der oben angeführten Definition als *ländlicher Raum* bezeichnet (die Außengrenze ist hierbei nicht definiert). Dieser ist funktional in der Regel nur noch schwach, d.h. in geringem Umfang mit der Kernstadt verbunden.

Abbildung 1: Skizze der maßgeblichen Prozesse der Suburbanisierung[1,2]

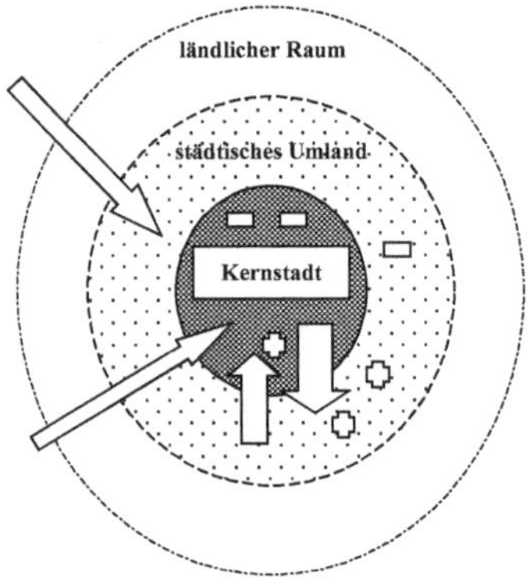

a) Quantitativ höhere Verluste an Unternehmen/Arbeitsplätzen in der Kernstadt im Vergleich zum städtischen Umland (bedingt durch Abwanderungen und Stillegungen).

b) Höherer quantitativer Zugewinn an Unternehmen/Arbeitsplätzen im städtischen Umland gegenüber der Kernstadt im Zuge von Außenwanderungsprozessen (Unternehmen verlagern ihren Standort aus anderen *inländischen* und/oder *ausländischen* Regionen in das städtische Umland und/oder der Kernstadt).

c) Höherer quantitativer Zugewinn an Unternehmen/Arbeitsplätzen im städtischen Umland gegenüber der Kernstadt im Zuge von Binnenwanderungsprozessen (Unternehmen verlagern ihren Standort innerhalb der Stadtregionen, d.h. aus dem städtischen Umland in die Kernstadt und vice versa).

[1] = Dargestellt am Beispiel der Arbeitsplatzsuburbanisierung.
[2] = Die erwähnten Prozesse laufen weder isoliert voneinander ab, noch sind damit die Mobilitätsprozesse in ihrer Gänze beschrieben (beispielsweise: Verlagerungsprozesse innerhalb eines Gebietes etc.)
Die Breite der Pfeile spiegelt die relative Anzahl der Verlagerungen wider.
Quelle: Eigene Darstellung in Anlehnung an Gaebe 1987, S. 162.

Diese dargestellten Prozesses münden mit Blick auf die Raumstruktur alle im selben Ergebnis, nämlich (bezogen auf den regionalen Arbeitsmarkt) dem relativen Bedeutungsrückgang der Städte gegenüber ihrem jeweiligen Umland. Ein in

Deutschland bis heute anhaltender Dekonzentrationsprozeß von Bevölkerung und Arbeitsplätzen sorgt flächendeckend für eine voranschreitende Ausdehnung der Städte in das (suburbane) Umland bzw. darüber hinaus in den ländlichen Raum bei gleichzeitiger Verdichtung der wechselseitigen Verflechtungsbeziehungen (wobei die Umlandgemeinden häufig in besonderem Maße von den Funktionen, welche die Kernstadt als Ort höherer Zentralität bereitstellt, profitieren; der Nutzen aus dieser Beziehung ist also für Stadt und Umland häufig nicht gleichwertig).[10]

So sank die Zahl der Bevölkerung und Arbeitsplätze laut Bundesamt für Bauwesen und Raumordnung (BBR) im Zeitraum von 1993 bis 1998 in den Kernstädten um etwa 6%, während sie gleichzeitig im suburbanen und ländlichen Raum um 4% zunahm.[11] Ergebnis dieser Entwicklung ist ein flächenhafter sukzessiver Verstädterungsprozeß, in dem sich einerseits die traditionellen Stadt-Land Unterschiede durch eine funktionale Anreicherung der Umlandgemeinden auflösen, d.h. die Lebensbedingungen sich immer stärker angleichen, andererseits aber auch die Probleme der flächenextensiven Zersiedelung, der Bevölkerungssegregation (selektive Migration) und einer damit einhergehenden Verschiebung der Finanzkraft der einzelnen Gebietskörperschaften (um nur die wichtigsten zu nennen) begründen.[12]

Modelltheoretisch ist die Suburbanisierung Teil eines als zyklisch angenommenen (räumlichen) Veränderungsprozesses in Industriestaaten. Das nachfolgende Phasenmodell von Agglomerationsräumen[13] soll dies verdeutlichen. So geht der Suburbanisierung als zweite Modellphase die Phase der Urbanisierung voraus, während die Phasen der Desuburbanisierung und Reurbanisierung ihr (in dieser Reihenfolge) nachfolgen. Hierbei stehen in den Phasen der Urbanisierung und Reurbanisierung Zentralisierungsprozesse und in den Phasen der Suburbanisierung und Desuburbanisierung Dezentralisierungsprozesse im Vordergrund.

Die einzelnen Phasen der siedlungsstrukturellen Veränderung laufen jedoch nicht zwangsläufig in der in der in Abbildung 2 dargestellten Reihenfolge ab. So können einzelne Prozesse beispielsweise parallel oder phasenverschoben verlaufen. Nach einer Phase der Urbanisierung folgt beispielsweise häufig – aber nicht notwendigerweise immer – eine Phase der Suburbanisierung.[14] Auch schließt die

[10] Hierbei sind jedoch deutliche Unterschiede im Verlauf der Suburbanisierung zwischen West- und Ostdeutschland, in dem dieser Prozeß erst nach der Wiedervereinigung einsetzte, festzustellen.
[11] Bundesamt für Bauwesen und Raumordnung 2000, S. 14 – zur Definition der Raumeinheiten: S. 25 ff.
[12] Vgl. Heinz 2000, S. 191, 246.
[13] Gaebe 1987, S. 160.
[14] Gaebe 1987, S. 159.

4. dargestellte Phase, die Reurbanisierung, den Zyklus nicht zwingend ab. Vielmehr ist bisher nicht absehbar, welche Prozesse, die die Struktur von Siedlungsräumen beeinflussen, hiernach einsetzen werden.

Abbildung 2: Phasenmodell siedlungsstruktureller Veränderungen in Industriestaaten

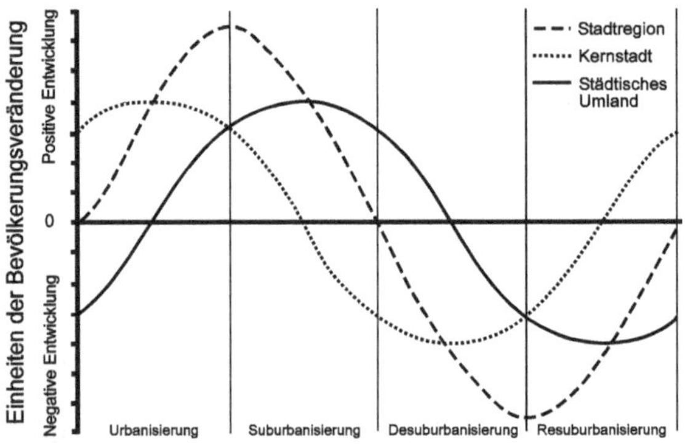

Stadtregion = Kernstadt + städtisches Umland.
Quelle: Eigene Darstellung, angelehnt an Gaebe 1987, S. 160.

Hinsichtlich der Abfolge von Verlagerungsprozessen innerhalb der Phase der Suburbanisierung setzt im allgemeinen[15] zuerst die *Bevölkerungssuburbanisation* ein, der dann (in modelltheoretischer Hinsicht idealtypisch) mit einer gewissen Zeitverzögerung die *Industrie-* und anschließend die *Gewerbesuburbanisation* (Suburbanisierung des *tertiären Sektors*) folgt.

Gründe für die einleitende *Bevölkerungssuburbanisierung*[16] sind im wesentlichen in der jeweiligen lokalen Wohnsituation zu sehen. Verschiedene Motive können bei einem Menschen den Wunsch nach einem potentiellen Wechsel des Wohnstandortes auslösen, was zu einem Prozeß der Abwägung von Vor- und Nachteilen (Push-/Pull-Faktoren)[17] einer solchen Handlung führt, welcher letztendlich, bei einem Überwiegen der Vorteile zugunsten eines Standortwechsels, in einem Fortzug/einer Verlagerung mündet.

In der Hauptsache sind es Veränderungen im Sozialstatus und/oder im Lebenszyklus, welche (ermöglicht vor allem durch den starken Mobilitätsanstieg im

---

[15] Auch hierfür zeigt das Beispiel der einsetzenden Suburbanisierung in Ostdeutschland Anfang der 90er, in welchem sich zuerst Handel und Gewerbe aus den Kernstädten in den suburbanen Raum verlagerte, daß die beschriebene Abfolge nicht zwingend ist.

[16] „Die Bevölkerungssuburbanisation ist verbunden mit einer *Umverteilung und Segregation der Bevölkerung*. Sie erfolgt durch Umzüge, innerregionale Wanderungen (Stadt-Umland-Wanderungen), interregionale und internationale Wanderungen und unterschiedliche Geburten- und Sterberaten in Kernstadt und Umland." (Gaebe 1987, S. 60).

[17] Push-Faktor/*Pull-Faktor*: Motiv, das für die Bevölkerung oder Wirtschaft abstoßend/*anziehend* wirkt und damit eine Wanderungsbewegung (Abwanderung/*Zuwanderung*) auslöst.

Zuge der flächendeckenden Ausstattung privater Haushalte mit Pkw bei gleichzeitig parallel verlaufendem, kontinuierlichen Ausbau der Verkehrswege)[18] eine Verlagerung des Wohnsitzes aus der Kernstadt in den suburbanen Raum initiieren. So bietet das Umland, neben ökologischen Gunstfaktoren wie mehr naturbelassener Grünflächen, besserer Luft, geringere Beeinträchtigung durch Lärm, überschaubareren Lebensverhältnissen und einer niedrigeren Wohn- und Bebauungsdichte, insbesondere auch eine deutlich günstigere qm^2-bezogene Relation zwischen Wohnfläche und Kauf- bzw. Mietpreis bei Beibehaltung der relativen räumlichen Nähe zur Kernstadt mit ihren Versorgungs-, Bildungs- und kulturellen Einrichtungen etc.[19]

Der Bevölkerungssuburbanisation folgt (modelltheoretisch) mit einem „timelag" von etwa einer Dekade die Verlagerung von Arbeitsplätzen[20] aus den Kernstädten in den suburbanen Raum.[21] Die Verlagerung von *industriellen Arbeitsplätzen* aus den Kernstädten heraus wurde letztlich vor allem durch den stetig steigenden Grad der Motorisierung und dem damit verbundenen Mobilitätszuwachs ermöglicht und gefördert. So führte einerseits die steigende Pkw-Verfügbarkeit zur Entkoppelung von Wohnen und Arbeiten.[22] Der Arbeitsplatz mußte sich nicht mehr zwangsläufig in direkter Nähe zum Wohnort befinden. Andererseits sorgte die Entwicklung des Lastkraftwagens und abnehmende Transportkosten für eine schrittweise Loslösung der Unternehmen von der Kernstadt.[23]

Gründe für das Abwandern von Unternehmen aus den Kernstädten waren u.a. ein steigender Flächenbedarf, welcher durch die Städte nicht mehr bedient werden konnte, hoher wettbewerbsbedingter Kostendruck (vor allem für flächenextensive Produktionsunternehmen), niedrigere Grundstückspreise im Umland, neue Produktionstechnologien und Probleme, verursacht durch die Nutzungsmischung und ansteigende räumliche Verdichtung (Nutzungs- und Investitionsbeschränkungen, hohe Verkehrsdichte etc.).

---

18 1998 besaßen 76% aller deutschen Haushalte mindestens einen Pkw (DIW 2000, Wochenbericht Nr. 9, S. 2).

19 Vgl. Zehner 2001, S. 136 ff.; Gaebe 1987, S. 63 ff.

20 Sowohl die *Industriesuburbanisierung* als auch die *Suburbanisierung des tertiären Sektors* setzt sich aus folgenden Komponenten zusammen: Neugründung und Stillegung von Betrieben; Wachstum und Schrumpfung bestehender Betriebe; interregionale Verlagerungen und intraregionale Verlagerungen (vgl. Sedlacek 1994, S. 64; Gaebe 1987, S. 95, 112-113).

21 Vgl. Zehner 2001, S. 141.

22 Häussermann/Siebel sehen hiermit auch einen Wertewandel in der Gesellschaft verbunden (nämlich nunmehr der Wunschvorstellung: „... daß unter Wohnen ein von beruflicher Arbeit getrenntes Leben der Freizeit, Erholung und des Konsums zu verstehen sei"), in welchem sie ein weiteres Motiv für die Bevölkerungssuburbanisation sehen (Häussermann/Siebel 1987, S. 74).

23 Vgl. Gaebe 1987, S. 95.

Um nicht die bestehenden Vorteile durch die Kernstadt zu verlieren (Beibehaltung der Belegschaft bzw. des Arbeitskräftepotentials, räumliche Nähe unternehmensnaher Dienstleistungen [welche häufig aufgrund ihrer spezifischen Anforderungen noch in der Kernstadt liegen – bspw. Banken, Rechts- und Wirtschaftsberatungen] etc.), erfolgt die Betriebsverlagerung häufig in einem eng begrenzten Umkreis – 20 bis 50 km (intraregionale Verlagerung) – um die eigentliche Kernstadt herum.[24]

Der in der zeitlichen Abfolge jüngste Suburbanisierungsprozeß ist der des *tertiären Sektors*. Wie schon bei der Verlagerung von Unternehmen des sekundären Sektors waren auch in diesem Bereich (kern-) städtische Ungunstfaktoren für die Abwanderung vieler Betriebe in das Umland verantwortlich, wobei der Sektor (aufgrund unterschiedlicher Entwicklung der Teilsektoren) noch differenzierter in bezug auf die Zentralität der jeweiligen Dienstleistungen[25] unterschieden werden muß. So sind es vor allem haushaltsnahe Dienstleistungen, d.h. in erster Linie Dienstleistungen, die die Versorgung privater Haushalte mit Gütern des *kurzfristigen Bedarfs* decken, die der Wohnbevölkerung in das Umland folgten. Neben diesen Unternehmen sind es zudem flächenextensiv wirtschaftende Unternehmen des Sektors wie beispielsweise Möbelhäuser, Baumärkte, Teppichhändler etc., die aufgrund einer zumeist größeren Auswahl an zur Verfügung stehenden weiträumigen Flächen, geringeren Quadratmeterpreisen und einer besseren Erreichbarkeit (häufig befindet sich ein Autobahnanschluß in direkter Nähe) in das Umland abwandern.

2.2 Allgemeine gesamträumliche Lage

Seit den 60er Jahren ist in westdeutschen Agglomerationsräumen nahezu flächendeckend ein relativer Bedeutungsgewinn von Umlandgemeinden gegenüber ihren Kernstädten zu verzeichnen, welcher vornehmlich in einer anhaltenden Verlagerung von Bevölkerung und Arbeitsplätzen aus den Kernstädten in den suburbanen Raum begründet liegt.[26]

---

[24] Vgl. Gaebe 1987, S. 96; Sedlacek 1994, S. 64-65.

[25] Hinter dem Gedanken der Zentralität eines Gutes bzw. einer Dienstleistung steckt die Erkenntnis, daß nicht alle Güter und Dienstleistungen in der selben Art und Weise und vor allem in der selben Häufigkeit von den Haushalten gebraucht, in Anspruch genommen bzw. nachgefragt werden. Güter und Dienstleistungen des kurzfristigen Bedarfs (z.B. Lebensmittel) werden ständig nachgefragt, weshalb ihr Absatzgebiet unter Rentabilitätsgesichtpunkten lokal eng begrenzt bleiben kann. Luxusgüter beispielsweise (z.B. Schmuck), die im Verhältnis sehr viel seltener nachgefragt werden, benötigen hingegen ein entsprechend größeres Einzugsgebiet hinsichtlich ihrer Kunden, um profitabel wirtschaften zu können. Um trotz des weiteren Einzugsgebietes eine gute Erreichbarkeit gewährleisten zu können, sind solche Dienstleistungen in der Regel in den Kernstädten, d.h. in zentraler Lage angesiedelt (vgl. Heineberg 2001, S. 80 ff.).

[26] Vgl. Brake/Dangschat/Herfert 2001, S. 9.

Dieser sich bis heute im allgemeinen nicht sprunghaft aber stetig fortsetzende (Suburbanisierungs-) Trend hat Ende der 80er Jahre für die Kernstädte hinsichtlich der Arbeitsplatzsuburbanisierung eine neue Qualität bekommen, als nicht mehr nur Industrieunternehmen abwanderten bzw. nicht mehr zuwanderten, sondern vermehrt auch Dienstleistungsfirmen Standorte am Stadtrand bzw. im Umland wählten.[27] Gerade Unternehmen des tertiären Sektors bildeten bis dahin das Rückgrad der innerstädtischen Wirtschaftsstruktur, da sie generell auf "Fühlungsvorteile", eine hohe Informations- und Kommunikationsdichte, Selbstdarstellungsmöglichkeiten und häufig auch auf die Kundennähe durch eine zentrale Lage angewiesen waren.[28]

So weist das Bundesamt für Bauwesen und Raumordnung im *Raumordnungsbericht 2000* für den Zeitraum von 1993 bis 1998 vor allem für die *hochverdichteten Kreise der Agglomerationsräume* sowie das *Umland verstädterter Räume* deutliche Beschäftigungszuwächse im tertiären Sektor aus, während im sekundären Sektor – im Zuge einer schwierigen konjunkturellen Lage – in der Summe Arbeitsplätze verloren gingen. Verglichen mit den Arbeitsplatzverlusten im sekundären Sektor in den Kernstädten (sowohl in Agglomerationsräumen als auch in verstädterten Räumen), mußten die Umlandgemeinden jedoch laut BBR deutlich geringere Beschäftigungseinbußen verkraften. Die folgenden Zahlen zeigen die massive Betroffenheit der Kernstädte eindrucksvoll auf: So nahm die Beschäftigtenzahl im Produzierenden Gewerbe im Zeitraum von 1990-1998 beispielsweise in den Kernstädten Aachen (-13,8%), Dortmund (-31,2%), Leverkusen (-34,5%), Köln (-35,8%) und Düsseldorf um (-39,5%) zum Teil „erdrutschartig“ ab.[29] Erschwerend kommt für die Kernstädte hinzu, daß sie – im Gegensatz zum Umland – insgesamt auch im Dienstleistungssektor Arbeitsplatzverluste hinnehmen mußten und somit häufig aus diesem Bereich heraus keine Kompensation der Arbeitsplatzverluste aus der Industrie erfolgen konnte.[30]

Vor allem in der „schleichenden Schwäche“ des tertiären Sektors (bzw. relevanter Teilbereiche) – mindestens seit Mitte des 20. Jahrhunderts die eigentliche wirtschaftsstrukturelle Stärke der Kernstädte – *kann* (wenn auch nicht zwingend) somit im Hinblick auf die zukünftige Entwicklung vieler deutscher Großstädte eine reale Gefahr für die Vitalität und (finanzielle) Eigenständigkeit der Kernstädte einerseits und ihrer Funktionsfähigkeit innerhalb des (optimalerweise) synergetischen Verbundes „Stadtregion“ andererseits gesehen werden. Wenn auch nicht zu erwarten ist, daß die (traditionellen) Kernstädte in eine faktische Bedeutungslosigkeit abgleiten (d.h. – in einem worst-case Szenario – von ihrer

---

[27] Vgl. Heinz 2000, S. 219.
[28] Vgl. Karsten/Usbeck 2001, S. 71, 78.
[29] Vgl. Landesamt für Datenverarbeitung und Statistik Nordrhein-Westfalen.
[30] Vgl. Bundesamt für Bauwesen und Raumordnung 2000, S. 74-77.

funktionalen Seite her für die Region obsolet werden), muß doch für die Zukunft genauestens geprüft werden, inwieweit die voranschreitende funktionale Eigenständigkeit der Umlandgemeinden ein für viele Kernstädte bzw. deren Entwicklung (überlebens-) wichtiges Verständnis der Raumeinheiten als ein in ein kooperatives Umfeld eingebetteter *Gesamt-Standort* nicht nachhaltig negativ beeinträchtigen.[31]

In der aktuellen Debatte über die Raumentwicklung besteht insgesamt Einigkeit darüber, daß die Suburbanisierungsprozesse (auf Deutschland bezogen) gesamträumlich weiter voranschreiten werden[32], ohne hierbei jedoch deutlich an Intensität zu gewinnen. *Brake, Dangschat* und *Herfert* fassen die allgemeinen Erwartungen folgendermaßen treffend zusammen:

> „Übereinstimmend wird festgestellt, daß die Suburbanisierung weiter voranschreitet [...]. Insgesamt wird damit gerechnet, daß die Suburbanisierung quantitativ an Dynamik nicht zunimmt. [...]. Generell wird mit einer weiteren Ausdifferenzierung der Nutzungs- und Sozialstrukturen in den Stadtregionen und insbesondere im suburbanen Raum gerechnet. [...] diese Entwicklung *ist* [Anm. d. Verf.] als eine Reorganisation von Verdichtungsräumen auf der erweiterten Stufe von Teilstandorten, Arbeitsteilung und Kooperation anzusehen.“[33]

Für Stadtregionen, aber insbesondere für die Kernstädte, wird es in Zukunft von entscheidender Bedeutung sein, mittels gemeinsam (Kernstadt + suburbanes Umland) entwickelter Konzepte den eigenen Standort aufzuwerten[34] und den vielerorts zu beobachtenden Trend der räumlichen Dispersion bzw. des Abwanderns wirtschaftsstrukturell häufig dringend benötigter Arbeitsplätze und Kaufkraft in den ländlichen Raum bzw. in die Peripherie aufzuhalten oder gar umzukehren.[35]

2.3 Suburbanisierung – Betrachtung und Analyse auf regionaler Ebene

Um im Weiteren die Suburbanisierung und ihre Auswirkungen zielgerichtet auf regionaler Ebene untersuchen und bewerten zu können, sind einige Vorüberlegungen notwendig.

Zum einen ist es erforderlich, die Frage der *räumlichen Definition des Umlandes* zu klären, da diese naturgemäß (vor allem bei quantitativen Vergleichen von Suburbanisierungsprozessen) einen starken Einfluß auf den Ausgang der Untersuchungsergebnisse hat.

---

[31] Vgl. Brake/Dangschat/Herfert 2001, S. 275-277; Läpple 2002, S. 31-32 (i.w.S.).
[32] Vgl. bspw. Bundesamt für Bauwesen und Raumordnung 2000, S. 14.
[33] Brake/Dangschat/Herfert 2001, S. 273, 275-276.
[34] Vgl. Brake/Dangschat/Herfert 2001, S. 273; Baumheier 1997, S. 75.
[35] Vgl. BBR 2000, S. 74.

Ein allgemeingültiges Kriterium zur Abgrenzung von suburbanen Räumen, welches mittels statistischer Methoden zu objektiv verbindlichen Ergebnissen führt, ist nicht existent. Bisherige Untersuchungen in diesem Bereich haben jedoch gezeigt, daß die Abgrenzung des Umlandes *gemeindescharf* erfolgen muß, damit aussagekräftige und im Ansatz vergleichbare Ergebnisse ermittelt werden können.[36] Ältere Studien, die eine Abgrenzung des Umlandes allein auf Landkreisebene oder auf Basis der siedlungsstrukturellen Kreistypen der ehemaligen Bundesforschungsanstalt für Landeskunde und Raumordnung (BfLR; seit 01.01. 1998 eingegangen in das Bundesamt für Bauwesen und Raumordnung [BBR]) vornahmen[37], kommen auf Grundlage ihrer Ergebnisse zu Aussagen, welche einer genaueren Betrachtung nicht standhalten können. Zu ungenau ist oft die räumliche Abgrenzung und die darauf fußende Datenbasis, als daß sie die in der Realität vorhandenen funktionalen Verflechtungen abbilden würde. Ein gutes Beispiel hierfür stellt in der Region Bremen der Landkreis Diepholz dar. Die nördlich gelegenen Gemeinden des Landkreises grenzen direkt an das Bundesland Bremen an und müssen zu dessen suburbanen Raum gezählt werden. Die südlichen Gemeinden grenzen hingegen an den Landkreis Osnabrück und orientieren sich auch in diese Richtung. Ein Einbeziehen des gesamten Landkreises Diepholz in das Umland Bremens verkennt die faktisch vorhandenen funktionalen Verflechtungen und führt so automatisch zu einem verzerrten Bild – vor allem bei Untersuchungen im Bereich der Veränderung der Raumstruktur.

Mögliche, qualitativ sehr unterschiedliche Methoden zur Definition des Umlandes sind Abgrenzungen über (Berufs-) *Pendlereinzugsbereiche*, über *metrische Distanzen* oder über die *Erreichbarkeit* des Zentrums der Kernstadt *auf Basis eines Zeitfaktors*. Die Abgrenzung über die Berechnung eines *Pendlereinzugsbereiches* ist hierbei sicherlich die genaueste und analytisch zweckdienlichste Methode, die zu den exaktesten Ergebnissen führt.[38] Diese Methode ist jedoch relativ arbeitsintensiv und erfordert überdies eine Datenbasis, die vollständig und flächendeckend nur aus Volkszählungen (die letzte Zählung fand 1987 statt, was die Daten für aktuelle Studien unbrauchbar macht) zu entnehmen ist. Das Nutzen eines *metrischen Kriteriums* zur Definition des Umlandes ist gleich aus mehreren Gründen problembehaftet. Iso-Chronen (um einen Mittelpunkt gelegte, kreisförmige Linien verschiedener Radien) haben den Nachteil, daß hierbei einerseits häufig sich überschneidende Flächen entstehen, die nicht konkret bzw. eindeutig einem bestimmten Umland zugeordnet werden können (Schnittmengenproblem). Andererseits bleiben außerdem noch sogenannte "Zwickel" übrig (Flächen, die entstehen, wenn mehrere Kreise, ohne sich zu überschneiden, die größte Lagerungsdichte erreichen), die durch diese Methode nicht erfaßt werden

---

[36] Vgl. Neutze 1996; Bahrenberg/Priebs 1995; Albers/Bahrenberg 1999.
[37] Bspw. Elsner/Gebauer 1995.
[38] Vgl. Neutze 1996, S. 21-27; Maier/Tödtling 2001, S. 168.

können. Des weiteren ist davon auszugehen, daß das Umland einer Kernstadt nicht zwangsläufig eine radiale Form aufweist, d.h. sich gleichmäßig in alle Richtungen erstreckt und die suburbanen Räume einzelner Kernstädte durchaus eine deutlich unterschiedliche räumliche Ausdehnung (i.S.v. Größe) haben. Eine Abgrenzung über *Iso-Timen* (auch: *Reisezeitscheide*; Iso-Time = Trennlinie zwischen zwei betrachteten Orten, von der aus beide Orte mit dem selben Zeitaufwand erreicht werden können) ist einerseits aufgrund der großen Anzahl verschiedenster, die Kernstadt aufsuchender Akteursgruppen mit jeweils sehr unterschiedlichen Präferenzstrukturen und Motiven nur schwer operationalisierbar. So kann beispielsweise das Angebot verschiedener Kernstädte nicht als ubiquitär angesehen werden, weshalb die Entscheidung einer Person (bei realistisch vorhandener Wahlmöglichkeit – ab einem bestimmten Zeitaufwand zum Erreichen des Zielortes wirkt dieser prohibitiv), in die eine oder andere Kernstadt zu fahren nicht, allein vom Zeitaufwand abhängig ist. Andererseits muß eine Abgrenzung auf Grundlage eines Reisezeitfaktors als sehr valides i.S.v. „bewegliches" Gebilde angesehen werden, da schon *kleinere Veränderungen* innerhalb *kürzester Zeit* (z.B. Fahrplanwechsel etc.) spürbare Auswirkungen haben können. Für die vergleichende Forschung ist jedoch ein (zu einem bestimmten Zeitpunkt definiertes) konstant gehaltenes Umland unabdingbar, weshalb die Abgrenzung über die Bildung einer Iso-Time ebenfalls nicht als optimal angesehen werden kann.

Aufgrund der Tatsache, daß die Analyse des Suburbanisierungsprozesses in dieser Arbeit einzig aus dem Grund durchgeführt wird, um zu zeigen, daß: a) dieser Trend (vor allem im Hinblick auf Arbeitsplätze) weiterhin – wenn auch in abgeschwächter Intensität – anhält und b) die relative Attraktivität des Umlandes für bestimmte Wirtschaftszweige dargestellt werden kann, wird im weiteren Verlauf bezüglich der Untersuchungsregionen Bremen und Hamburg auf schon vorhandene Umlanddefinitionen zurückgegriffen. Diese Umlanddefinitionen beinhalten einige Unschärfen, da sie beide letztendlich auf metrischen Abgrenzungen beruhen.
Zum anderen besteht die analytische Möglichkeit, die *Attraktivität des Umlandes/der Kernstadt für bestimmte Wirtschaftszweige* zu „messen" bzw. zu quantifizieren, was erste Aussagen über vorhandene strukturelle Stärken/Schwächen zuläßt.

Die Arbeitsplatzsuburbanisierung, d.h. die Verlagerung und Schaffung von Arbeitsplätzen im Umland, ist auf *zwei Effekte* zurückzuführen:[39]

[39] Vgl. Albers/Bahrenberg 1999, S. 8-11.

A) Im Zusammenhang mit der Bevölkerungs-suburbanisation stehender Effekt:	Aufgrund von steigenden Bevölkerungszahlen im Umland nimmt die Nachfrage insbesondere nach haushaltsorientierten Dienstleistungen zu (beispielsweise Kindergärten, Schulen, Arztpraxen, Einzelhandel mit Gütern des kurzfristigen Bedarfs etc.).
B) Nicht im Zusammenhang mit der Bevölkerungssuburbanisation stehender Effekt:	Aufgrund negativer externer Effekte im Zuge zunehmender Verstädterung (i.S.v. Dichte) der Kernstädte siedeln sich im Umland auch Unternehmen an, für die der lokale Nachfragemarkt nicht primär im Vordergrund steht.[40] Der Kundeneinzugsbereich bzw. der Absatzmarkt ist hier häufig überregional (beispielsweise Möbelhäuser, Speditionen, großflächige Einkaufszentren etc.).

Albers und *Bahrenberg* bezeichnen den zweiten, d.h. den von der Bevölkerungssuburbanisation unabhängigen Effekt als *Nettosuburbanisierung* und haben eine Methodik entwickelt, diesen quantitativ auszudrücken.[41] Die Methodik umfaßt insgesamt drei Arbeitsschritte (s.u.) und als Datenbasis werden die *sozialversicherungspflichtig Beschäftigten* (je nach Aggregationsniveau) nach Wirtschaftsunterabteilungen differenziert und dem vorher exakt definierten Umland und der Kernstadt entsprechend, zu mindestens zwei Zeitpunkten benötigt. Zusätzlich sind noch die Bevölkerungszahlen für beide Raumeinheiten zu den festgelegten Zeitpunkten erforderlich.

Methodik zur Berechnung der Nettosuburbanisierung[42]:

1. Als ersten Schritt wird das Bevölkerungswachstum der beiden Raumeinheiten unabhängig voneinander (sowohl Umland als auch Kernstadt) innerhalb des gewählten Zeitraumes (t_0 bis t_1) ermittelt.

$$\frac{Bev_{i_{t1}} - Bev_{i_{t0}}}{Bev_{i_{t0}}} = {}^{w}Bev_i$$

$Bev_{i_{t1}}$ bzw. $Bev_{i_{t0}}$ = Bevölkerung der Raumeinheit i zum Zeitpunkt t_0 (Anfangszeitpunkt) bzw. t_1 (Endzeitpunkt).

w = Wachstumsrate

---

[40] Gründe hierfür wurden schon unter Punkt 2.1 angeführt.

[41] Vgl. Albers/Bahrenberg 1999, S. 9.

[42] Ebenda.

2. Unter der Annahme, daß sich die Entwicklung der Beschäftigung in beiden Teilräumen jeweils proportional zur Entwicklung der Bevölkerung verhält, wird auf Basis der Beschäftigten in den Wirtschaftsabteilungen zum Zeitpunkt t_0 eine hypothetische Zahl der Beschäftigten zum Zeitpunkt t_1 berechnet (siehe Tabelle 2).

Tabelle 2: Berechnung der hypothetischen Beschäftigung

	Kernstadt A (i)	Umland A (j)	Σ
Wirtschafts-unterabteilung 1 (U1)	$B_{iU1_{t0}} * wBev_i = B^{hyp.}_{iU1_{t1}}$	$B_{jU1_{t0}} * wBev_j = B^{hyp.}_{jU1_{t1}}$	$B^{hyp.}_{iU1_{t1}} + B^{hyp.}_{jU1_{t1}}$
Wirtschafts-unterabteilung 2 (U2)	$B_{iU2_{t0}} * wBev_i = B^{hyp.}_{iU2_{t1}}$	$B_{jU2_{t0}} * wBev_j = B^{hyp.}_{jU2_{t1}}$	$B^{hyp.}_{iU2_{t1}} + B^{hyp.}_{jU2_{t1}}$
↓	↓	↓	↓
Wirtschafts-unterabteilung X (UX)	$B_{iUX_{t0}} * wBev_i = B^{hyp.}_{iUX_{t1}}$	$B_{jUX_{t0}} * wBev_j = B^{hyp.}_{jUX_{t1}}$	$B^{hyp.}_{iUX_{t1}} + B^{hyp.}_{jUX_{t1}}$

Quelle: Eigene Darstellung nach Albers/Bahrenberg 1999, S. 9-11.

$B_{i,jU1,2,\ldots,X_{t0,1}} =$

Beschäftigte in der Raumeinheit i,j in der Wirtschaftsunterabteilung U1,2,...,X zum Zeitpunkt $t_{0,1}$.
Hyp. = hypothetisch.

3. Die auf diese Weise berechneten hypothetischen Beschäftigtenzahlen müssen abschließend noch einer Korrektur unterzogen werden, um dem Umstand des wirtschaftlichen Strukturwandels Rechnung zu tragen.[43] Dieser spiegelt sich vor allem in dem seit den 70er Jahren insgesamt deutlichen Abbau der Beschäftigung in der Industrie und dem Bedeutungsgewinn des Dienstleistungssektors für den Arbeitsmarkt wider (siehe Tabelle 3).

„Die Korrektur wurde so durchgeführt, daß in jeder Unterabteilung die hypothetische Summe der Beschäftigten in beiden Teilräumen gleich der 1987 [t_1

[43] Hierbei wird davon ausgegangen, daß die verwendeten Daten nicht deutlich vor 1970 ansetzen.

– Anm. d. Verf.] gegebenen Gesamtzahl der Beschäftigten der Region Bremen [Kernstadt + Umland = Region – Anm. d. Verf.] ist.“[44]

Tabelle 3: Anpassung der hypothetischen Beschäftigung an den Strukturwandel

	Kernstadt A (i)	Umland A (j)	
Wirtschaftsunterabteilung 1 (U1)	$B^{hyp.}_{iU1_{t1}} * \frac{B_{iU1_{t1}} + B_{jU1_{t1}}}{B^{hyp.}_{iU1_{t1}} + B^{hyp.}_{jU1_{t1}}}$	$B^{hyp.}_{jU1_{t1}} * \frac{B_{iU1_{t1}} + B_{jU1_{t1}}}{B^{hyp.}_{iU1_{t1}} + B^{hyp.}_{jU1_{t1}}}$	

Quelle: Eigene Darstellung nach Albers/Bahrenberg 1999, S. 9-11.

Diese um den Strukturwandel korrigierten Beschäftigtenzahlen für die einzelnen Wirtschaftsunterabteilungen in den beiden Teilräumen hätten sich so ergeben müssen, wenn innerhalb des Untersuchungszeitraumes keine Nettosuburbanisierung stattgefunden hätte. Die Differenz zu den zum Zeitpunkt t_1 tatsächlich vorhandenen Beschäftigten gibt dann die Nettosuburbanisierung an und ist ein Gradmesser für einen Attraktivitätsvorteil/-defizit des Umlandes gegenüber der Kernstadt. Hierbei ist ein Nettosuburbanisationsgewinn als Vorteil, ein Nettosuburbanisationsverlust als Defizit zu werten – wobei sich der Gewinn des einen immer aus dem Verlust des anderen generiert und umgekehrt. Ein Gewinn (i.w.S.) kann hierbei *auch* in Form eines im Verhältnis geringeren Verlustes auftreten, wenn beispielsweise in einem gesamtwirtschaftlich rezessiven Wirtschaftszweig die Beschäftigungsverluste in der Kernstadt höher als diejenigen im Umland (und vice versa) ausfallen – der Nettosuburbanisierungseffekt ist demgemäß also immer ein Indikator relativer Veränderungen.

Auch wenn sich die beiden Effekte mittels dieser Methode nicht wirklich trennscharf voneinander abgrenzen lassen, bietet sich hiermit doch die Möglichkeit, durch die Berechnung der Nettosuburbanisierung einen (wenn auch unpräzisen) Gradmesser für einen Attraktivitätsvorsprung/-defizit des Umlandes gegenüber der Kernstadt zur Verfügung zu haben.

Als Untersuchungszeitpunkte werden die Jahre 1990 und 1998 verwendet (in Anlehnung an die zu einem späteren Zeitpunkt verwendeten Zeitreihen im Zusammenhang mit der Operationalisierung des Logistiksektors). Dieser Zeitraum ist im Prinzip zu kurz, um hieraus explizite Entwicklungslinien herauslesen zu können und es wäre wünschenswert gewesen, aktuellere Daten aus den Jahren bis 2002 zu integrieren. Aufgrund der Umstellung der Erhebungssystematik im Bereich der *sozialversicherungspflichtig Beschäftigten* (Datenbasis zur Analyse

[44] Albers/Bahrenberg 1999, S. 9.

der Arbeitsplatzsuburbanisation) vom Berichtsjahr 1998 auf das Berichtsjahr 1999 sind die Daten bis 1999 aber nicht mehr mit den Erhebungen der nachfolgenden Jahre kompatibel – eine Vergleichbarkeit ist daher nicht mehr gegeben.

2.3.1 Suburbanisierung: Bremen

Das Umland des Landes Bremen setzt sich aus jenen 49 Gemeinden und kreisfreien Städten zusammen, die bis zu einem Radius von 30 km entweder von der Stadtmitte Bremens oder Bremerhavens entfernt liegen (Abbildung 3). Die Bevölkerung der Umlandgemeinden hat bei dieser Umlanddefinition die Möglichkeit, daß jeweilige Zentrum in etwa einer halben Stunde Autofahrt zu erreichen. In bezug auf die Stadt Bremen entspricht diese Abgrenzung dem Berufspendlereinzugsbereich[45], d.h. aus den auf diese Weise erfaßten Gemeinden pendeln mindestens 20% der Erwerbstätigen werktäglich in die Stadt. Dieser Schwellenwert hat sich – zumindest für die Regionen Bremen und Hannover – als Abgrenzungskriterium als praktikabel erwiesen, da hiernach der Verflechtungsbereich jeweils relativ abrupt abbricht, d.h. kaum Gemeinden zu finden sind, aus denen 10-20% der Erwerbstätigen in die Kernstadt pendeln.[46] Die Abbildung 3 stellt die Region Bremen dar.

Die Bevölkerung in der Region hat sich im Zeitraum von 1990 bis 1998 positiv entwickelt und ist um 52.071 Personen (+3,7%) auf 1.462.322 Menschen angewachsen (Anhang I-1a). Dieses Wachstum wird aber einzig und allein vom Umland getragen, in welchem die Bevölkerung um 65.771 (+9,0%) auf 794.357 Personen zunahm. Im Land Bremen hingegen sank in dieser Zeit die Zahl der Einwohner um 13.700 Personen (-2,0%), wobei die Bevölkerungsverluste in Bremerhaven (-4,4%) noch deutlich über denen der Stadt Bremen (-1,4%) lagen.

Bei einem Blick sowohl auf die Haupt- (Tabelle 4) als auch auf die Untergruppen (Anhang I-1c) fällt auf, daß die Anzahl der Gruppen, die Nettoverluste bzw. Nettogewinne ausweisen, in etwa gleich groß ist. So konnte das Bremer Umland im betrachteten Zeitraum ('90-'98) vor allem Nettogewinne im Bereich *Handel, Verkehr und Nachrichtenübermittlung* und *Gebietskörperschaften und Sozialversicherungen* erzielen, während spürbare Verluste vor allem im *Verarbeitenden Gewerbe*, aber auch bei den *Dienstleistungen* zu verzeichnen sind.

---

[45] Vgl. Neutze 1996, S. 24-26.
[46] Ebenda.

Abbildung 3: Die Region Bremen

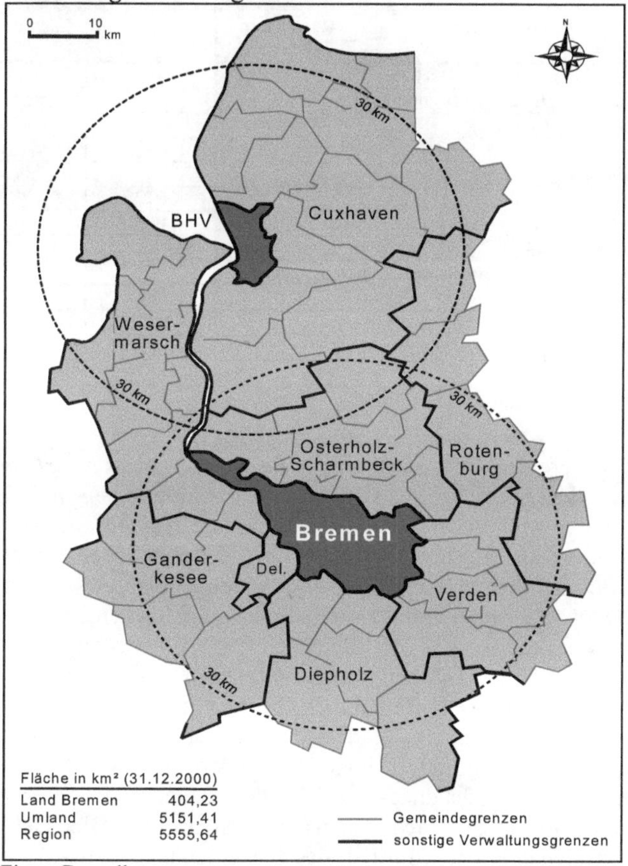

Eigene Darstellung.

In der Einzelbetrachtung der Wirtschaftszweige fallen aus Sicht des Umlandes vor allem die beiden Untergruppen *Stahl-, Maschinen- und Fahrzeugbau* mit einem Nettoverlust von 986 Beschäftigten und *Wissenschaft, Bildung, Kunst und Publizistik* mit einem Nettoverlust von 938 Beschäftigten negativ auf. Ersteres kann maßgeblich auf die Mitte der 90er Jahre in der Summe vollzogene Beschäftigungsexpansion des Daimler-Chrysler Werkes am Standort Bremen zurückgeführt werden. Die Entwicklung in der Untergruppe *Wissenschaft, Bildung, Kunst und Publizistik* liegt wahrscheinlich u.a. in der in diesen Zeitraum fallenden, spürbaren Ausweitung des an der Universität Bremen liegenden Technologieparks (Vielzahl von An-Instituten etc.) im Stadtteil Horn begründet.

Tabelle 4: Saldo Nettosuburbanisierung – Bremen (1990-1998)

Hauptgruppen / Raumeinheit	Umland	Land Bremen
Land- und Forstwirtschaft, Fischerei	-12	*12*
Energiewirtschaft, Wasserversorgung, Bergbau	-359	*359*
Verarbeitendes Gewerbe	-739	*739*
Baugewerbe	437	*-437*
Handel	3.265	*-3.265*
Verkehr- und Nachrichtenübermittlung	912	*-912*
Kreditinstitute und Versicherungsgewerbe	73	*-73*
Dienstleistungen	-26	*26*
Organisationen ohne Erwerbszweck, private Haushalte	471	*-471*
Gebietskörperschaften, Sozialversicherung	1.117	*-1.117*
Saldo Nettosuburbanisierung (insgesamt)	5.138	*-5.138*
Saldo Beschäftigung (insgesamt)	8.024	-15.268
Anteil der Nettosuburbanisierung	64,0%	33,7%

Eigene Berechnungen.

Diesen Verlustbereichen stehen vor allem die Untergruppen *Nahrungs- und Genußmittelgewerbe*, *Einzelhandel*, *Verkehr (ohne Eisenbahnen und Dt. Bundespost)*, *Gaststätten und Beherbergungsgewerbe* und *Gebietskörperschaften und Sozialversicherungen* mit zum Teil massiven Nettogewinnen für das Umland gegenüber. Bei den drei zuerst genannten Gruppen handelt es sich durchweg um solche, in denen die zugehörigen Unternehmen sehr flächenextensiv wirtschaften. Ein hoher Flächenbedarf (bei gleichzeitig im Durchschnitt geringem Flächenertrag bzw. geringer Flächenproduktivität) macht für viele, vor allem produzierende Unternehmen aus Rentabilitätsgründen häufig eine Standortverlagerung aus dem Stadtkern in das Stadtrandgebiet oder in das stadtnahe Umland notwendig, da diese aufgrund zu hoher Preise pro qm^2, restriktiven Auflagen, fehlender Erweiterungsflächen etc. im Konkurrenzkampf um attraktive innerstädtische Standorte gegen flächenintensive Handels- und Dienstleistungstätigkeiten nicht bestehen können. Im Fall des Einzelhandels kann – neben dem seit den 80er Jahren anhaltenden Trend der Errichtung immer größeren Einkaufszentren auf der „grünen Wiese“[47] – die Entwicklung u.a. auch als Reaktion auf die durch die Bevölkerungsentwicklung im suburbanen Raum gestiegenen Nachfrage nach Gütern des kurzfristigen Bedarfs gesehen werden. Grund für den hohen Nettogewinn im Bereich der *Gebietskörperschaften* könnte eine innerhalb des Untersuchungszeitraumes unterschiedliche Personalpolitik im Bereich der öffentlichen Verwaltung der beiden Teilräume sein. So ist anzunehmen, daß das Land Bremen aufgrund der schon Anfang der 90er Jahre als problematisch zu bezeichnenden Haushaltslage damit begonnen hat, Personal im öffentlichen Dienst sukzessiv abzubauen. Die fiskalische „Schieflage“ vieler Umlandgemeindehaushalte ist, im Gegensatz zur Situation im Land Bremen, ein ver-

[47] Vgl. Kulke 2001; Zehner 2001.

gleichsweise aktuelles Phänomen.[48] Aus diesem Grund wurde mit dem „Abschmelzen" des Personalbestandes im öffentlichen Dienst in den Umlandgemeinden (Teilaspekt der Haushaltssanierung) wahrscheinlich erst einige Jahre später begonnen, was die relative Besserstellung hinsichtlich der Beschäftigten erklären würde.

Zu Berücksichtigen bleibt bei der Analyse der Nettosuburbanisierungsgewinne bzw. -verluste der Region Bremen in jedem Fall die in einzelnen Untergruppen relativ hohe Anzahl an *Lücken* bzw. *fehlenden Werten* in den Ausgangsdaten. Dieses ist auf Datenschutzgründe zurückzuführen und kann die berechneten Ergebnisse im Einzelfall auf der Ebene der Untergruppen signifikant beeinflussen. In besonderem Maße sind hiervon die Untergruppen *Chemische Industrie*, *Kunststoffverarbeitung*, *Eisenbahnen* und *Deutsche Bundespost* betroffen, in denen jeweils mindestens für drei Landkreise des gebildeten Umlandes in bezug auf einen der beiden Zeitpunkte (1990 oder 1998) keine Daten zu den sozialversicherungspflichtig Beschäftigten geliefert werden konnten (Anhang I-1b). Es wird jedoch davon ausgegangen, daß die hierdurch entstehenden Ungenauigkeiten das Gesamtergebnis (bzw. die hierdurch angezeigte Entwicklungsrichtung) insgesamt nur unwesentlich beeinflussen.

In der Summe hat das Umland durch seine Attraktivität der Kernstadt (bzw. im Fall von Bremen den Kernstädten Stadt Bremen und Bremerhaven; mit Bremen bzw. der Kernstadt Bremen ist im folgenden grundsätzlich das Land Bremen, d.h. die Städte Bremen + Bremerhaven gemeint) über 5.000 Arbeitsplätze entzogen, was über 30% der Gesamtverluste des Landes (-15.268 sozialversicherungspflichtig Beschäftigte) ausmacht. Aus Sicht des Umlandes, welches im selben Zeitraum 8.024 sozialversicherungspflichtig Beschäftigte (+5,1%) dazugewinnen konnte, machte der Nettosuburbanisierungseffekt 64% aus – etwa ⅔ der Beschäftigungszugewinne beruhen demnach auf dem Angebot bzw. dem Vorhandensein spezifisch besserer/vorteilhafterer Rahmenbedingungen für Unternehmen. Die restlichen ⅓ der Arbeitsplatzzugewinne gehen aus der erhöhten Nachfrage im Zuge der Bevölkerungssuburbanisierung und aus dem wirtschaftlichen Strukturwandel in der Region hervor.

Dieses Rechenergebnis macht deutlich, daß ein erheblicher Anteil an den Beschäftigungsverlusten in den Jahren 1990 bis 1998 auf struktur- und/oder standortbedingte Faktoren zurückzuführen ist – ein Signal zur Erhöhung des wirtschaftsstrukturellen Engagements der regionalpolitischen Akteure. Faktisch muß hierin ein existentes Potential zur Stabilisierung des Standortes gesehen werden, zumal für viele Firmen wichtige Standortfaktoren – wie beispielsweise Expansionsflächen – im Land Bremen noch in ausreichendem Maße vorhanden, bisher

[48] Siehe: http://www.nls.niedersachsen.de/Applet/Prognose/start.htm. (31.10.2003).

aber aufgrund fehlender geschlossener (i.S.v. einmütiger) Raumstrukturpolitik bzw. massiven Protesten seitens der Bevölkerung aus raumplanerischer Sicht unzureichend genutzt sind.[49] Die Verdichtung (gemessen in Einwohnern pro km^2 [EW/km^2]) läßt den Umfang der in Bremen potentiell noch zur Verfügung stehenden Flächen erahnen: So weist die Stadt Bremen mit 1.655 EW/km^2 (1999) im Durchschnitt vergleichbarer deutscher Großstädte eine äußerst geringe Einwohnerdichte auf. Zum Vergleich: In Hamburg kommen 1999 2.257 Einwohner auf jeden Quadratkilometer, in Nürnberg 2.611 und in München sogar 3.846 – etwa das 2,3-fache im Vergleich zu Bremen.[50]

2.3.2 Suburbanisierung: Hamburg – ein Vergleich der Entwicklung

Die Region Hamburg wird im folgenden nach der alten Definition des Statistischen Landesamtes Hamburg (StaLa Hamburg) definiert, indem vom Prinzip her ein Radius von 40 km um den Zentrumskern herum angelegt und die hierdurch erfaßten Gemeinden und kreisfreien Städte als Umland deklariert werden.[51] Aufgeweicht bzw. unpräziser wird diese Definition durch den Umstand, daß das StaLa Hamburg diese Definition nicht strikt umgesetzt, sondern nur als grobe Richtlinie genutzt hat und daran anlehnend die sieben, direkt an das Land Hamburg angrenzenden Landkreise komplett in die Umlanddefinition mit einbezog. Das Hamburger Umland setzt sich demnach aus den Landkreisen *Harburg, Stade, Stormarn, Pinneberg, Segeberg* und dem *Herzogtum Lauenburg* zusammen. In der nachstehenden Abbildung 4 ist die Region Hamburg skizzenhaft dargestellt. Da die Beschaffung der Ausgangsdaten für die nachfolgenden Berechnungen auf Gemeindeebene aus Geheimhaltungsgründen ausgesprochen schwierig ist und die Region Hamburg nur zur Überprüfung des festgestellten Trends hinsichtlich des Suburbanisierungsprozesses ob seiner regionsspezifischen Ausprägung herangezogen wird, kann die im Vergleich zur Region Bremen ungenauere Abgrenzung des Umlandes akzeptiert werden.

Im Zeitraum von 1990 bis 1998 wuchs die Bevölkerung in der Region Hamburg um 5,9% auf 3.038.792 Menschen an, was einem Zugewinn von 169.556 Personen entspricht. Im Gegensatz zur Region Bremen kann im Fall von Hamburg sowohl für die Kernstadt (Land Hamburg) als auch für das Umland ein positives Wachstum ausgewiesen werden. Während im Umland die Bevölkerungszahl von 1.216.873 auf 1.338.703 deutlich zunahm (+121.830 bzw. +10,0%), konnte im Land Hamburg immerhin noch ein Wachstum von +2,9% bzw. ein Plus von 47.726 Einwohnern realisiert werden.

[49] Vgl. bspw. http://www.bremer-buergerinitiative.de/pdf/UnsereMarsch.pdf. (31.10.2003).
[50] Vgl. Schönert 2001, S. 2.
[51] Vgl. Friedrichs 1995, S. 100, 108.

Abbildung 4: Die Region Hamburg

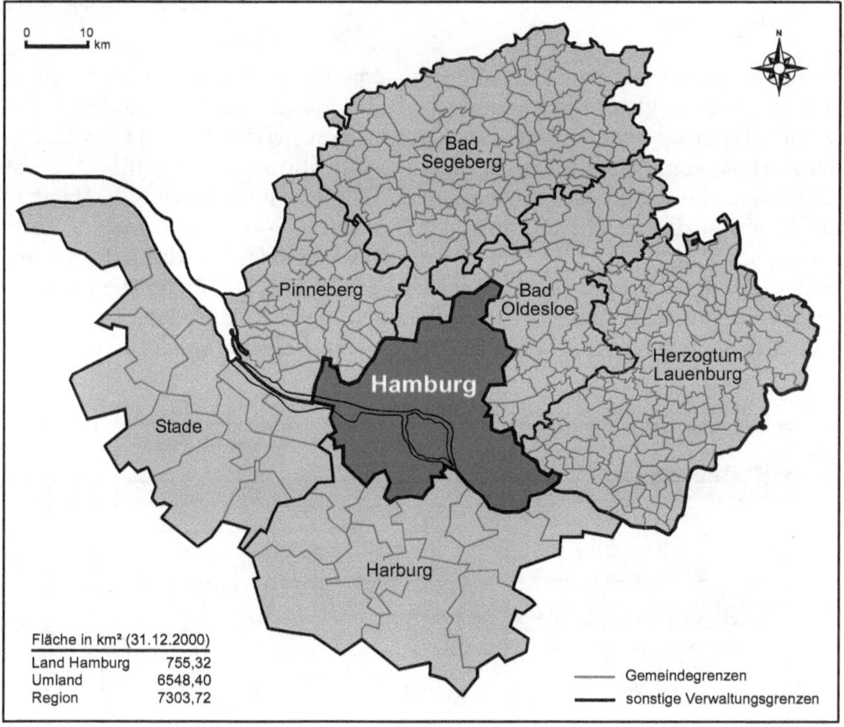

Eigene Darstellung.

Die Kleinflächigkeit der Gemeinden der vier schleswig-holsteinischen Landkreise ist auf die 1974 nicht mitvollzogene große Gebietsreform zurückzuführen.

Im Gegensatz zur Region Bremen dominieren im Fall von Hamburg aus Sicht des Hamburger Umlandes sowohl in den Haupt- (Tabelle 5) als auch in den Untergruppen (Anhang I-1d) diejenigen Wirtschaftszweige, die Nettogewinne ausweisen. Nur in 8 der 29 statistischen Untergruppen kam es innerhalb des Betrachtungszeitraumes zu Nettosuburbanisierungsverlusten. Trotz dieser vermeintlich insgesamt positiveren Entwicklung ist der prozentuale Anteil des Arbeitsplatzzugewinns, welcher auf der Nettosuburbanisierung beruht, mit knapp 65% fast identisch zu dem des Bremer Umlandes. Von den 30.239 Arbeitsplätzen (+9,7%), welche im Zeitraum von 1990 bis 1998 im Hamburger Umland in der Summe dazu gewonnen werden konnten, lassen sich 19.604 auf den Nettosuburbanisierungseffekt zurückführen. Dieser Umstand zeigt, daß das jeweilige Umland der Städte Bremen/Bremerhaven und Hamburg in ähnlicher Weise (zumindest hinsichtlich des *relativen Ausmaßes*) die Schwächen der Kernstadt ausnutzt und im Hinblick auf die Generierung von Arbeitsplätzen hiervon klar profitieren kann.

Vom Prinzip her ist der Nettosuburbanisierungsgewinn des einen Teilraumes absolut gesehen gleich dem Nettosuburbanisierungsverlust des anderen Teilraumes. Demnach müßten sich die Nettosuburbanisierungsgewinne des Umlandes in Höhe von 19.604 sozialversicherungspflichtig Beschäftigten als Verluste beim Land Hamburg wiederfinden lassen. Daß dem nicht so ist, d.h. Hamburg mit 17.999 sozialversicherungspflichtig Beschäftigten (-2,4%) geringere Verluste, als durch den Nettosuburbanisierungseffekt ausgewiesen, verzeichnete, liegt an der im Zuge des Einwohnerzuwachses gestiegenen Nachfrage. Die hierdurch generierten positiven Impulse haben dafür gesorgt, daß ein Teil der berechneten Einbußen aufgefangen und somit die Verluste real begrenzt werden konnten.

Tabelle 5: Saldo Nettosuburbanisierung – Hamburg (1990-1998)

Raumeinheit / **Hauptgruppen**	Umland	Land Hamburg
Land- und Forstwirtschaft, Fischerei	-106	*106*
Energiewirtschaft, Wasserversorgung, Bergbau	72	*-72*
Verarbeitendes Gewerbe	1.520	*-1.520*
Baugewerbe	1.746	*-1.746*
Handel	10.250	*-10.250*
Verkehr- und Nachrichtenübermittlung	4.257	*-4.257*
Kreditinstitute und Versicherungsgewerbe	685	*-685*
Dienstleistungen	-720	*720*
Organisationen ohne Erwerbszweck, private Haushalte	638	*-638*
Gebietskörperschaften, Sozialversicherung	1.262	*-1.262*
Saldo Nettosuburbanisierung (insgesamt)	19.604	*-19.604*
Saldo Beschäftigung (insgesamt)	30.239	-17.999
Anteil der Nettosuburbanisierung	64,8%	108,9%

Eigene Berechnungen

Die aus Sicht des Umlandes höchsten Nettogewinne im Zeitraum von 1990 bis 1998 sind auch in Hamburg in den Untergruppen der Wirtschaftsabteilung *Handel* sowie in der Gruppe *Verkehr (ohne Eisenbahnen und Deutsche Bundespost)* festzustellen. Allein in der Abteilung Handel beträgt der Nettogewinn insgesamt 10.250 sozialversicherungspflichtig Beschäftigte – was etwa ⅓ des gesamten Beschäftigungszuwachses des Umlandes im Betrachtungszeitraum ausmacht. Diese Entwicklungen dürften im Prinzip auf ähnliche Ursachen basieren wie sie diesbezüglich schon bei der Auswertung der Ergebnisse zur Region Bremen dargestellt wurden.

Anders als für den Standort Bremen, kann in den Hamburger Ergebnissen bezüglich des *Verarbeitenden Gewerbes* und der *Dienstleistungen* in der Tendenz die traditionelle Form der räumlichen Arbeitsteilung zwischen Kernstadt und Umland wiedergefunden werden. Offenbar übernimmt in dieser räumlichen Arbeitsteilung das Umland in stärkerem Maße industrielle Funktionen (+1.520 sozialversicherungspflichtig Beschäftigte), während Hamburg selber eher Tertiäraufgaben ausfüllt (+720 sozialversicherungspflichtig Beschäftigte).

Die prägnantesten Nettoverluste für das Hamburger Umland konnten mit -1.771 sozialversicherungspflichtig Beschäftigten für die Untergruppe *Stahl-, Maschinen- und Fahrzeugbau* und mit -1.892 sozialversicherungspflichtig Beschäftigten für die Untergruppe *Rechts- und Wirtschaftsberatungen* errechnet werden. Während letzterer u.a. auf einem spürbaren Bedeutungs- und damit verbundenen Imagegewinn der Stadt Hamburg als Dienstleistungsmetropole zurückzuführen ist[52], fußen die Nettogewinne der Stadt Hamburg in erstgenannter Gruppe hauptsächlich auf ihrer Funktion als wachsender (inter-) national bedeutender Standort der Luftfahrt und Luftfahrtindustrie. Die innerhalb des Betrachtungszeitraumes in der Summe realisierten Zuwächse basieren – laut Auskunft der Handelskammer Hamburg – in der Hauptsache auf Beschäftigungsausweitungen der in Hamburg ansässigen Airbus sowie der Lufthansa-Technik AG.

Die Gesamtsituation der Region Hamburg bezüglich der Arbeitsplatzsuburbanisation weist sowohl Parallelen als auch deutliche Unterschiede zu jener der Region Bremen auf (wobei eine *direkte Vergleichbarkeit* – vor allem absoluter Werte – aufgrund gänzlich unterschiedlicher Ausgangssituationen in der Regel nicht zulässig ist). Gemeinsam ist beiden, daß das Umland jeweils überproportional deutlich von den Schwächen der Kernstadt profitiert. Neben den wachsenden Bevölkerungszahlen im Umland von Bremen und Hamburg (welche u.a. auf eine intraregionale Wanderung der Bevölkerung aus den Kernstädten in die Umlandgemeinden zurückzuführen ist)[53], ist es vor allem ein für viele Unternehmen insgesamt attraktiveres (i.S.v. wirtschaftlicheres) Umfeld, welches bei einer Ansiedlungs- bzw. Verlagerungsentscheidung die Wahl auf einen Standort in den Umlandgemeinden fallen läßt. Vor allem Unternehmen flächenextensiver Branchen aus den Bereichen *Handel* und *Verkehr und Nachrichtenübermittlung* tragen zu den Nettosuburbanisationsgewinnen bei.

Ein wesentlicher Unterschied zwischen beiden Standorten ist in der Betroffenheit der Kernstädte durch die Nettosuburbanisierung zu sehen. So verlor die Kernstadt Bremen im Zeitraum von 1990 bis 1998 mit 15.268 sozialversicherungspflichtig Beschäftigten, absolut gesehen Arbeitsplätze in ähnlicher Größenordnung wie Hamburg (-17.999), doch sind hier nur rund ⅓ der Verluste auf die Nettosuburbanisierung zurückzuführen, während sie im Fall Hamburg quasi

---

[52] Gornig/Ring/Stäglin 1999, S. 35 ff.; BBR 2000, S. 42.

[53] Vgl. für Bremen beispielsweise Bahrenberg/Priebs 1995, S. 6 ff.

für die gesamten Verluste verantwortlich gemacht werden kann. Für Bremen sind im Ergebnis die durch die sinkende Einwohnerzahl (negative Geburtenrate gekoppelt mit negativen Wanderungssalden[54]) hervorgerufenen wirtschaftsstrukturellen Probleme augenscheinlich schwerwiegender als jene, die aus Unternehmersicht auf ein Attraktivitätsdefizit gegenüber dem Umland zurückzuführen sind.

2.4 Resümee: Die Suburbanisierung und ihre Folgen für die Arbeitsplatzsituation in den Kernstädten

Insgesamt haben in beiden Fallbeispielen die Kernstädte (Bremen und Hamburg) im Zeitraum von 1990 bis 1998 Arbeitsplatzverluste durch Suburbanisierungsprozesse hinnehmen müssen. Das Umland hat in beiden Fällen von relativen Schwächen der Kernstadt profitiert und ein Großteil der in den suburbanen Gemeinden realisierten Beschäftigungszugewinne sind auf eben diese Tatsache zurückzuführen. Trotz des durchaus unterschiedlichen Grades der Betroffenheit der Städte Bremen und Hamburg – vor allem durch die Nettosuburbanisierung – bleibt dennoch festzuhalten, daß, wenn von einer auf gleichbleibenden Niveau voranschreitenden Suburbanisierung in Deutschland ausgegangen wird, für die Städte im wirtschaftsstrukturellen Bereich mit Blick auf die Beschäftigtensituation explizit Handlungsbedarf besteht.

3. Der Logistiksektor: Wachstums- und Innovationspotentiale

Die bisher durchgeführten Analysen haben alle im Ergebnis gezeigt, daß das Land Bremen (aber auch Hamburg) substantielle wirtschaftsstrukturelle Schwächen aufweist, die sich auch bzw. vor allem im Bereich des Arbeitsmarktes und der dort vorzufindenden vergleichsweise rückständigen strukturellen Lage widerspiegeln. Für die Zukunft kann insgesamt ceteris paribus von einem, zumindest durch den Suburbanisierungsprozeß getragenen, weiteren Arbeitsplatzabbau in den Kernstädten ausgegangen werden. Daß u.a. hierin eine große Gefahr für die Eigenständigkeit und Funktionsfähigkeit von Kernstädten und vor allem explizit von Stadtstaaten besteht (wesentlicher Faktor hierbei ist die Haushaltslage), ist unbestritten.[55] Die Suche nach zukunftsträchtigen Wirtschaftsbereichen mit Wachstums- und Innovationspotential, mit Hilfe derer ein „turn-over“ im Bereich des Arbeitsmarktes vollzogen werden kann, muß daher landespolitisch Priorität besitzen.

Unter Berücksichtigung der durch den geschichtlichen Verlauf geprägten wirtschaftlichen Strukturen und Kompetenzen des Landes Bremen liegt es nahe, in der Logistik bzw. im Logistiksektor eine Chance für das Land zu sehen, um dem

---

[54] Vgl. Bähr 1992, S. 173 ff.
[55] Vgl. Mädig 2001, S. 109 ff.

(partiell) negativen Trend in der Beschäftigungsentwicklung entgegenzuwirken.[56] Aufgrund seiner räumlichen Lage hat das Land Bremen schon frühzeitig (als Hafenumschlags- und Distributionsgewerbestandort) Umschlags- und Verteilungsfunktionen wahrgenommen. Mit vorhandenen Infrastruktureinrichtungen wie den bremischen Häfen, dem Airport mit Luftfrachtzentrum, dem Güterverteilzentrum (GVZ), den Güterbahnhöfen und den Autobahnen A1 und A27 (ab 2006 auch der A281, welche den bisher im Südwesten der Stadt Bremen unvollständigen – i.S.v. offenen – Autobahnring um die Stadt schließen wird) bedient bzw. befördert der Standort Bremen in ausgesprochen vielfältiger Art und Weise das traditionelle Kernelement der Logistik, nämlich in erster Linie den Umschlag und Transport von Waren und Gütern. Darüber hinaus befindet sich auch eine Vielzahl an Unternehmen und Institutionen am Standort Bremen, welche in ihrem Tätigkeitsspektrum deutlich auf logistikrelevante Aufgaben und Fragestellungen ausgerichtet sind. Zu nennen sind hier – ohne Anspruch auf Vollständigkeit – u.a. die GVZ-Entwicklungsgesellschaft (GVZE), die Bremer Lagerhaus Gesellschaft (BLG), die Datenbank Bremische Häfen (dbh), das Institut für Seeverkehrswirtschaft und Logistik (ISL), die Hochschule Bremerhaven (ein Schwerpunkt der Lehre: Transportwesen) und die Deutsche Außenhandels- und Verkehrsakademie (DAV). Über diese besteht die Möglichkeit auch im Bereich der sogenannten „soft skills“, d.h. im Bereich der Forschung, Beratung und des Wissenstransfers den Ausbau und die Aufwertung des Standortes über den Wirtschaftsbereich Logistik zu forcieren (und darüber wiederum Arbeitsplätze zu generieren).

Die nachfolgenden Ausführungen geben einen Einblick in die Inhalte der Logistik und deren Entwicklung von Anfang der 70er Jahre bis heute. Sie zeigen auf, wie sich die Logistik innerhalb dieses Zeitraumes im Zuge des allgemeinen wirtschaftlichen Strukturwandels von einer rein auf physische Abläufe konzentrierten Funktion zu einem ganzheitlich planenden, organisierenden und optimierenden (Führungs-) Element innerhalb der Wertschöpfungsketten gewandelt hat. Das an dem damit einhergehenden globalen Bedeutungsgewinn der Logistik unter bestimmten Voraussetzungen (in besonderem Maße) auch einzelnen Regionen in Form von wirtschaftsstrukturellen Impulsen partizipieren können, zeigt abschließend die kurz skizzierte Diskussion um die "Renaissance der Region" (Glokalisierungsdebatte).

---

[56] So sehen verschiedene Institutionen u.a. explizit in der Logistik eine Entwicklungschance für den Standort Bremen. Vgl. Bremer Senator für Wirtschaft und Häfen & Bremer Senator für Bildung und Wissenschaft (Hg.): InnoVision 2010.

3.1 Die Logistik

Was bedeutet der Begriff "Logistik"? Welche Inhalte lassen sich hierunter subsumieren? Wie sieht das Aufgabenprofil eines modernen Logistikunternehmens bzw. eines Logistikers in einem Industrieunternehmen aus? – Fragen, auf die bislang keine allgemeinverbindlichen Antworten gegeben werden konnten. Das Spektrum logistischer Aufgaben- und Verantwortungsbereiche ist heutzutage derart vielschichtig und befindet sich noch dazu in einem derart stetigen Wandel bzw. in einer Weiterentwicklung/Erweiterung, daß eine allgemeinverbindliche Definition und sekundärstatistische Abgrenzung bis heute noch nicht vorgenommen wurde.

> „Der Ursprung des Terminus "Logistik" liegt weit in der Geschichte zurück und läßt sich aus den griechischen Wortstämmen "lego" und "logik" sowie aus dem französischen Verb "loger" ableiten. Vom griechischen "lego", was "denken" bedeutet, läßt sich das Verb "logizomai", was "berechnen" und "überlegen" bedeutet, ableiten. Vom zugehörigen Substantiv "logismos" stammt das Adjektiv "logistikos", was "rechnerisch erfahren" und "berechnend, logisch denkend" bedeutet.[57]

Obwohl als Aufgabenbereich schon mehrere hundert Jahre alt, hat die Logistik bzw. genauer die Begrifflichkeit Logistik erst nach dem 2. Weltkrieg, zu Beginn der 50er Jahre im Zuge einer sich rasch (und innovativ) entwickelnden Informations- und Kommunikationsbranche, Einzug in die Wirtschafts- und Geschäftswelt gehalten (zum ausführlichen geschichtlichen Abriß der Logistik siehe bspw. *Ihde, Bichler/Schröter und Duerler*).[58] Ursprünglich aus dem militärischen Bereich kommend, in welchem sie in Kriegszeiten für die taktischen und strategischen Planungen verantwortlich war (vorrangig im Bereich Truppenversorgung und Nachschub, aber auch in bezug auf Truppenbewegungen und -verlagerungen), durchsetzt die Logistik als Disziplin heute nahezu alle wirtschaftlichen Bereiche auf allen (Handlungs-) Ebenen. Bezüglich der Handlungsebenen wird hierbei im allgemeinen zwischen der *Micro-*, der *Meta-*[59] und der *Makrologistik* unterschieden. Während die Logistik auf der Micro-Ebene innerbetriebliche, einzelwirtschaftliche Optimierungsaufgaben erfüllt, ist der Maßstab auf der Makro-Ebene gesamtwirtschaftlicher Art, d.h. ganze Wirtschaftszweige, Regionen oder gar komplette Volkswirtschaften sind hier der Ausgangs-/Ansatzpunkt. Die Meta-Ebene liegt in der Betrachtung zwischen der Micro- und der Makro-Ebene. Sie umfaßt alle unternehmens- und wirtschaftsbereichübergreifende Kooperationsformen, d.h. sie geht über den einzelwirtschaftlichen Ansatz

[57] Bichler/Schröter 1995, S. 15.
[58] Vgl. Ihde 2000, S. 22 ff.; Bichler/Schröter 1995, S. 15 ff.; Duerler 1990, S. 37 ff.
[59] Der Begriff *Meta* ist vom Sinngehalt dem ansonsten in der Literatur häufig gebrauchten Begriff *Meso* gleichzusetzen.

der Micro-Ebene hinaus, ohne dabei als Grundlage die umfassende Sichtweise beispielsweise einer ganzen Volkswirtschaft (Makro-Ebene) einzunehmen.[60]

Die Logistik ist von ihrer Funktion her eine Dienstleistung und – auf ihr Aufgabenspektrum bezogen – das traditionelle Bindeglied zwischen dem Produzenten und dem Konsumenten. In den letzten 20-30 Jahren hat sich das Bild der Logistik im Zuge von Globalisierungsprozessen[61] kontinuierlich gewandelt bzw. ausgeweitet (Abbildung 5) – ein Ende dieser sich bedingenden Prozesse von allgemeinem wirtschaftlichen Strukturwandel und darauf reagierenden Anpassungen im Bereich Logistik ist nicht absehbar. Die wohl wesentlichste Entwicklung in der Logistik seit Anfang der 70er Jahre ist die der Erweiterung des Fokus von einer rein auf physische Abläufe konzentrierten Funktion zu einem *ganzheitlich planenden, organisierenden* und *optimierenden* (Führungs-) Element innerhalb der Wertschöpfungskette.

In den 70er Jahren waren die klassischen Aufgaben der Logistik das Transportieren, Umschlagen, Lagern und Kommissionieren von Gütern und Waren. Das Hauptaugenmerk lag auf „... der Sicherstellung der Verfügbarkeit von Materialien und Waren innerhalb des Produktionsprozesses ...“.[62] Die einzelnen Logistiksegmente innerhalb einer Prozeß-/Wertschöpfungskette fungierten noch – auf ihren speziellen Aufgabenbereich ausgerichtet – weitestgehend isoliert und ohne nennenswerte Interaktionen.

In den 80er Jahren wurde die Logistik dahingehend einer Erweiterung unterzogen, als daß das vorher fehlende integrative (funktionsübergreifende) Element zwischen den einzelnen Logistiksegmenten innerhalb einer Produktionskette inhaltlich in den Vordergrund rückte, die Logistik sich also von ihrer Funktionsorientierung hin zu einer Organisationsorientierung zur Optimierung „effektivitäts- und effizienzmindernden funktionalen Schnittstellen zwischen den Teilbereichen Beschaffung, Produktion und Vertrieb“ entwickelte.[63] Die Logistik wurde nun allgemein im Sinne einer Managementfunktion verstanden.

---

[60] Vgl. Arendt 2001, S. 10-11; Pfohl 2000, S. 14-16.

[61] Unter den häufig undifferenziert gebrauchten Oberbegriff der "Globalisierung" fallen – um nur einige Aspekte zu nennen – u.a. das Zusammenwachsen der Beschaffungsmärkte, die Individualisierung der Absatzmärkte, die Intensivierung des Zeitwettbewerbs, die zunehmende Fragmentierung der Wertschöpfungsketten durch Reduzierung der Fertigungs-/ Wertschöpfungstiefe in Unternehmen im Zuge einer Ausweitung der räumlichen Arbeitsteilung.

[62] Baumgarten/Walter 2000, S. 3.

[63] Vgl. Baumgarten/Walter 2000, S. 3.

Abbildung 5: Die Entwicklung der Logistik

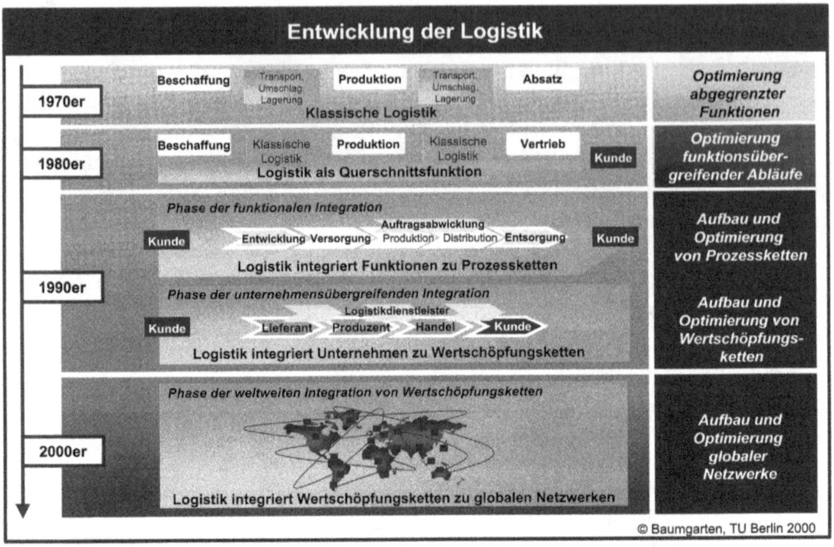

Quelle: Baumgarten/Walter 2000, S. 3.

Entscheidende Wandlungen des Logistikbegriffes bzw. Logistikverständnisses in den 90er Jahren waren zum einen die Änderung der "Denkart" in der Logistik. Im Vordergrund stand nun nicht mehr eine *funktionsorientierte*, sondern vielmehr eine *flußorientierte* Ausrichtung, die eine *Optimierung kompletter Prozeßketten* bzw. der zugrundeliegenden *Material-* und *Informationsflüsse* zum Ausgangspunkt hatte.[64] Die Logistik bekam immer mehr die Rolle eines ganzheitlichen Koordinators innerhalb des Produktionsprozesses zugewiesen. Hiermit ist die zweite wichtige Wandlung bzw. Anpassung an veränderte Rahmenbedingungen erwähnt: die Koordination des Informationsflusses und Bereitstellung/ Verfügbarkeit von produkt- und prozeßbezogener Informationen zu jeder Zeit und an jedem Punkt einer Prozeßkette. Mit nennenswerten technischen Innovationen im Bereich der Informations- und Kommunikationstechnologie (als Beispiel sei hier das *Internet* angeführt) war es jetzt möglich, *Unternehmen* entlang einer Prozeßkette solcherart zu „Verzahnen", daß die Optimierung der *Wertschöpfung* einer Prozeßkette in den Vordergrund (vor den originären Produktionsprozeß/-fluß) treten konnte – die Sichtweise war nun die einer ganzheitlich unternehmensübergreifenden Wertschöpfungskette[65] und nicht mehr in erster Linie einer funktional verknüpften Prozeßkette.

---

[64] Ebenda; Arnold/Eßig 1999.

[65] Eine Wertschöpfungskette beschreibt die Architektur der Wertschöpfung mit ihren verschiedenen Wertschöpfungsstufen. Die Wertschöpfungsstufen bestehen aus Wertschöp-

Die in der Breite sicherlich (relativ gesehen) neueste Funktion der Logistik ist die des Aufbaus und der Optimierung aus integrierten Wertschöpfungsketten zusammengesetzter globaler Netzwerke (was letztendlich Ausdruck für das zu Beginn der 90er Jahre stattgefundene Umdenken in den Unternehmen vom reinen *Umsatzziel* zum *Rentabilitätsziel* [Effizienzgedanke] ist[66]). Vor allem aufgrund des, gesamtwirtschaftlich gesehen, zunehmenden Kostendrucks und den steigenden Anforderungen hinsichtlich der Umsetzungs- und Transportgeschwindigkeit (Faktor: Zeit) wird zum einen die Zusammensetzung der Unternehmen in den Wertschöpfungsketten im Zuge zunehmender räumlicher Arbeitsteilung häufig immer internationaler (i.S.v. weltumspannender). Zum anderen nimmt die weltweite Vernetzung von Wertschöpfungsketten untereinander über die Logistik als integratives und koordinierendes Element weiter zu, was insgesamt entlang der Ketten die *Kosten zu senken* und gleichzeitig die *Reaktionszeit* der einzelnen Kettenglieder zu *erhöhen* vermag.

Pfohl führt in diesem Zusammenhang *fünf Effekte* auf, über die sich ein Unternehmen mit Hilfe seines firmeninternen Logistiksegmentes und/oder durch bspw. vertraglich eingebundene externe Logistikdienstleister an die durch die Märkte (Beschaffungs- und Absatzmärkte) diktierten Rahmenbedingungen anpassen kann bzw. muß, um vor allem hinsichtlich des zunehmenden Kostendrucks wettbewerbsfähig zu bleiben. Hierbei handelt es sich um:

a) „economies of arbitrage“ (Preisvorteile)
b) „economies of scale“ (Größenvorteile)
c) „economies of scope“ (Bündelungsvorteile)
e) „economies of speed“ (Geschwindigkeitsvorteile)
f) „economies of structure“ (Änderungsvorteile).[67]

Aufgrund eines in den letzten zwanzig Jahren fundamentalen Bedeutungswandel der Logistik als Unternehmensfunktion ist – wie zuvor schon erwähnt – eine exakte (i.S.v. von allgemein anerkannte und verbindliche) Definition bisher in der Fachliteratur nicht zufriedenstellend erfolgt. Zu massiv waren die Veränderungen in der Betrachtungsweise und „Philosophie“ der Logistik. So hat sie sich

---

fungsaktivitäten und Gewinnspanne. Jede Wertschöpfungsstufe bezeichnet einen relevanten Beitrag in der Wertschöpfung. Man unterscheidet (nach Porter) *neun Aktivitäten* der Unternehmung in der Wertschöpfung: 1. Fünf *primäre*, den eigentlichen Wertschöpfungsprozeß beschreibende Aktivitäten: a) interne Logistik, b) Operation (Produktion), c) externe Logistik, d) Marketing und Vertrieb und e) Kundendienst (Service) und 2. vier *unterstützende*, den Wertschöpfungsprozeß ergänzende Aktivitäten: a) Unternehmens-Infrastruktur, b) Human Resource Management, c) Forschung und Entwicklung (Innovationsmanagement) und d) Beschaffung. Vgl. Porter 1985, S. 37.

[66] Vgl. Pfohl 2000, S. 49.

[67] Vgl. Pfohl 2000, S. 48.

innerhalb der letzten drei Dekaden „... von einer stark auf die physischen Abläufe fokussierten Unternehmensfunktion zu einem ganzheitlichen, prozeß- und kundenorientierten Managementkonzept und Führungsinstrument entwickelt.“[68] Diese insgesamt fehlende "Faßbarkeit" des Logistik-Begriffes hat zur Folge, daß diese – mehr oder minder als modernes Modewort – in der Wirtschaft inhaltlich häufig stark überfrachtet (oder im Gegenteil: auf die Transportbranche reduziert) aufgefaßt und gebraucht bzw. mißbraucht und dadurch in der Wahrnehmung vieler Menschen ihres eigentlichen Stellenwertes beraubt wird.[69] Eine in der Branche gebräuchliche, sehr anschauliche Metapher sagt über die Logistikabteilungen in Unternehmen: „We are the skeleton that moves the body“.[70] Hierin kommen explizit zwei wesentliche Charakterzüge der Logistik zum Ausdruck: zum einen ihre Mittler- und Organisationsfunktion – das Skelett als solches verbindet alle übrigen Bestandteile miteinander und hält diese geordnet zusammen – und zum anderen ihre oftmals relative Unsichtbarkeit in der Wahrnehmung von außen – das Skelett ist unter der Außenhaut verborgen –, was ebenfalls zur Problematik hinsichtlich der Abgrenzung der Logistik gegenüber den übrigen Wirtschaftsbereichen beiträgt.[71]

Als eine an dieser Stelle *erste* schlichte, aber durchaus den Kern umfassende *Definition* von Logistik, kann die folgende angesehen werden:

> „Logistik umfaßt die gesamte Informations- und Warenflußkette vom Beschaffungs- bis zum Verbrauchermarkt.“[72]

Das *Anforderungsprofil* der Logistik wird in der Fachliteratur im allgemeinen mit den sogenannten vier „r´s“ umschrieben:

> „Die Logistik hat dafür zu sorgen, daß ein Empfangspunkt gemäß seines Bedarfs von einem Lieferpunkt mit dem *richtigen Produkt* (in Menge und Sorte), im *richtigen Zustand*, zur *richtigen Zeit*, am *richtigen Ort* zu den dafür minimalen Kosten versorgt wird.“[73]

Neben den drei klassischen *Bereichen*: *Beschaffungslogistik*, *Produktionslogistik* und *Distributionslogistik* werden bis heute noch eine Vielzahl anderer Bereiche mit dem Begriff Logistik in Verbindung gebracht, ohne daß ein Ende der Generierung neuer Logistikfelder/-begriffe abzusehen ist. *Bichler* und *Schröter* führen hierzu u.a. die Bereiche: Eurologistik, Unternehmenslogistik, Marketinglo-

---

[68] Baumgarten/Walter 2000, S. 2.
[69] Vgl. Delfmann 1995, S. 506.
[70] SCI Verkehr 2000, S. 32.
[71] Vgl. SCI Verkehr 2000, S. 32.
[72] Bichler/Schröter 1995, S. 16.
[73] Pfohl 2000, S. 12.

gistik, Entsorgungslogistik, Recyclinglogistik, Vorratslogistik, Lagerlogistik, Kommissionierlogistik und Transportlogistik auf.[74]

Die Definition von Logistik, die derzeit im allgemeinen als die detaillierteste und paßgenauste angesehen wird, ist gekoppelt an die in der Branche heute vorherrschende Sicht- und Denkweise, in welcher die *Wertschöpfungskette als Fließsystem* interpretiert und die Logistik als ganzheitliche Managementfunktion solcher Ketten bzw. sogar vielmehr auch umfangreicher *flußorientierter Netzwerke* (welche sich aus den Wertschöpfungsketten zusammensetzen) aufgefaßt wird.[75] Für ein flußorientiertes Logistik-Konzept sei hier die Definition von *Pfohl* angeführt[76]:

> „Zur Logistik gehören alle Tätigkeiten, durch die die raum-zeitliche Gütertransformation und die damit zusammenhängenden Transformationen hinsichtlich der Gütermengen und -sorten, der Güterhandhabungseigenschaften sowie der logistischen Determiniertheit der Güter geplant, gesteuert, realisiert oder kontrolliert werden. Durch das Zusammenwirken dieser Tätigkeiten soll ein Güterfluß in Gang gesetzt werden, der einen Lieferpunkt mit einem Empfangspunkt möglichst effizient verbindet."[77]

Der Grund für die Ausweitung der Managementfunktion der Logistik von einzelnen Wertschöpfungsketten auf komplette Netzwerke ist so einfach wie aus der allgemeinen weltwirtschaftlichen Entwicklung heraus zwangsläufig. Die nachfolgende Abbildung 6 zeigt die hierfür verantwortlichen Faktoren und Prozesse sowie ihre Verknüpfungen skizzenhaft auf.

Im Zuge eines steigenden Kostendrucks und erhöhten Anforderungen an Reaktions- und Durchlaufzeiten, hervorgerufen durch zunehmende Komplexität (i.S.v. erhöhtem Koordinationsbedarf u.a. aufgrund einer wachsenden Produktvielfalt und einer ansteigenden Zahl an involvierten Akteuren), Dynamik und Globalisierung, nimmt die Arbeitsteilung zwischen produzierenden Unternehmen immer stärker zu. Dieses ist im Sinne der Senkung der Produktionskosten ökonomisch sinnvoll, da durch eine Spezialisierung u.a. betriebswirtschaftliche Vorteile über innerbetriebliche, strukturelle Anpassungen und/oder Neuausrich-

---

[74] Bichler/Schröter 1995, S. 17.
[75] Vgl. Delfmann 1995, S. 508.
[76] Weitere Definitionen, u.a. die der amerikanischen Logistikgesellschaft „Council of Logistics Management" (CLM) und die der europäischen Dachgesellschaft der nationalen logistischen Gesellschaften in Europa, der „European Logistics Association" (ELA) – siehe Pfohl 2000, S. 12-14.
[77] Pfohl 2000, S. 12.

tungen (economies of arbitrage, scale, scope, speed und structure) realisiert werden können.[78]

Abbildung 6: Vereinfachte Darstellung der Kausalkette der Anpassung der Unternehmen an den zunehmenden globalen Wettbewerb

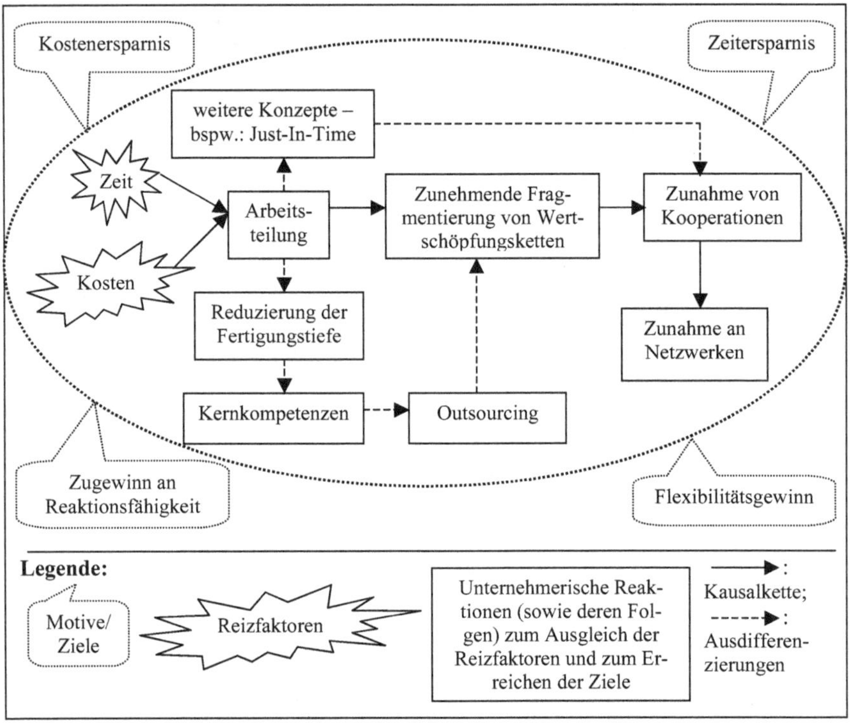

Eigene Darstellung.

Auf Grundlage zunehmender weltweiter arbeitsteiliger Prozesse ist es produzierenden Unternehmen möglich, Aufgabenbereiche und Prozesse, welche nicht zum eigentlichen Kern der Unternehmensaktivitäten gehören, d.h. welche nicht zu den eigentlichen Kernkompetenzen[79] des Unternehmens zu zählen sind, an

[78] Hierbei ist natürlich eine wesentliche Voraussetzung, daß die durch die verstärkte Arbeitsteilung gegebenenfalls steigenden Transaktionskosten die Einsparungen aus der Senkung der Produktionskosten nicht überkompensieren.

[79] „Kernkompetenzen (Kernfähigkeiten) sind spezielle Fähigkeiten oder Technologien, die einen einzigartigen Kundenwert schaffen können. Zu den Kernkompetenzen gehören z.B. Wissen, aber auch Prozesse. Kernkompetenzen basieren auf Ressourcen oder Fähigkeiten die: a) wertvoll sind (Ressourcen oder Fähigkeiten, die einer Firma helfen, Drohungen zu neutralisieren oder Chancen zu nutzen), b) selten sind (Ressourcen oder Fähigkeiten, die

Externe zu vergeben, welche wiederum auf den jeweiligen Arbeitsprozeß spezialisiert sind.

Dieses Verfahren der Fremdvergabe randwärtiger Aufgabensegmente, was im allgemeinen mit dem Begriff "Outsourcing" bezeichnet wird, birgt für ein Unternehmen sowohl Chancen als auch Risiken, wobei letztere im direkten Vergleich zu den erlangbaren Vorteilen bei einer Umsetzung in der Konsequenz schwächer bewertet werden.[80] Die über das Outsourcing von Unternehmensleistungen zu erzielenden *Vorteile* (i.S.v. Chancen) werden von vielen Unternehmen in erster Linie in einer Kostenreduktion gesehen. Diese wird durch die Umwandlung von fixen Kosten in variable Kosten erreicht, was eine Reduzierung der Kapitalbindung ermöglicht. Variable Kosten fallen nur noch im direkten Zusammenhang mit der Leistungserbringung/-abforderung an, was u.a. eine deutlich gestiegene Planungssicherheit bei den Unternehmen zur Folge hat. Des Weiteren bietet sich einem Unternehmen über den Prozeß des Outsourcing auch die Chance in Zeiten hoher Nachfragespitzen, in denen die betriebsinternen Kapazitätsgrenzen erreicht werden, zusätzlich Kapazitäten mit einzubinden und somit einen gegebenenfalls vorhandenen Nachfrageüberhang trotz eigener/interner Engpässe bedienen zu können. Ein weiterer erheblicher Vorteil für outsourcenden Unternehmen kann in der Chance gesehen werden, an dem spezifischen und hoch spezialisierten Know-how der (die jeweiligen Segmente übernehmenden) Firmen in Form von produktbezogener Prozeßkostenoptimierung (Spezialisierungseffekt) und/oder Spill-over-Effekten im Bereich des Wissenstransfers zu partizipieren. Als wesentliche, durch das Outsourcing von Unternehmenssegmenten potentiell auftretende *Nachteile* sind vor allem die Aufgabe der (eigenverantwortlichen) Kontrolle über die Steuerung/Lenkung des Gesamtprozesses und ein Bruch in der Informationskette zu nennen. Die Auslagerung von Prozeßteilsegmenten geht häufig aus Kosten- und Effizienzgründen einher mit dem Abbau der eigenen technischen Ausrüstungen und des Know-hows in diesen Bereichen. Die damit verbundene relative Abhängigkeit ist in der Regel – falls aufgrund von Komplikationen notwendig – aus Kosten- und Zeitgründen kaum reversibel. Ein Bruch in der Informationskette entsteht dann, wenn Dritte zwischen dem jeweiligen Unternehmen und seinen originären Ressourcenlieferanten/-quellen bzw. zwischen dem Unternehmen und den Konsumenten geschaltet werden. Vor allem letzterer verschließt dem Unternehmen eine wichtige

---

nicht von vielen anderen Marktteilnehmern besessen werden), c) teuer zu imitieren sind (Ressourcen oder Fähigkeiten, die andere Firmen nicht einfach imitieren können) und d) nicht substituierbar sind (Ressourcen oder Fähigkeiten, die kein strategisches Äquivalent besitzen – wie z.B. firmenspezifisches Wissen oder vertrauensbasierte Beziehungen)." O.V. 2001, S. 15. (Onlinequelle)

[80] Zu den nachfolgend aufgeführten Risiken und Chancen im Zusammenhang mit Outsourcing-Prozessen vgl. o.V. 2000. (Onlinequelle)

direkte Reflektionsquelle bezüglich des Meinungsbildes und der Akzeptanz der erbrachten Leistung (i.d.R. des Produktes). Letztlich bietet das Outsourcing einem Unternehmen die Chance, über eine Reduzierung eine Neustrukturierung und -positionierung zu erreichen und hierüber die Wettbewerbsfähigkeit und Rentabilität zu erhalten oder gar zu erhöhen.

Unter anderem aus der in vielen Unternehmen zunehmenden Reduzierung der Fertigungs- bzw. Wertschöpfungstiefe[81] (durch die Konzentration auf die jeweiligen Kernkompetenzen[82]) resultiert insgesamt eine umfassende, voranschreitende Fragmentierung und damit eine allgemeine Verlängerung der Wertschöpfungsketten.[83] Die Zahl der Glieder innerhalb der Wertschöpfungsketten nimmt stetig zu, was zum einen aufgrund der steigenden Spezialisierung der einzelnen Elemente innerhalb der Kette optimaler Weise u.a. zu einer deutlichen Erhöhung der Fließgeschwindigkeit führt, zum anderen aber auch die Anzahl der Schnittstellen (und damit die Anfälligkeit der Funktionsfähigkeit der Kette) drastisch erhöht und einen erheblichen Anstieg der Anforderungen an die Organisation und Lenkung des gesamten Produktionsprozesses entlang der Kette zur Folge hat. Um die allgemeine Funktionsfähigkeit einer Wertschöpfungskette auch unter dem Gesichtspunkt der kontinuierlichen Optimierung der Strukturen zu gewährleisten, ist eine weitreichende logistische Integration der dort positionierten, zunehmend internationaler werdenden, miteinander kooperierenden und interagierenden Unternehmen ein entscheidender Erfolgsfaktor. In dieser immer globaler orientierten und ausgerichteten Sicht- und Handlungsweise drückt sich auch die „... verbreitete Abkehr von vertikal ausgerichteten, hierarchischen Organisationskonzepten und *der* [Änderung d. Verf.] Übergang zu eher horizontalen, heterarchischen, organisationalen Netzwerken innerhalb von und zwischen Unternehmen“[84] aus. Aus der Betrachtung einzelner Wertschöpfungsketten und der Optimierung der jeweiligen internen Schnittstellen über die Logistik ist für diese mit der Zeit die Aufgabe einer Optimierung ganzheitlicher (arbeitsteiliger) Netzwerke erwachsen.

---

[81] *Arnold/Eßig* führen bezüglich der Reduzierung der Fertigungstiefe – als einen (im Sinne einer Reduktion) sehr weit gehenden Fall – das Beispiel der Firma Porsche an, die die komplette Fertigung ihres Serienmodells „Boxster“ (bzw. eines Teils der Auflage) an das finnische Unternehmen Valmet outgesourced haben und selber nur noch die diesbezügliche Konstruktion und das Marketing durchführen. Vgl. Arnold/Eßig 1999, S. 95.

[82] 5-6 Kernkompetenzen pro Unternehmen werden als Maximum organisatorischer Handhabbarkeit angesehen. Vgl. Alt 1997, S. 19.

[83] Als weitere wesentliche Gründe können zusätzlich noch die voranschreitende *Miniaturisierung*, der Trend zu *geringeren Sendungsgrößen* und das Konzept der *Just-In-Time* Produktion angeführt werden.

[84] Delfmann 1995, S. 483, 509.

3.2 *Entwicklung und gesamtwirtschaftliche Bedeutung*

Im Zuge eines seit spätestens Mitte der 70er allgemein spürbaren und sich seitdem stetig fortsetzenden Globalisierungsprozesses, d.h. dem weltweiten "Zusammenwachsen" der Beschaffungs-, Absatz-, Produktions- und Kapitalmärkte, hat die Logistik als intermediäres Bindeglied erheblich an Bedeutung gewonnen. Sich in den letzten drei Dekaden durchgreifend gewandelte wirtschaftliche, politische, gesellschaftliche und kulturelle Rahmenbedingungen[85] haben in den Unternehmen (v.a. in Großunternehmen) zu einem Umdenken und zu einer Neuausrichtung der Unternehmensstrategien geführt. Unternehmerisches Handeln ist zunehmend internationaler geworden, was sich u.a. in grenzüberschreitenden Verlagerungen von Produktionsstätten, Kapitalbeteiligungen an ausländischen Unternehmen und damit implizit internationaler werdenden Beziehungs- und Transaktionsnetzwerken widerspiegelt.[86] Brauchbare (wenn auch nicht optimale), den Prozeß der Globalisierung bzw. Internationalisierung veranschaulichende Indikatoren sind u.a. die Exportquote[87] und die Entwicklung der internationalen Direktinvestitionen[88].

So belief sich der Wert der deutschen Exporte im Jahr 2001 – gemessen in US$ – auf 570 Mrd. $ bei einer sich (aus deutscher Sicht) auf einem Rekordniveau befindlichen Exportquote von 35%. Nur die Exporte der USA übertrafen mit 780 Mrd. US$ das deutsche Ergebnis.[89]

Die Direktinvestitionen deutscher Unternehmen im Ausland haben sich im Zeitraum von 1991 bis 2000 von 134,5 Mrd. € auf 571,8 Mrd. € mehr als vervierfacht und die der ausländischen Unternehmen in Deutschland im selben Zeitraum von 96,1 Mrd. € auf 277,1 Mrd. € knapp verdreifacht (Tabelle 6). Zwar dürfen die Direktinvestitionen nicht mit Anlageinvestitionen oder gar Sachanla-

---

[85] Hierunter fallen in der Hauptsache die Faktoren a) technischer Fortschritt in den Bereichen Produktion, Transport, Information und Kommunikation, b) Öffnung, Deregulierung und Liberalisierung der Märkte, c) Abbau protektionistischer/politischer Barrieren, d) zunehmende Rechtssicherheit im Handel und bei Finanzgeschäften und e) Annäherung der unterschiedlichen Kulturräume. Vgl. Schamp 2000, S. 131-133.

[86] Vgl. Borrmann/Denning/Jungnickel/Keller/Koopmann 2001, S. 51-53.

[87] Die *Exportquote* gibt den prozentualen Anteil der Exporte von Gütern und Dienstleistungen am Bruttoinlandsprodukt an.

[88] Zusammensetzung der Direktinvestitionen: „Der Stand der Direktinvestitionen setzt sich zusammen aus dem Anteil an Eigenkapital (Nominalkapital, Rücklagen, Gewinne und Verluste) eines ausländischen (bzw. inländischen) Unternehmens, der einem Inländer (bzw. einem Ausländer) zuzurechnen ist, und den Krediten und Darlehen, die der Anteilseigner sowie bestimmte andere ihm verbundene Kreditgeber dem Unternehmen gewährt haben. Untergrenze für die Erfassung als Direktinvestition ist eine Beteiligung von mehr als 20% des Nominalkapitals oder der Stimmrechte." Definition des Statistischen Bundesamtes.

[89] Vgl. Bundesministerium für Wirtschaft und Arbeit 2003, S. 1. (Onlinequelle)

geinvestitionen gleichgesetzt werden (siehe Definition), d.h. ein Ableiten von realwirtschaftlichen Entwicklungen aus den Zahlen ist im Prinzip ohne die Gefahr erheblicher Fehleinschätzungen und -schlüsse nicht möglich, doch machen sie auf eindrucksvolle Weise deutlich, daß deutsche Unternehmen ganz erheblich am Internationalisierungsprozeß beteiligt sind.

Tabelle 6: Direktinvestitionen: Bestand / in Mrd. €

Jahr	Deutsche Direktinvestitionen im Ausland	jährliche Bestands-veränderung	Ausländische Direktinvestitionen in Deutschland	jährliche Bestands-veränderung
1991	134,5	-	96,1	-
1992	147,3	12,8	98,7	2,6
1993	164,1	16,8	102,8	4,1
1994	179,0	14,9	110,4	7,6
1995	196,8	17,8	121,7	11,3
1996	231,1	34,3	129,4	7,7
1997	283,3	52,2	145,7	16,3
1998	318,5	35,2	176,9	31,2
1999	411,5	93,0	234,2	57,3
2000	571,8	160,3	277,1	42,9

Quelle: Statistisches Bundesamt, eigene Berechnungen.

In der Regel stehen derartige Auslandsaktivitäten von Unternehmen (wie sie Direktinvestitionen implizieren) – vor allem von Industrieunternehmen[90] – im Zusammenhang mit Ausdifferenzierungs- und Dezentralisierungsbemühungen zuvor räumlich stark konzentrierter, vor Ort unter veränderten Rahmenbedingungen zum Teil nur noch suboptimal agierender Unternehmensteile.[91] „Wertschöpfungsketten werden zunehmend aufgespalten und grenzüberschreitend neu organisiert“.[92] Der dahinter stehende Antrieb der Unternehmen ist, bei einer globalen Orientierung, sehr selektiv jeweils regionalspezifisch vorhandene Standortvorteile entweder über Gründungen von Filialen oder Tochterunternehmen („unternehmensinterne“ Aktivität) oder über das Einbinden von Externen in den Wertschöpfungsprozeß in Form von Kooperationen („unternehmensexterne“ Aktivität) auszunutzen. Weitere unternehmerische Möglichkeiten sind Fusionen, Übernahmen, Beteiligungen oder Joint-ventures.

Die Konzentration der Aktivitäten auf die eigenen Kernkompetenzen und die damit verbundene Reduzierung der Fertigungstiefe produzierender Unternehmen über das Outsourcing randwärtiger Aufgabensegmente sind Ausdruck „unter-

[90] So überschritt die Auslandsproduktion deutscher Industrieunternehmen – gemessen an der Inlandsproduktion – unlängst die Marke von 40%. Vgl. Borrmann/Jungnickel/Koopmann 2002, S. 12.
[91] Vgl. Hirsch-Kreinsen 1999.
[92] Borrmann/Jungnickel/Koopmann 2002, S. 10.

nehmensexterner“ Aktivitäten und Reaktion auf einen zunehmenden Konkurrenzdruck auf den nationalen und internationalen Märkten.

Die Ursachen für solche, häufig zwangsweise eingeleiteten Maßnahmen, sind in der Regel in einem steigenden Rationalisierungsdruck zu finden, der durch eine branchenübergreifende, sich weltweit verschärfenden Konkurrenzsituation induziert wird. Diese Entwicklung läßt sich wiederum vor allem aus den Umständen stagnierender Märkte, weltweit anwachsender Überkapazitäten und einer immer ausgeprägteren Individualisierungstendenz der Kundenwünsche, gekoppelt mit (über den Markt diktierte) immer kürzeren Reaktionszeiten, ableiten.

In der Summe führt diese Entwicklung – zumindest bezogen auf große Teile der Wirtschaft westlicher Industrienationen – zwangsläufig zu einer voranschreitenden Fragmentierung, Verlängerung und Komplexitätserweiterung der Produktions- bzw. Wertschöpfungsketten[93]. Diese zieht – ebenfalls in der Summe – eine Erhöhung der Anzahl beteiligter Akteure (Standorte) und damit der Menge an Schnittstellen innerhalb der Wertschöpfungsnetzwerken nach sich. Die Logistik in ihrer (Management-) Funktion als Koordinator, Mittler und Optimierer solcher Ketten und Netzwerke rückt, parallel zu dieser Entwicklung, zunehmend stärker in den Fokus des strategischen Interesses der Unternehmen und wird für diese ein immer wesentlicherer Erfolgsfaktor.

3.3 Der Logistiksektor: Potential und Chance für die Region

Dem Logistiksektor wird in der aktuelleren Diskussion insgesamt ein hohes wirtschaftliches Potential zugesprochen, da die Logistik immer stärker weltumspannend die wirtschaftlichen Prozesse durchdringt, organisiert und steuert – und das bei einer kontinuierlichen Neuorientierung/-ausrichtung an den Anforderungen der Märkte und der Ausweitung und Weiterentwicklung des eigenen Aufgabenspektrums bzw. der damit einhergehenden Verantwortlichkeiten.[94] Die Chance, für einzelne Regionen an dem Bedeutungsgewinn der Logistik als Folge der voranschreitenden Internationalisierung in Form von wirtschaftsstrukturellen Entwicklungsimpulsen zu partizipieren, kann zudem auch aus dem zunehmenden Bedeutungsgewinn bzw. der „Renaissance“ der Region[95] als wirtschaftlicher Aktionsraum hergeleitet werden.[96]

Diese eigentliche Widersprüchlichkeit, nämlich einer aus Sicht der Unternehmen im Zuge der Globalisierung voranschreitenden Standortloslösung und -ungebundenheit (globale Orientierung) aufgrund einer in der Tendenz weltwei-

93 Vgl. Borrmann/Denning/Jungnickel/Keller/Koopmann 2001, S. 51.
94 Vgl. Baumgarten/Thoms 2002; Arendt 2002; Baumgarten/Walter 2000; Ihde 2000.
95 Vgl. Läpple 1997, S. 107.
96 Vgl. Heidenreich 1997.

ten Substituierbarkeit bzw. Ubiquität vormals räumlich gebundener Produktionsfaktoren und -ressourcen sowie der immer schnelleren und billigeren Überwindung räumlicher Distanzen auf der einen Seite und die Rückbesinnung auf die Notwendigkeit der durch die Einbettung in lokale oder regionale Zusammenhänge zu generierenden Vorteile für die Wettbewerbsfähigkeit und das Bestehen am Markt auf der anderen, wird in der Literatur unter dem Begriff der „Glokalisierung" diskutiert.[97] Glokalisierung setzt sich aus dem begrifflichen Gegensatzpaar „Globalisierung" und „Lokalisierung" (auch häufig gebraucht i.S.v. Regionalisierung) zusammen und steht für das beschriebene Paradox von verstärkter internationaler Ausrichtung von Unternehmen, gekoppelt mit einer wachsenden Unabhängigkeit von traditionellen Standortbindungen bei gleichzeitig zunehmender Intensität lokaler bzw. regionaler Einbindung.[98]

Die Region, von *Läpple* definiert als „... weder ein passiver Resonanzkörper gesamtwirtschaftlicher bzw. globaler Entwicklungsprozesse noch eine autonome räumliche Wirtschaftseinheit, sondern ein *sozialökonomisches Wirkungsfeld bzw. ein räumlicher Kooperations- und Interaktionszusammenhang* mit spezifischen ökonomischen, sozialen und politischen Netzwerken, Institutionen und Kommunikationskanälen"[99], bietet – in Kontrastierung der durch die Internationalisierung hervorgerufenen Abkopplungstendenzen von lokal gebundenen (Produktions-) Abhängigkeiten – Unternehmen häufig überhaupt erst die Vorraussetzungen, über die in der Definition skizzierten Faktoren global orientiert agieren zu können.[100] So zielt eine Standortentscheidung zum einen in der Regel nicht bzw. nicht ausschließlich auf die *kurzfristige* Realisierung von Kostenvorteilen ab und zum anderen können durch lokale institutionelle und strukturelle Bindungen regionsspezifische „Ressourcen" erschlossen werden, die – auf andere Weise gar nicht oder nur schwer generierbar – *langfristig* für die strategische Ausrichtung wesentlich sein können.[101]

Die Faktoren, die für eine verstärkte regionale Einbindung bei (potentiell) gleichzeitig überregionaler bis globaler Orientierung sprechen, sind sowohl traditioneller als auch moderner Art. Die folgende Tabelle 7 gibt die mit Blick auf die Fragestellung wesentlichsten wieder.

---

[97] Vgl. z.B. Swyngedouw 1997.
[98] In der Literatur wird hierbei im allgemeinen von Einbettung (embedding) bzw. – in (Gegen-) Reaktion auf den durch die Internationalisierung entstandenen Trend – von Rückbettung (Re-embedding) gesprochen; der Gegensatz dazu, die durch die Globalisierungsprozesse forcierte tendenzielle Loslösung der Unternehmen aus regionalen Bindungen, wird als Entbettung (Dis-embedding) bezeichnet. Vgl. Läpple 1998a, S. 61-62.
[99] Läpple 1998a, S. 69.
[100] Vgl. Heinz 2000, S. 513.
[101] Vgl. Kujath 1998, S. 18.

Tabelle 7: Wesentliche Standortfaktoren für die unternehmerische Standortsuche

Harte Standortfaktoren regionsspezifische(s/r) ...	*Weiche Standortfaktoren* regionsspezifische(s/r) ...	*„Netzwerk-" Faktoren*[102] regionsspezifische(s/r) ...
Arbeitsmarkt (qualitativ & quantitativ)	Lebensqualität (Wohn-, Kultur-, Erholungs- und Freizeitangebot	Spezialisierungs- und Kooperationsmöglichkeiten
Lohnniveau/Lohnstückkosten	Image/Cooperate Identity	Innovations- und Wissensausbreitung
Boden- und Mietpreisniveau	Beratungs- & Transfereinrichtungen	Risikominderung durch Reduzierung von Unsicherheit
Infrastruktur/institutionelle Flankierung	Nähe zu Beschaffungs- und Absatzmärkten	Erleichterte Produktdiversifizierung
Abgaben/Steuern	Politisches „Klima"	Selbstverstärkende Wirkung von Verbundvorteilen
Finanzierungsmöglichkeiten/ öff. Fördermaßnahmen	—	—

Quelle: Eigene Darstellung in Anlehnung an Kujath 1998.

Die in der Tabelle aufgelisteten *harten und weichen Standortfaktoren* sind schon lange (i.S.v. traditionell) Gegenstand empirischer wissenschaftlicher Untersuchungen. In den Fokus wissenschaftlichen Interesses gerieten die Faktoren[103] *spätestens* Anfang des 18. Jahrhunderts (das ökonomische Interesse an günstigen Standortbedingungen bzw. das Bewußtsein für diese reicht im Kern noch deutlich weiter zurück) mit den Arbeiten von *von Thünen* (1826) und nachfolgend von *Weber* (1909), *Christaller* (1933) und *Lösch* (1940).[104] In unzähligen seitdem erarbeiteten und publizierten Studien sind diese Faktoren im Hinblick auf ihre Bedeutung und Auswirkung in verschiedensten Bereichen (Stadtentwicklung, unternehmensstrategische Standortwahl etc.) sehr differenziert untersucht und analysiert worden, so daß an dieser Stelle auf eine ausführliche Darstellung verzichtet wird.[105] Von stärkerem Interesse, da in jüngster Zeit für Unternehmen und damit implizit auch für Standorte – relativ zu den traditionellen Faktoren – kontinuierlich an Bedeutung zunehmend, sind die als Netzwerkfaktoren beschriebenen Einflüsse. So hat sich gezeigt, daß das Vorhandensein der als traditionell bezeichneten Standortfaktoren (von entsprechender Quantität

[102] Kujath 1998, S. 19-22.

[103] Neben der Beachtung topographischer Gegebenheiten waren Anfang des 18. Jahrhunderts vor allem die Transportkosten und somit die Lage zu Rohstoff- und Absatzmärkten sowie die damit verbundene verkehrliche Infrastruktur von wesentlicher Bedeutung. Weiche Standortfaktoren spielen erst seit etwa 20-25 Jahren, nachdem sich die Verhältnisse hinsichtlich der harten Faktoren unter Berücksichtigung der Siedlungsstruktur mehr oder minder flächendeckend angeglichen haben, eine zunehmende Rolle bei der Standortwahl von Unternehmen und Arbeitnehmern. Vgl. bspw. Schätzl 1993; Voppel 1999.

[104] Vgl. Reichert 1999; Voppel 1999.

[105] Vgl. bspw. Schätzl 1993; Sedlacek 1994; Mirbach 1999.

und Qualität) an einem Standort sich häufig zwar förderlich auf Unternehmensansiedlungen und -bindung auswirkt, jedoch keine hinreichende Vorraussetzung dafür ist, daß sich ein Standort im nationalen und internationalen Wettbewerb um die Gunst der Unternehmen behauptet bzw. durchsetzt.[106] Die sogenannten Netzwerkfaktoren haben sich zu einer zweiten (bzw. dritten bei einer Unterscheidung zwischen harten und weichen Faktoren) wesentlichen Einflußgröße herausgebildet, über die sich die Standorte profilieren und langfristig entwickeln können. Aus diesem Grunde werden diese nachfolgend kurz vorgestellt.

Spezialisierungs- und Kooperationsmöglichkeiten: Eine voranschreitende Spezialisierung macht das Outsourcing immer größerer Aufgabensegmente unumgänglich. Je qualitativ und quantitativ vielfältiger die Bandbreite an Unternehmen an einem Standort ist, die solcherlei Aufgaben (von Transportunternehmen bis hin zu Finanzdienstleistern) in Kooperation übernehmen können, desto größer sind die über eine regionale Einbettung zu erzielenden Vorteile.

Innovations- und Wissensausbreitung: Eine Konzentration auf unternehmensinterne Kernkompetenzen erhöht die Möglichkeit der Ausschöpfung der diesen Kernelementen innewohnenden Innovationspotentiale. Weitere spezialisierte Unternehmen in der Region, welche entweder ergänzend oder komplementär zum Angebot eines Unternehmens stehen, können durch (reziproken) Wissenstransfer oder Wissens-Spillovers das eigene Innovationspotential positiv beeinflussen.

Risikominderung durch Reduzierung von Unsicherheit: Durch die Einbettung in ein regionales Netzwerk verschiedenster wirtschaftlicher, politischer und gesellschaftlicher Akteure ist die Flexibilität und Reaktionsfähigkeit der Unternehmen höher. Sich rasch verändernde Marktbedingungen fordern eine ebenso rasche und flexible Anpassung von den Unternehmen, was durch einen Informations- und Wissensaustausch der „kurzen Wege“ (bedingt durch die räumliche Nähe), hohe persönliche Kontakthäufigkeit und darauf basierender reduzierter Unsicherheit vereinfacht wird.

Erleichterte Produktdiversifizierung: Eine hohe Produktvielfalt erhöht die Chance eines Unternehmens, flexibel und schnell auf plötzliche Marktveränderungen reagieren zu können. Unternehmensstrategien, die nicht nur „economies of scale“, sondern auch in zunehmenden Maße „economies of scope“ zur Grundlage haben, gewinnen in diesem Zusammenhang an Bedeutung. Eine hohe Produktdiversifizierung legt eine räumliche Nähe einer größeren Anzahl von vernetzten Akteuren nahe, da sich hierdurch in der Regel die Reaktionsgeschwin-

[106] Vgl. Heidenreich 1997, S. 502-502.

digkeit erhöht und die zwischenbetrieblichen Prozesse reibungsloser (i.S.v. störungsfreier) ablaufen.

Selbstverstärkende Wirkung von Verbundvorteilen: „Ein stabiles regionales Unternehmensnetzwerk wirkt selbstverstärkend.“[107] In vielen Fällen ist die Einbindung in die Region bzw. in ein schon bestehendes regionales Netzwerk so ausgeprägt (i.S.v. intensiv), daß eine Standortverlagerung im Verhältnis mit viel zu hohen Kosten verbunden wäre (Reorganisationskosten, d.h. Kosten, die bei der Einbindung in ein vorhandenes bzw. dem Aufbau eines neuen Netzwerkes entstehen), als daß es sich für ein Unternehmen rentieren würde. Dieser Aspekt der regionalen Einbettung (basierend auf Stabilität und Routinen) wird auch als „Beziehungsrendite“ bezeichnet. Zudem erhalten in ein solches Netzwerk eingebundene, vor allem lokale Klein- und Kleinstunternehmen Zugriff auf neue, unter anderen Umständen nicht bzw. nur schwer erreichbare (d.h. über den Verbund quasi-privilegierte) Märkte und Pool´s (beispielsweise einem Arbeitskräfte- oder Wissenspool), über welche sie beschleunigt wachsen und damit wiederum ihrerseits das Netzwerk effektiver stärken können.[108]

Insgesamt machen die oben aufgeführten (Netzwerk-) Faktoren deutlich, daß ein (Industrie-) Unternehmen durch eine globale Ausrichtung in der Regel Kosten- und Produktivitätsgewinne realisieren kann, Absatz- und Spezialisierungsvorteile jedoch hauptsächlich im Zusammenhang mit einer Einbindung des Unternehmens in regionale Zusammenhänge u.a. in Form von Netzwerken generiert werden können.[109] Aufgrund dieser Tatsache befinden sich viele, vor allem große Unternehmen potentiell in einem ständigen unternehmenspolitischen Widerstreit zwischen weltweiter Expansion (i.S.v. lokaler Ungebundenheit) einerseits und andererseits regionaler Einbindung, aus welchem die Region mit ihrer zunehmenden strategischen Bedeutung als elementarer Part nicht mehr wegzudenken ist.

Aus diesem allgemeinen Bedeutungsgewinn der Region als solcher lassen sich im jeweiligen Einzelfall unter Umständen zukunftsträchtige endogene Entwicklungspotentiale für diese ausfindig machen und auf Grundlage wirtschaftspolitisch forcierter Strukturentwicklungskonzepte aktivieren. Mit der Schaffung und Bereitstellung von begünstigend wirkenden Standortbedingungen, die wiederum im günstigsten Fall Netzwerkbildungen fördern und ein produktives und innovatives Milieu[110] schaffen, kann eine Region optimalerweise attraktive Unternehmen aus zukunftsträchtigen Wirtschaftszweigen an sich binden bzw. diese an-

---

[107] Kujath 1998, S. 22.
[108] Iwer/Dispan/Grammel/Stieler 2002, S. 18.
[109] Vgl. Borrmann/Denning/Jungnickel/Keller/Koopmann 2001, S. 47-49.
[110] Vgl Schamp 2000, S. 81 ff.; Camagni 1991.

ziehen, d.h. zu einer Standortverlagerung/Neugründung in der Region anregen. Da aber neben allgemein den Standort fördernde Faktoren, wie beispielsweise eine gut ausgebaute Verkehrsinfrastruktur, eine hohe Dichte an Dienstleistern und ein möglichst geringes Lohnniveau (bei hoher Arbeitsqualität) die spezifischen „Bedürfnisse" der verschiedenen Branchen an den Standort sehr differenziert sind, ist dieser gut beraten – unter Berücksichtigung einer häufig angespannten kommunalen Haushaltslage – Schwerpunkte in der Förderung zu setzen.

Zur Identifikation solcher regionalwirtschaftlicher Schwerpunkte können (in Anlehnung an *Kujath*)[111] drei Vorraussetzungen identifiziert werden, die eine Branche erfüllen muß, um im Normalfall überhaupt für eine strukturelle Weiterentwicklung in Frage zu kommen:

a) Es muß ein branchenspezifischer Kern an Unternehmen in der Region vorhanden sein, dessen Aufgabenspektrum und Wirkungsbereich insgesamt nicht zu stark eingeschränkt (i.S.v. spezialisiert) sein sollte, in welchen u.a. auch externe Investoren engagiert sind und der das Potential zur Initiierung bzw. auch zur Entwicklung eines regionalen Netzwerkes hat.

b) Die Einbettung in einen regionsspezifischen Kontext muß für ein (global agierendes) Unternehmen meßbare/spürbare Vorteile generieren – beispielsweise den Zugang zu spezifischem Wissen oder neuen Märkten ermöglichen –, um für eine Ansiedlung ausreichend interessant zu sein.[112]

c) Voraussetzung sind auch „... angemessene historisch gewachsene Rahmenbedingungen ...".[113] Gemeint ist hiermit, daß in der Region in der Regel schon ein bestimmtes Maß an branchenspezifischer Kompetenz, infrastruktureller Ausstattung, ein hinreichendes Arbeitskräftepotential etc. in der Art eines „Fundamentes" vorhanden sein muß (häufig wird in diesem Zusammenhang auch von einer „kritischen Masse" gesprochen)[114], um auf diesem aufbauend nachhaltig positive wirtschaftsstrukturelle Impulse induzieren zu können.

Es steht außer Frage, daß die Region Bremen als (maritimer) Standort in ihrer Rolle als entwickelter (Umschlags-/Verteiler-) Knoten in globalen Wertschöpfungsketten, also mit traditionell hohem Logistikbezug, eine ausreichend breite Basis im Logistiksektor (i.S.v. vielschichtiger Logistikkompetenz und differen-

---

[111] Kujath 1998, S. 99.
[112] Vgl. Schamp 2000, S. 135.
[113] Kujath 1998, S. 22.
[114] Vgl. Iwer/Dispan/Grammel/Stieler 2002, S. 35, 40.

zierter Logistikinfrastruktur) vorzuweisen hat, an welcher eine Förderung ansetzen kann. Das notwendige Fundament für einen Wandel von einer traditionellen hin zu einer modernen, multifunktionalen Logistikregion (Schaffung eines „centre of competence“[115] mit überregionaler Ausstrahlung und Akzeptanz) ist zweifelsohne vorhanden.

So haben die beiden senatorischen Behörden für *Wirtschaft und Hafen* und für *Bildung und Wissenschaft* des Landes Bremen unlängst in gemeinsamer Herausgeberschaft ein Positionspapier zur wirtschaftsstrukturellen Entwicklung des Standortes Bremen bis 2010 (InnoVision 2010 – Bremer Innovationsoffensive) veröffentlicht, in welchem u.a. die Logistik als Förder- bzw. Entwicklungsschwerpunkt zur Ausbildung eines attraktiven und wettbewerbsfähigen Standortprofils benannt wird. Unter anderem im Bereich Logistik sei es gelungen, ein „international wettbewerbsfähiges Kompetenzcluster mit konsequenter Marktausrichtung zu schaffen“, welches – international orientiert – weit in die Region ausstrahlt.[116] Ob und inwieweit diese Aussage zutrifft, soll durch die vorliegende Arbeit untersucht und geklärt werden. Fest steht, daß die Logistik und der Standort Bremen, mindestens aus dem historischen Kontext heraus, eine solch enge und wechselseitige Beziehung zueinander haben, daß, unter Berücksichtigung des globalen und wachsenden Bedeutungsgewinns der Logistik, hierin eine potentielle Entwicklungschance für den Standort gesehen werden kann.

4. Fazit

Die Ausarbeitungen in diesem Kapitel haben gezeigt, daß das Land Bremen aufgrund wirtschaftsstruktureller Schwächen, die in der Hauptsache aus dem hohen industriellen Alter von Teilen der Wirtschaft hervorgehen, nachhaltiger Lösungsmöglichkeiten in Form von tragfähigen Entwicklungskonzepten für zukunftsträchtige Wirtschaftsbereiche bedarf, um hierüber eine Abkopplung von der gesamtwirtschaftlichen Entwicklung zu verhindern bzw. – soweit schon erfolgt – rückgängig zu machen. Daß hierbei u.a. die Situation auf dem Arbeitsmarkt (bzw. deren Verbesserung) von zentraler Bedeutung ist, machen beispielhaft ein deutlicher Rückgang der Erwerbstätigen im Zeitraum von 1991-2000 in Bremen von 4,6% gegenüber einem Anstieg von 1,1% in Westdeutschland sowie die vergleichsweise hohe Zahl an Arbeitslosen je gemeldete offene Stelle (in 2000: 8 in Bremen zu 5,5 in Westdeutschland) deutlich.[117] Eine wesentliche Ursache dieser Entwicklung ist in der in Deutschland seit Mitte der 60er Jahre voranschreitenden Suburbanisierung zu sehen, von der vor allem die Kernstädte – also auch das Land Bremen, das aufgrund seines Status als Stadtstaat in bezug

[115] Vgl. Schamp 2000, S. 47.
[116] Bremer Senator für Wirtschaft und Häfen & Bremer Senator für Bildung und Wissenschaft (Hg.) 2002, (InnoVision 2010) S. 1.
[117] Vgl. Punkt 1.

auf seine geographische Ausdehnung mit einer "typischen" Kernstadt eines Flächenlandes (beispielsweise Nürnberg) verglichen werden kann – negativ in Form von Einwohner- und Arbeitsplatzverlusten betroffen sind. So verlor Bremen im Zeitraum von 1990 bis 1998 in der Summe insgesamt 15.268 sozialversicherungspflichtige Arbeitsplätze – gut ⅓ der Verluste (5.138 Arbeitsplätze) kann dabei rechnerisch auf die höhere Attraktivität des direkten Umlandes als Firmenstandort für Unternehmen zurückgeführt werden.[118] Die restlichen ⅔ der Arbeitsplatzverluste liegen in der schrumpfenden Nachfrage im Zuge der Bevölkerungssuburbanisation (im Land Bremen sank die Zahl der Einwohner von 1990-1998 um 13.700 bzw. 2,0%) und dem wirtschaftlichen Strukturwandel in der Region begründet. Auch Hamburg – ebenfalls ein Stadtstaat – mußte innerhalb dieses Zeitraumes in der Summe Arbeitsplatzverluste hinnehmen: der Rückgang betrug hier 17.999 sozialversicherungspflichtig Beschäftigte.[119] Jedoch anders als in Bremen, beruhen diese Verluste ausschließlich auf einer höheren unternehmerischen Attraktivität des Umlandes gegenüber der Kernstadt, da die Einwohnerzahl in Hamburg – im Gegensatz zu Bremen – im selben Zeitraum um 2,9% stieg (+47.726 Einwohner). Trotz der unterschiedlichen Gewichtung der Ursachen der Verluste muß deren Höhe in beiden Stadtstaaten als bedrohlich für die jeweilige wirtschaftsstrukturelle Situation – und der darauf basierenden, zukünftigen Entwicklung der Länder – angesehen werden und macht deutlich, daß, vor allem mit Hinblick auf die Arbeitsmarktsituation, akuter Handlungsbedarf besteht.

Ein Ansatzpunkt für entlastende und strukturfördernde Maßnahmen könnte in beiden Fällen der Logistiksektor sein, da sowohl Bremen als auch Hamburg auf eine lang zurückreichende Tradition als Handels-, Hafenumschlags- und Distributionsgewerbestandort zurückblicken können, in deren Verlauf lokal ein hohes Maß an Logistikkompetenzen und logistikrelevanten Infrastrukturen aufgebaut und geschaffen werden konnten. Eine im Zuge der Globalisierung weltweit stetig zunehmende Fragmentierung von Wertschöpfungsketten (ein Indikator hierfür stellen u.a. die seit Jahren sprunghaft anwachsenden Direktinvestitionen [als räumliche Dimension der Fragmentierung] dar[120]) vervielfacht – auf allen Ebenen – die Anzahl an Schnittstellen im ökonomischen Gesamtsystem. Die Kernfunktion der Logistik liegt in immer stärkerem Maße in der Koordination und Optimierung solcher Ketten und gewinnt deshalb, parallel zur voranschreitenden Fragmentierung, Verlängerung und Komplexitätserweiterung der Produktions- bzw. Wertschöpfungsketten an Bedeutung. An diesem Bedeutungsgewinn können – unter bestimmten Voraussetzungen – vor allem Regionen mit schon vorhandenen, räumlich konzentrierten logistikspezifischen Kompetenzen und

[118] Vgl. Punkt 2.3.1.
[119] Vgl. Punkt 2.3.2.
[120] Vgl. Punkt 3.2.

Strukturen partizipieren, da sich die Anforderungen der Unternehmen an ihren Standort im Zuge einer verschärften Wettbewerbssituation auf Weltmärkten verändert bzw. erweitert haben. So streben Unternehmen vermehrt die Ansiedlung an Standorten mit einem schon ausgebildeten branchenspezifischen, innovationsfördernden Milieu/Umfeld an, welches für die Unternehmen ein überdurchschnittliches hohes Potential an Spezialisierungs- und Kooperationsmöglichkeiten birgt, um hierüber der o.g. Fragmentierung und einer daraus erwachsenden, weitreichenden Unsicherheit entgegenzuwirken. Ob diese, aus allgemeinen Überlegungen abgeleitete Chance einer wirtschaftsstrukturellen Aufwertung der Region Bremen über den Logistiksektor tatsächlich vorhanden (bzw. ein aus Sicht der Region dem Sektor gegebenenfalls innewohnendes Entwicklungspotential aktivierbar) ist, sollen die folgenden Kapitel klären. Der für das weitere Vorgehen notwendige nächste Schritt besteht in der Operationalisierung des bisher sekundärstatistisch nicht (verbindlich) erfaßten Querschnittssektors Logistik, was diesen erstmalig für regionalstatistische Analysen verfügbar macht.

II. Kapitel:

Die Operationalisierung der Logistik – vom Potential zum Sektor

1. Einleitung

Die Logistikbranche ist aufgrund ihrer Aufgabenstruktur (welche an den Schnittstellen der vornehmlich industriellen Produktionsprozesse ansetzt bzw. auf diesen aufbaut) und der damit einhergehenden weitgestreuten Branchenverflechtungen als Querschnittssektor[121] zu bezeichnen. Ein daraus hervorgehendes, innerhalb dieser Arbeit maßgeblich zu lösendes Problem ist, daß die Logistik – trotz ihres Bedeutungsanstieges – bis heute noch keiner vollständig anerkannten einheitlichen Definition unterliegt, auf deren Grundlage eine eindeutige (bzw. verbindliche) Operationalisierbarkeit der bisher sekundärstatistisch nicht erfaßten Branche möglich gewesen wäre. Damit fehlt bis zum jetzigen Zeitpunkt eine allgemein akzeptierte und verläßliche Grundlage, auf der fundierte Analysen dieses Wirtschaftssektors durchgeführt werden können. Im Zusammenhang mit einem *regionalen Bezug* sind – von Ausnahmen abgesehen[122] – bisher nur jeweils Teilaspekte bzw. Teilbranchen der Logistik untersucht worden.[123] Es fehlen detaillierte, sich auf eine fundierte Datenbasis stützende Untersuchungen, die den in einen regionalen Zusammenhang eingebetteten Logistiksektor hinsichtlich seiner Positionierung und seines Potentials für den lokalen Raum betrachten.

2. Definition und Operationalisierung – die Methode

2.1 Abgrenzung und Operationalisierung der Logistik

Kirchhoff/Elsner[124] haben sich dem o.g. Problem angenommen und eine Methode zur Erfassung des Logistiksektors in Anlehnung an Überlegungen von *Läpple et al.*[125] vorgeschlagen, in welcher die in der regionalen Raum- und Strukturforschung häufig verwendete sogenannten institutionelle (= sektorale) Analyse mit

[121] Definition des Begriffs Querschnittssektor nach *Elsner*: „The notion of cross-sectors, finally, focuses on official statistics. Clusters and networks will normally consist of firms belonging to several branches as defined by official statistics. Modern cluster-oriented industrial policies may, therefore, require clustered and networking industries to be statistically defined and measured adequately. This would imply regrouping statistically defined branches as cross-sectors.“ Elsner 2000b, S. 415.

[122] So bauen bspw. die im Literaturverzeichnis aufgeführten Studien der SCI Verkehr GmbH (2000) und – im Ansatz – von Niebuhr und Stiller (2003) auf der in dieser Arbeit zugrunde gelegten (und hierfür entwickelten) Methode der Operationalisierung des Logistiksektors auf, ohne jedoch die Systematik vollständig zu nutzen.

[123] Bspw.: Hesse, M. 2000; De Langen, P. 2000; Boll, C./Lattner, J./Meyer J./Schlumbohm S. 1999.

[124] Kirchhoff/Elsner 1997, S. 3-7.

[125] Vgl. Läpple/Deecke/Krüger 1994, S. 8-10.

der sogenannten funktionellen Analyse kombiniert bzw. innerhalb einer Matrix miteinander verzahnt wird. Die Gründe für dieses Vorgehen sind in dem sich ergänzenden Charakter dieser Analysemethoden zu sehen, welcher der Erfassung des Logistiksektors in seiner Funktion als Querschnittssektor entgegenkommt. So wird der Logistiksektor durch eine Verschneidung (Verzahnung) von logistikrelevanten Wirtschaftszweigen (institutionell) und logistikrelevanten Tätigkeiten (sozialversicherungspflichtiger Beschäftigung in Berufsbereichen, -gruppen und -ordnungen) gebildet. Die Hinzunahme der funktionellen Analyse eröffnet den Vorteil, daß mit ihr die industriellen Dienstleistungen, soweit sie in der Industrie selbst untergebracht sind, erfaßt werden können, was auf Grundlage der rein institutionellen Analyse nicht möglich gewesen wäre.[126]

Die für die nachstehenden Berechnungen genutzten Daten basieren hierbei auf einem Ausschnitt der sozialversicherungspflichtig Beschäftigten, der sich aus einer zuvor getroffenen Auswahl an (logistikrelevanten) Wirtschaftszweigen und Berufsordnungen zusammensetzt und im Anhang II-1b in Matrixdarstellung abgebildet ist.[127] Hierbei wird für die Analyse die Statistik der sozialversicherungspflichtig Beschäftigten genutzt[128], die separat sowohl in institutioneller wie auch in funktioneller Hinsicht verfügbar ist.[129] Die Verschneidung dieser beiden Statistiken innerhalb einer Matrix, wie in der folgenden Abbildung 7 als Schema ersichtlich, wird in dieser Form von der Bundesanstalt für Arbeit nicht veröffentlicht und wurde deshalb als Sonderauswertung von dieser erworben.

Die von der Bundesanstalt für Arbeit in Sonderauswertung für die Untersuchung aufbereiteten Datensätze zeigen in ihrer Ausgangsform jedoch erst ein sogenanntes *Logistik-Potential* auf. Das heißt, daß die einzelnen Zellen der Matrix in ihrer derzeitigen amtlich ausgewiesenen Form den Logistiksektor in einer mehr oder minder stark überzeichneten Größe darstellen.

---

[126] Vgl. Iwer/Dispan/Grammel/Stieler 2002, S. 8.

[127] Die genutzte Ausgangsmatrix ist – aus Geheimhaltungsgründen bezüglich der gekauften Ausgangsdaten mit leeren Zellen – in ihrer Grundform im Anhang II-1b zu finden.

[128] Die Beschäftigungsstatistik - genauer: Statistik der sozialversicherungspflichtig Beschäftigten - ist eine Sekundärstatistik, die auf den Meldebelegen der Arbeitgeber für die Sozialversicherung beruht. Nicht erfaßt werden daher Selbständige, mithelfende Familienangehörige, Beamte und nicht sozialversicherungspflichtige Personenkreise. Die Meldebelege enthalten Informationen über Geschlecht, Alter, Staatsangehörigkeit, Wirtschaftszweig des Beschäftigungsbetriebes, Stellung im Beruf, Voll- und Teilzeitbeschäftigung, Ausbildung, Beschäftigungsdauer sowie das beitragspflichtige Bruttoarbeitsentgeld.

[129] Ein in der weiteren Untersuchung noch zu lösendes Problem ist das der Integration der nicht durch die Statistik der sozialversicherungspflichtig Beschäftigten erfaßten Erwerbstätigen (Selbständige, Beamte, mithelfende Familienangehörige und nicht sozialversicherungspflichtige Personenkreise). Es werden mit der verwendeten Statistik etwa 80% der Erwerbstätigen insgesamt erfaßt, wobei dieser prozentuale Anteil bei bestimmten Wirtschaftszweigen auch durchaus noch niedriger bzw. höher liegen kann.

Abbildung 7: Die Grunddarstellung der Ausgangsmatrix – das Logistik-Potential

Matrix der logistikrelevanten Bereiche in institutioneller und funktioneller Analyse (Sozialversicherungspflichtig Beschäftigte)		
Funktionelle Statistik / **Institutionelle Statistik**	der Logistik-relevanten Berufsbereiche $j = 1,...,n$	Summen
Logistik-relevante Wirtschaftszweige des tertiären Sektors . . . $i = 1,...,m$	$a_{11}\ a_{12}\ .....\ a_{ij}\ .....\ a_{1n}$ $a_{21}\ a_{22}\ .....\ a_{2j}\ .....\ a_{2n}$ . . . . $a_{i1}\ a_{i2}\ ......\ a_{ij}\ ......\ a_{in}$ . . . . $a_{m1}\ a_{m2}\ ......\ a_{mj}\ ......\ a_{mn}$	x_1 x_2 . . x_i . . x_m
Summen	$y_1\ y_2\ ......\ y_j\ ......\ y_n$	$\sum x_i \overset{!}{=} \sum y_j$
Verarbeitendes Gewerbe (Industrie)	$z_1\ z_2\ ......\ z_j\ ......\ z_n$	$\sum z_j$
Gesamtwirtschaft	$y_1 + z_1\ \ y_2 + z_2\ ......\ y_j + z_j\ ......\ y_n + z_n$	$\sum y_j + z_j$

Quelle: Angelehnt an Kirchhoff/Elsner 1997, S. 5.

Es muß davon ausgegangen werden, daß nicht jeder ausgewiesene sozialversicherungspflichtig Beschäftigte innerhalb der Matrix tatsächlich in seiner Tätigkeit dem innerhalb dieser Studie zugrundegelegten Verständnis von Logistik nachkommt bzw. einer in diesem Sinne logistischen Tätigkeiten nachgeht. Aus diesem Grund können die ausgewiesenen Beschäftigten in ihrer Gesamtheit nur als *Logistik-Potential* bezeichnet werden, was es in Hinblick auf die Zielsetzung der Arbeit jedoch notwendig macht, die *logistischen Anteile der logistikrelevanten Wirtschaftszweige und Berufsordnungen* zu ermitteln, um ein repräsentatives Bild des *Sektors* zu erlangen. Dieses kann entweder über *punktuelle Primärerhebungen* (bspw. Unternehmensbefragungen) oder durch *Expertenurteile* erfolgen.

Abbildung 8: Die Grunddarstellung der Ausgangsmatrix – der Logistik-Sektor

Matrix der logistikrelevanten Bereiche in institutioneller und funktioneller Analyse (Sozialversicherungspflichtig Beschäftigte)		
Funktionelle Statistik **Institutionelle Statistik**	Logistik-Anteile $q_{i,}$ j=1,...,n der Logistik-relevanten Berufsbereiche . . . multipliziert mit der Anzahl der sozialversicherungspflichtig Beschäftigten a_{ij}	Summen
Logistik-Anteile $p_{i,}$ i=1,...,m der Logistik-relevanten Wirtschaftszweige des tertiären Sektors ⋮ multipliziert mit der Anzahl der sozialversicherungspflichtig Beschäftigten a_{ij}	$a_{11} \cdot q_1 \quad \dots\ a_{ij} \cdot q_j\ \dots\ a_{1n} \cdot q_n\ \dots$ $a_{11} \cdot p_1 \quad \dots\ a_{1j} \cdot p_1\ \dots\ a_{1n} \cdot p_1\ \dots$ $a_{i1} \cdot q_1 \quad \dots\ a_{ij} \cdot q_j\ \dots\ a_{in} \cdot q_n\ \dots$ $a_{i1} \cdot p_i \quad \dots\ a_{ij} \cdot p_i\ \dots\ a_{in} \cdot p_i\ \dots$ $a_{m1} \cdot q_1 \quad \dots\ a_{mj} \cdot q_j\ \dots\ a_{mn} \cdot q_n\ \dots$ $a_{m1} \cdot p_m \quad \dots\ a_{mj} \cdot p_m\ \dots\ a_{mn} \cdot p_m\ \dots$	$\sum a_{1j} \cdot q_j$ $\sum a_{1j} \cdot p_1$ $\sum a_{ij} \cdot q_j$ $\sum a_{ij} \cdot p_i$ $\sum a_{mj} \cdot q_j$ $\sum a_{mj} \cdot p_m$
Summen	$\sum_i a_{i1} \cdot q_1 \quad .....$ $\sum_i a_{i1} \cdot p_i \quad .....$	$\sum_i \sum_j a_{ij} \cdot q_j$ $\sum_j \sum_i a_{ij} \cdot p_i$
Verarbeitendes Gewerbe (Industrie)	$z_1 \cdot q_1 \quad z_2 \cdot q_2 \quad ..... \quad z_j \cdot q_j \quad ..... \quad z_n \cdot q_n$	$\sum z_j \cdot q_j$
Gesamtwirtschaft	$n_1 \cdot q_1 \quad n_2 \cdot q_2 \quad ..... \quad n_j \cdot q_j \quad ..... \quad n_n \cdot q_n$	$\sum n_j \cdot q_j =$ $\sum\sum a_{ij} \cdot q_j + \sum z_j q_j$

Quelle: Angelehnt an Kirchhoff/Elsner 1997, S. 6.

In dieser Arbeit werden aufgrund des Umfangs des Sektors und der zeitlichen Begrenzung Expertenurteile (auf Basis von Daten aus einer primärstatistischen Erhebung – siehe hierzu Kapitel IV, Punkt 2.5.1) zur Ermittlung der tatsächlichen Logistik-Anteile in den einzelnen ausgewählten Wirtschaftszweigen und den einzelnen Berufsbereichen herangezogen. Die Expertenurteile liefern jeweils zellenweise Gewichte für die Wirtschaftszweige und Berufsordnungen, welche in der in Abbildung 8 dargestellten Weise in die Matrix einfließen und die Logistik-Anteile generieren.

Durch das Einbringen der Expertenurteile verändern sich die Strukturen der Matrizen, so daß die Spalten- und Zeilensummen nach Einfließen aller Gewichtungen nicht mehr übereinstimmen dürften – im Ergebnis wäre eine inkonsistente Matrix entstanden. Um diese Übereinstimmung wiederherzustellen, bedarf es im Folgenden eines Matching-Prozesses, welcher über bestimmte Recheniterationen durchgeführt werden kann. Hierbei wird das Computerprogramm FRATAR[130] (Matrizenausgleichsverfahren) eingesetzt, welches speziell für solche Fragestellungen vom *Institut für Seeverkehrswirtschaft und Logistik* (ISL)[131] weiterentwickelt wurde. Der FRATAR-Algorithmus dient der Ermittlung der Innenverteilung einer Zielmatrix aus einer bestehenden Ausgangsmatrix und generiert die gesuchte Innenmatrix über die Information aus den einzelnen Elementen der Ausgangsmatrix und den Elementen der Summenvektoren der Ausgangs- als auch der Zielmatrix. Die Ergebnisherleitung erfolgt hierbei in einem iterativen Verfahren.

Eine zu beachtende Fehlerquelle, nämlich die, daß sozialversicherungspflichtig Beschäftigte im Laufe ihrer beruflichen Tätigkeit in einem Unternehmen ihr Tätigkeitsfeld innerhalb des Betriebes wechseln, ohne daß dies über die Meldebelege[132] bei der Bundesanstalt für Arbeit dokumentiert wird, muß hierbei aufgrund fehlender stringenter Informationen in Kauf genommen werden.

[130] Vgl. Long/Lee/Gaier/Johnson/Kostiuk 1999, Kapitel 3, S. 11-15; Beckmann, K.J. 2001, Kapitel 7.

[131] In diesem Zusammenhang sein ausdrücklich Herrn Dipl. Oek. Andreas Hübscher vom ISL gedankt, der alle mit dem Computerprogramm FRATAR notwendigen Berechnungen für diese Arbeit durchgeführt hat.

[132] Nach Vorgabe der Bundesanstalt für Arbeit muß ein Wechsel der Tätigkeit innerhalb ein und des selben Betriebes der Bundesanstalt gemeldet werden. Die Bundesanstalt geht aber nach eigenen Angaben davon aus, daß die Dunkelziffer, d.h. die Anzahl derjenigen Arbeitnehmer, die in einem solchen Fall nicht umgemeldet werden, nicht unerheblich ist.

2.2 *Das Datenharmonisierungsproblem und seine Lösung*

Ein weiteres wesentliches Problem stellt die Systematik der Ausgangsdaten dar. Die Bundesanstalt für Arbeit hat bis einschließlich Berichtsjahr 1997 ihre Daten (d.h. die sozialversicherungspflichtig Beschäftigten) in einer Systematik erhoben und verarbeitet, die nicht der des Statistischen Bundesamtes entsprach. Das durch die Bundesanstalt für Arbeit bis 1997 genutzte „Verzeichnis der Wirtschaftszweige für die Statistik der Bundesanstalt für Arbeit" – Ausgabe 1973 (WS 73) muß in vielen Teilen als veraltet und nicht mehr zeitgemäß angesehen werden, da sich die Wirtschaftslandschaft in den letzten drei Dekaden massiv gewandelt hat. Man denke in diesem Zusammenhang nur an den gesamten Bereich der sogenannten „neuen" Dienstleistungen. Diese und viele andere Wirtschaftszweige werden somit durch die WS 73 gar nicht oder nur in unzureichender Weise erfaßt und wiedergegeben. Vor allem für den sich in den letzten 15-20 Jahren erheblich gewandelten Dienstleistungsbereich Logistik muß diese alte Systematik bzw. die auf ihr basierenden Daten als im beträchtlichen Maße unzulänglich bezeichnet werden.

Die modernere/aktuellere Systematik ist die „Klassifikation der Wirtschaftszweige" – Ausgabe 1993 (WZ 93), die beim Statistischen Bundesamt im Jahr 1995 die dort bis dato genutzte alte Systematik (WZ 79) ablöste und der derzeitigen wirtschaftlichen Landschaft entspricht. Überdies baut diese WZ 93 auf der statistischen Systematik der europäischen Gemeinschaft (NACE Rev. 1) auf und ist somit auf EU-Ebene vergleichbar. Die Bundesanstalt für Arbeit wechselte zum Berichtsjahr 1998 ebenfalls auf diese WZ 93.

Das sich ergebende Konsistenzproblem entspringt daraus, daß die Daten der beiden Systematiken nicht vergleichbar sind und die Bundesanstalt für Arbeit es zwar vermag, Daten nach 1997 nach der alten Systematik (WS 73) auszuweisen, nicht aber Daten vor 1998 auf die neue Systematik (WZ 93) umzuschlüsseln. Für diese Untersuchung bedeutet diese Uneinheitlichkeit ein erhebliches Datenharmonisierungsproblem, da nicht mit Daten auf Basis einer deutlich veralteten Systematik gearbeitet werden soll.

2.2.1 *Die methodische Herleitung und Berechnung eines Umsteigeschlüssels*

In einem ersten Schritt muß also ein *Umsteigeschlüssel* generiert werden, der es ermöglicht, die Daten der beiden unterschiedlichen Systeme zu harmonisieren. Einen „brauchbaren" Umsteigeschlüssel von der alten auf die neue Systematik konnte die Bundesanstalt für Arbeit nicht liefern. Das einzige angebotene Material war ein *ungewichteter Schlüssel,* der nach Überprüfung aber eine erhebliche Anzahl Inkonsistenzen und logischer Fehler enthielt. Der Schlüssel wies nur aus, aus welchen Wirtschaftszweigen der neuen Systematik (WZ 93) sich ein Wirtschaftszweig der alten Systematik (WS 73) zusammensetzt (häufig sind dies in bezug auf den Logistiksektor mehrere Zweige, da die neue Systematik in Teilbereichen erheblich feingliedriger ist). Die Abbildung 9 skizziert einen Auszug aus diesem ungewichteten Schlüssel.

Abbildung 9: Auszug aus dem ungewichteten Umsteigeschlüssel

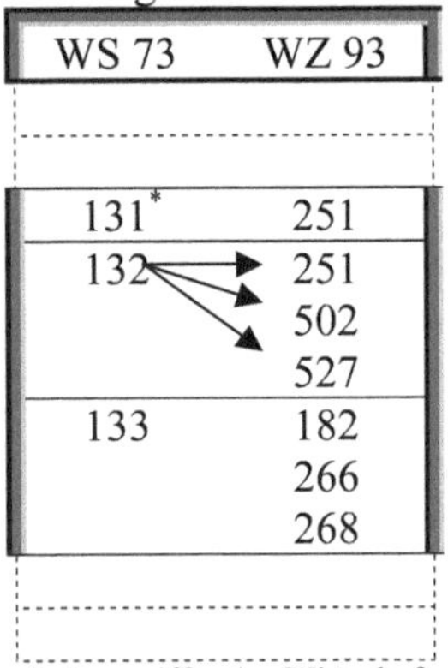

*: Kennziffer des Wirtschaftszweiges auf 3-Steller Ebene.
Quelle: Bundesanstalt für Arbeit.

In diesem Beispiel setzt sich der Wirtschaftszweig mit der Kennziffer 132 „Regenerierung, Vulkanisierung und Reparatur von Gummiwaren“ (WS 73) nach der neuen Systematik (WZ 93) aus *unbekannten Anteilen* der Wirtschaftszweige 251 „Herstellung von Gummiwaren“, 502 „Instandhaltung und Reparatur von Kraftwagen“ und 527 „Reparatur von Gebrauchtgütern“ zusammen. Umgekehrt ist jedoch der Wirtschaftszweig 251 „Herstellung von Gummiwaren“ (WZ 93) sowohl Bestandteil des Wirtschaftszweiges 131 „Herstellung von Bereifungen“ als auch 132 „Regenerierung, Vulkanisierung und Reparatur von Gummiwaren“ der alten Systematik (WS 73).

Es ist durchaus möglich, daß der Zweig 251 überdies noch an der Umstellung weiterer Wirtschaftszweige beteiligt ist. Aus der Aufschlüsselung der Bundesanstalt für Arbeit wird jedoch in keiner Weise ersichtlich, zu welchen *Anteilen* der neue Wirtschaftszweig jeweils in den alten Zweigen, bei deren Bildung er beteiligt ist, enthalten ist.

Für eine Umschlüsselung war es also vordringlich nötig, die Fehler in dem vorhandenen Schlüssel nach Möglichkeit zu eliminieren und eine Gewichtung innerhalb des Schlüssels zu entwickeln, damit ein vollständiger wechselseitiger Übergang möglich wurde.

In einem *ersten Schritt* wurde der von der Bundesanstalt für Arbeit gelieferte ungewichtete Schlüssel in eine Matrix überführt – mit den Wirtschaftszweigen der WS 73 auf der Ordinate und denen der WZ 93 auf der Abszisse. Zellen der Matrix, die von Umschlüsselungen betroffen waren (bspw. die Schnittpunktzellen der Wirtschaftszweige 131 [WS 73] und 251 [WZ 93]), wurden (eingefärbt und mit einem X) markiert. Die nachfolgende Abbildung 10 veranschaulicht das Prinzip.

Abbildung 10: Matrix zur Ermittlung der Schnittpunktzellen zwischen der WS 73 und der WZ 93

Wirtschaftszweigklassen WS 73 \ **Wirtschaftszweig-klassen WZ 93**		Pflanzenbau	Tierhaltung	Gemischte Landwirtschaft	Erbringung von landw. Dienstleistung	Gewerbliche Jagd	Forstwirtschaft	Fischerei und Fischzucht	Steinkohlenberg., -brikettherstellung	Braunkohlenberg., -brikettherstellung
		AA011	AA012	AA013	AA014	AA015	AA020	BA050	CA101	CA102
Allgemeine Landwirtschaft	000	X	X	X	X		X			
Gewerbliche Tierhaltung und -zucht	001		X		X	X				
Gartenbau	010	X								
Gewerbliche Gärtnerei	011	X			X					
Weinbau	012	X								

Quelle: Eigene Darstellung nach Daten der Bundesanstalt für Arbeit.

Wie schon zuvor erwähnt, war es möglich, die Daten für das *Jahr 2000 sowohl nach der WS 73 als auch nach der WZ 93* von der Bundesanstalt zu beziehen. Für beide Systematiken wurden die *Gesamtsummenvektoren aller Wirtschaftszweige und Berufsordnungen* angekauft, so daß für die Matrix die vollständigen Zeilen- und Spaltensummen vorlagen. Mit diesen Summenvektoren und der Definition jeder Matrixzelle als binärer Besatzwert mit 0 bzw. 1 (bei insgesamt 66.900 Zellen) war es durch Anwendung des FRATAR-Algorithmus in einem iterativen Matrizenausgleichsverfahren nach ca. 25.000 Iterationen möglich (wie die Abbildung 11 für Bremen zeigt), die Zellen, die als $\neq 0$ definiert wurden (markierte Zellen), unter den gesetzten Rahmenbedingungen *optimal* zu besetzen.

Der FRATAR-Algorithmus erlaubt über ein Zuwachsfaktorenmodell aus einer gegebenen F_{ij}^{A} Matrix eine neue F_{ij}^{P} Matrix zu berechnen (A = Ausgangsmatrix und P = Prognosematrix), wobei die Vektorensummen der Zielmatrix vorzugeben sind. Die iterative Annäherung an die F_{ij}^{P} Matrix erfolgt durch wiederholte Anwendung einer proportionalen Umlegung der Matrix über die Vektorsummen der Zeilen als auch der Spalten. Die Fij^{P} Matrix gilt als ermittelt, wenn die quadrierten Differenzen zwischen den angestrebten Elementen der Randsummenvektoren (Zielvorgabe) und den Randsummenvektoren der F_{ij}^{P} Matrix gegen Null streben, ihr Minimum erreichen oder gegenüber der vorherigen Iteration keine Änderung mehr aufzeigen.

$$F_{ij1}(1) = F_{ij0} \cdot \frac{F_i \cdot F_j \cdot \sum_j f_{ij0}}{\sum_j (F_{ij0} \cdot F_j)} \qquad F_{ij1}(2) = F_{ij0} \cdot \frac{F_i \cdot F_j \cdot \sum_j f_{ij0}}{\sum_i (F_{ij0} \cdot F_i)}$$

wobei: F_{ij0} = Matrix im Referenzzustand F_{ij1} = Matrix im Prognosezustand nach Iteration

$F_i ; F_j$ = Wachstumsfaktoren pro Zone Iteration mit (1) und (2) bis $F_{ij1}(1) \cong F_{ij1}(2)$

Abbildung 11: Differenzentwicklung der F_{ij}^P Matrix in Abhängigkeit vom Iterationsumfang

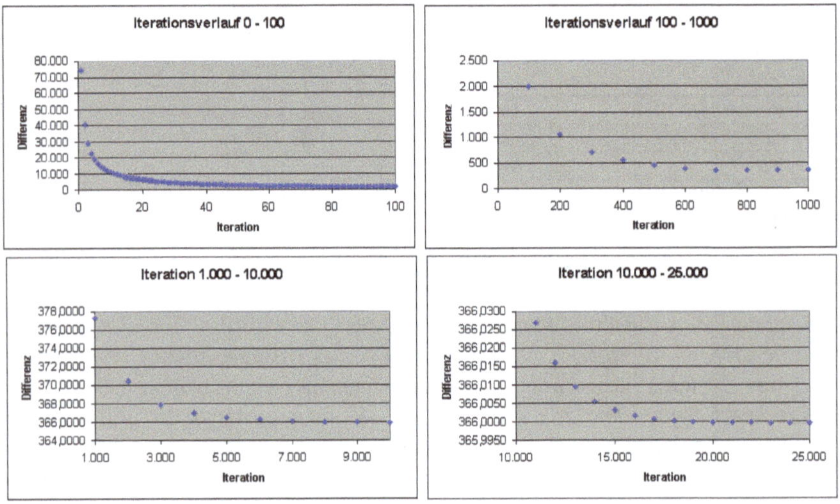

Bei der Differenz in den Abbildungen handelt es sich in diesem Fall um die verbleibenden sozialversicherungspflichtig Beschäftigten, die von FRATAR nach den jeweils angegebenen Iterationen noch nicht so verteilt werden konnten, auf daß sich am Ende eine gelöste Matrix ergibt.
Eigene Darstellung.

Die – wie oben beschrieben – benötigte Fij^A Matrix (Startmatrix) bestand in den einzelnen Zellen aus Elementen, die die Werte 0 oder 1 enthielten. Da das *Faktorenverfahren* eine mit Null besetzte Zelle nicht verändert (da gilt: ist ein Faktor Null, ist auch das Produkt Null), erfolgte die Annäherung an die von außen vorgegebenen Zielvektoren nur über die Elemente die in der F_{ij}^A (Start-) Matrix mit dem Wert 1 besetzt sind, d.h. die in Abbildung 10 mit einem X markiert und grau unterlegt wurden. Die sich nach 25.000 Iterationen ergebende Differenz von 366 Beschäftigten (dies entspricht einer Differenz von 0,13% zur Gesamtbeschäftigtenzahl) wurde in den jeweiligen Zeilen und Spalten mit den höchsten Anteilen proportional verteilt, so daß letztlich eine Endmatrix F_{ij}^P erzeugt werden konnte, die der oben genannten Lösungsvoraussetzung nahezu vollständig entspricht.

Die auf diese Weise ermittelten Ergebnisse lassen sich auf die Zellen in prozentuale Anteile der Zeilen- bzw. Spaltensummen umrechnen und ergeben einen Umsteigeschlüssel, welcher eine bestmögliche Abbildung der Wirklichkeit darstellt.

Das Problem, daß mit dieser Vorgehensweise die Strukturen der Wirtschaft des Jahres 2000 (Zeitkomponente) unmodifiziert auf die vorangegangenen Jahre übertragen werden, muß an dieser Stelle zwecks fehlender anderer Möglichkeiten in Kauf genommen werden.

Nachfolgende Überlegungen zum Umsteigeschlüssel betrafen die Datengrundlage, auf welcher der Schlüssel mittels FRATAR generiert werden sollte. Auch hierbei stellt sich das Problem, daß der Schlüssel in der Tendenz immer die (wirtschafts-) strukturellen Gegebenheiten des jeweils über die Ausgangsdaten zugrundegelegten Raumes (Raumkomponente) widerspiegelt und diese bei der Nutzung des Schlüssels auf jeden anderen Raum ungefiltert übertragen werden. Da die wirtschaftlichen Strukturen der Untersuchungsräume Bremen und Hamburg vor allem aufgrund ihrer maritimen Ausprägung in Teilbereichen sehr standortspezifisch sind, mußte entschieden werden, ob eine Übertragung dieser Strukturen auf den Bund die nachfolgenden Analysen im Ergebnis weniger stark beeinflußt als umgekehrt eine Übertragung der Strukturen des Bundes auf die beiden Wirtschaftsräume Bremen und Hamburg. Eine starke Relativierung der wirtschaftsstrukturell die Standorte Bremen und Hamburg prägenden Elemente durch einen auf Bundesdaten basierenden Umsteigeschlüssels muß hierbei im Endeffekt mit Blick auf die Zielsetzung dieser Untersuchung, nämlich der Analyse der Logistik in Hafenstädten/-regionen und speziell der diesbezüglichen Situation in Bremen, abgelehnt werden. Aus dieser Überlegung heraus ergab sich die Idee zur Generierung eines „Küstenstadtschlüssels", d.h. eines Umsteigeschlüssels, der idealtypisch die wirtschaftlichen Strukturen einer Küstenstadt in Nordwest Europa beinhaltet und wiedergibt.

2.2.2 Der „Küstenstadtschlüssel"

Der Küstenstadtschlüssel, berechnet auf Grundlage der Daten von Bremen und Hamburg, bietet im Vergleich zu einem ausschließlich mit Hilfe der Bremer Daten generierten Schlüssel den Vorteil, daß die Repräsentativität in bezug auf die Abbildung der Strukturen einer Küstenstadt an Genauigkeit zunimmt, da hierdurch speziell Bremen spezifische Aspekte insgesamt relativiert werden.

Hierzu wurden zunächst mit Hilfe von FRATAR zwei separate Umsteigeschlüssel (der eine auf Basis von Bremer Ausgangsdaten, der andere auf Grundlage des vorliegenden Zahlenmaterials zu Hamburg) berechnet. Eine Verknüpfung dieser beiden Schlüssel zur Generierung des Küstenstadtschlüssels erfolgte anschließend durch die Bildung des gewichteten Mittels aus den jeweils zwei vorliegenden Werten für jede besetzte Zelle der Matrix.

Aufgrund des Umfanges der FRATAR-Matrix innerhalb dieser Untersuchung, aber vor allem aufgrund der vorhandenen Inkonsistenzen innerhalb des von der Bundesanstalt für Arbeit gelieferten *ungewichteten Umsteigeschlüssels*, mußten nach umfangreichen Berechnungen punktuell (sowohl im Fall der Bremen- als auch der Hamburg-Matrix) einige gezielte Eingriffe in die Verteilungsmatrix von FRATAR vorgenommen werden, um jeweils deren Lösbarkeit zu gewährleisten. Die Eingriffe waren hierbei von unterschiedlicher Art.

Eingriffsarten in die Verteilungsmatrix:

a) *Sperrungen*: Der ursprünglich vorgegebene Übergang von der alten Systematik der Wirtschaftszweige auf die neue Systematik der Wirtschaftszweige wurde in einer „gesperrten“ Zelle mit dem Startfaktor Null belegt. Hierdurch konnte durch das Faktorenverfahren von FRATAR nur der Endwert Null erzeugt werden.

b) *Setzungen*: Der durch das Faktorenverfahren von FRATAR erzeugte Endwert konnte nicht plausibel bestätigt werden. Dadurch wurde ein als plausibel erachteter Wert in der Zelle gesetzt.

c) *Ausweitungen*: Ein ursprünglich nicht vorgegebener Übergang von der alten Systematik der Wirtschaftszweige auf die neue Systematik der Wirtschaftszweige wurde in einer „ausgeweiteten“ Zelle in der Startmatrix mit dem Startfaktor 1 belegt. Hierdurch wurde der Zelle durch das iterative Faktorenverfahren von FRATAR die Möglichkeit zur Belegung gegeben.

d) *Absenkungen*: Ein ursprünglich in der Startmatrix gesetzter Zellenwert von 1 wurde in iterativen Versuchen abgesenkt. Hiervon wurde erst Gebrauch gemacht, wenn die automatisch generierten Werte aus dem Faktorenverfahren von FRATAR permanent zu überhöhten Werten in der betroffenen Zelle geführt haben und die zuvor generierten Endwerte sich jeder plausiblen Erklärung entzogen. Die Absenkung wurde in keinem Fall um mehr als 1% zu der zuvor gewählten Startmatrix vorgenommen.

Von den für Hamburg zur Verfügung stehenden theoretischen Zuweisungen von 1.183 Zellen der Innenmatrix mußte eine *Sperrung* in 35 Fällen (2,96% der Fälle) durchgeführt werden, da in der Mehrzahl der Fälle ein Überbesatz oder Unterbesatz in die Verteilungsmatrix bestand.[133] Die Sperrungen erfolgten in iterativer Erprobung zur Minimierung der Gesamtdifferenz nach jeweils ca. 20.000 Iterationen für die Hamburg-Matrix. In einem Fall mußte für diese Matrix eine *Ausweitung* vorgenommen werden. Die Sperrungen in der Hamburg Matrix erforderten in neun Zellen eine manuelle *Setzung* des Endergebnisses, da die frei errechneten Ergebnisse aus dem Algorithmus von FRATAR auch nach ca. 20.000 Iterationen stark unerklärliche Ergebnisse erbrachten. Die Setzungen erfolgten in der Regel in Anpassung an die Summenvektoren der WZ 93. Eine neue Sperrung wurde erst erprobt, wenn die Gesamtdifferenz der FRATAR-Matrix gegenüber der zu erreichenden Zielgröße wesentlich ungleich Null war und zudem zwischen einer Iteration „n" und dem Ergebnis der zuvor gerechneten Iteration „n-1" keine Veränderung in der Differenz mehr erbrachte. Für die Bremen Matrix mußte in neun Fällen eine Absenkung der Gewichtung der Startwerte (hier um 1% von 1 auf 0,99) der ersten Iterationsrunde vorgenommen werden. Im Detail sind die Eingriffe im Anhang II-1a aufgeführt.

Im Endergebnis konnte mit Hilfe des nach oben beschriebenen Verfahren generierten Küstenstadtschlüssels (welcher im Anhang II-1d dargestellt ist) eine Harmonisierung der Ausgangsdaten auf sektoraler Ebene (d.h. im Spaltensummenvektor) nach der aktuell gebräuchlichen Wirtschaftszweigsystematik von 1993 erreicht werden.

2.2.3 Einbringung der funktionalen Abgrenzung

Nach der Harmonisierung der Ausgangsdaten auf sektoraler Ebene fehlt noch die Integration des zweiten Abgrenzungskriteriums, der funktionalen Ebene, um wieder die Struktur der Ausgangsmatrix zu erhalten. Diese erfolgt – aufgrund fehlender paßgenauerer Optionen – in Form einer simplen Übertragung der Verhältnisse aus den erworbenen Ausgangsmatrizen. Anhand dieser Matrizen lassen sich für die Betrachtungszeitpunkte 1990, 1995 und 2000 die prozentualen Anteile der sozialversicherungspflichtig Beschäftigten der einzelnen Berufsgruppen in den jeweiligen Wirtschaftszweigen ermitteln. Die auf diese Weise festgestellten Verhältnisse werden zeitpunktspezifisch mit den Ergebnissen aus der zuvor durchgeführten Harmonisierung der Ausgangsdaten auf sektoraler Ebene (spal-

[133] Ein Überbesatz lag vor, wenn die Summe der betroffenen Zellen eines Zeilenvektors kleiner war als die Summe der betroffenen Spaltenvektoren mit den zur Verteilung stehenden Elementen des Zielvektors, (vice versa ein Unterbesatz, wenn die Summe der betroffenen Zellen eines Zeilenvektors größer waren als die Summe der Elemente der betroffenen Spaltenvektoren).

tenbezogener Summenvektor) kombiniert, was zur Generierung komplett (auf Grundlage der WZ 93) harmonisierter Ausgangsmatrizen führt.

3. Unternehmens- und Expertenbefragung

3.1 Eine primärstatistische Erhebung – die Unternehmensbefragung

Wie schon erwähnt[134], bilden die generierten harmonisierten Ausgangsmatrizen auf dem bisher erreichten Niveau nur ein *Logistik-Potential* ab. Um aus diesem Potential den *Logistiksektor* als solchen herauszuarbeiten, ist es in einem abschließenden Arbeitsschritt notwendig, zuvor ermittelte Gewichte (welche die logistischen Anteile in den Berufsordnungen innerhalb der einzelnen Wirtschaftszweige wiedergeben) mit Hilfe von FRATAR in die Matrizen einfließen zu lassen.

Im Zuge einer zu dieser Untersuchung durchgeführten Unternehmensbefragung (auf welche näher im Kapitel IV, Punkt 2.5.1 eingegangen werden wird) wurde von den befragten Unternehmen u.a. eine Abschätzung der logistikrelevanten Anteile in den aufgeführten Tätigkeitsfeldern – so sie denn im Betrieb vorhanden waren – bezüglich des jeweiligen Wirtschaftszweiges, in welchem sich das Unternehmen einordnete, erfragt. Die Auswertung der Frage nach den logistikrelevanten Anteilen zeigte im Ergebnis jedoch recht deutlich, daß aufgrund von Umfang, Komplexität und abweichendem Verständnis von Logistik bzw. vom Logistikbegriff (obwohl eine verbindliche Definition vorgegeben war) zumindest für ⅔ der über die Befragung erfaßten Wirtschaftszweige teilweise invalide und wenig repräsentative Ergebnisse erzielt wurden. Die Qualität der evaluierten Ergebnisse wurde insgesamt jedoch als so hoch eingestuft, daß diese die Grundlage für nachfolgende Gesprächsrunden mit Logistik-Experten bildeten, in welchen letztendlich die Gewichte bestimmt und festgelegt wurden.

3.2 Die Expertenrunde

Auf Grundlage der über die Unternehmensbefragung ermittelten vorläufigen Gewichte wurden insgesamt drei Expertenrunden mit einem in seiner Zusammensetzung im Kern gleichbleibenden Expertenkreis von Logistikern abgehalten, in welchen die Gewichte zellenweise überprüft, diskutiert und gegebenenfalls in variierter Form für den weiteren Arbeitsprozeß determiniert wurden. Die vollständige Matrix der Gewichte ist im Anhang II-1c zu finden.

Eine komplette Darlegung der sehr ins Detail gehenden Überlegungen und Diskussionen zur Findung der einzelnen Gewichte würde den Rahmen dieser Arbeit sprengen. Aus diesem Grund sollen an dieser Stelle nur die wesentlichsten Kri-

---

[134] Siehe Punkt 2.1, S. 86 f.

terien (i.S.v. diskursiven Eckpfeilern), die bei der Generierung der Gewichte angelegt wurden, dargestellt werden.

- Zur Gewährleistung eines ergebnisorientierten und konstruktiven Klimas mußte für die Gesprächsrunden ein vertretbarer Zeitrahmen aufgestellt werden. Dieses konnte nur über die Reduzierung der hohen Anzahl von 364 Ausgangszellen erreicht werden. Aus diesem Grund wurde in die Matrix ein *Relevanzkriterium* eingeführt. Über das Relevanzkriterium wurden alle Zellen, die ≤ 0,1% der sozialversicherungspflichtig Beschäftigten in der jeweiligen Berufsordnung gemessen am Wirtschaftszweig (Basis: Westdeutschland, 2000) auswiesen, für die Diskussion ausgeblendet. In einem zweiten Schritt wurde dieses Kriterium nachträglich auf ≤ 0,5% heraufgesetzt, um eine weitere Zellenreduzierung zu erreichen. Insgesamt konnten hierüber *192 Zellen* (≤ 0,1%: 126 Zellen und > 0,1% bis ≤ 0,5%: 66 Zellen) aus dem Diskussionsprozeß herausgenommen werden, ohne daß hierüber eine maßgebliche Beeinträchtigung des Gesamtergebnisses zu erwarten ist.

- Die Gewichte wurden allgemein aus Konsistenzgründen in 5%-Intervallen festgelegt, wobei die Untergrenze bei einem Gewicht von 5% (nicht 0%) und die Obergrenze bei einem Gewicht von 95% (nicht 100%) festgelegt wurde. Der Grund für den Ausschluß der theoretisch möglichen Gewichte von 0 bzw. 100% ist im Prinzip für beide Größen identisch: Unsicherheit. Hierhinter verbirgt sich die Überlegung, daß für keine der Berufsordnungen in den einzelnen Wirtschaftszweigen mit letzter Gewißheit gesagt werden kann, daß keine/alle hierüber erfaßten sozialversicherungspflichtig Beschäftigten tatsächlich logistischen Tätigkeiten nachgehen.

- Die Gewichte für die aufgrund des Relevanzkriteriums ausgesonderten Zellen wurden nach einer Berechnungsmethode erstellt, die keine weiterführenden Differenzierungen bezüglich einzelner Zellen beinhaltete. Für jede Berufsordnung wurde über alle belegten Zellen der statistische Mittelwert gebildet, welcher im weiteren Vorgehen als Gewicht für die jeweils in der Spalte noch zu belegenden Zellen fungierte.

Ein neben der Bestimmung der Gewichte wesentliches Ergebnis der Expertenrunden zu diesem Themenkomplex ist in einer *Konkretisierung* bzw. in einer *Einengung einer zuvor sehr breit ausgelegten Logistikdefinition* zu sehen. Ein Hinterfragen der zur Definition des Sektors auf heuristischem Wege als im weitesten Sinne logistikrelevant kategorisierten und damit ausgewählten Wirtschaftszweige und Berufsordnungen, führte zu einer Reduzierung bei beiden Abgrenzungskriterien. So entfiel aufgrund von insgesamt fehlender Logistikrelevanz auf der Seite der sektoralen Abgrenzung der Wirtschaftszweig *870 Be-*

rufsorganisationen und Wirtschaftsverbände (ohne öff./rechtl.) und auf der Seite der funktionalen Abgrenzung die Berufsordnungen *687 Handelsvertreter und -reisender*, *691 Bankfachleute*, *704 Grundstücksverwalter*, *705 Vermieter, Vermittler, Versteigerer* und *713 sonstige Fahrbetriebsregler*. Die Sektordefinition fällt durch die Einbringung der Ergebnisse der Expertenrunden vergleichsweise konservativer aus (hohe Gewichte im Bereich *Nachrichtenübermittlung und Verkehr* und in den *Verkehrsberufen*; niedrige Gewichte im Bereich *sonstige Dienstleistungen* und in den *Organisations-, Verwaltungs- und Büroberufen*), da sie in dieser Form den Sektor im großen und ganzen in seinen traditionellen Strukturen beläßt.

Des weiteren ist zu erwähnen, daß die ermittelten und eingeflossenen Gewichte die Verhältnisse des Logistiksektors aus Sicht des Jahres 2000 widerspiegeln, d.h. die Matrizen für die Jahre 1990 und 1995 aufgrund dieser Tatsache von erheblich synthetischerem Charakter sind.

Alle nachfolgenden Untersuchungen werden auf Basis der Zeilen- und Spaltensummen der Matrizen, also der Teilsektoren und Berufsordnungen des quantitativ neubestimmten Logistik-Sektors, d.h. auf Basis der neudefinierten sektoralen und funktionalen Strukturen der Logistik, durchgeführt.

4. Gesamtsektor Logistik: Größe und Entwicklung

Anhand des beschriebenen Verfahrens konnte der Querschnittssektor Logistik operationalisiert bzw. sekundärstatistisch erfaßt werden, was es im Folgenden ermöglicht, den Gesamtsektor anhand von Eckwerten (Tabelle 8) in seiner Größe und Entwicklung darzustellen. Hierüber kann ein erster – wenn auch noch relativ unspezifischer – Eindruck über den Stellenwert, das Gewicht und Potential des Sektors gewonnen werden, der eine Einordnung in den gesamtwirtschaftlichen Kontext erlaubt.

So lassen sich in einer Gegenüberstellung der Entwicklung der sozialversicherungspflichtig Beschäftigten insgesamt und derjenigen, die dem Logistiksektor zuzurechnen sind, sowohl deutliche Unterschiede als auch Gemeinsamkeiten zwischen den Regionen erkennen.

Im Bundesgebiet-West[135] stieg die Zahl der sozialversicherungspflichtig Beschäftigten von 1990 bis 2000 um 2,14% auf 22.846.530 Personen. Gleichzeitig

---

[135] Es wurden absichtlich als Bezugsraum nur die alten Bundesländer ausgewählt, da zum einen ein Strukturbruch innerhalb des Untersuchungszeitraumes vermieden werden sollte und zum anderen die wirtschaftsstrukturelle Ausgangssituation aufgrund der unterschiedlichen Entwicklung – vor allem zu Beginn der 90er Jahre – zwischen Ost und West so deutlich unterschiedlich war, daß eine Untersuchung auf gesamtdeutscher Basis die Ergebnisse

sank sie innerhalb dieses Zeitraumes im Bereich Logistik um -4,79%. Im Jahr 2000 waren im Logistiksektor 1,37 Mio. sozialversicherungspflichtig Beschäftigte in Arbeit, 68.800 weniger als 1990.

Tabelle 8: Eckwerte des Logistiksektors

Erhebungszeitpunkte: Beschäftigte:	**30.06.1990**	**30.06.1995**	**30.06.2000**	**Entwicklung (1990 – 2000)**
Land Bremen				
Sozpf. Beschäftigte – gesamt:	302.282	293.465	283.566	-18.716
Sozpf. Beschäftigte – Logistik:	25.515	23.283	22.477	-3.038
Logistikanteil in %:	8,44	7,93	7,93	-0,51*
Beschäftigte – gesamt (1990=100)	100,00	97,08	93,81	-6,19
Beschäftigte im Bereich Logistik (1990=100)	100,00	91,25	88,09	-11,91
Land Hamburg				
Sozpf. Beschäftigte – gesamt:	749.365	754.497	762.483	13.118
Sozpf. Beschäftigte – Logistik:	55.669	50.535	47.233	-8.436
Logistikanteil in %:	7,43	6,70	6,19	-1,24*
Beschäftigte – gesamt (1990=100)	100,00	100,68	101,75	1,75
Beschäftigte im Bereich Logistik (1990=100)	100,00	90,78	84,85	-15,15
Bundesgebiet-West				
Sozpf. Beschäftigte – gesamt:	22.368.078	22.597.347	22.846.530	478.452
Sozpf. Beschäftigte – Logistik:	1.434.861	1.378.119	1.366.099	-68.762
Logistikanteil in %:	6,41	6,10	5,98	-0,43*
Beschäftigte – gesamt (1990=100)	100,00	101,02	102,14	2,14
Beschäftigte im Bereich Logistik (1990=100)	100,00	96,05	95,21	-4,79

* = Prozentpunkte.
Quelle: Eigene Berechnungen; Bundesanstalt für Arbeit.

Gleich der Entwicklungslinie im Bund konnte auch Hamburg gesamtwirtschaftlich ein Wachstum der sozialversicherungspflichtig Beschäftigten in Höhe von 1,75% realisieren. Im Hinblick auf den Logistiksektor konnte ebenfalls (wie bereits in Bremen) keine vom Bundestrend abgekoppelte Entwicklung erzielt werden. Vielmehr fiel das Negativwachstum dieses Sektors im Vergleich mit -15,2% (Bund: -4,8%) deutlich höher aus. Während sich im Rückgang auf Bundesebene in erster Linie *Rationalisierungs- und Automatisierungsprozesse* im Zuge des Strukturwandels, welchen der Sektor seit geraumer Zeit durchläuft, ausdrücken, kann davon ausgegangen werden, daß im Fall von Hamburg *Verlagerungs- bzw. Suburbanisationsprozesse* eine ganz wesentliche Ursache für die stark rückläufigen Beschäftigtenzahlen in diesem Bereich sind. Gerade Großstädte bzw. Großstadtregionen haben heutzutage im Kern häufig mit einer erheblichen Anzahl negativ wirkender Agglomerationsfaktoren wie beispielsweise

bezüglich der Länder Bremen und Hamburg stark verfälscht hätte. *Wenn im weiteren Verlauf dieses Berichtes vom Bundesdurchschnitt als Bezugs- bzw. Vergleichsgröße gesprochen wird, sind hiermit grundsätzlich nur die alten Bundesländer bzw. Westdeutschland exklusive Ost-Berlin gemeint.*

Platzmangel, deutlich erhöhte Verkehrsdichte und überhöhte Boden- und Mietpreise zu kämpfen. Hieraus ergibt sich für viele Unternehmen die Notwendigkeit, aus der Kernstadt ins Umland abzuwandern, was im Falle der Stadtstaaten Bremen und Hamburg häufig zwangsweise den Verlust der Betriebe an die angrenzenden Flächenländer Niedersachsen und Schleswig Holstein bedeutet (siehe hierzu auch Kapitel I).

Die Situation des Logistiksektors in Bremen stellt sich ähnlich zu der in Hamburg bzw. auch der im Bund dar, da auch hier in der Dekade von 1990-2000 ein massiver Beschäftigungsabbau stattgefunden hat. Die Zahl der sozialversicherungspflichtig Beschäftigten sank hier von 25.515 auf 22.477, ein Minus von 11,9%.[136] Anders als im Bund oder in Hamburg nahm jedoch gleichzeitig die Gesamtzahl der im Land Bremen gemeldeten sozialversicherungspflichtig Beschäftigten um 6,19% ab. Neben der Tatsache, daß auch im Fall von Bremen Suburbanisierungsprozesse schwerpunktmäßig für die deutlichen Beschäftigungsverluste im Logistiksektor verantwortlich sein dürften (die Logistik ist in der Regel eine sehr flächenextensive Branche und Bremen ein – verglichen mit den Flächenländern – verhältnismäßig kleinräumiger Stadtstaat), ist hier aber auch das gesamtwirtschaftliche Umfeld durch relativ einschneidende rezessive Tendenzen geprägt, was (branchenübergreifend) ebenfalls nicht vollständig ohne Auswirkungen auf die Entwicklung des Sektors geblieben sein dürfte. Zu denken ist hierbei beispielsweise an Faktoren wie der Dichte an potentiellen Auftraggebern und Produktions-/Dienstleistungspartnern oder dem Standortimage.

Gleichwohl ist der *Logistiksektor* in *Bremen* und in *Hamburg* als ein *Hochbesatz-Sektor* einzuordnen, da der Anteil der Logistik an der Gesamtbeschäftigung (bezogen auf die sozialversicherungspflichtige Beschäftigung) in beiden Fällen über demjenigen des westdeutschen Bundesgebietes liegt.

Während der Anteil Logistikbeschäftigten an der Gesamtbeschäftigung in den alten Bundesländern im Jahr 2000 bei rund *6,0%* lag, überschritt er in Hamburg *6,0%* und erreichte in Bremen sogar knapp *8,0%.* Sowohl am Standort Bremen als auch in Hamburg ist somit eine (leichte) Konzentration des Logistiksektors vorzufinden – ein Grundindikator für das Vorhandensein eines für die Region relevanten *Clusters*[137]. Häufig entwickeln sich Cluster nämlich gerade aus der

---

[136] Interessant ist hierbei, daß im Land Bremen die Verluste fast gänzlich auf den Zeitraum von ′90-′95 datieren und nachfolgend der Logistikanteil stabil gehalten werden konnte. Im Land Hamburg und im Bund setzte sich die Negativentwicklung der Jahre ′90-′95 auch in der zweiten Hälfte des Untersuchungszeitraumes – von ′95-′00 -, wenn auch in angeschwächter Form, weiter fort. In diesem Ergebnis kann im Fall von Bremen eine schon frühzeitig zum Abschluß oder aber vorübergehend zum Stillstand gekommene Anpassung des Sektors an den allgemeinen Strukturwandel vermutet werden.

[137] Zur Clusterdefinition: Elsner 2000, S. 413-415.

räumlichen Konzentration verschiedenster Unternehmen einer Produktionskette. Eine räumliche Konzentration solcher Unternehmen ist kein Garant für das Entstehen eines Wertschöpfungsclusters, aber durchaus ein positiv wirkendes Grundelement. Vorerst kann in dieser Konzentration ein weiterer *Anhaltspunkt für ein relevantes Cluster* im Logistiksektor im Land Bremen gesehen werden.[138]

Indes ist die Entwicklung des Logistikanteils an den sozialversicherungspflichtig Beschäftigten in Bremen, Hamburg und im Bund eindeutig rückläufig. Von 1990 bis 2000 ging in beiden Ländern der relative Anteil bzw. der Besatz stärker zurück als im Bund. Während der Anteil in Bremen von 8,44% auf 7,93 (-0,51 Prozentpunkte) und in Hamburg von 7,43% auf 6,19% (-1,24 Prozentpunkte) sank, büßte er auf Bundesebene vergleichsweise nur 0,43 Prozentpunkte ein und fiel von 6,41% auf 5,98% ab. Diese Zahlen lassen vermuten, daß der Logistiksektor im Bund im Zuge des allgemeinen strukturellen Wandels innerhalb der letzten 3-4 Dekaden vergleichsweise traditioneller in seinen Strukturen geblieben ist, da die Beschäftigung in den „alten", sich rückläufig entwickelnden logistikrelevanten Wirtschaftszweigen, in der Fläche insgesamt langsamer abgebaut wurde. Die tiefergehende Detailanalyse im dritten Kapitel wird zeigen, ob sich diese Vermutung erhärten läßt.

Der weiter oben erstmals aufgegriffene Begriff des *Clusters* und, damit zusammenhängend, auch der später noch auftauchende Begriff des *Netzwerkes* sind zwei zentrale, eng miteinander verzahnte Begriffe für die Zielsetzung/Fragestellung dieser Arbeit. Da diese im Folgenden in verschiedenen Zusammenhängen immer wieder genannt werden, wird hier *vorab eine kurze Definition*[139] dieser beiden Begrifflichkeiten (inklusive ihrer Abgrenzung voneinander) eingeführt, wie sie innerhalb der Arbeit verstanden werden:

Unter einem (umfassenden) Cluster wird – per Definition – bis auf weiteres ein Beziehungsgeflecht miteinander (gleichzeitig horizontal und vertikal) auf funktionaler Ebene in Verbindung stehender Akteure verstanden, welches „... die Industrie und Dienstleistungen einschließt, plus darauf bezogene spezifische Infrastrukturen sowie dafür relevante öffentliche und gesellschaftliche Akteure"[140] umfaßt.

Als (umfassende) Netzwerke werden jene, in der Regel aus Clustern hervorgehende Unternehmens-Netzwerke (i.S.v. strategischen Kooperationsnetzwerken)

---

[138] Vgl. Krätke/Scheuplein 2001, S. 73.

[139] Eine ausführlichere und präzisere Definition dieser beiden Begrifflichkeiten ist nachfolgend im IV. Kapitel unter Punkt 2.2 sowie 3.1 aufgeführt.

[140] Elsner 1999, S. 66.

bezeichnet, die „... spezifische Infrastrukturen nutzen sowie mit dafür relevanten öffentlichen und gesellschaftlichen Akteuren intensiv, dauerhaft und thematisch breit kooperieren".[141]

Sowohl die Analyse der Cluster- als auch die Netzwerkstrukturen des Bremer Logistiksektors sind zentrale Elemente des vierten Kapitels dieser Arbeit und erfahren dort eine umfassende Auseinandersetzung mit der zugrundeliegenden Theorie und der praktischen Umsetzung.

5. Fazit

Über die Verschneidung der logistikrelevanten Teilbereiche aus der institutionellen Statistik (Wirtschaftszweige) mit jenen aus der funktionalen Statistik (Berufsordnungen) auf Basis der sozialversicherungspflichtig Beschäftigten und unter Einflechtung von Expertenwissen sowie einer Harmonisierung der Ausgangsdaten, konnte eine sekundärstatistische Erfassung des Querschnittssektors Logistik umgesetzt werden.

Als erstes wesentliches, aus der Operationalisierung hervorgehendes Ergebnis, kann die nunmehr mögliche Darstellung des Gesamtsektors in seiner Größe und Entwicklung gewertet werden. So kann sowohl der Bremer als auch der Hamburger Logistiksektor als Hochbesatzsektor eingestuft werden – in beiden Fällen liegt der Anteil der Logistik an der Gesamtbeschäftigung (bezogen auf die sozialversicherungspflichtige Beschäftigung) über demjenigen des Bundes. Während der Anteil im Bund im Jahr 2000 knapp 6,0% erreichte, lag er in Hamburg bei 6,2% und in Bremen sogar bei 7,9%. Gleichzeitig wird aus den Zahlen jedoch auch ersichtlich, daß sich der Logistiksektor im Zeitraum von 1990 bis 2000, was die Beschäftigung betrifft, in der Summe flächendeckend in einer deutlichen Rückbau- und Konsolidierungsphase befand. So sank die Zahl der sozialversicherungspflichtig Beschäftigten im Logistiksektor im Bund von rund 1,43 Mio. auf 1,37 Mio. (-4,8%), in Hamburg von 55.700 auf 47.200 (-15,2%) und in Bremen von 25.500 auf 22.500 (-11,9%). Für die in den Stadtstaaten überproportionalen Verluste sind, neben den Rationalisierungs- und Automatisierungsprozessen im Zuge des allgemeinen Strukturwandels, vor allem die im vorangegangenen Kapitel herausgearbeiteten Verlagerungs- bzw. Suburbanisierungsprozesse verantwortlich. Diese Ergebnisse legen nahe, den Logistiksektor in Bremen und Hamburg aufgrund der regionalen Konzentration – *vorläufig* – als (gewachsene) standortspezifische Stärke einzuordnen, die sich jedoch im Zuge der massiven Verluste zunehmend relativiert.

[141] Elsner 1999, S. 67.

Auf Basis des nun sekundärstatistisch verfügbaren Logistiksektors müssen die bisher gewonnenen Ergebnisse im Folgenden weiter spezifiziert werden, um ein gegebenenfalls in der Region Bremen vorhandenes Logistikcluster aufdecken und seine Bedeutung/Relevanz für die zukünftige Entwicklung des Wirtschaftsraumes abschätzen zu können. Die Analyse muß hierfür weiter ins Detail gehen, um genauere Erkenntnis über den Status quo und die vorangegangene Entwicklung der Logistik insgesamt, aber auch der einzelnen Teilsegmente innerhalb dieses Sektors, zu gewinnen. Ein solcher Einblick in die Sektorstruktur kann u.a. mit Hilfe der Shift-Share-Analyse erlangt werden, deren einzelne, aufeinander aufbauende Analyseschritte ein präzises Bild der Status quo Situation und der Entwicklung (inklusive der zugrundeliegenden Bestimmungsfaktoren) liefern.

III. Kapitel:

Empirisch-statistische Branchenanalyse

1. Einleitung

In diesem Kapitel soll – in der Hauptsache mittels des Analyseinstrumentes der Shift-Share-Analyse – auf eher empirisch-statistischem Wege auf Basis des nunmehr sekundärstatistisch erfaßten Sektors (Anhang III-1) ein detaillierter Einblick in seine internen Strukturen gewonnen werden. Ziel ist es, erste standortbedingte, d.h. direkt vom Standort als solchen beeinflußte, Stärken und Schwächen der bremischen Logistikbranche ausfindig zu machen. Die Shift-Share-Analyse mißt und erklärt hierbei die Abweichung der sektoralen wirtschaftlichen Entwicklung einer Region verglichen zu jener auf gesamträumlicher Ebene anhand der regional vorhandenen Branchenstruktur sowie der Standortfaktoren. Die aus dieser Methode hervorgehenden Ergebnisse erlauben eine Einschätzung darüber, inwieweit die Standortgegebenheiten in der Summe die Entwicklung des Sektors befördern bzw. auf diese blockierend einwirken. Am Ende dieses Kapitels sollte allgemein Klarheit darüber herrschen, ob die Bremer Region auf Basis ihrer (Logistik-) Strukturen Anfang des 21. Jahrhunderts als wettbewerbsfähiger, zukunftsorientierter Logistikstandort mit Potential (im Bereich *Beschäftigung*) bezeichnet werden kann.

2. Der Sektor in seinen Grundstrukturen – eine erste Analyse

2.1 Besatz-Wachstums-Matrix

Eine im wesentlichen deskriptive Methode zur Darstellung von Stärken und Schwächen innerhalb des Logistiksektors im Land Bremen ist das Erstellen einer 4-Felder-Matrix. In dieser wird der regionale Besatz in den einzelnen logistikrelevanten Wirtschaftszweigen (Ordinate) mit der jeweiligen Entwicklung innerhalb der Wirtschaftszweige im Zeitraum von 1990 bis 2000 (Abszisse) verschnitten. Dieses Verfahren ist ebenso mit Blick auf den funktionalen Besatz, d.h. bezogen auf die Berufsordnungen durchzuführen. Da die erwarteten Ergebnisse hierbei jedoch (aufgrund nicht strikter Kategorisierbarkeit hinsichtlich der Wirtschaftszweigsystematik) nicht vom gleichen Aussagegehalt sein werden, wie dieses bei der Analyse des sektoralen Besatzes zu erwarten ist, kommt der Auswertung des funktionalen Besatzes nur ein ergänzender Charakter zu.

Der Besatz, definiert als das Ergebnis aus sozialversicherungspflichtig Beschäftigten in der Logistik einer Region dividiert durch die *gesamten sozialversicherungspflichtig Beschäftigten* dieser Region, ist hierbei in die beiden Kategorien „Hochbesatz“ und „Niedrigbesatz“ unterteilt worden. Von Hochbesatz wird gesprochen, wenn der Besatz in einem Wirtschaftszweig über dem des Vergleichsraumes, d.h. in diesem Falle dem Bundesgebiet (West) liegt. Anderenfalls folgt eine Einordnung des Wirtschaftszweiges in die Kategorie „Niedrigbesatz" der Matrix. Bei der Entwicklung wird einzig zwischen positivem und negativem Wachstum unterschieden. Eine darüber hinausführende Quantifizierung findet an dieser Stelle nicht statt. Hieraus ergibt sich die folgende Grundmatrix:

Abbildung 12: Aufbau der 4-Felder-Matrix

		Wachstum	
		positiv	*negativ*
Besatz	*hoch*	Sektor I	Sektor II
	niedrig	Sektor III	Sektor IV

Eigene Darstellung.

Hinsichtlich einer Einordnung nach Stärken und Schwächen bzw. einer daraus folgenden Bewertung des Standortes können *zum jetzigen Zeitpunkt* der regionalstatistischen Analyse grundsätzlich die Sektoren I und III als vorteilhaft und die Sektoren II und IV nachteilig angesehen werden. So ist das Vorhandensein von Wachstumsbereichen für eine Region *prinzipiell* von Vorteil, während sich Schrumpfungsbereiche *im Prinzip* negativ auf die regionale Wirtschaftlage - aber vor allem auf die Arbeitsmarktsituation - auswirken. Hierbei ist zu beachten, daß die einzelnen logistikrelevanten Wirtschaftszweige innerhalb der Matrix eigenständig, *d.h. ohne direkten Bezug zum Logistiksektor selbst* betrachtet werden.

Es wird innerhalb dieser Arbeit mittels der Shift-Share-Analyse noch aufgezeigt werden, daß Aussagen auf diesem Niveau hinsichtlich der zu *erarbeitenden Handlungsempfehlungen* (welche ihren Fokus auf dem Logistiksektor mit seinen Stärken, Schwächen, Risiken und Chancen haben) zu pauschal sind und die Gefahr bergen, falsche Schlußfolgerungen zu ziehen. So gibt es Wirtschaftszweige, die aufgrund ihrer im Untersuchungsraum genommenen Entwicklung und ihrer Präsens dem Sektor I zugeordnet werden, per se aber (in bezug auf den Logistiksektor) nicht als wirtschaftsstrukturell positiv angesehen werden können. Das Gleiche gilt auch für Wirtschaftszweige in negativer Ausrichtung, d.h. z.B. Zweige des Sektors IV, welche aufgrund ihrer Struktur und Entwicklung hinsichtlich der Zielsetzung der Untersuchung nicht *pauschal* als für die wirtschaftsstrukturelle Situation des Standortes negativ eingestuft werden können.

2.1.1 Sektoraler Besatz – Wirtschaftszweige

In der Gesamtbetrachtung ergeben sich hinsichtlich der Einordnung der logistikrelevanten Wirtschaftszweige[142] *(institutioneller [sektoraler] Besatz)* in die Sek-

[142] Der sich aus Unternehmensteilen der unterschiedlichsten Branchen zusammensetzende Bereich der *Logistik im Verarbeitenden Gewerbe* wird im Folgenden als eigenständiger, 18. Wirtschaftszweig bezeichnet.

toren bzw. Felder I-IV nach Anzahl und – daraus resultierend – Zahl der sozialversicherungspflichtig Beschäftigten[143] die nachfolgenden Matrizen für Bremen und Hamburg (Tabellen 9-12).

Tabellen 9–12: 4-Felder Matrix des sektoralen Besatzes

Land Bremen:

Tabelle 9:
Nennungen / Anzahl der Wirtschaftszweige

	Wachstum		Summe
Besatz	5	6	*11*
	3	4	*7*
Summe	*8*	*10*	*18*

Land Hamburg:

Tabelle 10:
Nennungen / Anzahl der Wirtschaftszweige

	Wachstum		Summe
Besatz	5	8	*13*
	2	3	*5*
Summe	*7*	*11*	*18*

Tabelle 11:
Sozpf. Beschäftigte (2000)

	Wachstum		Summe
Besatz	6.498 [28,9%]	8.231 [36,6%]	14.729 [65,5%]
	1.681 [7,5%]	6.068 [27,0%]	7.749 [34,5%]
Summe	8.179 [36,4%]	14.299 [63,6%]	22.478 [100,0%]

Tabelle 12:
Sozpf. Beschäftigte (2000)

	Wachstum		Summe
Besatz	5.554 [11,8%]	27.100 [57,4%]	32.654 [69,1%]
	4.157 [8,8%]	10.424 [22,1%]	14.581 [30,9%]
Summe	9.711 [20,6%]	37.524 [79,4%]	47.235 [100,0%]

Aufbau der Matrizen gemäß Abbildung 12
Eigene Berechnungen.

Bei Betrachtung der *Matrizen der* (ungewichteten) *Nennungen* (Tabelle 9 und 10) fällt sowohl in bezug auf Bremen als auch auf Hamburg auf, daß in beiden Fällen die *Hochbesatzbereiche gegenüber den Niedrigbesatzbereichen* deutlich dominieren. Während in Bremen das Verhältnis bei knapp 2:1 (1,6:1) liegt, ist dieses in Hamburg knapp 3:1 (2,6:1).

Hinsichtlich der Relation von *Wachstums- zu Schrumpfungsbereichen* kann in beiden Fällen festgestellt werden, daß die Schrumpfungsbereiche zahlenmäßig überwiegen. So errechnet sich für Bremen ein Verhältnis von 0,8:1 und für Hamburg ein in der Tendenz leicht schlechteres Verhältnis von 0,6:1.

In diesem zuvor dargestellten Ergebnis findet sich sinngemäß das bestätigt, was schon in den weiter oben gemachten Ausführungen zu Tabelle 8 (II. Kapitel, Punkt 4) festgestellt werden konnte. Sowohl in Bremen als auch in Hamburg ist eine Konzentration des Logistiksektors vorzufinden, die sich Dekonzentrationsprozessen ausgesetzt sieht, wofür sich in der Summe der jeweils relativ hohe

[143] Mit den sozialversicherungspflichtig Beschäftigten sind im Folgenden in der Regel ausschließlich die sozialversicherungspflichtig beschäftigten *Logistiker* gemeint.

Anteil an Schrumpfungsbereichen verantwortlich zeichnen könnte. Noch eindeutiger gestaltet sich das Ergebnis in seiner Aussage bei der Betrachtung der *Matrizen der sozialversicherungspflichtig Beschäftigten* (Tabellen 11 und 12). Im Hinblick auf die sozialversicherungspflichtig Beschäftigten in Bremen liegt das Verhältnis bezüglich der Wachstums-/Schrumpfungsbereiche im Mittel bei 1:2, d.h. auf einen sozialversicherungspflichtig Beschäftigten in einem Wachstumsbereich entfallen zwei sozialversicherungspflichtig Beschäftigte in Schrumpfungsbereichen. Hinsichtlich des Besatzes – Hoch-/Niedrigbesatz – ist ein von der Verteilung her ähnliches Verhältnis von 2:1 anzutreffen.

Während das Verhältnis hinsichtlich des (Hoch-/Niedrig-) Besatzes im Logistiksektor in Hamburg mit etwa 2:1 dem im Land Bremen gleicht, klafft es mit Blick auf das Wachstum mit 1:4 weit auseinander (Bremen: 1:2). Im Zusammenhang mit den bisher gewonnenen Erkenntnissen bezüglich der Entwicklung des Sektors in der letzten Dekade kann hierin ein weiterer Indikator für den strukturellen Wandel innerhalb der Logistik gesehen werden, der in Hamburg dem Ergebnis nach schneller verlaufen ist, als dies in Bremen der Fall war.

Um mit einem tieferen Einblick in die Matrizen die Annahmen aus der Gesamtbetrachtung gegebenenfalls noch weiter zu spezifizieren, soll eine Auswertung der 4-Felder-Matrix im Detail, d.h. auf Basis der einzelnen Wirtschaftszweige und deren Einordnung in die Matrix erfolgen (Anhang Nr. III-2a).

Eine erste Prüfung der Matrix läßt im Prinzip *keinerlei nennenswertes Muster* hinsichtlich der Zuordnung der verschiedenen logistikrelevanten Wirtschaftszweige in die 4 Sektoren (bzw. Quadranten der Matrix) erkennen. Eine sowohl in Bremen als auch in Hamburg in der Tendenz festzustellende Konzentration von Wirtschaftszweigen aus der Abteilung *Nachrichtenübermittlung und Verkehr* im Sektor II und eine Bündelung von Wirtschaftszweigen aus der Abteilung *sonstige Dienstleistungen* im Sektor I im Fall von Hamburg reichen letztendlich nicht aus, um ein eindeutiges *übergeordnetes Muster* aufzuzeigen bzw. sichtbar zu machen. Die Konzentration logistikrelevanter Wirtschaftszweige aus der Abteilung *Nachrichtenübermittlung und Verkehr* im Sektor II kann aber zumindest die These des strukturellen Wandels belegen, da es sich hierbei in der Mehrzahl um traditionelle Wirtschaftszweige der Logistik handelt, die im Zuge von Restrukturierungen in der Summe deutlich Arbeitsplätze abbauten. Ein Beispiel bzw. Beleg für den in Hamburg schneller verlaufenden Wandel stellt der aus Sicht der Logistik traditionelle Wirtschaftszweig der *See- und Küstenschifffahrt sowie der Seehäfen (WZ 661)* dar, in welchem im Untersuchungszeitraum über 40% der logistikrelevanten Arbeitsplätze verloren gingen – in Bremen belief sich der Verlust hingegen nur auf knapp 30%, was in etwa dem Trend auf Bundesebene entsprach.

Zwischenfazit: In Teilen bestätigt die Analyse des Logistiksektors mittels einer 4-Felder-Matrix im Bereich des sektoralen Besatzes schon zuvor gewonnene Ergebnisse wie den *Überschuß an Hochbesatz- gegenüber Niedrigbesatzbereichen* sowie den *Überhang an schrumpfenden gegenüber wachsenden Wirtschaftszweigen*.

Das eigentlich verfolgte Ziel, einen tiefer disaggregierten Einblick in den Logistiksektor zu gewinnen, kann diese Methode nur sehr bedingt liefern. Ein allgemeines Muster konnte, von einzelnen Fragmenten (wie der relativen Konzentration von Wirtschaftszweigen aus dem Bereich *Verkehr und Nachrichtenübermittlung* im Sektor II) abgesehen, nicht ausgemacht werden.

2.1.2 Funktionaler Besatz - Berufsordnungen

Eine Analyse des funktionalen Besatzes kann aufgrund der nicht strikten Kategorisierbarkeit der Berufsordnungen in die Wirtschaftszweigsystematik nur bedingt zusätzliche Informationen liefern. Dennoch sind die nachfolgenden Ergebnisse (Anhang Nr. III-2b) bemerkenswert.

Es sind relativ viele Parallelen zu den Entwicklungen im Bereich des sektoralen Besatzes feststellbar. Ohne an dieser Stelle eine rein tautologische Aussage treffen zu wollen, ist die Entwicklung vieler spezifischer Berufsordnungen mit eindeutiger Zuordnung zu einem jeweilig spezifischen Wirtschaftszweig der dort (in der Analyse des sektoralen Besatzes) festgestellten Entwicklung ähnlich. Hierbei mag die eine Entwicklung die jeweils andere implizieren bzw. widerspiegeln. So sind beispielsweise die Berufsordnung der *Luftverkehrsberufe (WS 726)* [144] und der *Lager- und Transportarbeiter (WS 744)* korrespondierend zu den Wirtschaftszweigen *Luftfahrt und Flugplätze (WZ 680)* und *Spedition, Lagerei und Kühlhäuser (WZ 67)* im Sektor I der jeweiligen 4-Felder-Matrix zu finden. Weitere Beispiele der identischen Sektor-Zuordnung sind: *Postverteiler (WS 732)* und *Bundespost (WZ 64)*, *Binnenschiffer (WS 724)* sowie *sonstige Wasserverkehrsberufe (WS 725)* und die schiffahrtsbezogenen Wirtschaftszweige *660, 661* und *683* – alle Sektor II (Anhänge III-2a und III-2b).

In der Gesamtbetrachtung ergeben sich ähnliche (in der Tendenz leicht negativer zu bewertende) Verhältnisse sowohl hinsichtlich des Hoch-/Niedrigbesatzes als

[144] Ähnlich der Codierung in der Wirtschaftszweigsystematik klassifizieren sich die Berufsordnungen ebenfalls nach einem bestimmten (Zahlen-) Schlüssel. WS steht hierbei für das „Verzeichnis der Wirtschaftszweige für die Statistik der Bundesanstalt für Arbeit - Ausgabe 1973" (WS 73) und die Zahlenangabe gibt (bei ansteigender Aggregationstiefe) mit der 1. Stelle die Wirtschaftsabteilung, mit der 2. Stelle die Wirtschaftsgruppe und mit der 3. Stelle die Wirtschaftsklasse an.

auch des Wachstums-/Schrumpfungsbereiches wie in der nach sektoralem Besatz aufgeschlüsselten 4-Felder-Matrix.

Bezüglich des Hoch-/Niedrigbesatzes stellt sich in der Matrix des funktionalen Besatzes für das Land Bremen ein Verhältnis von etwa 3:1 (68,5% zu 31,5%) ein – annähernd analog liegt dieses bei der sektoralen Betrachtung bei 3:1 (65,5% zu 34,5%). In bezug auf die Entwicklung (Wachstum/Schrumpfung) stellt sich die Situation ungünstiger dar. Hier liegt das Verhältnis bei der Betrachtung des funktionalen Besatzes bei 1:4 und damit unter jenem der sektoralen Betrachtung, wo sich ein Verhältnis von 1:3 errechnete.

Auch für das Land Hamburg ist die Relation von Logistikern in Wachstums-/ Schrumpfungsbereichen auf funktionaler Ebene schlechter (i.S.v. einem weiteren Auseinanderklaffen) als auf sektoraler Ebene. So liegt das Verhältnis hier bei 1:6,5 (13,3% zu 86,7%) im Vergleich zu 1:4 (20,6% zu 79,4%) in bezug auf die Wirtschaftszweige. Ähnlich wie schon im Bereich der Wirtschaftszweige kann auch bezüglich der Berufsordnungen davon ausgegangen werden, daß im Zuge des strukturellen Umbruchs innerhalb des Sektors die vornehmlich traditionellen, am Standort konzentrierten Berufsgruppen entweder durch Automatisierungs- und Rationalisierungsmaßnahmen überproportional stark abgebaut wurden (zumal es sich hierbei häufig um Arbeitsplätze mit relativ geringen Anforderungen an das Qualifikationsniveau handelt) oder aber mit den Unternehmen ins Umland abgewandert sind. Ein weiterer Grund könnte in dem in einigen Berufsgruppen zunehmenden Anteil an Selbständigen liegen (beispielsweise der Kfz-Führer), die mit der Statistik der sozialversicherungspflichtig Beschäftigten nicht erfaßt werden.

Ein deutlicher Unterschied ist hinsichtlich des Verhältnisses im Besatz festzustellen. Lag dieses bei der Analyse des sektoralen Besatzes noch bei 2:1, ist es auf Ebene der funktionalen Abgrenzung mit 53,4% zu 46,6% fast ausgeglichen. Das bedeutet, daß sich der strukturelle Wandel im Bereich der Berufsfelder bis heute noch dynamischer vollzogen hat als dies schon bei den Wirtschaftszweigen festzustellen war.

Die nachfolgenden Tabellen 13-16, welche in Analogie zu den Tabellen 9-12 erstellt wurden, verdeutlichen und belegen noch einmal die auf funktionaler Ebene (Berufsordnungen) getroffenen Aussagen.

Fazit: Insgesamt ist festzustellen, daß die gewonnenen Erkenntnisse aus der Einordnung der logistikrelevanten Berufsordnungen in die 4-Felder-Matrix im Großteil *die Ergebnisse aus der Betrachtung des sektoralen Besatzes vor allem in qualitativer, aber eingeschränkt auch in quantitativer Hinsicht bestätigen.*

Tabellen 13–16: 4-Felder Matrix des funktionalen Besatzes

Land Bremen:

Tabelle 13:
Nennungen / Anzahl der Berufsordnungen

	Wachstum		Summe
Besatz	4	8	*12*
	3	8	*11*
Summe	*7*	*16*	*23*

Tabelle 15:
Sozpf. Beschäftigte (2000)

	Wachstum		Summe
Besatz	5.526 [24,6%]	9.872 [43,9%]	15.398 [68,5%]
	271 [1,2%]	6.810 [30,3%]	7.081 [31,5%]
Summe	5.797 [25,8%]	16.682 [74,2%]	22.478 [100,0%]

Aufbau der Matrizen gemäß Abbildung 12
Eigene Berechnungen.

Land Hamburg:

Tabelle 14:
Nennungen / Anzahl der Berufsordnungen

	Wachstum		Summe
Besatz	5	5	*10*
	4	9	*13*
Summe	*9*	*14*	*23*

Tabelle 16:
Sozpf. Beschäftigte (2000)

	Wachstum		Summe
Besatz	4.736 [10,0%]	20.483 [43,4%]	25.219 [53,4%]
	1.543 [3,3%]	20.471 [43,3%]	22.014 [46,6%]
Summe	6.279 [13,3%]	40.954 [86,7%]	47.233 [100,0%]

Nachdem kein eindeutiges Muster hinsichtlich der Sortierung der Wirtschaftszweige in die 4-Felder-Matrix erkennbar ist, also keine zwingenden Zusammenhänge zwischen *Wirtschaftsbereichen*, *Besatz* und *Wachstum* ersichtlich sind, interessiert im Folgenden in einem knappen Exkurs, ob auf der Ebene der *Wirtschaftszweige* ein statistischer Zusammenhang zwischen *Besatz* und *Wachstum* vorhanden bzw. feststellbar ist. Es gilt zu ermitteln, ob zwischen der Höhe des Besatzes und der Wachstumsrichtung/-intensität irgendeine Beziehung besteht.

2.1.3 Korrelationsanalyse

„Zur Beschreibung der Stärke einer linearen statistischen Beziehung zwischen zwei intervallskalierten Merkmalen X und Y läßt sich der (Bravais-) Pearson´sche Korrelationskoeffizient r (Produktmomentkorrelation) verwenden.“[145] Hierbei soll aber vor allem r^2, der sogenannte Determinationskoeffizient, im weiteren Beachtung finden, da dieser: „... den Anteil an der Gesamtvariation des als abhängig angesehenen Merkmals Y (hier der Besatz – Anm. d. Verf.) angibt, der durch das als unabhängig angesehene Merkmal X (hier das Wachstum – Anm. d. Verf.) linear erklärt werden kann.“[146]

Wie die nachfolgende Abbildung 13 zeigt, konnte zwischen den beiden Größen Besatz und Wachstum keinerlei nennenswerter statistischer Zusammenhang

[145] Kähler 1998, S. 162.
[146] Kähler 1998, S. 163.

festgestellt werden. Es kann davon ausgegangen werden, daß das Wachstum eines Wirtschaftszweiges im Logistiksektor nicht durch den jeweiligen Besatz hinreichend erklärt werden kann.

Abbildung 13: Korrelation[147]

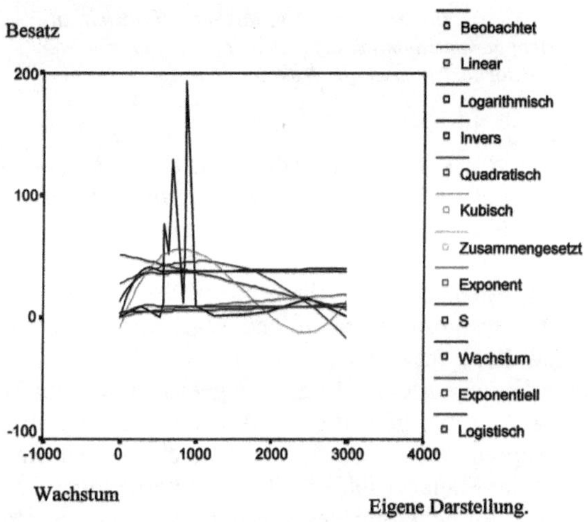

Eigene Darstellung.

Die Berechnung wurde mittels elf verschiedener statistischer Modelle durchgeführt (das 1. „Modell“ [Beobachtet] stellt nur die eingetragenen Ausgangswerte dar) – diese sind der Legende der Abbildung zu entnehmen –, was jedoch das Endergebnis hinsichtlich seiner Aussage nie anders als oben dargelegt ausfallen ließ.

Das höchste errechnete Ergebnis, d.h. das höchste r^2, liegt bei *0,119* bei der Anwendung des *kubischen Regressionsmodells*. Das bedeutet, daß im rechnerisch besten Falle sich rund 11,9% eines jeweiligen Wachstums durch den Besatz erklären läßt. Dieses ist ein so augenfällig niedriges Ergebnis, daß nicht von einem Zusammenhang zwischen Besatz und Wachstum gesprochen werden kann.

In einem nächsten Schritt wird auf die regionalstatistische Methode der Shift-Share-Analyse (bzw. häufig auch nur Shift-Analyse) zurückgegriffen. Dieses ist ein sehr arbeitsintensives und zeitaufwendiges Verfahren, weshalb es erst an dieser Stelle zur Anwendung kommt, da die bisher durchgeführten Analysen noch keine Ergebnisse in der gewünschten Qualität und Detailliertheit erzeugen konnten.

Mit Hilfe dieser Methode wird es möglich sein, sowohl das Wachstumspotential des Logistikclusters insgesamt als auch *seiner wirtschaftlichen Teilbereiche* für das Land Bremen einzuschätzen und auf dieser Grundlage den Sektor hinsicht-

[147] Aufgrund der Darstellung in schwarz-weiß sind die Ergebnisse der einzelnen Modelle nicht voneinander zu unterscheiden. Die wesentliche Aussage der Abbildung, nämlich die mehr oder minder identischen Verlaufsformen der einzelnen Berechnungsergebnisse, welche die fehlende Korrelation ausweisen, ist jedoch deutlich zu erkennen.

lich vorhandener Stärken und Schwächen zu untersuchen, um diese hiernach – mit einem ersten Blick auf mögliche Risiken und Chancen – sondiert aufzuzeigen.

2.2 *Shift-Share-Analyse*

> *„Bei der Shift-Analyse handelt es sich um ein Verfahren, das darauf abzielt, die regionale Abweichung von einem gesamträumlich definierten Entwicklungsmuster über die Unterschiede in der sektoralen Wirtschaftsstruktur zu messen und zu erklären.“*[148]

In diesem Zitat kommt die *wesentliche Ausrichtung* der Shift-Analyse zum Ausdruck: Zum *einen* soll die Entwicklung innerhalb einer Region mit der eines übergeordneten Bezugsraumes über die zueinander in Beziehung gesetzten Wachstumsraten verglichen und zum *anderen* auch eine Erklärung mittels des Faktors „Struktur“ vollzogen werden. Das Verfahren bietet überdies die Möglichkeit, Ursachenkomplexe für festgestellte räumliche Wachstumsdifferenzen dahingehend aufzuspalten, daß diese entweder der *sektoralen Wirtschaftsstruktur* oder aber den *Standortbedingungen* einer Region zugeordnet werden können. Es können somit Aussagen darüber getroffen werden, ob in bezug auf den Logistiksektor (bzw. – eine Aggregationsebene tiefer – hinsichtlich der einzelnen Teilsegmente des Sektors) der Standort selber mit seinen vorhandenen/nicht vorhandenen Infrastrukturen die Entwicklung des Gesamtsektors befördert/behindert und inwieweit die sektoralen Strukturen insgesamt unterstützend oder blockierend auf eben diese Entwicklung wirken.[149]

Die Analyse erfolgt in insgesamt fünf Schritten. Die einzelnen Analyseschritte bauen dahingehend aufeinander auf, daß sie vorhandene Schwächen vorangegangener Berechnungen ausräumen, um am Ende ein umfassendes Bild des Sektors und seiner inneren Struktur generiert zu haben.

Der Ablauf der einzelnen Analyseschritte ist bei Tengler[150] ausführlich dargestellt und erläutert, so daß diesem in weiten Teilen bei der nun anschließenden Shift-Share-Analyse gefolgt wird. Weitere nennenswerte, z.T. jedoch weniger tief ins Detail gehende Quellen sind u.a. *Dinc et al.*, *Loveridge et al.* und *Stimson et al.*

---

[148] Tengler 1989, S.48.
[149] Tengler 1989, S. 43; Krätke/Scheuplein 2001, S. 47-48; Schätzl 1994, S. 67-74.
[150] Tengler 1989.

2.2.1 Gesamtwirtschaftliche Shift-Share-Analyse

„In der einfachsten Form der Shift-Analyse erfolgt eine Gegenüberstellung der tatsächlichen Veränderung eines regionalen Sektors zu jener (fiktiven) Veränderung, die sich eingestellt hätte, wenn die Entwicklung im regionalen Sektor genauso wie im übergeordneten Bezugsraum (...) verlaufen wäre."[151]

Das Ergebnis, das sich bei einer regionalen Entwicklung identisch zu der im übergeordneten Bezugsraum ergeben hätte, wird als *Strukturfaktor (engl. auch: Net Differential Shift)* der regionalen Entwicklung bezeichnet. Die sich beim Vergleich des Strukturfaktors mit der tatsächlichen Entwicklung einstellende Differenz wird wiederum als *Standortfaktor*[152] *(engl. auch: Net Proportionality Shift)* bezeichnet. Im *Regionalfaktor (engl. auch: Total Net Shift)* als Summe aus Struktur- und Standortfaktor werden die effektiv beobachteten sektoralen Beschäftigungsveränderungen auf regionaler Ebene ausgewiesen.

Es gibt in der Methodik der gesamtwirtschaftlichen Shift-Analyse insgesamt drei verschiedene Berechnungsmodelle (Differenzenmodell, Indexmodell sowie Prozentpunktemodell – siehe nachfolgend Abbildung 14), deren einziger Unterschied in der verschiedenartigen Werteinheit liegt, in der der Wachstumsunterschied ausgedrückt wird.

Unter anderem Schätzl[153] zeigt auf, daß die Modelle im Resultat nur unbedeutend voneinander abweichende Ergebnisse liefern und somit keines der Modelle zur Ergebnisgenerierung per se abzulehnen ist. Im deutschsprachigen Raum kommt in der Hauptsache das Prozentpunktemodell zur Anwendung, weshalb es auch hier zum Einsatz kommen wird. In Tabelle 17 wurden unter Anwendung des *Prozentpunktemodells* die Struktur-, Standort- und Regionalfaktoren nach zuvor definierter Form (Abbildung 14) errechnet.

Tabelle 17: Gesamtwirtschaftliche Shift-Share-Analyse – Prozentpunktemodell

	Strukturfaktor	*Standortfaktor*	*Regionalfaktor*
Bremer Logistiksektor	4,84	-11,96	-7,12
Hamburger Logistiksektor	6,63	-16,99	-10,36

Eigene Berechnungen.

[151] Vgl. Krätke/Scheuplein 2001, S. 47.

[152] An dieser Stelle der Shift-Analyse kommt dem Standortfaktor nur die Bedeutung einer *Residualgröße* zu, da er letztendlich nur zum Ausdruck bringt, daß sich ein und derselbe Wirtschaftssektor in der Region häufig vollständig anders entwickelt als in der Gesamtwirtschaft.

[153] Schätzl 1994, S. 73-74.

Abbildung 14: Modelle der gesamtwirtschaftlichen Shift-Share-Analyse

Differenzenmodell	
Beschreibung:	Das Differenzenmodell beschränkt sich darauf, im Regionalfaktor nur den absoluten Beschäftigungsunterschied einer Region zwischen End- und Ausgangszeitpunkt auszuweisen.
Formel:	$RF = \sum_i b_1^i - \sum_i b_0^i = \left\{ \sum_i b_0^i * \frac{B_1^i}{B_0^i} - \sum_i b_0^i \right\} + \left\{ \sum_i b_1^i - \sum_i b_0^i * \frac{B_1^i}{B_0^i} \right\}$
Vorteil:	Dieses Verfahren hat den Vorteil, daß aus dem Wert des Regionalfaktors unmittelbar erkennbar wird, ob und um wieviel die Beschäftigung eines Raumes gewachsen oder geschrumpft ist.
Nachteil:	Der wesentliche Nachteil des Differenzenmodells besteht darin, daß überhaupt keine Anhaltspunkte darüber geliefert werden, wie das Gesamtergebnis im volkswirtschaftlichen Kontext einzuordnen ist. Da im Regionalfaktor jede Relativierung am Gesamtraum fehlt, muß die im Hinblick auf eine Bewertung der Beschäftigungsveränderung wichtige Frage, ob bzw. um wieviel sich eine Region besser oder schlechter als im nationalen Durchschnitt entwickelt hat, unbeantwortet bleiben.
Indexmodell	
Beschreibung:	Das Indexmodell gibt mit dem Regionalfaktor das Verhältnis zwischen der Entwicklung des Teilraumes zur Entwicklung des Gesamtraumes (Bezugsraumes) in Form eines Quotienten an. Die gesamträumliche Wachstumsrate liefert mit dem Index 1 die Bezugsgröße für die relative Entwicklung der Region. Je nachdem, ob der Regionalfaktor größer, kleiner oder gleich 1 ausfällt, hat der Untersuchungsraum günstiger, schlechter oder nicht anders als die Vergleichsregion abgeschnitten.
Formel:	$RF = \frac{\frac{\sum_i b_1^i}{\sum_i b_0^i}}{\frac{\sum_i B_1^i}{\sum_i B_0^i}} = \left\{ \frac{\frac{\sum_i b_0^i * \frac{B_1^i}{B_0^i}}{\sum_i b_0^i}}{\frac{\sum_i B_1^i}{\sum_i B_0^i}} \right\} * \left\{ \frac{\sum_i b_1^i}{\sum_i b_0^i * \frac{B_1^i}{B_0^i}} \right\}$
Vorteil:	Der Regionalfaktor im Indexmodell läßt eine gesamträumliche Einordnung zu. Die Vergleichbarkeit der Ergebnisse erhöht sich bei der Verwendung von prozentualen (indexbasierten) Veränderungen, da dann die unterschiedlichen Bevölkerungszahlen der Teilräume ausgeglichen werden.
Nachteil:	Es wird mit dem Regionalfaktor nicht die absolute Entwicklungsrichtung ausgewiesen.
Prozentpunkte-modell	
Beschreibung:	Beim Prozentpunktemodell wird im Regionalfaktor der Vergleich zwischen regionaler und gesamträumlicher Entwicklung als Differenz ausgewiesen. Der Regionalfaktor hat den Wert 0, wenn die regionale Entwicklung mit der gesamträumlichen Entwicklung übereinstimmt. Ein RF größer bzw. kleiner 0 besagt, auf wieviel Prozentpunkte (RF*100) sich der Wachstumsvorsprung/-nachteil des Raumes während der Untersuchungsperiode gemessen am nationalen Durchschnitt beziffert.
Formel:	$RF = \frac{\sum_i b_1^i}{\sum_i b_0^i} - \frac{\sum_i B_1^i}{\sum_i B_0^i} = \left\{ \frac{\sum_i b_0^i * \frac{B_1^i}{B_0^i}}{\sum_i b_0^i} - \frac{\sum_i B_1^i}{\sum_i B_0^i} \right\} + \left\{ \frac{\sum_i b_1^i - \sum_i b_0^i * \frac{B_1^i}{B_0^i}}{\sum_i b_0^i} \right\}$
Vorteil:	Der Unterschied zwischen regionaler und gesamträumlicher Entwicklung ist unmittelbar aus dem Vorzeichen des Regionalfaktors ersichtlich. Deutlich bessere Vergleichbarkeit der Ergebnisse (siehe unter Vorteil / Indexmodell).
Nachteil:	Es wird mit dem Regionalfaktor nicht die absolute Entwicklungsrichtung ausgewiesen.

Zur Definition der Variablen siehe S. 66.

Quelle: Darstellung nach Tengler 1989, S. 52-54.

Der Regionalfaktor weist bei der gesamtwirtschaftlichen Betrachtung sowohl in Bremen als auch in Hamburg eine insgesamt ungünstigere Arbeitsplatzentwicklung im Logistiksektor als im Durchschnitt der alten Bundesländer aus. In Hamburg und Bremen schaffte es eine Reihe logistikrelevanter Wirtschaftszweige trotz einer überdurchschnittlichen Präsenz (d.h. trotz der Zuordnung zum Hochbesatzbereich – Anhang III-2a) nicht, die Wachstumsdynamik des Vergleichsraumes zu adaptieren.

Insgesamt ist die Beschäftigung im Logistiksektor in Bremen im Betrachtungszeitraum von 1990 bis 2000 um 7,1 Prozentpunkte[154] und in Hamburg um 10,4 Prozentpunkte stärker zurückgegangen als im Durchschnitt des westdeutschen Bundesgebietes.

Beachtlich hierbei ist jedoch, daß vorhandene strukturelle Stärken in Bremen (der Strukturfaktor liegt bei immerhin +4,8%), die einen Impuls hinsichtlich eines Beschäftigungszuwachses implizieren, vollständig von den im Vergleich hohen Standortnachteilen (Standortfaktor: -12,0%) kompensiert wurden und den Impuls ins Negative, d.h. in Richtung Arbeitsplatzschrumpfung verkehrt haben. Die Beschäftigungseinbußen im Logistiksektor sind also in der Gesamtbetrachtung komplett standortbedingt.

In Hamburg zeichnet sich ein ähnliches Bild ab. Auch hier sind die strukturbedingten Impulse für den Arbeitsmarkt positiv und die standortbedingten negativ. Die positiven, beschäftigungswirksamen Struktureffekte werden gleich der Situation in Bremen von negativen Standorteffekten überkompensiert, so daß in der Summe ein Arbeitsplatzverlust bleibt. Ein Unterschied zu Bremen ist jedoch, daß der Strukturfaktor in Hamburg mit 1,8 Prozentpunkten klar höher liegt, die vorhandene sektorale Wirtschaftsstruktur für den Logistiksektor in Hamburg also in der Summe positiver zu beurteilen ist.

Einen tieferen Einblick in die sektorinternen Strukturen bietet die nachfolgende teilsektorspezifische Shift-Share-Analyse, die die *einzelnen Wirtschaftszweige* innerhalb des Logistiksektors in den Mittelpunkt stellt und somit Aufschluß darüber geben kann, ob und wenn ja, welche Teilsektoren (bzw. Wirtschaftszweige) das ermittelte Ergebnis für den Gesamtsektors stark dominieren und prägen.

---

[154] Dieses Ergebnis ist nicht neu, da es implizit schon vorher in Tabelle 8 ausgewiesen wurde: -11,91% (Veränderung der Beschäftigten im Bereich Logistik in Bremen) - (+)4,79% (Veränderung der Beschäftigten im Bereich Logistik im Bundesgebiet-West) = -7,12%.

2.2.2 Teilsektor- (wirtschaftszweig-) spezifische Shift-Share-Analyse

Der Strukturfaktor, welcher die regionale Beschäftigungsentwicklung eines Wirtschaftszweiges bei angenommener gleicher Entwicklung wie im Bezugsraum darstellt, wird in der nachfolgenden Formel durch die erste Komponente wiedergegeben und ist in Bremen und Hamburg definitionsgemäß identisch, da hierin letztlich nur die wirtschaftszweigspezifischen Wachstumsraten im Durchschnitt des Bezugsraumes enthalten sind.[155] Der wirtschaftszweigspezifische Standortfaktor weist im Gegensatz hierzu die tatsächlich festgestellte Differenz zwischen dem regionalen wirtschaftszweigspezifischen Wachstum und jenem auf Ebene des Bezugsraumes aus, was implizit einen direkten Vergleich der regionalen Standortbedingungen mit den Durchschnittsbedingungen des Bezugsraumes beinhaltet.[156] Für den jeweils einzelnen Sektor/Wirtschaftszweig in der Region folgt somit insgesamt:

Formel[157]: Regionalfaktor (RF) = Strukturfaktor (STR) + Standortfaktor (STA)

$$\text{RF:}\quad \underbrace{b_0^i * \left\{\frac{B_1^i}{B_0^i} - 1\right\}}_{\text{(STR)}} + \underbrace{b_0^i * \left\{\left(\frac{b_1^i}{b_0^i}\right) - \left(\frac{B_1^i}{B_0^i}\right)\right\}}_{\text{(STA)}}$$

mit: b_0^i bzw. b_1^i = Beschäftigte des Sektors i in der Region zum Untersuchungszeitpunkt 0 (Anfangszeitpunkt) bzw. 1 (Endzeitpunkt).

B_0^i bzw. B_1^i = Beschäftigte des Sektors i im Gesamtraum zum Untersuchungszeitpunkt 0 (Anfangszeitpunkt) bzw. 1 (Endzeitpunkt).

Die vollständigen Tabellen mit den Ergebnissen zur teilsektorspezifischen Shift-Share-Analyse über alle Wirtschaftszweige befinden sich im Anhang III-3a und III-3b.

Wie die gesamtwirtschaftliche Shift-Analyse schon gezeigt hat, liegt die für den Sektor maßgebliche (Standort-) Schwäche nicht im *Strukturfaktor*[158], sondern hauptsächlich im *Standortfaktor*[159] begründet, d.h. nicht in der regionalen Branchenstruktur, sondern vielmehr in der räumlichen Lage und dem Regionstyp.

[155] Tengler 1989, S. 110.

[156] Tengler 1989, S. 116.

[157] Alle innerhalb der Shift-Analyse verwendeten Formeln sind der im Literaturverzeichnis aufgeführten Veröffentlichung von Tengler (1989) entnommen.

[158] Im Strukturfaktor kommt zum Ausdruck, ob Entwicklungsunterschiede im Vergleich Region zum Bezugsraum auf die regionale Branchenstruktur (Branchenmix) zurückzuführen sind.

[159] Der Standortfaktor umfaßt eine größere Anzahl verschiedenster regionsspezifischer Einflußfaktoren. Hierunter können u.a. die räumliche Lage, regionsspezifische Organisationsformen, funktionale und kooperative Netzwerke, Innovationstätigkeiten, Qualität der

Mittels der teilsektorspezifischen Shift-Analyse kann nun aufgedeckt werden, welche logistikrelevanten Wirtschaftszweige im besonderen von den Standortbedingungen in ihrer Entwicklung beeinträchtigt wurden.

In Bremen weist die Ermittlung des Standortfaktors auf Basis der einzelnen Wirtschaftszweige des Logistiksektors (unter Ausschluß der Wirtschaftszweige 661 und 683) insgesamt 6 positive und 10 negative Ergebnisse aus.

In den Wirtschaftszweigen *See- und Küstenschiffahrt, Häfen (WZ 661)* und *Schiffsmaklerbüros und -agenturen sowie sonstige Verkehrsvermittler (WZ 683)* ist eine Einzelausweisung nicht sinnvoll, da die für das Bundesgebiet (West) ausgewiesenen sozialversicherungspflichtig Beschäftigten in diesen Bereichen im Schnitt zu ca. 80% bzw. 60% diejenigen der Länder Bremen und Hamburg sind (vgl. Anhang Nr. III-1). Im allgemeinen wirft eine fehlende Reduzierung der sozialversicherungspflichtig Beschäftigten im Bundesgebiet (West) um die Anteile von Bremen und Hamburg kein nennenswertes Problem (bzw. keine nennenswerte Verzerrung der Ergebnisse) auf, da diese prozentual gesehen nur einen geringen Anteil an der Gesamtsumme ausmachen. Bezüglich der beiden oben angeführten Wirtschaftszweige kann dieses – wie aus den dargelegten Zahlen ersichtlich – nicht aufrecht erhalten werden. Eine Ausweisung würde die Gefahr des nicht passenden Vergleiches mit den übrigen Ergebnissen bergen, was zu einem verzerrten oder gar falschen Bild des Sektors führen würde.

In allen vier Wirtschaftsabteilungen des Bremer Logistiksektors, d.h. *Handel, Verkehr- und Nachrichtenübermittlung, Kreditinstitute und Versicherungsgewerbe* und *sonstige Dienstleistungen,* ist ein zahlenmäßiges Übergewicht an Wirtschaftszweigen mit negativem Standortfaktor vorzufinden. Im Überblick bestätigt sich das aus der gesamtwirtschaftlichen Shift-Analyse zum Logistiksektor gewonnene Ergebnis – insgesamt zeichnen sich *primär Standortnachteile und erst in zweiter Linie strukturelle Schwächen* für den Arbeitsplatzabbau im Logistiksektor verantwortlich.

Die mit Abstand negativsten Werte errechnen sich für die Wirtschaftszweige *wirtschaftliche Unternehmensberatung und -prüfung* (-240,4%) und *Bewachung, Aufbewahrung und Botendienste* (-170,1%). Nicht nur die Höhe dieser Negativwerte ist als "alarmierend" zu bezeichnen, sondern vor allem auch, daß es sich hierbei um die zwei von der Strukturkomponente her wachstumsstärksten Zweige innerhalb des Logistiksektors handelt. Die strukturstärksten Wirtschaftszweige der Logistik treffen in Bremen also auf extreme Standortungunst. Gewichtiger in bezug auf die hinter den Faktoren stehenden (absoluten) Beschäftigten-

„Raum-Ausstattung“ (d.h. Infrastruktur etc.) und der Förder- und Entwicklungspolitik fallen. (Vgl. Krätke/Scheuplein 2001, S. 48).

zahlen sind jedoch u.a. die Wirtschaftszweige *Güterbeförderung mit Kfz (WZ651)* und *Spedition, Lagerei und Kühlhäuser (WZ 67)*. So hätte im ersten Fall ein Zugewinn von 468 Beschäftigten statt der effektiv erreichten 3 und im Bereich der Speditionen einer von 1.953 Beschäftigten statt der lediglich erreichten 310 realisiert werden können, wenn die Entwicklung identisch zu jener auf Bundesebene verlaufen wäre. Auch in diesen Bereichen wirken sich standortgebundene Ungunstfaktoren ganz entscheidend negativ auf die Realisierung von auf Basis der strukturellen Gegebenheiten vorhandenen endogenen Entwicklungspotentialen aus.

Abgesehen von der insgesamt also eher negativ zu beurteilenden Wirkung der Standortfaktoren auf die Entwicklung des Logistiksektors in Bremen, sind jedoch bei eingehenderer Analyse einige (abweichende) Ergebnisse bemerkenswert. So zeigt die teilsektorale Shift-Analyse fünf Wirtschaftszweige sowie den Bereich der Logistik im Verarbeitenden Gewerbe auf, die aufgrund der Standortvorteile eine günstigere Beschäftigungsentwicklung als im Bundesgebiet genommen haben – die *Handelsvermittlungen (WZ 621)*, die *Eisenbahnen (WZ 63)*, die *Luftfahrt und Flugplätze (WZ 680)*, die *Wirtschaftswerbung und das Ausstellungswesen (WZ 82)* und das *Abfüll- und Verpackungsgewerbe (WZ 863)*.

Auffällig ist ebenfalls, daß in zwei weiteren Wirtschaftszweigen der negative Einfluß der Standortfaktoren im Gegensatz zur jeweiligen Strukturkomponente zum Teil erheblich geringer ausfällt (aber trotz allem noch negativ ist). Hierbei handelt es sich um die Wirtschaftszweige *Kredit- und Finanzinstitute, Versicherungsgewerbe (WZ 69)* und *Binnenschiffahrt, -wasserstraßen und Häfen (WZ 660)*. Dieses Ergebnis kann aber vor allem mit Blick auf den maritimen Wirtschaftszweig nicht sonderlich überraschen, da das Land Bremen vor allem im Schiffahrtsbereich mit seiner vorhandenen Infra- und Suprastruktur (mit Schwerpunkt in Bremerhaven) *verhältnismäßig* gute Standortbedingungen für spezifische Aufgabenfelder der Schiffahrt (z.B. für den Containerverkehr) vorweisen kann.

Zwischenfazit: *Insgesamt resultiert die allgemein wenig positive Entwicklung des Landes Bremen im Bereich der Logistik größtenteils aus Schwächen der Standortfaktoren bzw. kann auf diese zurückgeführt werden.* Die wenigen logistikrelevanten Wirtschaftszweige, die – neben einer positiv wirkenden Strukturkomponente – in ihrer Entwicklung durch den Standort positiv unterstützt werden, können letztendlich in der Summe für das Land keinen positiven Beschäftigungseffekt aus dem Gesamtsektor heraus generieren. Im Resultat werden die aus der strukturellen Situation im Zeitraum von 1990 bis 2000 potentiell möglichen Beschäftigungszuwächse durch die negative Einwirkung der sektorspezifischen Standortfaktoren vollständig kompensiert und darüber hinaus sogar noch in Beschäftigungsverluste in Höhe von 11,9% (wie der Regionalfaktor ausweist) verkehrt.

Ein annähernd ähnliches Bild ergibt sich bei der Berechnung und Auswertung der sektorspezifischen Standortfaktoren für das Land Hamburg. Hier ist (ohne Berücksichtigung der Zweige 661 und 683) der Standortfaktor lediglich in 6 von 15 Wirtschaftszweigen positiv (der WZ 860 ist in diesem Zusammenhang aufgrund der fehlenden Beschäftigung von Logistikern im Jahr 1990 nicht auswertbar).

Genau wie in Bremen sind die Wirtschaftszweige, die in ihrer Entwicklung durch die Standortfaktoren (Regionstyp, räumliche Lage etc.) begünstigt wurden, verteilt über alle Wirtschaftsabteilungen vorzufinden. Eine in der Vergangenheit umgesetzte, gezielte Spezialisierung des Standortes auf die Förderung bzw. Unterstützung spezifischer Logistikteilbereiche – beispielsweise der Abteilung Verkehr und Nachrichtenübermittlung – über eine Optimierung der für jene Bereiche entscheidenden regionalen Rahmenbedingungen, ist anhand dieser Ergebnisse nicht auszumachen.

Ein Unterschied zu Bremen ist in der Höhe der negativen Standortfaktoren festzustellen. Im Gegensatz zu Bremen fällt der negative Einfluß der Standortfaktoren bei den Wirtschaftszweigen des Hamburger Logistiksektors in der Spitze deutlich geringer aus. So wurden in den Teilsektoren *Handelsvermittlung (WZ 621)* mit -72,6% und *Luftfahrt und Flugplätze (WZ 680)* mit -70,6% die mit Abstand negativsten Werte für den Standortfaktor errechnet. Deutliche „Ausreißer“ im negativen Bereich fehlen. Die Vielzahl an Komponenten, die sich im Standortfaktor bündeln, scheinen demnach in der Summe in Hamburg keinen der logistikrelevanten Wirtschaftszweige in seiner Entwicklung derart behindert zu haben, wie es im Einzelfall in Bremen festzustellen war. Ein möglicher Grund hierfür könnte zum einen Hamburgs zentralere Lage im Netzwerk der weltweiten Handels- und Kommunikations-/Informationsströme oder zum anderen auch ein quantitativ und/oder qualitativ besseren Zustand allgemeiner Strukturen wie beispielsweise der Verkehrsinfrastruktur u.ä. sein, der die Situation flächendekkend für die Unternehmen aller Wirtschaftszweige in der Tendenz verbessert.

Besonders positiv fallen in Hamburg die Wirtschaftszweige *Versandhandel (WZ 624)* mit 23,4%, *Güterbeförderung mit Kfz (WZ 651)* mit 23,5%, *Abfüll- und Verpackungsgewerbe (WZ 863)* mit 45,1% und *Bewachung, Aufbewahrung, Botendienste (WZ 861)* mit 357,4% auf. Hierin finden sich einerseits traditionell eng mit dem Standort verflochtene Wirtschaftszweige wie der Versandhandel wieder, in denen Hamburg als branchenspezifisches Zentrum eine überregionale Kompetenz erlangt hat. Bei anderen Wirtschaftszweigen wie beispielsweise der

Güterbeförderung mit Kfz werden andererseits die mit den strukturellen Veränderungen einhergehenden Arbeitsplatzverlagerungen sichtbar. Es kann davon ausgegangen werden, daß die hohen Beschäftigungszuwächse in diesem Bereich auf vermehrt durchgeführte Outsourcingvorhaben der ansässigen, die günstigen Rahmenbedingungen Hamburgs nutzenden Industrieunternehmen zurückzuführen sind.

Dennoch sind die Standortbedingungen am Standort Bremen *in der Summe mit Blick auf den Gesamtsektor* positiver zu beurteilen als dies für Hamburg der Fall ist. Während der Standortfaktor in Hamburg bezüglich des Logistiksektors einen Negativwert von -17,0% erreicht, somit die rechnerischen Zuwächse aus der (wachstumsfördernden) strukturellen Situation vollständig kompensiert und ein Beschäftigungsrückgang im Sektor von -8.436 sozialversicherungspflichtig Beschäftigten (-15,2%) bewirkt, fallen die diesbezüglichen Verluste in Bremen mit -3.040 sozialversicherungspflichtig Beschäftigten (-11,9%) vergleichsweise niedriger aus.

Fazit: Trotz der negativen Gesamtresultate (mit anderen Worten der Regionalfaktoren) werden Unterschiede hinsichtlich der Strukturen am jeweiligen Standort deutlich. So kann für Hamburg ein struktureller Vorsprung in Höhe von 1,8 Prozentpunkten beim *Strukturfaktor* ausgemacht werden, welcher in Hamburg bei 6,6%, in Bremen aber nur bei 4,8% liegt. Die *wirtschaftsstrukturelle* Ausgangssituation im Logistiksektor ist in Hamburg also positiver zu beurteilen als dies in Bremen der Fall ist. Dieser Umstand deutet auf eine *stärkere Präsenz* von Wachstumsbranchen gegenüber Schrumpfungsbranchen hin. Demgegenüber zeigt sich im *Standortfaktor die eindeutige Schwäche beider Standorte.* Dieser fällt mit -17,0% für den Gesamtsektor in Hamburg jedoch noch spürbar schlechter aus als vergleichsweise in Bremen, wo er einen Wert von -12,0% erreicht. Betroffen hiervon sind in beiden Untersuchungsregionen Wirtschaftszweige über alle Wirtschaftsabteilungen, so daß sich die aus den Schwächen der Standortfaktoren ergebenden Probleme nicht eindeutig bzw. schwerpunktmäßig einem Arbeits- und Beschäftigungsfeld (i.S.v. einer Wirtschaftsabteilung o.ä.) zuschreiben und damit handlungspolitisch eingrenzen lassen.

Im Gesamtüberblick kann abschließend festgehalten werden, daß sowohl in Bremen als auch in Hamburg vor allem der Standortfaktor dafür Sorge getragen hat, daß die Beschäftigungsverluste im Logistiksektor mit -11,9% (Bremen) und mit -15,2% (Hamburg) im Vergleich zum Rückgang auf Bundesebene (-4,8%) erheblich höher ausgefallen sind. Diese Diskrepanz verschärft sich noch weiter, wenn die Entwicklungen der sozialversicherungspflichtig Beschäftigten im Logistiksektor ins Verhältnis zu jener auf Bundesebene gesetzt wird. Während in Bremen die Beschäftigung noch um 6,2% abnahm, stieg sie in Hamburg um

1,8% und im Bund sogar um 2,1%. Unter diesen Vorzeichen betrachtet scheint es zum jetzigen Zeitpunkt zumindest fraglich, ob der allgemeine wirtschaftliche Strukturwandel – von dem der Logistiksektor als solcher unzweifelhaft profitieren wird (I. Kapitel, Punkt 3.1 und 3.2) – schon soweit vorangeschritten ist, daß sich positive Effekte auf Seiten der Beschäftigung (aus dem Logistiksektor heraus) schon heute in nennenswerter Form eingestellt haben.

Die bis zu diesem Punkt generierten Ergebnisse der Shift-Analyse sind in ihrer Aussagekraft – vor allem im Hinblick auf strategische regionalpolitische Handlungsempfehlungen – noch wenig detailliert und dezidiert. Dadurch, daß bisher methodisch nur die wirtschaftliche Entwicklung auf gesamträumlicher Ebene im Logistiksektor auf die Untersuchungsregionen transferiert bzw. als Maßstab angelegt wurde, bleibt die Frage der *Bedeutung* der einzelnen Wirtschaftszweige (Stärken und Schwächen des Sektors) für das Beschäftigungswachstum einer jeweiligen Region mehr oder minder unbeantwortet. Allein die Gewichtung der einzelnen Wirtschaftszweige, hinsichtlich ihrer Arbeitsplatzvolumen in der Region, ist ein für die in dieser Untersuchung verfolgten Ziele nicht hinreichender Kategorisierungsfaktor.

Innerhalb der Methodik der Shift-Analye erfährt deshalb in einem nächsten Schritt der bisherige Strukturfaktor eine Erweiterung, mit deren Hilfe die Bedeutung der Wirtschaftszweige genauer erfaßt werden soll.

2.2.3 Erweiterter Strukturfaktor

Mit Hilfe einer methodischen Erweiterung des bisherigen Strukturfaktors soll dieser im Ergebnis *Aussagen bezüglich der Rolle des einzelnen Wirtschaftszweiges* für das Beschäftigungswachstum in der Region liefern. Im wesentlichen sollen hierdurch zwei Fragen geklärt werden:

1) „Wie hat sich der einzelne Wirtschaftszweig gemessen am westdeutschen Durchschnitt entwickelt?“[160] und
2) „Ist bzw. war der einzelne Wirtschaftszweig in Relation zum Bundesgebiet in der Region über- oder unterrepräsentiert?“[161]

Wirtschaftspolitisch sind gerade diese Fragestellungen von besonderer Bedeutung, da im Hinblick auf die Erarbeitung von Handlungsempfehlungen für zielgerichtete Investitionen von öffentlichen und/oder privaten Trägern vornehmlich jene Wirtschaftszweige herausgefiltert werden sollen, die sowohl eine positive

[160] Tengler 1989, S. 122.
[161] Ebenda.

Entwicklungsdynamik als auch eine innerhalb des Sektors starke Präsens in der Region aufweisen.

Hierin kann das politische Ziel gesehen werden, eine Struktur- und Standortstärkung darüber zu erreichen, daß, anknüpfend an die vorhandenen Strukturen, existierende Stärken weiter ausgebaut und gestärkt werden. Es wird später noch aufgezeigt werden, daß auch andere politische Stoßrichtungen möglich sind, die strukturstärkende und damit standortsichernde Effekte erzielen, aber die oben angeführte Politik des „Ausbauens der Stärken" kann allgemein als die am häufigsten angewandte und zielführenste bezeichnet werden.[162]

Zunächst soll der Blick auf die *relative Branchendynamik* gerichtet werden. Tengler definiert diese wie folgt:

> *„Die relative Branchendynamik mißt den Unterschied zwischen dem sektoralen Wachstum in der Volkswirtschaft und dem Wachstum der Volkswirtschaft selbst und zeigt, ob sich ein Sektor auf gesamträumlicher Ebene über- oder unterdurchschnittlich entwickelt hat."*[163]

Dieses Zitat zur relativen Branchendynamik findet Ausdruck in der nachfolgenden Formel:

Relative Branchendynamik[164]: $$\left\{\frac{B_1^i - B_0^i}{B_0^i} - \frac{\sum_i B_1^i - \sum_i B_0^i}{\sum_i B_0^i}\right\} * 100$$

Die vollständige Tabelle zum erweiterten Strukturfaktor mit Daten zu den Wirtschaftszweigen befindet sich im Anhang III-3c.

Die berechneten relativen Dynamiken zeigen auf, daß die Wirtschaftsabteilung der *sonstigen Dienstleistungen* als „neuer Motor" innerhalb des Logistiksektors bezeichnet werden kann.

In allen fünf Wirtschaftszweigen aus diesem Bereich ist die Entwicklungsdynamik der letzten 10 Jahre positiv – und zwar in solchem Maße, daß eben diese Wachstumsraten die innerhalb des Logistiksektors absolut höchsten prozentualen Zuwächse markieren. Die positivste Dynamik mit +326,4 Prozentpunkten ist im Zweig der *wirtschaftlichen Unternehmensberatung und -prüfung (WZ 791)* zu finden. In der Gesamtbetrachtung stellt sich die Entwicklungsdynamik der

[162] Siehe hierzu auch im weiteren Verlauf Kapitel IV, Punkt 2.4.5.
[163] Tengler 1989, S. 123.
[164] Zur Definition der Variablen siehe S. 116.

einzelnen Wirtschaftszweige innerhalb des Sektors jedoch uneinheitlicher dar. So ist die Entwicklungsdynamik in nur ⅔ der 18 Wirtschaftszweige positiv. Vor allem die Wirtschaftszweige aus den Abteilungen *Nachrichtenübermittlung und Verkehr* weisen in der Mehrzahl negative Entwicklungsdynamiken auf, die im Zweig der *Binnenschiffahrt, -wasserstraßen und Häfen (WZ 660)* mit -34,8 Prozentpunkten den für den Gesamtsektor negativsten Wert erreicht.

Die beiden Extreme führen deutlich vor Augen, daß die einzelsektorale Entwicklung in höchstem Maße uneinheitlich und mit einer insgesamt erheblichen Spannweite zwischen den individuellen Wachstumsraten verlaufen ist. In keiner Abteilung lassen sich die Beschäftigungsgewinne bzw. -verluste auf Basis der Dynamik schwerpunktmäßig einem Wirtschaftszweig zuordnen. In allen Abteilungen können immer zumindest zwei Zweige ermittelt werden (so sie denn mehr als einen Wirtschaftszweig aufweisen), in denen die Entwicklung ähnlich positiv oder negativ verlaufen ist.

Zwischenfazit: Verglichen mit dem volkswirtschaftlichen Gesamtergebnis fiel die Arbeitsplatzentwicklung im Logistiksektor insgesamt ungünstig aus. Es wurde eine negative Abweichung vom gesamtwirtschaftlichen Durchschnitt in Höhe von 6,9 Prozentpunkten errechnet. Gegen diesen gesamtsektoralen Negativtrend der Entwicklung weisen vor allem die Wirtschaftszweige aus der Abteilung *sonstige Dienstleistungen* expansive Wachstumsdynamiken auf, weshalb auf diesen Bereich auch vermehrt Augenmerk geworfen werden sollte, wenn es um die *Generierung von Beschäftigungseffekten* geht (siehe Anhang III-3c). In den anderen Abteilungen muß in der Regel differenzierter auf die jeweiligen Wirtschaftszweige geblickt werden, um die in bezug auf die Entwicklungspotentiale zukunftsträchtigen Bereiche herauszufiltern.

Im weiteren wird die Frage der relativen Branchenspezialisierung geklärt werden. Die Branchenspezialisierung mißt die relative Konzentration eines Wirtschaftsbereiches innerhalb eines Teilraumes verglichen mit der Konzentration dieses Wirtschaftszweiges innerhalb eines Bezugsraumes. Anders ausgedrückt gibt die relative Branchenspezialisierung Auskunft über den Anteil des Wirtschaftszweiges an der Gesamtheit aller Wirtschaftszweige (des Gesamtsektors) einer Region bezogen auf die entsprechende Quote des Vergleichsraumes.

Ergebnisse von 0 bedeuten hiernach die gleiche Präsenz eines Wirtschaftszweiges in der Region wie im Bezugsraum. Ein Wert *größer* 0 signalisiert eine höhere Konzentration des Wirtschaftszweiges in der Region gegenüber dem Bezugsraum, ein Wert *kleiner* 0 zeigt eine unterdurchschnittliche Präsens auf.

Anhand der Berechnung mehrerer Ergebnisse im Sinne einer Zeitreihe kann überdies auf dieser Datengrundlage eine Aussage darüber abgeleitet werden, ob es innerhalb der Region zu einer weiteren Spezialisierung/Konzentration bzw. zu einer Entspezialisierung/Dekonzentration[165] innerhalb des betrachteten Zeitraumes in bezug auf den jeweiligen Wirtschaftszweig gekommen ist.

In diesem Analyseschritt wird durch Berechnungen ermittelt, ob ein Wirtschaftszweig in der Region im Verhältnis zum Bund zum Beginn der Untersuchung über- oder unterrepräsentiert war. *Das heißt es wird im weiteren durch die Berechnung der relativen Branchenspezialisierung geprüft, ob die Ausgangssituation eines Wirtschaftszweiges bzw. des Logistiksektors zum Beginn des Untersuchungszeitraumes im Jahre 1990 im Verhältnis als eher "gut" (überrepräsentiert) oder "schlecht" (unterrepräsentiert) zu bezeichnen war.*

Mit dieser Vorgehensweise und unter Berücksichtigung der berechneten Branchendynamiken kann die *wirtschaftsstrukturelle Qualität einer Region* (in bezug auf den Logistiksektor) vor dem Hintergrund des gesamträumlichen Maßstabs beurteilt werden.

Die Formel für die Berechnung der relativen Branchenspezialisierung setzt sich wie folgt zusammen:

Relative Branchenspezialisierung[166]: $$\left\{\frac{b_0^i}{\sum_i b_0^i} - \frac{B_0^i}{\sum_i B_0^i}\right\} * 100$$

In der Gesamtbetrachtung ist für den Logistiksektor im Jahr 1990 in beiden Untersuchungsräumen festzustellen, daß dieser in Bremen mit 2,03 Prozentpunkten und in Hamburg mit 1,01 Prozentpunkten überrepräsentiert war (siehe Anhang III-3c). Angesichts der insgesamt vorhandenen Schrumpfungstendenz des Sektors (-6,9 Prozentpunkte unter dem gesamtwirtschaftlichen Durchschnitt) muß dieser Tatbestand für beide Regionen – zumindest oberflächlich betrachtet – als *Nachteil* angesehen werden.

Es sollte an dieser Stelle jedoch darauf hingewiesen werden, daß sowohl das Sektorergebnis bezüglich der relativen Branchendynamik als auch die der relativen Branchenspezialisierung stark von dem Sektorsegment der *Logistik im Ver-*

---

[165] Dekonzentration kann in diesem Zusammenhang neben der Abnahme der sozialversicherungspflichtig Beschäftigten in der Region auch bedeuten, daß im Bezugsraum eine Zunahme zu verzeichnen ist, während gleichzeitig die Zahl der Beschäftigten in der Region stagniert.

[166] Zur Definition der Variablen siehe S. 116.

arbeitenden Gewerbe geprägt sind. Werden die berechneten Ergebnisse auf Ebene der Logistikdienstleister betrachtet, verkehrt bzw. verstärkt sich das bisher gezeichnete Bild in seiner Ausrichtung. So entwickelten sich die Arbeitsplätze bei den Logistikdienstleister als Sektorteilsegment mit einem Zuwachs von 20,7% über dem gesamtwirtschaftlichen Durchschnitt gegenüber der festgestellten Abnahme in Hinblick auf den Gesamtsektor (-6,9%) eindrucksvoll in die entgegengesetzte Richtung. Bei einer Berechnung der relativen Branchenspezialisierung auf der Basis der Logistikdienstleister, d.h. unter Ausschluß der Logistik im Verarbeitenden Gewerbe, steigen die Maße sowohl in Bremen (von 2,03 auf 2,99) als auch in Hamburg (von 1,01 auf 2,68) deutlich, was bedeutet, daß in der Summe vor allem die Logistikdienstleister als zusammengefaßtes Teilsegment des Sektors in beiden Regionen stark konzentriert sind.

In der Gesamtbetrachtung fällt bezüglich einer Über- bzw. Unterrepräsentation auf, daß einerseits nur etwa in jedem zweiten (Hamburg) bzw. jedem vierten (Bremen) Wirtschaftszweig die „Marke" von einem Prozentpunkt Abweichung vom Durchschnitt auf der Ebene Westdeutschlands überschritten wird, d.h. in mindestens der Hälfte der Fälle die Konzentration/Dekonzentration als mehr oder minder marginal angesehen werden kann. Andererseits lassen sich maßgebliche Konzentrationen – vor allem im Hinblick auf Hamburg – in der Hauptsache in den Wirtschaftsabteilungen *Handel* und *Verkehr und Nachrichtenübermittlung* finden. In den Wirtschaftszweigen der Abteilungen *Kreditinstitute und Versicherungsgewerbe* und vor allem der *Dienstleistungen, soweit anderweitig nicht genannt*, sind nur äußerst geringe Abweichungen vom Bundesdurchschnitt auszumachen. Dieses kann zum einen an ihrer Rolle als relativ neue (i.S.v. junge) Elemente des Sektors liegen, denen insgesamt noch nicht genügend Zeit zur Verfügung stand, um sich in ihrer räumlichen Verteilung standortspezifisch zu spezialisieren. Zum anderen weist die Mehrzahl dieser Wirtschaftszweige im Gegensatz zu jenen der anderen Abteilungen mit Blick auf klassische (harte) Standortfaktoren eine *relative* Standortungebundenheit auf, die es ihnen erlaubt, auch außerhalb bzw. abseits von Kernstädten und ihren spezifischen Infrastrukturen (z.B. Häfen etc.) zu bestehen. Gerade aus Sicht der Stadtstaaten Bremen und Hamburg müßte dies als Problem angesehen werden.

Besonders negativ im Gesamtbild des Logistiksektors fallen Wirtschaftszweige auf, die im direkten Vergleich zu den übrigen Abteilungen relativ hohe positive Werte gekoppelt mit jeweils negativen Dynamiken vorzuweisen haben. So ist beispielsweise am Standort Bremen der Zweig *Binnenschiffahrt, Binnenwasserstraßen und Häfen (WZ 660)* gemessen am westdeutschen Durchschnitt überrepräsentiert, während er gleichzeitig durch eine stark negative Entwicklungsdynamik innerhalb des Zeitraumes von 1990 bis 2000 geprägt ist. In Zahlen ausgedrückt: in Bremen liegt dieser Zweig um 1,96 Prozentpunkte über dem westdeutschen Durchschnitt und hat gleichzeitig aber eine negative Wachstumsdynamik innerhalb des Sektors von 34,8% vorzuweisen. Es kann davon ausgegangen werden, daß sich die Situation in bezug auf den zweiten großen maritimen logistikrelevanten Wirtschaftszweig, namentlich der *See- und Küstenschiffahrt, Seehäfen (WZ 661)*, ähnlich darstellt, aber aus den schon zuvor genannten Gründen[167] wird auch hier auf die Berechnung des Konzentrationsmaßes (der relativen Branchenspezialisierung) verzichtet. In diesem, in beiden Regionen in Teilbereichen des Sektors vorzufindenden Zusammenspiel von Konzentration am Standort und negativer Entwicklungsdynamik, muß – *nach gegenwärtigem Analysestand* – zweifelsfrei eine Schwäche der Strukturen im Bereich der Logistik gesehen werden.

Genau entgegengesetzt zum Zweig *Binnenschiffahrt, Binnenwasserstraßen und Häfen (WZ 660)* in Bremen verhält es sich in derselben Wirtschaftsabteilung beispielsweise mit dem Wirtschaftszweig *Güterbeförderung mit Kfz (WZ 651).* In beiden Ländern ist dieser Wirtschaftszweig relativ deutlich unterrepräsentiert, hat aber bundesweit eine äußerst positive Entwicklungsdynamik von 37,0% vorzuweisen.

Der aus Sicht beider Regionen einzig nennenswert positive Wirtschaftszweig in der Wirtschaftsabteilung *Nachrichtenübermittlung und Verkehr* des Logistiksektors ist der der *Spedition, Lagerei, Kühlhäuser (WZ 67).* In dieser Branche waren die sozialversicherungspflichtig Beschäftigten im Vergleich zum Bundesgebiet in Bremen mit 10,9% und in Hamburg mit 7,1% überrepräsentiert – bei einer gesamtwirtschaftlichen Wachstumsdynamik von 42,6% im Betrachtungszeitraum von 1990 bis 2000.

Über alle logistikrelevanten Wirtschaftszweige in der Abteilung *Verkehr und Nachrichtenübermittlung* gingen in Bremen von 1990 bis 2000 insgesamt *1.360* sozialversicherungspflichtige (Logistik-) Arbeitsplätze verloren. Mit 11.782 sozialversicherungspflichtig Beschäftigten im Jahr 2000 (52,4% der sozialversicherungspflichtig Beschäftigten im Logistiksektor) stellt dieser Unterabschnitt der Wirtschaftssystematik – bezogen auf die sozialversicherungspflichtig Beschäftigten – das Schwergewicht des Logistiksektors im Land Bremen dar. In Hamburg hat diese Wirtschaftsabteilung im Logistiksektor mit 46,8% der sozialversicherungspflichtig Beschäftigten ein ähnlich hohes Gewicht wie in Bremen. Die Entwicklung dieser Wirtschaftsabteilung fällt in Hamburg im Vergleich deutlich ausgeprägter aus. Insgesamt gingen hier im Zeitraum von 1990 bis 2000 in der Summe *6.230* sozialversicherungspflichtige Arbeitsplätze verloren, was einen Rückgang von 22,0% bedeutet – in Bremen liegt dieser nur bei 10,3%.

---

[167] Siehe S. 117.

In der gesamten Wirtschaftsabteilung *Handel* stellt sich die Situation im Vergleich uneinheitlicher dar. In diesem beschäftigungsstarken Bereich sind in Bremen in der Hauptsache Wirtschaftszweige vorzufinden, die im Vergleich zum Durchschnitt in Westdeutschland unterrepräsentiert sind. In Hamburg wiederum sind im Gegensatz zu Bremen zwei der drei logistikrelevanten Wirtschaftszweige dieser Abteilung überrepräsentiert. Von besonderem Gewicht sowohl für Bremen als auch für Hamburg ist der Großhandel, der sich an beiden Standorten konzentriert und gleichzeitig auf gesamtwirtschaftlicher Ebene zu den Wachstumszweigen des Sektors zählt.

Mit 4.110 sozialversicherungspflichtig Beschäftigten im Jahr 2000 (18,3% der sozialversicherungspflichtig Beschäftigten im Logistiksektor) in Bremen und 12.076 (25,6%) in Hamburg spielt dieser Unterabschnitt der Wirtschaftssystematik neben dem Bereich *Verkehr und Nachrichtenübermittlung* innerhalb dieser Untersuchung in beiden Regionen die strukturell wesentlichste Rolle. In Hamburg gingen in dieser Abteilung in der Summe *740* und in Bremen 496 sozialversicherungspflichtige Arbeitsplätze verloren – bezogen auf 1990 ist das ein Minus von 5,8% bzw. 10,8%. Während in beiden Ländern der *Großhandel (WZ 620)* einen starken Rückgang aufweist (hier konnte die aufgrund der Branchenkonzentration am jeweiligen Standort vorhandene Chance durch die Abkopplung vom Wachstumstrend auf Bundesebene nicht genutzt werden), ist die Situation hinsichtlich der Wirtschaftszweige *Handelsvermittlung (WZ 621)* und *Versandhandel (WZ 624)* gegenläufig. In Hamburg gingen im Untersuchungszeitraum im Zweig der Handelsvermittlung 191 sozialversicherungspflichtige Logistik-Arbeitsplätze verloren (in Bremen: +275) und im Versandhandel entstanden 529 neu (in Bremen: -6).

Das in Bremen unterdurchschnittliche Vorkommen des zu den Strukturverlierern zählenden *Versicherungs- und Bankengewerbe* ist (der derzeitigen Kausalität folgend) wiederum ein als Strukturvorteil zu wertender Tatbestand. Dementsprechend muß die ausgewiesene leichte Konzentration dieses Zweiges in Hamburg als Nachteil angesehen werden.

In absoluten Zahlen ausgedrückt ging die Zahl der Logistiker in dieser Wirtschaftsabteilung im Betrachtungszeitraum in Bremen von 60 auf 39 zurück – also in der Summe ein Verlust von 21 Beschäftigten. Im Hinblick auf den Gesamtsektor nimmt dieser Wirtschaftszweig mit einem Anteil von nur 0,2% ein relativ geringes Gewicht ein. Auch in Hamburg hat diese Abteilung mit einem Anteil von 0,7% ein vergleichbar geringes Gewicht im Logistiksektor. Die Zahl der Logistiker sank in diesem Segment im Zeitraum von 1999 bis 2000 um 73 Beschäftigte von 408 auf 331. Insgesamt kann schon jetzt in Anbetracht dieser (und der bremischen) Zahlen festgehalten werden, daß diese Wirtschaftsabteilung als Teilsegment des Sektors objektiv gesehen – nach der innerhalb dieser Arbeit verwendeten Logistikdefinition – weder ein maßgebliches Gewicht noch ein nennenswertes Entwicklungspotential zu besitzen scheint.

In der Abteilung der *sonstigen Dienstleistungen* befinden sich die Beschäftigungsanteile in den einzelnen Wirtschaftszweigen an beiden Standorten in der Mehrzahl in etwa auf gleichem Niveau wie im Bezugsraum (Westdeutschland), was an den Werten der relativen Branchenspezialisierung um 0 herum abgelesen werden kann. Keiner der beiden Standorte zieht also einen besonderen Nutzen aus den hohen Wachstumsraten der Wirtschaftszweige dieser Wirtschaftsabteilung.

Insgesamt gesehen ist die Abteilung *sonstige Dienstleistungen* in Bremen die einzige der fünf den Logistiksektor determinierenden Wirtschaftsabteilungen (bzw. sechs unter Einbeziehung der Logistik im Verarbeitenden Gewerbe), die im Zeitraum von 1990 bis 2000 Arbeitsplatzgewinne (+289 Logistiker) im Bereich der sozialversicherungspflichtigen Beschäftigung verzeichnen konnte. In allen anderen Abteilungen, d.h. im *Handel*, in *Verkehr und Nachrichtenübermittlung* sowie bei den *Kreditinstituten und dem Versicherungsgewerbe* ist in der Summe der Entwicklung in den Wirtschaftszweigen ein Rückgang an sozialversicherungspflichtig Beschäftigten zu verzeichnen. Worin dieser Zuwachs im einzelnen begründet liegt, ob in der strukturellen Verschiebung von Aufgabenschwerpunkten aus anderen Abteilungen zu den *sonstigen Dienstleistungen* oder einfach in einer überdurchschnittlich positiven Entwicklung, bleibt vorerst unklar.

Auch in Hamburg stellt die Wirtschaftsabteilung der *sonstigen Dienstleistungen* den einzigen logistikrelevanten Teilsektor mit Beschäftigungsgewinnen dar. Hier gelingt es Hamburg – im Gegensatz zu Bremen – die überproportionale Entwicklung dieses Bereiches im Bundesgebiet (+206,0%) noch zu übertreffen (Hamburg: +270,4%; Bremen: +124,6%). Die in diesem Bereich zu verzeichnenden deutlichen Zugewinne können jedoch – wie schon in Bremen – auch in Hamburg die Rückgänge in den anderen Bereichen insgesamt nicht kompensieren. Liegt das Verhältnis von Stellenabbau in den schrumpfenden Abteilungen zu Stellengenerierung in der Abteilung *sonstigen Dienstleistungen* bei Betrachtung ausschließlich der Logistikdienstleister noch bei 3:1, d.h. drei verloren gegangenen Arbeitsplätzen in den traditionellen Bereichen der Logistik steht ein neu geschaffener im Wachstumssegment der sonstigen Dienstleistungen gegenüber, verschlechtert sich diese Relation unter Einbeziehung der Logistik im Verarbeitenden Gewerbe auf 5,5:1. Die diesbezügliche Situation für den Standort Bremen stellt sich mit Verhältnissen von 6,5:1 bzw. 11,5:1 sogar noch weitaus schlechter dar.

Der Bereich der *Logistik im Verarbeitenden Gewerbe* ist mit -24,3% (Bremen) und -29,8% (Hamburg) in der jeweiligen Region stark unterrepräsentiert, was in diesem Falle einen erheblichen Vorteil darstellt, da sich dieser Bereich im Untersuchungszeitraum gesamtwirtschaftlich mit einer deutlich negativen Wachstumsdynamik entwickelt hat. Diese hohe Dekonzentration beruht in der Hauptsache auf Ausgliederungen bzw. Fremdvergaben (Outsourcing) von nicht zum direkten Kerngeschäft gehörenden logistischen Segmenten aus den Industrieunternehmen heraus (in der Regel) an spezialisierte Logistikdienstleister. Beispiele hierfür sind die Entsorgung, der Transport oder die Kommissionierung und Lagerung. Da diese Dienstleistungen mitunter sehr flächenextensiv sind, befinden sich die Dienstleister aufgrund der für sie dort besseren Rahmenbedingungen häufig eher im Umland von Großstädten als in der Kernstadt selbst.[168] Ein weiterer Grund kann auch in Rationalisierungsprozessen durch steigende Automatisierung gesehen werden, wobei die Logistik von solchen Prozessen weit weniger stark betroffen ist als die Produktion und Fertigung von Waren und Gütern.

Die hier getroffenen Aussagen hinsichtlich des *Beitrages der strukturellen Qualität des jeweiligen Raumes* zur festgestellten Entwicklung können noch kein entgültiges, sondern nur ein vorläufiges, tendenzielles Ergebnis liefern, da mit der gewählten Berechnungsmethode unterstellt wird, *daß sich die Wirtschaftszweige im exakt selben Maße wie im Bundesdurchschnitt entwickelt haben. Dieses wäre aber nur dann korrekt, wenn die strukturelle Zusammensetzung des Sektors (d.h. die sektorale Zusammensetzung der Wirtschaftsabteilungen) in den Regionen mit der des Bezugsraumes identisch wäre.*[169] Abweichungen – in zum Teil deutlichem Ausmaß – sind jedoch vorhanden. Inwieweit diese Abweichungen den Aussagewert der Ergebnisse beeinflussen, kann an dieser Stelle in letzter Instanz nicht geklärt werden. Es wird jedoch im späteren Verlauf der Shift-Share-Analyse (Punkt 2.2.5) auf diesen Punkt näher eingegangen, um diese analytische Schwachstelle in der Methodik zu beheben.

Fazit: Die Ausgangsstruktur des *Logistiksektors* im Jahr 1990 muß in Hamburg und Bremen *insgesamt* als schlecht beurteilt werden, obwohl ein detaillierterer Blick auf die Teilsektoren ein stärker differenziertes Bild zeigt, in welchem an den Standorten auch überrepräsentierte und gleichzeitig in der Entwicklung aussichtsreiche Branchen zu finden sind (was schon durch die errechneten Ergebnisse bezüglich der Logistikdienstleister signalisiert wird). Die negative Entwicklung der sozialversicherungspflichtigen Beschäftigung im Logistiksektor in beiden Ländern ist nach jetzigem Erkenntnisstand vor allem auf das relativ hohe Gewicht der *Logistik im Verarbeitenden Gewerbe* als Bestandteil des Logistiksektors zurückzuführen, die mit einer stark negativen Entwicklungsdynamik bei

[168] Siehe hierzu auch Kapitel I, Punkt 2.1.
[169] Vgl. Tengler 1989, S. 131.

gleichzeitiger deutlicher Dekonzentration in Bremen und Hamburg die in der Summe eigentlich gute „Performance", die von den Logistikdienstleistern ausgeht, belastet. In diesem Zusammenhang muß zudem auch noch einmal auf die eher konservative Definition des Logistiksektors aufmerksam gemacht werden, die den Sektor in den Teilsegmenten moderner, weniger konventioneller Handlungs-/Aufgabenbereiche mit zum Teil hoher Entwicklungsdynamik in seinem originären Potential, welches ihm bei einer weiter gefaßten Definition zugeschrieben werden könnte, beschneidet.[170]

2.2.4 „Rückwärts" gerechnete Shift-Share-Analyse

Der sektorspezifische Strukturfaktor weist in seiner derzeitigen Ausprägung jedoch eine weitere Schwäche auf, die es zu beheben gilt, um noch explizitere Aussagen zum Logistiksektor des Landes Bremen bzw. Hamburg tätigen zu können. In der bisherigen Vorgehensweise *baute die Berechnung des Strukturfaktors immer auf dem Niveau der jeweiligen Ausgangssituation einer Region zum Untersuchungsbeginn* (d.h. zum Zeitpunkt 1990) auf. Mit anderen Worten wurde *die sektorspezifische Ausgangsstruktur* der Region damit zum *„Maß aller Dinge"* erhoben. Tengler[171] führt hierzu aus:

> *„Die für t_0 geltende Strukturqualität ist aber im allgemeinen nicht mit derjenigen zum Ende des Untersuchungszeitraumes identisch. Das wäre nur dann der Fall, wenn der Standortfaktor der Shift-Analyse den Wert 0 annehmen würde. Der Standortfaktor mißt ja gerade die regionsspezifischen Änderungen in den Branchenteilen, die sich während der Untersuchungsperiode im Vergleich zur gesamträumlichen Sektorstruktur ergeben haben. Bei einem Standortfaktor größer als 0 hat das Gewicht eines Sektors in der Region relativ zum Gesamtraum zugenommen, bei einem Standortfaktor kleiner als 0 hat das Gewicht abgenommen. Entsprechend kann sich die regionale Strukturqualität verbessern oder verschlechtern, je nachdem, ob sich die positiven bzw. negativen Anteilsverschiebungen auf Wachstums- oder Schrumpfungsbranchen verteilen. Bei einer stärkeren Spezialisierung der Region in gesamtwirtschaftlich wachsende Sektoren wurde die Strukturqualität durch den ursprünglichen Strukturfaktor unterschätzt, im umgekehrten Fall wurde sie überschätzt."*

Ob die Ausgangssituation angesichts der beobachteten gesamträumlichen Entwicklung im Zeitraum von 1990-2000 für die jeweilige Region als positiv oder negativ einzustufen war, kann mittels der sogenannten „rückwärts" gerechneten Shift-Share-Analyse herausgearbeitet werden. Die Vorgehensweise ist die der *Umgewichtung* des ursprünglichen Strukturfaktors. Methodisch wird die *Struktur zum Endzeitpunkt der Untersuchung* (d.h. in diesem Fall das Niveau zum Zeitpunkt 2000) herangezogen und multipliziert mit der *reziproken gesamträumlichen Wachstumsrate* der Branche. Dieses hat den Effekt, daß geklärt werden

---

[170] Siehe S. 97 f.
[171] Tengler 1989, S. 133-134.

kann, wie hoch das Ausgangsniveau auf Basis der Endstruktur gewesen wäre, wenn es sich in gleicher Weise wie im Bezugsraum entwickelt hätte.[172] Wird der modifizierte Struktureffekt nun mit dem ursprünglichen Struktureffekt kombiniert, ergibt sich die folgende Formel:

Modifizierter sektorspezifischer Struktureffekt[173]: $$\underbrace{\left\{ b_1^i * \frac{B_0^j}{B_1^j} - b_0^i \right\}}_{\text{1. Komponente}} * \underbrace{\left\{ \frac{B_1^j}{B_0^j} - \frac{\sum_i B_1^j}{\sum_i B_0^j} \right\}}_{\text{2. Komponente}}$$

Der modifizierte sektorspezifische Struktureffekt kann im Ergebnis einen positiven oder einen negativen Wert annehmen. Ein positiver Wert weist auf eine Qualitätsverbesserung der Ausgangsstruktur innerhalb des Untersuchungszeitraumes hin, ein negativer Wert dementsprechend auf eine Verschlechterung. Ein negativer Wert ergibt sich, wenn die Vorzeichen beider Komponenten der Formel unterschiedliche Vorzeichen aufweisen - anderenfalls ist der Wert positiv.

Die *erste Komponente* der Formel gibt die Richtung und Stärke der sektoralen Wachstumsabweichung in der Region vom *sektoralen gesamträumlichen Durchschnitt* wieder[174], die *zweite Komponente* zeigt auf, ob es sich gesamtwirtschaftlich um einen Wachstums- oder Schrumpfungsbereich des Sektors handelt. Aus dieser Logik heraus ergibt sich ein Tableau (Abbildung 15), in welchem sich die aus der Kombination der möglichen Ausrichtungen der beiden Komponenten ergebenden Strukturentwicklungen typisieren lassen.

Abbildung 15: Typisierungstableau der „rückwärts“ gerechneten Shift-Share-Analyse

2. Komponente / 1. Komponente	Wachstumsbranche	Schrumpfungsbranche
Standortvorteil	Typ 1 günstige Strukturentwicklung	Typ 2 ungünstige Strukturentwicklung
Standortnachteil	Typ 3 ungünstige Strukturentwicklung	Typ 4 günstige Strukturentwicklung

Quelle: Tengler 1989, S. 137.

In dieses Tableau läßt sich jeder Wirtschaftszweig des Logistiksektors einordnen und es kann Auskunft darüber geben, ob und inwieweit dieser im Zeitraum von

[172] Vgl. Tengler 1989, S. 136.
[173] Zur Definition der Variablen siehe S. 116.
[174] Diese Komponente entspricht in ihrer Aussagekraft dem sektorspezifischen Standortfaktor.

1990 bis 2000 eine günstige oder ungünstige Strukturentwicklung vollzogen hat. Hieraus ergibt sich für die jeweilige Region in bezug auf die Beschäftigung eine direkte Wertigkeit der einzelnen Zweige bzw. des Gesamtsektors für den Standort.

Hiernach sind Wirtschaftszweige, deren Strukturentwicklung dem Typ 1 oder 4 entspricht, für die Region als positiv einzustufen, diejenigen des Typ 2 oder 3 als negativ. So besagt die Zuordnung eines Wirtschaftszweiges zum Entwicklungstypus 1 beispielsweise, daß der ursprüngliche Strukturfaktor unterschätzt wurde, da das Aktionsniveau standortbedingt stärker angestiegen ist als dies durch seine strukturelle Ausgangssituation allein möglich gewesen wäre - die Struktur hat sich also im Untersuchungszeitraum verbessert. Ebenfalls verbessert hat sich die Struktur beim Typ 4. Hier konnte eine gesamtwirtschaftliche Schrumpfungsbranche in der Region, die zudem durch die in der Region vorhandenen Strukturen (den Standortfaktoren) nicht unterstützt wird, überdurchschnittlich zurückgebaut werden, was positiv zu werten ist, da der negative Strukturbeitrag dadurch geringer geworden ist.

Die vollständige Tabelle zur „rückwärts" gerechneten Shift-Analyse befindet sich im Anhang III-3d.

In der Tabelle ist neben der *absoluten Veränderung* zwischen dem ursprünglichen und dem modifizierten Struktureffekt auch die *prozentuale Veränderung* der ursprünglichen Strukturkomponente aufgeführt. Ebenso ist der Typ der Strukturentwicklung angegeben, um sofort erkennen zu können, in welche Richtung die Qualitätsveränderung im Sinne der Beschäftigungsentwicklung verlaufen ist. So wird hieraus ersichtlich: *„... ob es sich bei einer positiven Entwicklung um überdurchschnittliche Aktivitätssteigerungen in einem Wachstumsbereich oder um einen überdurchschnittlichen Personalabbau in einer Schrumpfungsbranche bzw. bei einer negativen Entwicklung um relative Wachstumsdefizite eines gesamtwirtschaftlich expandierenden Sektors oder eine relative Stabilisierung eines eigentlich wachstumsschwachen Bereichs handelt."*[175]

Insgesamt läßt sich der Logistiksektor sowohl im Fall von Bremen als auch Hamburg dem *Strukturentwicklungstyp 4* (Abbildung 15; eine Schrumpfungsbranche, die mit Standortnachteilen konfrontiert wird) zuordnen. In Bremen hat sich im Zeitraum von 1990 bis 2000 die Sektorstruktur – nach der zugrundegelegten Systematik – um 7,5% verbessert, in Hamburg um 10,9%. Es kann also davon ausgegangen werden, daß der in beiden Fällen mit der herkömmlichen Gewichtung ermittelte Strukturfaktor (Tabelle 17) die Qualität der Struktur des Logistiksektors an beiden Standorten zu negativ abgebildet hat (es kam jeweils

[175] Tengler 1989, S. 140.

zu einer Qualitätsverbesserung der regionalen Wirtschaftsstruktur während des Analysezeitraumes). Im Hinblick auf die Gesamtstruktur des Raumes ist es bei diesem Ergebnis jedoch von wesentlicher Bedeutung, daß die Einordnung des Sektors in den Entwicklungstyp 4 einen überdurchschnittlichen Abbau von Beschäftigung in einem gesamtwirtschaftlichen Schrumpfungsbereich anzeigt, dieses aber nur bei entsprechender Ausschöpfung vorhandener Potentiale aus den Wachstumsbereichen als Verbesserung der regionalen Strukturen zu werten ist. Hierin kommt die Ambivalenz eines verlorenen Arbeitsplatzes zum Ausdruck: der Verlust eines Arbeitsplatzes in einem sich im Niedergang befindenden Wirtschaftszweig reduziert den negativen Strukturbeitrag für die Region, ist aber in letzter Instanz für die Entwicklung der Region hinderlich, wenn nicht gleichzeitig ein neuer Arbeitsplatz in einem zukunftsträchtigen Wachstumsbereich generiert werden kann, d.h. wenn sich in der Summe die Zahl der Arbeitsplätze reduziert bzw. die der Erwerbslosen erhöht.[176]

Eine Detailanalyse des Logistiksektors in Bremen zeigt, daß das Gesamtergebnis auf Ebene der *Wachstumsbereiche* stark von den Wirtschaftszweigen *Speditionen, Lagerei, Kühlhäuser (WZ 67)* sowie – in schwächerer Form – von *Güterbeförderung mit Kfz (WZ 651)*, *wirtschaftliche Unternehmensberatung und –prüfung (WZ 791)* und *Bewachung, Aufbewahrung, Botendienste (WZ 861)* geprägt wird. In allen 4 Fällen waren offenbar *schlechte spezifische Standortvoraussetzungen* dafür verantwortlich, daß die zum Teil äußerst dynamische Entwicklung dieser Wirtschaftszweige auf Bundesebene im Land Bremen nicht oder nur unzureichend adaptiert werden konnte. 1990 noch vorhandene strukturelle Vorteile wurden demnach entweder nur unzureichend genutzt oder blieben möglicherweise gänzlich unbeachtet. Zusätzlich zu den oben genannten Zweigen lassen sich in Bremen noch drei weitere gesamtwirtschaftliche Wachstumsbranchen ausmachen, die ebenfalls von negativ wirkenden Standortbedingungen in ihrer positiven Entwicklung behindert wurden. Hierbei handelt es sich um die Wirtschaftszweige *Großhandel (WZ 620)*, *Versandhandel (WZ 624)* und *Schaustellung, Schau- und Fahrgeschäfte (WZ 860)* – wobei die beiden letztgenannten aufgrund ihrer geringen Bedeutung innerhalb des Bremer Logistiksektors (1990 waren es 7 sozialversicherungspflichtig Beschäftigte im Versandhandel und 3 im Bereich der Schaustellung, Schau- und Fahrgeschäfte etc.) keiner größeren Beachtung bedürfen.

Demgegenüber stehen vier Wirtschaftszweige, die zu den Wachstumsbranchen innerhalb des Logistiksektors gezählt werden müssen und gleichzeitig in ihrer Entwicklung durch den Standort in der Dekade von 1990 bis 2000 unterstützt und gefördert wurden. Es sind die Wirtschaftszweige *Handelsvermittlung (WZ 621)*, *Luftfahrt und Flugplätze (WZ 680)*, *Wirtschaftswerbung und Ausstel-*

[176] Vgl. Tengler 1989, S. 137.

lungswesen (WZ 82) und *Abfüll- und Verpackungsgewerbe (WZ 863)*. Daß diese aus Sicht des Standortes positiven Zweige jedoch nicht die negativen Einflüsse der anderen Bereiche kompensieren können, zeigt nachfolgend ein Blick auf die Relation dieser verschiedenartigen Wachstumsbereiche (Typ 1 und 3) untereinander.

Insgesamt zeigt sich für Bremen ein Bild, in welchem der Strukturwandel in den Wachstumsbereichen der Logistik im Zeitraum von 1990 bis 2000 in die strukturell falsche Richtung ging. Es wurde nur in unzureichendem Maße erreicht, aus Sicht der Beschäftigung wertvollen (weil wachstumsstarke) Wirtschaftsbranchen ein für deren Entwicklung notwendiges positives Umfeld zu schaffen. Für das Land Bremen errechnet sich hinsichtlich der Wachstumsbereiche für den Strukturentwicklungstyp 3 auf Basis der Absolutwerte ein Gesamtergebnis von -899,3, während sich für den Typ 1, d.h. für standortunterstützte Wachstumsbranchen, nur ein Wert von 102,2 ergibt. Ein eindeutiges Mißverhältnis.

Hinsichtlich der *Schrumpfungsbereiche* wäre die Situation in Bremen eigentlich positiver zu beurteilen, wenn in den Wachstumsbranchen höhere Beschäftigungseffekte generiert worden wären. Von den Wirtschaftszweigen des Logistiksektors, welche eine gesamtwirtschaftlich negative Wachstumsdynamik vorzuweisen haben, sah sich die Hälfte (unter Berücksichtigung der Zweige 661 und 683) mit jeweils spezifisch ungünstigen Standortfaktoren konfrontiert, was sich in ihrer Zuordnung zum Strukturentwicklungstyp 4 widerspiegelt. Die anderen drei Wirtschaftszweige fallen unter den Strukturentwicklungstyp 2, d.h. in die Kategorie der Schrumpfungsbereiche, bei welchen guten Standortvoraussetzungen es ermöglicht haben, daß ein Arbeitsplatzrückgang stärker begrenzt werden konnte, als es auf Ebene Westdeutschlands generell der Fall war. Das Verhältnis zwischen diesen beiden Typen auf Basis der absoluten Zahlen liegt bei 82,5 zu -82,9 und kann somit als ausgeglichen bezeichnet werden. Aus den gesamtwirtschaftlichen Schrumpfungsbranchen heraus kamen hiernach innerhalb der Dekade von 1990 bis 2000 keine maßgeblichen Impulse, die die Strukturentwicklung entscheidend beeinflußt hätten.

Zwischenfazit: Die strukturelle Entwicklung im Logistiksektor im Land Bremen ist nach gegenwärtigem Analysestand hinsichtlich der Wachstums- und Schrumpfungsbranchen stark dominiert von der fehlenden Ausschöpfung der den gesamtwirtschaftlichen Wachstumsbranchen innewohnenden Entwicklungspotentiale. In 8 von 12 Wirtschaftszweigen blieben die auf Bundesebene realisierten Wachstumschancen in der Region weitestgehend ungenutzt. In der Summe zeichnet sich dieses Defizit für die negativ zu beurteilende Gesamtentwicklung des Sektors hauptverantwortlich. Struktureffekte aus den Schrumpfungsbereichen treten im Fall von Bremen deutlich in den Hintergrund.

In Hamburg stellt sich die Situation bezüglich der Qualität des Strukturwandels ein wenig differenzierter als in Bremen dar. Auch hier verlief der strukturelle Wandel im Logistiksektor im Zeitraum von 1990 bis 2000 insgesamt in die falsche Richtung. Verantwortlich hierfür zeichnet sich eine spürbare Verbesserung der Wirtschaftsstruktur im Bereich der Schrumpfungsbranchen, die jedoch von einer qualitativen Verschlechterung im Bereich der Wachstumsbranchen flankiert wurde. Wie schon in Bremen überwiegt auch im Hamburger Logistiksektor der Abbau von Arbeitsplätzen die Neuschaffung von Stellen. Daß die unzureichende Ausschöpfung der vorhandenen Wachstumspotentiale in Hamburg jedoch hinsichtlich der Entwicklung des Logistiksektors tendenziell schwerer wiegt als in Bremen, zeigt ein Vergleich der tatsächlichen zu den aufsummierten, theoretischen (nicht realisierte Gewinne werden als Verluste angesehen) Sektorverlusten in den einzelnen Strukturentwicklungstypen (Tabelle 18).

Die Tabelle weist für jeden Strukturtyp die folgenden Faktoren aus:

a) die Entwicklung, die das Land hätte nehmen müssen, wenn es sich identisch mit dem Bund entwickelt hätte (*Entwicklung im Bund*),
b) die Entwicklung, die das Land genommen hat (*Entwicklung im Land*) und
c) den sich aus dem Abgleich beider Entwicklungen ergebenden Beschäftigungseffekt für das Land (*Effekt in der Summe*).

Tabelle 18: Beschäftigungseffekte der einzelnen Strukturentwicklungstypen

Bremen		**Hamburg**	
Strukturentwicklungstyp 1	Strukturentwicklungstyp 2	Strukturentwicklungstyp 1	Strukturentwicklungstyp 2
Entwicklung im Bund: **+203**[1]	*Entwicklung im Bund:* **-2.648**	*Entwicklung im Bund:* **+1.625**	*Entwicklung im Bund:* **-279**
Entwicklung[2] *im Land:* **+535**	*Entwicklung im Land:* **-2.302**	*Entwicklung im Land:* **+3.265**	*Entwicklung im Land:* **-202**
Effekt in der Summe: **+332**	*Effekt in der Summe:* **-346**	*Effekt in der Summe:* **+1.640**	*Effekt in der Summe:* **-77**
Strukturentwicklungstyp 3	Strukturentwicklungstyp 4	Strukturentwicklungstyp 3	Strukturentwicklungstyp 4
Entwicklung im Bund: **+2.937**	*Entwicklung im Bund:* **-480**	*Entwicklung im Bund:* **+5.404**	*Entwicklung im Bund:* **-5.725**
Entwicklung im Land: **-491**	*Entwicklung im Land:* **-781**	*Entwicklung im Land:* **-2.066**	*Entwicklung im Land:* **-9.433**
Effekt in der Summe: **-3.428**	*Effekt in der Summe:* **-301**	*Effekt in der Summe:* **-7.470**	*Effekt in der Summe:* **-3.708**

[1] = sozialversicherungspflichtig Beschäftigte.
Eigene Berechnungen

So sind hinsichtlich der Strukturentwicklungstypen 1 und 4 die Effekte in der Summe als *„Übererfüllung“* der vom Bund „vorgegebenen“ Entwicklung (des Aufbaus: Typ 1; des Abbaus: Typ 4) anzusehen. Beim Typ 3 gibt der Effekt die negativen Auswirkungen der Kombination aus nicht ausgeschöpftem Wachstumspotential gekoppelt mit regional – gegen den Wachstumstrend auf Bundesebene – stattgefundenen Schrumpfungsprozessen wider. Der Effekt, der für den Typ 2 ausgewiesen wird, gibt die Differenz im Abbau der sozialversicherungspflichtig Beschäftigten in Schrumpfungsbereichen des Logistiksektors auf Landes- gegenüber der Bundesebene an, die sich dadurch ergibt, daß branchenspezifische Standortvorteile im Land eine wirtschaftsstrukturelle Anpassung der betroffenen Zweige nach unten (in der Summe) gebremst haben.

Wie schon in Bremen ist es auch Hamburg nicht gelungen, das den Wachstumsbereichen innewohnende Potential hinreichend auszuschöpfen bzw. umzusetzen. Statt des potentiell möglichen Zugewinns von 5.404 sozialversicherungspflichtig Beschäftigten bei gleicher Entwicklung der unter Typ 3 subsumierten Teilsektoren wie auf Bundesebene, wurden 2.066 Beschäftigte abgebaut – gemessen am Potential also ein Verlust von 7.470 Arbeitsplätzen. Der aus wirtschaftsstruktureller Sicht eigentlich positiv zu bewertende überproportionale Beschäftigungsabbau in am Standort konzentrierten Schrumpfungsbranchen von 9.433 Beschäftigten (3.708 mehr als auf Bundesebene) verkehrt sich im Zusammenhang mit der ausbleibenden bzw. in der Summe nicht hinreichenden Nutzung der Wachstumspotentiale zu einer Belastung der wirtschaftlichen Situation des Landes.

Im Bereich der gesamtwirtschaftlichen Wachstumsbranchen konnte nur knapp die Hälfte der Wirtschaftszweige (5 von 12) in Hamburg die Entwicklungsdynamiken auf Bundesebene (zum Teil deutlich) übertreffen. So entwickelte sich die Beschäftigung besonders in den Wirtschaftszweigen *Versandhandel (WZ 624), Güterbeförderung mit Kfz (WZ 651), Bewachung, Aufbewahrung, Botendienste (WZ 861)* und *Abfüll- und Verpackungsgewerbe (WZ 863)* standortunterstützt günstiger als im Bezugsraum. Qualitativ dominiert wurde der Bereich der Wachstumsbranchen aber von den Wirtschaftszweigen des Strukturentwicklungstyps 3 – insbesondere den Wirtschaftszweigen *Großhandel (WZ 620), Handelsvermittlung (WZ 621), Spedition, Lagerei, Kühlhäuser (WZ 67)* und *Luftfahrt und Flugplätze (WZ 680)*. In allen genannten Zweigen ist der Wachstumsrückstand in bezug auf die Beschäftigung deutlich spürbar und fällt im Hinblick auf das Gesamtergebnis stark negativ ins Gewicht.

Interessant im Falle Hamburgs ist, daß sich immerhin drei der fünf Wirtschaftszweige der Wirtschaftsabteilung *sonstige Dienstleistungen* dem Typ 1 zuordnen lassen. In dieser wachstumsstarken Abteilung konnte also in 3 von 5 Zweigen kräftiger als im Durchschnitt des Bezugsraumes expandiert werden – ein Hinweis auf eine, möglicherweise zunehmende Spezialisierung Hamburgs in diesem Bereich. In absoluten Zahlen ausgedrückt beläuft sich das Verhältnis der Strukturentwicklungstypen 1 und 3 auf 634,0 zu -1.728,1. Dieses Verhältnis von etwa 1:2,5 fällt im Vergleich zu jenem, im Land Bremen festgestellten Verhältnis (1:9) deutlich moderater aus, was bedeutet, daß die Wachstumsbranchen des Sektors in Hamburg vergleichsweise standortbegünstigter sind.

Im Hinblick auf die Schrumpfungsbereiche, d.h. die Strukturentwicklungstypen 2 und 4, stellt sich die Situation in Hamburg deutlich differenziert zu jener in Bremen dar. Hier sind die Wirtschaftszweige des Typen 4 mit vier Fällen in der Überzahl, während Schrumpfungsbranchen mit Standortvorteilen innerhalb des Sektors in Hamburg nur in zwei Fällen auszumachen sind. Namentlich sind in Hamburg die Zweige *Bundespost (WZ 64), Binnenschiffahrt, -wasserstraßen und Häfen (WZ 660)* und *See-, Küstenschiffahrt und Seehäfen (WZ 661)* sowie die Logistik im Verarbeitenden Gewerbe zum Typ 4 zu zählen. Die Wirtschaftszweige *Eisenbahnen (WZ 63)* und *Kredit- und Finanzierungsinstitut, Versicherungsgewerbe (WZ 69)* fallen unter den Strukturentwicklungstyp 2.

Hauptsächlich in der Wirtschaftsabteilung *Nachrichtenübermittlung und Verkehr* ist es im Zeitraum der letzten Dekade in beiden Regionen zu Beschäftigungsanpassungen gekommen, die als positive Strukturanpassungen gewertet werden müßten, wenn nicht auch in Hamburg versäumt worden wäre, in auseichendem Maße positive Beschäftigungseffekte aus den Wachstumsbereichen heraus zu entwickeln.

Fazit: Insgesamt hat sich die Wirtschaftsstruktur im Logistiksektor bezüglich ihres Ausgangsniveaus (1990) sowohl in Bremen als auch in Hamburg im Zeitraum von 1990 bis 2000 relativ verschlechtert, wobei dies in Hamburg in stärkerem Ausmaß als in Bremen festzustellen ist. Die Art des Strukturwandels war in beiden Ländern mehr oder minder identisch, wobei dieser in Hamburg mit deutlich höherer Geschwindigkeit ablief. Ausschlaggebend für die insgesamt negative Entwicklung war jeweils, daß in der Mehrzahl der Wachstumsbereiche (bzw. in den hinsichtlich der sozialversicherungspflichtigen Beschäftigung gewichtigen Zweigen dieses Bereiches) eine strukturell günstige Entwicklung auf Bundesebene nicht nachvollzogen werden konnte und somit die Generierung neuer Arbeitsplätze zum Teil weit hinter den Möglichkeiten zurückgeblieben ist. Diese Entwicklung war zudem vor allem in Hamburg gekoppelt mit einem einschneidenden Beschäftigungsabbau in den zumeist traditionellen (am Standort konzentrierten), sich gesamtwirtschaftlich rezessiv entwickelnden Teilsegmenten des Logistiksektors.

Im Folgenden ist ein letzter Analyseschritt notwendig, um die Einflußwirkung der Art der Branchenzusammensetzung auf die Standortqualität zu untersuchen und die Shift-Share-Analyse damit zu beschließen. Während die „rückwärts" gerechnete Shift-Analyse implizit die Frage beantworten konnte, inwieweit regionale Standortbedingungen (d.h. Vor- und Nachteile) auf die Strukturentwicklung Einfluß nehmen, soll nun im Gegenzug geklärt werden, ob und in welchem Maße die regionalen Strukturen (bspw. intraregionale Beschaffungs-, Absatz- und Konkurrenzbeziehungen) die regional existierenden Standortbedingungen beeinflussen, welche einzelnen Betriebe in der Region eine höhere Wettbewerbsfähigkeit verschaffen, als dies bei branchengleichen Betrieben in anderen Regionen der Fall ist.[177] Dieses ist mit der Berechnung des sogenannten Allokationseffektes möglich.

2.2.5 Allokationseffekt

Durch die *Berechnung des Allokationseffektes*[178] aus dem Standortfaktor werden jene Anteile herausgerechnet, bei denen es sich eigentlich um Struktureffekte mit Standortwirkung handelt. Über diese *Negativabgrenzung*[179] wird eine *Bereinigung des Standortfaktors* erreicht, die ihm seinen vorherigen Charakter als reine Residualgröße nimmt und ihm spezifischere Aussagekraft verleiht.

Erreicht wird diese Bereinigung des Standortfaktors von wirtschaftsstrukturellen Determinanten durch eine Modifikation der Shift-Analyse, in welcher die den Standortfaktor bildenden Einflüsse, nämlich die spezifische Wachstumsdynamik eines Sektors und seine regionale Konzentration, voneinander getrennt werden. Zur Trennung dieser beiden Einflüsse wird ein neuer Faktor, der *„homothetic employment"* gebildet, mit welchem dann ein modifizierter Standortfaktor erzeugt werden kann, der die sektorspezifischen Standorteffekte beschreibt, die sich bei vollkommen identischen Branchenstrukturen in Region und Vergleichsraum für die Region ergeben würden. Die aus dem Standortfaktor herauszufilternden wirtschaftsstrukturellen Effekte ergeben sich bei der Bildung der Differenz aus ursprünglichem und modifiziertem Standortfaktor.[180] Mit dieser Vorgehensweise wird die bestehende Einschränkung, unter der die Aussagen zur Branchenspezialisierung unter Punkt 2.2.3 getroffen werden mußten (Kritikpunkt: die Werte, die der Standortfaktor annehmen kann, hängen nicht nur von

---

177 Vgl. Tengler 1989, S. 149-150.

178 Der Allokationseffekt hat seinen Namen aufgrund der Tatsache, daß er ausschließlich den Unterschied zwischen der tatsächlichen und einer fiktiven regionalen Branchenstruktur (in der die Region ein kleineres Abbild des Vergleichsraumes darstellt) mißt.

179 Vgl. Tengler 1989, S. 151.

180 Vgl. Tengler 1989, S. 151-152.

der *spezifischen Wachstumsdynamik* eines Sektors in einem Raum, sondern auch von der *regionalen Konzentration* ab)[181], aufgehoben.

Die Formel zur Berechnung des Allokationseffektes lautet:

$$\text{Allokationseffekt}^{182}\text{:}\quad \underbrace{\left\{ b_0^i - \frac{B_0^i}{\sum_i B_0^i} * \sum_i b_0^i \right\}}_{\text{1. Komponente}} * \underbrace{\left\{ \frac{b_1^i}{b_0^i} - \frac{B_1^i}{B_0^i} \right\}}_{\text{2. Komponente}}$$

Der Allokationseffekt kann sowohl *positive* als auch *negative Werte* annehmen. Ein positiver Wert signalisiert, daß in der Region die Wirtschaftszweige mit Standortvorteilen im Vergleich zum Bezugsraum über- bzw. jene mit Standortnachteilen unterrepräsentiert sind. Bei negativen Allokationseffekten stellt sich die Situation exakt spiegelbildlich dar.

Wie schon bei der „rückwärts" gerechneten Shift-Analyse ergibt sich hieraus ebenfalls ein 4-Felder Tableau (Abbildung 16), in welches sich die einzelnen Wirtschaftszweige einordnen lassen:

Abbildung 16: Typisierungstableau des Allokationseffektes

1. Komponente / 2. Komponente	Sektorspezialisierung	keine Sektorspezialisierung
Standortvorteil	Typ 1 positiver Allokationseffekt	Typ 2 negativer Allokationseffekt
Standortnachteil	Typ 3 negativer Allokationseffekt	Typ 4 positiver Allokationseffekt

Quelle: Tengler 1989, S. 153.

Nach der Berechnung des Allokationseffektes der Wirtschaftszweige bzw. des Sektors kann an dieser Stelle noch ein weiterer Analyseschritt vorgenommen werden: der der Bewertung der vier Allokationstypen. Dieses ist allein aus dem Allokationseffekt heraus nicht ohne weiteres möglich. Auf den ersten Blick könnte hier wieder davon ausgegangen werden, daß die beiden Allokationstypen 1 und 4 für den Standort positiv und die beiden Typen 2 und 3 negativ zu bewerten wären. So treffen beim Typ 1 Standortvorteile auf eine Branche, welche am Standort überproportional vertreten ist, d.h. auf welche der Standort hinsichtlich

[181] Siehe S. 129.

[182] Zur Definition der Variablen siehe S. 116.

seiner Branchenstruktur spezialisiert ist, während beim Typ 4 Standortnachteile auf Branchen treffen, die am Standort unterrepräsentiert vertreten sind. Für die Allokationstypen 2 und 3 können diese Aussagen spiegelbildlich in negativer Ausrichtung, d.h. Branchenspezialisierung trifft auf Standortnachteil (Typ 2) und Standortvorteil trifft auf vor Ort quantitativ unterdurchschnittlich vertretene Branchen, getroffen werden. In Analogie zu den Ausführungen unter Punkt 2.2.3 kann auch hinsichtlich des Allokationseffektes diesen Aussagen nicht pauschal zugestimmt werden. In gleicher Weise wie bei der Erweiterung des Strukturfaktors muß an dieser Stelle der Analyse die Entwicklungsdynamik der einzelnen Wirtschaftszweige hinzugezogen werden, um eine adäquate Beurteilung der Allokationstypen bzw. der ihnen jeweils zugeordneten Branchen zu ermöglichen. Als Beispiel kann ein dem Allokationstyp 1 zugeordneter Wirtschaftszweig angeführt werden, der auf keinen Fall positive Wirkung auf die Wirtschaftsstruktur der Region hat, wenn es sich um einen gesamtwirtschaftlichen Schrumpfungsbereich handelt, in welchem auf Grund von regionalen Standortvorteilen und regionaler Spezialisierung ein „gesunder" Arbeitsplatzabbau aufgeschoben und verzögert wird. Ähnliches kann sinngemäß auch zu den anderen Allokationstypen ausgeführt werden. Es wäre also falsch, wenn *per se* hinter einem positiven Allokationswert eine günstige und hinter einem negativen Ergebnis eine ungünstige Struktur bzw. Strukturentwicklung gesehen werden würde.[183] Als Resultat aus diesen Überlegungen folgt, daß die berechneten Allokationseffekte jeweils unter Hinzuziehung der unter Punkt 2.2.3 ermittelten relativen Branchendynamiken ausgewertet und interpretiert werden müssen, damit sich am Ende der gesamten Shift-Share-Analyse ein vollständiges Bild der Qualität und Entwicklung des Logistiksektors zusammenfügt. Beurteilungsmaßstab sind die um die Dimension der relativen Branchendynamik auf acht Kategorien erweiterten Branchentypen (Abbildung 17).

Neben der Klassifikation jedes Wirtschaftszweiges anhand des Allokationseffektes und der Entwicklungsdynamik mit Hilfe des obigen Schemas wird zusätzlich für jeden der acht Typen der Beschäftigtenanteil berechnet (Tabelle 19), um das jeweilige Gewicht für den regionalen Arbeitsmarkt abschätzen zu können.

Die vollständige Tabelle zum Allokationseffekt befindet sich im Anhang III-3e.

Mit Blick auf Bremen fällt bei der Betrachtung der Allokationseffekte (Anhang III-3e) auf, daß der Typ 4a insgesamt die Struktur und Strukturentwicklung des Logistiksektors zahlenmäßig dominiert. Unter den Typ 4a fielen 5 der 18 Wirtschaftszweige. Diese Wirtschaftszweige sind, mit einem gewissen Schwerpunkt

183 Vgl. Tengler 1989, S. 154-155.

im Bereich *sonstige Dienstleistungen*, über fast alle Wirtschaftsabteilungen verteilt.

Abbildung 17: Erweitertes Typisierungstableau des Allokationseffektes

Typ	Spezialisierung	Standortfaktor	Relative Branchen-dynamik	Bewertung Ausgangs-struktur	Entwicklung
1a	Positiv	Positiv	Positiv	Positiv	Verbesserung
1b	Positiv	Positiv	Negativ	Negativ	Verschlechterung
2a	Negativ	Positiv	Positiv	Negativ	Verbesserung
2b	Negativ	Positiv	Negativ	Positiv	Verschlechterung
3a	Positiv	Negativ	Positiv	Positiv	Verschlechterung
3b	Positiv	Negativ	Negativ	Negativ	Verbesserung
4a	Negativ	Negativ	Positiv	Negativ	Verschlechterung
4b	Negativ	Negativ	Negativ	Positiv	Verbesserung

Quelle: Tengler 1989, S. 156.

Welches geringe Gewicht diese Dominanz jedoch für den Arbeitsmarkt hat, wird erst bei der Betrachtung der Beschäftigtenanteile deutlich, die hinter diesem Strukturentwicklungstyp stehen (Tabelle 19). Mit 1.577 Beschäftigten im Fall des Typ 4a waren 1990 insgesamt nur 6,2% aller sozialversicherungspflichtig Beschäftigten des Logistiksektors in Bremen in Zweigen tätig, die in der Region unterrepräsentiert sind und vom Standort nicht unterstützt werden, gleichzeitig aber aus gesamtwirtschaftlicher Sicht zu den Wachstumsbereichen des Sektors zählen. Diese Zahlen geben einen ersten Hinweis auf die strukturellen Probleme, mit denen sich das Land Bremen bezüglich seines Logistiksektors konfrontiert sieht. Vorhandene endogene Entwicklungspotentiale des Sektors können am Standort anscheinend nicht in ausreichendem Maße aktiviert und für die qualitative Aufwertung der regionalen Wirtschaftsstrukturen genutzt werden.

Dieses sich im Ansatz abzeichnende Problem verstärkt sich weiter, wenn der Typ 3a (Beschäftigungsanteil: 39,6%) hinzugezogen wird, da hier drei weitere, beschäftigungsstarke Wirtschaftszweige mit einbezogen werden, die alle im Vergleich zum Bundesdurchschnitt in der Region überrepräsentiert sind, in ihrer positiven Entwicklung aber durch den Standort zum Teil stark abgebremst werden. Die in diesem Bereich auftretenden Defizite sind von ihrem negativen Einfluß auf die Entwicklung des Sektors in der Region noch schwerwiegender zu bewerten, da hier aus der branchenstrukturellen Zusammensetzung hervorgehende effektive Standortvorteile nicht bzw. nur unzureichend genutzt werden.

Tabelle 19: Beschäftigtenanteile im Jahr 1990 in den acht Allokationstypen unter Berücksichtigung der relativen Branchendynamik

	HB		HH	
Beschäftigungsanteil / Typ	1990 absolut	1990 in %	1990 absolut	1990 in %
1a	100	*0,4*	2.084	*3,7*
1b	3.323	*13,0*	1.138	*2,0*
2a	391	*1,5*	2.800	*5,0*
2b	7.477	*29,3*	0	*0,0*
3a	10.092	*39,6*	23.266	*41,8*
3b	2.497	*9,8*	12.509	*22,5*
4a	1.577	*6,2*	635	*1,1*
4b	60	*0,2*	13.237	*23,8*
Total	25.517	*100,0*	55.669	*100,0*

Farblich hervorgehoben sind jene Typen, bei welchen die Entwicklung für die Region als Verbesserung zu werten ist. Eigene Berechnungen.

Weiterhin auffällig ist die vergleichsweise hohe Beschäftigungskonzentration in den Strukturentwicklungstypen 1b (13,0%) und 2b (29,3%). Für beide gilt, daß sich hierunter Schrumpfungsbereiche des Sektors subsumieren. In beiden Fällen verhindern branchenspezifisch günstig wirkende Standortfaktoren, daß die Beschäftigung in den Wirtschaftszweigen, die den Standort in der Tendenz wirtschaftsstrukturell in seiner Entwicklung eher belasten (da es sich um gesamtwirtschaftliche Schrumpfungssektoren handelt), in gleichem Maße wie auf Bundesebene abgebaut werden, d.h. der negative Strukturbeitrag maximal verringert wird. Insgesamt hatten 1990 42,3% der Beschäftigten ihren Arbeitsplatz in Bereichen, die innerhalb des Sektors im Betrachtungszeitraum eine negative Entwicklungsdynamik aufwiesen, welche nur durch günstig wirkende Standortbedingungen abgebremst werden konnte. Diese Arbeitsplätze müssen als wenig gesichert bzw. ständig vom Abbau bedroht betrachtet werden, da davon ausgegangen werden muß, daß regional vorhandene Gunstfaktoren nur in Ausnahmefällen langfristig einen gesamtwirtschaftlichen Schrumpfungsprozeß nennenswert verzögern bzw. gar aufhalten und umkehren können.

Die Gesamtbetrachtung der Sektorstruktur verfestigt und komplettiert das bisher in Teilen aufgezeigte Bild. So sind 37,2% (Typ 2 und Typ 4) der sozialversicherungspflichtigen Arbeitnehmer in Bereichen des Sektors tätig, die in Bremen im Vergleich zum westdeutschen Durchschnitt unterrepräsentiert sind. Im Umkehrschluß bedeutet dies, daß mit 62,8% fast ⅔ (Typ 1 und Typ 3) in überrepräsentierten Zweigen arbeiten – die Logistik also in der Summe ihrer Teilsektoren am Standort deutlich konzentriert ist. Von diesen 62,8% (16.012 Arbeitsplätze) werden immerhin noch 21,4% (3.423 Arbeitsplätze/Typ 1) auch durch den Standort unterstützt.

Der Blick auf die Standortvorteile offenbart die eklatanteste Schwäche der Region in bezug auf den Logistiksektor: Gemessen an den Beschäftigten kommen *Standortvorteile* nur zu 4,0% den Wachstumsbereichen in der Logistik zugute (d.h. Typ 1a + 2a in bezug auf alle a-Typen), während sie zu 96,0% Branchen unterstützen, die eine negative Wachstumsdynamik vorzuweisen haben. Anders ausgedrückt, verfügen nur rund 4,0% der Wachstumsbranchen in Bremen über bessere Standortbedingungen als in anderen Regionen.

Im wesentlichen kann mit Blick auf den Gesamtsektor die Wachstumsschwäche des Logistiksektors im Bereich der sozialversicherungspflichtigen Beschäftigung in Bremen im Kern auf die fast gänzlich *fehlende Unterstützung der Entwicklung von gesamtwirtschaftlichen Wachstumsbranchen durch Standortfaktoren* zurückgeführt werden. Das auf den ersten Blick verhältnismäßig gute Bild bezüglich der Standortgunst, nämlich, daß immerhin 11.291 Beschäftigte (44,3% = Typ 1 und 2) in ihrer Arbeit durch die am Standort vorhandenen Bedingungen unterstützt wurden, verkehrt sich bei näherer Betrachtung ins Gegenteil. So wirkten die positiven Standorteffekte zu über 95% hemmend auf eine *günstige Strukturentwicklung* in der Region, da sie den Arbeitsplatzrückgang in einer Schrumpfungsbranche stärker begrenzen konnten als dies im Bundesdurchschnitt der Fall war.

Zwischenfazit: Der Bremer Logistiksektor ist – auf Basis der sozialversicherungspflichtig Beschäftigten – durch eine hohe Branchenkonzentration geprägt. Knapp ⅔ aller sozialversicherungspflichtigen Arbeitnehmer waren 1990 in Wirtschaftsbereichen des Sektors tätig, die im Vergleich zum Bundesgebiet in der Region überrepräsentiert waren. Zudem betrug die Anzahl derer, die in Wachstumsbranchen tätig sind, 47,7%. Demzufolge kann die *Ausgangssituation* des Logistiksektors in Bremen als günstig bezeichnet werden, wobei vor allem der Beschäftigungsanteil in den Wachstumsbranchen das Bild relativiert bzw. nicht zu „optimistisch" ausfallen läßt.

Die Entwicklung in der Zeit von 1990 bis 2000 hat jedoch trotz einer akzeptablen Ausgangssituation insgesamt zu Beschäftigungseinbußen geführt, da die Beschäftigungsentwicklung in den Wachstumsbranchen in großen Teilen nicht mit der des Bundes Schritt halten konnte und gleichzeitig die Arbeitnehmerzahl in den Schrumpfungsbereichen überdurchschnittlich stark reduziert wurde. Der Strukturwandel basiert in Bremen in der Hauptsache auf einem *Aktivitätsabbau in den traditionellen Bereichen wie im Handel und in der Schiffahrt*, während eine voranschreitende Spezialisierung in wachstumsstarken Bereichen wie beispielsweise den Dienstleistungszweigen (hiermit sind die Zweige in der Wirtschaftsabteilung *sonstige Dienstleistungen* gemeint) mehr oder minder ausblieb. Dieses Ergebnis signalisiert einen sich durch gesamtwirtschaftlichen Druck vollziehenden Wandel innerhalb des sehr vielschichtigen (inhomogenen) Sektors, in dessen Zuge das Land Bremen Gefahr läuft, von den sich hierdurch gesamtwirtschaftlich ergebenden Wachstumschancen abgekoppelt zu werden, d.h. an diesen nicht in adäquatem Maße partizipieren zu können.[184]

Die Tatsache, daß sich günstig auswirkende Standortfaktoren sowohl in den alten (traditionellen) als auch in den neu dazugekommenen (modernen) Wachstumsbereichen der Logistik fast vollständig fehlen, deutet darauf hin, daß die vorhandenen, „traditionellen" Standorteffekte, welche die heutige sektorale Wirtschaftsstruktur entscheidend mitgeformt bzw. implizit sogar geschaffen haben, von „neuen" Standortbedingungen an den Rand gedrängt wurden.[185] Diese neuen Standortbedingungen prägen ganz gravierend die Struktur einer zeitgemäßeren Logistik und gehen sogar darüber hinaus, indem sie auch die traditionellen Wirtschaftsbereiche immer stärker beeinflussen (was in Bremen besonders gut im Bereich der maritimen Wirtschaftszweige zu erkennen ist). Der relative Bedeutungsverlust der alten Standortfaktoren wird sichtbar, wenn die Wirtschaftszweige eingehender betrachtet werden, die im Land Bremen überrepräsentiert sind, d.h. jene, die zum Großteil am Standort traditionell gewachsen sind. Hätten die alten Standortvorteile noch immer das gleiche Gewicht wie früher, dann hätte sich die bisherige *strukturelle* Entwicklung fortsetzen müssen. Daß dem nicht so ist, zeigen die Zahlen recht deutlich.

Die durch die Shift-Share-Analyse gewonnenen Ergebnissen werfen die nachfolgenden Fragen auf, die innerhalb des weiteren Verlaufes der Untersuchung einer Klärung bedürfen:

1) Wie sehen diese "neuen" Standortbedingungen aus?
2) Wieso sind diese Standortbedingungen noch nicht in ausreichendem Maße in Bremen vorhanden?
3) Wie kann die Implementierung der "neuen" Standortbedingungen in der Region realisiert werden?

Mit Blick auf den Logistiksektor in Hamburg kann eine im Vergleich zu Bremen insgesamt ähnliche Situation festgestellt werden, die jedoch in einigen wenigen – aber entscheidenden – Punkten deutlich abweicht. Hinsichtlich des Verhältnisses von im Vergleich zu Westdeutschland überrepräsentierten zu unterrepräsentierten Wirtschaftszweigen im Logistiksektor ist die Situation in Hamburg annähernd identisch zu der in Bremen. Gemessen an den Beschäftigungsanteilen arbeiteten 70,0% in überrepräsentierten Wirtschaftszweigen und 30,0% in unterrepräsentierten (in Bremen liegt das Verhältnis bei 62,8% zu 37,2%). Auch hier

[184] Vgl. Maier/Tödtling 2001, S. 43.
[185] Ebenda.

überwiegt die Beschäftigung in überrepräsentierten Branchen innerhalb des Logistiksektors. Von diesen 70,0% waren jedoch über 90% mit auf das jeweilige Arbeitsfeld negativ einwirkenden Standortbedingungen konfrontiert, worin das wesentliche Defizit des Logistikstandortes Hamburg zum Ausdruck kommt. Auch in dieser Region dominieren in der Summe die von den Standortbedingungen in ihrer Entwicklung nicht unterstützten Wirtschaftszweige innerhalb des Sektors. Der Anteil liegt, gemessen an der sozialversicherungspflichtigen Beschäftigung, bei 89,2%, was im Umkehrschluß bedeutet, daß nur 10,8% der sozialversicherungspflichtigen Arbeitnehmer des Logistiksektors durch die Standortbedingungen wirklich unterstützt werden (und diese fielen nur zu 8,7% auf Wachstumsbereiche bzw. zu 3,7% auf am Standort überrepräsentierte Wachstumsbereiche). Verglichen mit Bremen ist die Situation in Hamburg im Hinblick auf positive, aus dem Logistiksektor hervorgehende Beschäftigungsimpulse anhand der Zahlen als noch weitaus schwieriger und weniger erfolgsversprechend zu beurteilen.

Dominiert wird der Logistiksektor in Hamburg durch den Allokationstyp 3a (Anhang III-3e sowie Tabelle 19), unter dem 6 der 17 Wirtschaftszweige des Sektors wiederzufinden sind (der Zweig 860 fällt aufgrund von Null beschäftigten Logistikern im Jahr 1990 aus der Betrachtung heraus). Typ 3a steht für Wirtschaftszweige, die einerseits in der Region stark konzentriert sind und gleichzeitig im Untersuchungszeitraum zu den gesamtwirtschaftlichen Wachstumsbereichen des Sektors gezählt werden müssen, andererseits aber konfrontiert sind mit vorwiegend negativen Auswirkungen der Standortbedingungen auf die Unternehmen. Eine Konzentration dieser Wirtschaftszweige innerhalb einer Wirtschaftsabteilung kann nicht festgestellt werden. Im Jahr 1990 ließen sich insgesamt 41,8% aller logistikrelevanten Arbeitsplätze im Land Hamburg dem Typ 3a (Tabelle 19) zuordnen.

Neben dem Strukturentwicklungstyp 3a ist der Hamburger Logistiksektor zudem wesentlich durch die Typen 3b und 4b geprägt, die zusammen weitere 46,3% der sozialversicherungspflichtig Beschäftigten des Sektors repräsentieren. In beiden Fällen sind hierunter gesamtwirtschaftliche Schrumpfungsbereiche zu finden, die überdies in ihrer Entwicklung nicht von den Bedingungen am Standort unterstützt werden. Der Arbeitsplatzabbau in diesen Bereichen, strukturell eigentlich positiv zu werten, da in der Summe vorhandene Strukturschwächen abgebaut werden, setzt aber in erster Instanz Arbeitnehmer frei, die von strukturstärkenden (Wachstums-) Bereichen aufgenommen bzw. kompensiert werden müßten, um in der Region die Ausgangssituation zu verbessern. Daß hiervon aber per se nicht ausgegangen werden kann, belegt die regionale Arbeitsplatzentwicklung in den Wachstumsbranchen.

Insgesamt ist es auch dem Land Hamburg nicht gelungen, aus dem Strukturwandel im Logistiksektor im Zeitraum von 1990 bis 2000 in der Summe positive Beschäftigungseffekte für den Standort zu generieren. Wie schon für Bremen festzustellen war, ist es auch hier größtenteils mißlungen, den wachstumsdynamischen Wirtschaftszweigen des Sektors günstige Standortbedingungen zu bieten, so daß die diesen Zweigen innewohnenden Entwicklungspotentiale nicht vollständig ausgeschöpft und demzufolge nicht in wirtschaftsstrukturelle Impulse umgesetzt werden konnten. Zudem vollzog sich der strukturelle Wandel in Hamburg mit größerer Geschwindigkeit als in Bremen, was sich in dem festzustellenden massiven Beschäftigungsabbau in den vornehmlich traditionellen, am Standort konzentrierten Wirtschaftszweigen widerspiegelt.

Fazit: Insgesamt ist in Hamburg eine ähnliche Situation des Logistiksektors wie schon in Bremen vorzufinden. Auch hier muß in *erster Linie ein Mangel an unterstützenden Standortbedingungen* attestiert werden, welcher die Entwicklung des Gesamtsektors in eine wirtschaftsstrukturell wünschenswerte Richtung behindert. Wie im Land Bremen basiert der *Strukturwandel* auch in Hamburg *primär auf einem Arbeitsplatzabbau in den strukturschwachen Bereichen.*

Fakt ist aber, daß vor allem in den traditionellen, häufig in der Region überrepräsentierten Wirtschaftszweigen des Sektors (bspw. im Bereich des Handels oder der Schiffahrt) die *Standortbedingungen kaum mehr den vorhandenen Strukturen der Branchen bzw. ihren heutigen Anforderungen entsprechen.* Vornehmlich diese Inkompatibilität (mit all ihren Aus- und Nebenwirkungen) setzt aus jenen Branchen eine so hohe Zahl an Arbeitnehmern frei, daß in der Summe ein Beschäftigungsrückgang im Logistiksektor zu verzeichnen ist. Zudem muß die Frage gestellt werden, ob diese freiwerdenden, häufig schon älteren und auf ein spezifisches Aufgabengebiet spezialisierten Arbeitskräfte *überhaupt* von den Wachstumsbranchen (die zum Teil sehr junge Branchen sind und einen vollständig neuen Anforderungskatalog an die Fähigkeiten ihrer Mitarbeiter haben – siehe hierzu auch Kapitel IV, Punkt 2.1) aufgenommen werden können oder ob es tatsächlich nur so sein kann, daß junge Arbeitnehmer in größerer Anzahl in den Sektor drängen, die Gesamtbeschäftigtensumme beeinflussen und eine potentielle soziale Schieflage auf dem Arbeitsmarkt damit überdecken.

Auch in Hamburg kann der Logistiksektor hinsichtlich der Beschäftigungslage nach derzeitigem Erkenntnisstand letztlich nicht als wirtschaftsstrukturelle Stärke angesehen werden. Insgesamt steht der Sektor vor den selben Problemen wie sie schon für den Standort Bremen analysiert werden konnten, mit dem Unterschied, daß die strukturelle Anpassung der Beschäftigung nach unten in einer Reihe von gesamtwirtschaftlichen Schrumpfungsbereichen erheblich dynamischer verläuft. Entscheidend ist – gemessen an den Beschäftigungsanteilen – die

Standortungunst, mit welcher die Wachstumsbranchen in der Mehrzahl konfrontiert sind und welche eine Kompensation der Arbeitsplatzverluste aus den Schrumpfungsbereichen weitestgehend vereitelten.

3. Fazit

Mit der Shift-Share-Analyse war es möglich, den Logistiksektor in Bremen und Hamburg aus beschäftigungsstruktureller Sicht einer ersten *Stärken/Schwächen Analyse* zu unterziehen. Der Fokus der Analyse lag hierbei im jeweiligen Fall auf den, sich sowohl auf die Entwicklung der Region als auch der Logistikunternehmen vor Ort auswirkenden Interdependenzen zwischen Standort und Branche. So ergab eine eingehende Untersuchung der Entwicklung des Logistiksektors im Zeitraum 1990-2000, daß beide Standorte in der Hauptsache aufgrund fehlender bzw. nicht mehr zeitgemäßer (i.S.v. den heutigen Ansprüchen der Unternehmen genügender) Standortfaktoren[186] die Entwicklung des Sektors auf Bundesebene nicht mit vollziehen konnten, sondern deutlich hinter dieser zurückblieben. Jeweils rechnerisch vorhandene, aus der regionalen Struktur der Wirtschaft[187] (d.h. dem Branchenmix) hervorgehende Wachstumsimpulse werden in beiden Fällen von den sich in der Summe auf die Entwicklung negativ auswirkenden Standortfaktoren kompensiert und können deshalb nicht (sichtbar) zur Geltung kommen. Mit Blick auf die absoluten Zahlen sind in Bremen vor allem die Wirtschaftszweige *Güterbeförderung mit Kfz* und *Speditionen etc.* im besonderen Maße betroffen.[188] Erhebliche, bei einer Adaption der Entwicklung auf Bundesebene aus der Wirtschaftsstruktur hervorgehende Beschäftigungspotentiale von insgesamt 2.421 sozialversicherungspflichtigen Arbeitsplätzen in beiden Zweigen, konnten nur in 313 Fällen (12,9%) realisiert werden.

Wesentliches Ergebnis ist, daß beide Standorten nicht bzw. nur unzureichend vermocht haben, jeweils vorhandene Wachstumspotentiale in zukunftsträchtigen Teilbereichen des Sektors zu aktivieren, gleichzeitig aber – und das machen die nachfolgenden Zahlen zur Wirtschaftsabteilung Nachrichtenübermittlung und Verkehr beispielhaft deutlich – Arbeitsplätze in zumeist traditionellen, wachstumsschwachen, logistikrelevanten Wirtschaftszweigen in erheblichem Umfang abgebaut haben. So sank die Zahl der sozialversicherungspflichtig Beschäftigten im Teilsektor *See- und Küstenschiffahrt, Seehäfen* im Zeitraum von 1990-2000 in der Summe um 845 Arbeitnehmer, in der *Binnenschiffahrt, -wasserstraßen und -häfen* um 361 und bei den *Schiffsmaklerbüros und -agenturen, sonstige Verkehrsvermittler* um 144. Der eigentlich strukturell positiv zu wertende Beschäftigungsabbau in gesamtwirtschaftlich in eine Krise geratenen (und in Folge

[186] Vgl. Fußnote 159.
[187] Vgl. Fußnote 158.
[188] Vgl. Anhang III-3a.

dessen schrumpfenden) Wirtschaftszweigen verkehrt sich ins Gegenteil, nämlich in eine zusätzliche Belastung, wenn, wie in Bremen und Hamburg, eine Kompensation dieser Verluste von Seiten der Wachstumsbereiche ausbleibt.

Das Resultat impliziert, daß der Logistiksektor in beiden Untersuchungsregionen gegenwärtig und auch zukünftig (zumindest mittelfristig) aufgrund seiner vorhandenen, im Umbruch befindlichen Strukturen und der zu langsamen bzw. ungenügenden Reaktion (i.S.v. Anpassung) der Standorte an die sich hieraus neu ergebenden Anforderungen der Logistikunternehmen (an den Standort), überwiegend Probleme aufwerfen wird, anstatt sie zu lösen.

Aus den bisherigen Ergebnissen – vor allem der Shift-Share-Analyse – kann abgeleitet werden, daß, wenn von einem Cluster gesprochen werden kann, es sich unter den derzeitigen strukturellen Bedingungen zukünftig mit verstärkten Komprimierungs-, Schrumpfungs- oder gar Auflösungserscheinungen konfrontiert sieht. Zu viele Bereiche des insgesamt inhomogenen Sektors wurden als in der Entwicklung voranschreitende *strukturelle Schwächen* analysiert, als daß ceteris paribus von einer zukünftigen, den Arbeitsmarkt entlastenden Entwicklung ausgegangen werden könnte.

Die Shift-Share-Analyse hat gezeigt, daß der *Standort* (bzw. die Region) Schwächen aufweist, wenn es darum geht, dem Logistiksektor im Ganzen ein hinsichtlich der Beschäftigung wachstumsförderndes Umfeld bereitzustellen. Um im weiteren Verlauf aber letztendlich die Frage klären zu können, ob ein Logistikcluster und darauf gegebenenfalls aufbauende Netzwerke in Bremen trotz des bisher aufgezeigten Bildes von Relevanz für den Standort respektive seine Entwicklung sein können und auf welche Art und Weise diese für das Land von wirtschaftsstruktureller und beschäftigungspolitischer Bedeutung sind bzw. werden können, kann nur auf Grundlage der Ergebnisse einer eingehenden *Analyse der Cluster- und Netzwerkstrukturen* ermittelt werden. Die Analyse der Cluster- und Netzwerkstrukturen kann im folgenden Kapitel darüber Aufschluß geben, ob und inwieweit die *logistikrelevanten Akteure* in der Region diese (Standort-) Defizite gegebenenfalls mittels eigener (i.S.v. eigenverantwortlicher, eigenständig initiierter und kontrollierter) Konzepte kompensieren können, um im Land Bremen trotz aller Hemmfaktoren dennoch einen zukunftsträchtigen Standort für die Logistik zu sehen. In diesem Zusammenhang bleiben die aufgeworfenen Fragen nach Art und Ausprägung der sogenannten "neuen" Standortfaktoren sowie ihr Vorhanden-/Nicht-Vorhandensein in der Region Bremen zentral. Das Kapitel IV wird zeigen, daß eine enge Beziehung zwischen dem Aktions- bzw. auch Interaktionsniveau der logistikrelevanten regionalen Akteure untereinander (aber auch darüber hinaus) und den sogenannten "neuen" bzw. "modernen" Standortfaktoren existiert.

IV. Kapitel:

Die Tiefenstruktur des Bremer Logistiksektors

1. Einleitung

In diesem Kapitel soll, aufbauend auf den bisher gewonnenen Erkenntnissen, Einblick in die über gebräuchliche Analyseinstrumente nur zum Teil zu erfassende Tiefenstruktur des Bremer Logistiksektors gewonnen werden. Ziel ist es, hierüber die am Ende des III. Kapitels aufgeworfene Frage nach Art und Ausgestaltung des Beziehungsnetzwerkes der lokalen logistikrelevanten Akteure und der daraus hervorgehenden Impulse für die (Logistik-) Region Bremen zu klären. Unter Tiefenstruktur werden innerhalb dieser Arbeit im wesentlichen die (horizontalen und vertikalen) Verflechtungsbeziehungen der Unternehmen auf funktionaler Ebene, die letztlich ein Cluster konstituieren (siehe nachfolgend Punkt 2) und die – darauf aufbauenden – strategischen Kooperationen (siehe nachfolgend Punkt 3), die wiederum Netzwerke begründen, verstanden.

Vor der Analyse der über eine Unternehmensbefragung (Punkt 2.5.1) empirisch erhobenen Daten, werden theoretische Einführungen die Handlungsrahmen zum Cluster- sowie zum Netzwerkbegriff bzw. -konzept aufzeigen, in welchem sich im weiteren Verlauf bewegt wird. Hierbei sei vorab angemerkt, daß sowohl der Cluster- als auch der Netzwerkbegriff in der (kaum überschaubaren) einschlägigen Literatur zwar im Kern der zahlreich vorhandenen Definitionen weitestgehend einheitlich, darüber hinaus aber sehr "schillernd", facettenreich und damit in der Summe uneinheitlich (im Sinne einer allgemein anerkannten Definition) dargestellt und gebraucht wird.[189] Eine zusätzliche Schwierigkeit besteht in der fehlenden trennscharfen Abgrenzung zwischen dem Cluster- und dem Netzwerkbegriff als solchen. Wie in den weiteren Ausführungen zu sehen sein wird, sind die Übergänge vom Cluster zum Netzwerk häufig fließend und kaum faß- oder gar meßbar. „Es existiert eine große Schnittmenge zwischen Unternehmensnetzwerken und Clustern ...“[190] – viele Faktoren, die ein Netzwerk konstituieren, sind in der Regel zumindest in Ansätzen schon in den zugrundeliegenden Clusterstrukturen vorzufinden.

Daß diese „Interdependenzen“ in erheblichem Maße auf gemeinsamen theoretischen Konzepten beruhen, soll die nachfolgende skizzenhafte Abbildung der „Konzeptpyramide“ verdeutlichen, in welcher der stufenweise Aufbau der einzelnen Teilelemente abgebildet ist.

---

[189] Vgl. Genosko 2002, S. 53.
[190] Meyer-Stamer 2000, S. 10. (Onlinequelle)

Abbildung 18: Die Konzeptpyramide

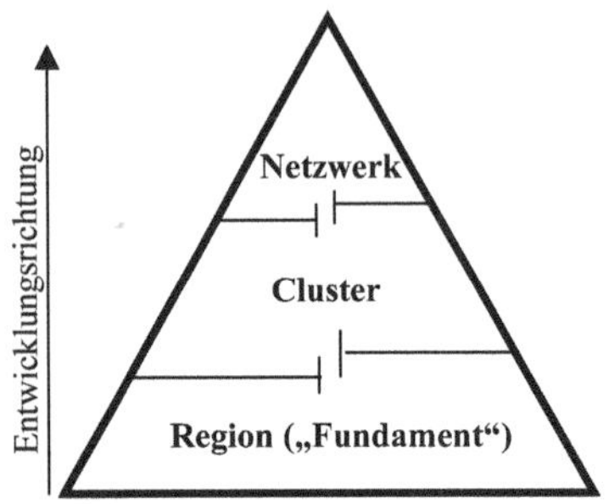

Eigene Darstellung.

„Nicht alles clustert, schon gar nicht überall.“[191] Diese schlichte Erkenntnis weist auf die Verknüpfung von Region und Cluster hin und will sagen, daß eine notwendige Voraussetzung zur Initiierung eines regionalen Clusters im Vorhandensein einer (möglichst international wettbewerbsfähigen) Kernkompetenz, d.h. einer Konzentration von spezifischem Wissen, Fähigkeiten und Infrastruktur in der Region liegt, auf der sich das Cluster gründen kann. In ähnlicher Weise verhält es sich mit dem Netzwerk. Dieses kann in der Regel nur auf Grundlage eines vorhandenen Clusters entstehen, da Netzwerkbeziehungen ein hohes Maß an gegenseitigem Vertrauen der einzelnen Akteure untereinander voraussetzen, welches gewöhnlich nur im Zuge langjähriger, stabiler und intensiver Geschäftsbeziehungen – wie sie für ein Cluster bzw. die dort involvierten Unternehmen kennzeichnend sind – entstehen kann. Hierzu *Fischer* und *Gensior*:

> „Im Prozeß der Entstehung und Stabilisierung von Geschäftsbeziehungen werden Stadien durchlaufen, in denen das Verhalten des jeweiligen Partners zunächst als *berechenbar*, sodann als *verläßlich* und schließlich als *vertauensvoll* gekennzeichnet werden kann. Diesen Kennzeichnungen liegen jeweils Annahmen über das wahrscheinliche Verhalten des Partners zugrunde.“[192]

Erst wenn das Stadium der vertrauensvollen Beziehung erreicht ist, d.h. die Akteure kein opportunistisches, sondern ein ausschließlich auf die gemeinsamen Ziele ausgerichtetes, kooperatives Verhalten von ihren jeweiligen Geschäftspartnern erwarten können, ist die Grundlage für das Anregen und Eingehen von strategischen Kooperationen, also die Bildung von Netzwerken, geschaffen.

Dieser kurze (vereinfachte) Anriß der elementaren Zusammenhänge von Region, Cluster und Netzwerk sowie der Abgrenzungsproblematik soll an dieser Stelle genügen. Detailliertere Ausführungen zu den einzelnen Teilelementen der Pyramide werden im Folgenden in den jeweiligen Unterkapiteln referiert, so daß im Anschluß durch einen sehr viel tieferen, diversifizierteren und umfassenderen Einblick in die Thematik eine optimale Beurteilung der empirisch gewonnenen und analysierten Daten zum Logistiksektor möglicht ist.

---

[191] Stuchtey 2002, S. 51.
[192] Fischer/Gensior 2002, S. 25.

2. Analyse der Clusterstrukturen

Wie die Ergebnisse der Shift-Share-Analyse gezeigt haben, ist es neben einem sich vollziehenden tiefgreifenden strukturellen Wandel vor allem auch ein Wandel in den Anforderungen der Unternehmen an ihren Standort und der hierauf scheinbar unzureichenden Reaktion (i.S. einer Anpassung) der Region, der für die Schwächen im Traditionssektor Logistik in Bremen verantwortlich gemacht werden kann. Viele der mit dem allgemeinen strukturellen Wandel einhergehenden Veränderungen konnten schon im ersten Kapitel aufgezeigt werden. An dieser Stelle sei als Beispiel nur noch einmal auf die mit den Suburbanisierungsprozessen einhergehenden räumlichen Änderungen der gewerblichen Siedlungsstruktur oder die Paradigmenwechsel[193] im Management im Zuge der Globalisierung, die aufgrund von betriebswirtschaftlichen Anpassungsprozessen zur umfassenden Fragmentierung und Neuordnung der Produktionsprozesse und Märkte geführt hat, hingewiesen. Nachfolgende Ausführungen (Punkt 2.1) verdeutlichen noch einmal die mit diesem Wandel einhergehenden Schwierigkeiten vor allem für altindustriell geprägte Regionen. Die spezifischen, im Kontext der Abgrenzung zu den traditionellen Standortfaktoren als „neu“ oder „modern“ bezeichneten Standorteinflüsse, bleiben bis hierher hingegen vage und undeutlich.

Zur Generierung wirtschaftsstrukturell förderlicher Handlungsmaßnahmen für die Region im Bereich Logistik müssen zum einen die ermittelten Stärken des Sektors sehr genau auf das ihnen innenwohnende Entwicklungspotential hin analysiert werden, d.h. es muß im Einzelfall sorgsam geprüft werden, ob überhaupt ein nennenswertes und damit förderungswertes Potential in der Region vorhanden ist. Zum anderen muß aufgedeckt werden, welche (regionalpolitisch beeinflußbaren) standortbedingten Faktoren die Entwicklung der Logistikunternehmen in der Region bremsen bzw. welche das Wachstum befördernde Bedingungen noch nicht in ausreichendem Maße vorhanden oder ausgebildet sind, um Schwächen zu eliminieren und Stärken weiter auszubauen – also letztendlich Potentiale zu aktivieren.

2.1 Hintergrund – ein struktureller Wandel und seine Konsequenzen

Im Mittelpunkt einer sich im Übergang vom Fordismus zum Post-Fordismus spürbar verändernden „Weltordnung“ (Expansion der Märkte durch Kontraktion von Zeit und Raum)[194] steht u.a. wirtschaftsstrukturell ein tiefgreifender Wandel in der industriellen Produktion gekoppelt mit einem drastischen Bedeutungsgewinn der (produktionsnahen) Dienstleistungen. Eine voranschreitende Internationalisierung der Beziehungen von Unternehmen über eine weltweite Vernetzung brachte neuartige Wettbewerbsbedingungen hervor, die zu einem Umden-

[193] Vgl. Meyer-Stamer 1999, S. 447.
[194] Vgl. Steiner 1998, S. 6.

ken im Unternehmensmanagement führte. Die Produktivität wurde der übergeordnete, alles entscheidende Wettbewerbsfaktor.[195] Traditionelle Betriebs- und Arbeitsorganisationsstrukturen konnten diesen neuen Bedingungen nicht mehr gerecht werden.[196] Als Reaktion hierauf haben implementierte und umgesetzte Standardisierungs-, Automatisierungs-, Konzentrations- und Rationalisierungsprozesse in der Industrie zu radikalen Umstrukturierungen in den Prozeßabläufen geführt, was in der Folge veränderte Anforderungen sowohl an die Beschäftigten als auch an das Umfeld nach sich zog.[197]

Das Anforderungsniveau an die Fähigkeiten des Beschäftigten im Bereich der (industriellen und handwerklichen) Erwerbsarbeit erfuhr eine deutliche Veränderung.[198]

> „War das Anforderungsprofil des traditionell gefaßten "Herstellungsarbeiters" in erster Linie durch handwerkliche Präzision bestimmt, die in langjähriger Berufsausübung durch erworbenes und weiterentwickeltes Erfahrungswissen ergänzt wurde, liegen die Schwerpunkte des neuen Anforderungsprofils aufgrund der erweiterten Vielfalt an eingesetzten Materialien, angewandten Bearbeitungsverfahren und Produkttechnologien zunehmend auf stofflichen und methodischen Kenntnissen, die – im Unterschied zum tradierten Typus qualifizierter Arbeit – einer verstärkten theoretischen Fundierung bedürfen.
> Dieser Wandel des Qualifikationsprofils des gewerblichen Arbeitnehmers stellt sich bereits in der betrieblichen Realität im zu beobachtenden Übergang von traditionellen Typus des Facharbeiters zum "Systemregulierer" auf der einen und zum "Problemlöser" auf der anderen Seite dar.“[199]

Viele der vor allem durch die strukturellen Veränderungen der Deindustrialisierung freigesetzten Arbeitskräfte können aufgrund ihrer – gemessen an den neuen Ansprüchen – unzureichenden Fähigkeiten nur noch schwer in den ersten Arbeitsmarkt re-integriert werden. Häufig ist eine Rückkehr ins Berufsleben aufgrund eines vergleichsweise hohen Alters der Arbeitnehmer, welches eine flexible Anpassung an das neue Leistungsniveau be- bzw. verhindert, im Prinzip ausgeschlossen. Diese Erwerbslosen stellen in der Folge eine nicht unerhebliche wirtschaftlche Belastung für die jeweils betroffenen Kreise und Länder dar.

Besonders stark negativ betroffen von diesem Umbruch sind altindustriell geprägte Regionen, die von ein oder zwei sich im Niedergang (bzw. in der Umstrukturierung) befindenden Industriebranchen geprägt sind.[200] Da vor- und

---

[195] Vgl. Porter 1998b, S. 80.
[196] Vgl. Reson 2001, (Kapitel 5) S. 45. (Onlinequelle)
[197] Vgl. Murray 1992, S. 272.
[198] Vgl. z.B. Krätke/Borst 2000, S. 22.
[199] Reson 2001, (Kapitel 5) S. 45. (Onlinequelle)
[200] Vgl. Schamp 2000, S. 136.

nachgelagerte Branchen eng mit der Leitbranche verknüpft sind, teilen diese in der Regel die wirtschaftliche Entwicklung, was im o.g. Fall eine zusätzliche Verschärfung der Situation zur Konsequenz hat.[201] Beispiele für solche Regionen sind u.a. das Ruhrgebiet mit seiner Montanindustrie oder Bremen und die Schiffbauindustrie.

Die Folgen des Niedergangs von regionalen Leitindustrien in altindustriell geprägten Regionen konnten von diesen häufig nicht oder nur unzureichend aufgefangen werden. Zum einen mag dieses an dem fehlenden Vermögen der verantwortlichen Akteure gelegen haben, die Entwicklung frühzeitig zu erkennen und darauf mit geeigneten Gegen- bzw. Kompensationsmaßnahmen zu reagieren. Zum anderen können aber auch fehlende Ansatzpunkte zur Umsetzung von gegenlenkenden Maßnahmen der Grund für eine ungebremste Negativentwicklung der wirtschaftsstrukturellen Situation und damit der Wettbewerbsfähigkeit einer Region sein. So wäre es beispielsweise naiv anzunehmen, daß eine Region, die in hohem Maße von den Auswirkungen der Deindustrialisierungsprozesse betroffen ist, ihre strukturpolitischen Bemühungen nur auf die dynamischen (und damit zukunftsträchtigen) Wachstumsbereiche im Dienstleistungssektor (und hier vor allem die produktionsorientierten Dienstleistungen) konzentrieren müsse, um ihre strukturelle Schwäche zu überwinden. In diesem Zusammenhang verweist *Bömer* auf das Parallelitätstheorem in der Regionalökonomie, welches aufzeigt und hinreichend belegt, daß ein solches Vorhaben in der Regel von vornherein zum Scheitern verurteilt ist.[202] Das Parallelitätstheorem besagt, daß „... die Beschäftigungsentwicklung im Industrie- und Dienstleistungssektor relativ parallel verläuft und damit auf das Wirken der klassischen Exportbasisfunktionen der Industrie in Verflechtung mit den produktionsorientierten Dienstleistungen verweist ....“.[203] Letztlich ist es also von wesentlicher Bedeutung, daß die Bemühungen einer Region zur Stabilisierung und Verbesserung der eigenen wirtschaftsstrukturellen Situation inhaltlich breit angelegt sind, was allerdings das Einrichten von Förderschwerpunkten nicht ausschließt.

Eine Region, die sich in der oben beschriebenen wirtschaftsstrukturellen Zwangssituation befindet, steht also vor zweierlei Problemen: einerseits muß sie in Wachstumszweige investieren, um das wirtschaftsstrukturelle Fundament zu stärken, aufzuwerten und hierüber zukunftsfähig zu gestalten. Andererseits muß sie versuchen, den Niedergang der von der Deindustriealisierung betroffenen Wirtschaftszweige zu kontrollieren, um einen schnellen Zusammenbruch zu verhindern, dessen wirtschaftliche und soziale Konsequenzen ansonsten in der

[201] Vgl. Schamp 2000, S. 136.
[202] Bömer 2000, S. 295.
[203] Ebenda; Krätke/Borst 2000, S. 39.

Regel nicht mehr zu tragen sind und die Region in ihrer Gesamtheit handlungsunfähig werden läßt.[204]

Viele der sich in diesem Dilemma befindenden Regionen benötigen dringend „Auffangkonzepten“ und suchen deshalb aktiv nach solchen, die es ihnen ermöglichen, die vorhandenen strukturellen Schwächen abzubauen und wieder an Attraktivität und Wettbewerbsfähigkeit zu gewinnen. Eine erfolgversprechende Möglichkeit hierfür bietet in der Regionalentwicklung das *Clusterkonzept*.[205] Der Begriff des Clusters lebt seit einigen Jahren wieder auf und steht als Synonym für wirtschaftliches Wachstum, technischen Fortschritt, Arbeitsplätze, Innovationen, Synergien und Netzwerke – also für Wettbewerbsfähigkeit und Prosperität.[206] Bedeutende – und augenscheinlich auch überzeugende – Beispiele für den tatsächlichen Erfolg der Umsetzung eines Clusterkonzeptes sind in Deutschland das Automobil-Cluster in Wolfsburg, das Biotech-Cluster in Martinsried oder auch das Opto-Elektronik-Cluster in Jena. Allerdings wird der Begriff häufig sehr "schillernd" dargestellt und unterliegt demzufolge ebenso oft einer inhaltlichen Überfrachtung (in bezug auf sein Potential), die aus der Hoffnung der Akteure geboren wird, daß dieses Konzept das Allheilmittel für alle (wirtschafts-) strukturellen Probleme der Region sei. Was ein Cluster bzw. ein Clusterkonzept nun wirklich ist, was es ausmacht und wo und unter welchen Bedingungen es tatsächlich ein potentiell erfolgversprechender regionalpolitischer Ansatz zur Stärkung und Stabilisierung der wirtschaftlichen Strukturen ist, soll im Folgenden aufgezeigt werden. Hierzu wird dieses zuerst in seiner theoretischen Fundierung vorgestellt, um mit diesem Wissen nachfolgend die Clusterstrukturen des Bremer Logistiksektors zu analysieren.

2.2 Definition – Cluster

> „Erfolg zieht Erfolg an: Wo Konkurrenz ist, herrscht Wettbewerb, wo Wettbewerb herrscht, ist Innovation nicht mehr fern. Willkommen im Cluster“[207]

Dieses Zitat verdeutlicht kurz und prägnant die grundsätzliche Funktionsweise eines Clusters und die Motivation für Unternehmen, sich in ein Cluster zu integrieren bzw. eines zu initiieren: Wenn sich Unternehmen der gleichen Branche lokal konzentrieren, sehen sie sich mit einer verschärften Konkurrenzsituation konfrontiert, was den Wettbewerbsdruck erhöht und die Unternehmen zu immer

---

[204] Vgl. Bömer 2000, S. 292.
[205] Vgl. Genosko 1999, S.7.
[206] Vgl. Risch 2002, S. 3.
[207] Pilling 2001, S. 58. (Onlinequelle)

neuen Innovationen anregt, um Kosten zu senken und/oder schneller auf sich in der Regel kontinuierlich verändernde Marktanforderungen zu reagieren.[208] Diese Innovationskonkurrenz (im weitesten Sinne) ist der eigentliche „Motor", der ein Cluster am Leben erhält – die Gründe für das Entstehen eines Clusters liegen hauptsächlich in der Reduzierung von Unsicherheit, die primär von den Märkten ausgeht. Sollte das Schwungrad Innovationskonkurrenz aus dem ein oder anderen Grund zu irgendeinem Zeitpunkt zum Erliegen kommen, bedeutet dies heutzutage fast immer den Niedergang des Clusters.

Diese Erläuterung greift aber vor, da zuerst einmal geklärt werden soll, woher der Begriff des Clusters kommt und welche Inhalte ihm innewohnen. Der Begriff „Cluster" wird im Duden wie folgt definiert:

> „Clu|ster [*klaßt^{e}r; engl.] der;* -s, -[s]: 1. eine als einheitliches Ganzes zu betrachtende Menge von Einzelteilchen (Kernphysik). 2. Klanggebilde, das durch Übereinanderstellung kleiner ↑Intervalle (2) entsteht; Klangfeld (Mus.). 3. (Sprachw.) a) Folge von aufeinanderfolgenden ungleichen Konsonanten; b) ungeordnete Menge semantischer Merkmale eines Begriffs."[209]

In der ökonomischen Debatte wird der Clusterbegriff in der Regel kurzgefaßt als eine „... Organisationsform von Industrien, die höhere Produktivität und mehr Innovationen erzeugen als räumlich weiter aufgefächerte Strukturen„[210] definiert und verstanden, wobei dieser inhaltliche Kern trotz unterschiedlichster Ausformulierungen im Prinzip immer der gleiche bleibt.[211]

Die dieser Arbeit zugrunde liegende, ausdifferenziertere Definition des Clusters nach *Elsner* lautet:

> *„We define (regional) clusters as (regionally concentrated) groups of firms which are functionally interconnected (vertically as well as horizontally), including manufacturing and services, plus related („hard" or „soft") infrastructures and public, semi-public, and social agents financing and/or running them. The crucial point here is the functional relationships which are determined through the market either as vertical supplier relationships or, in the horizontal case, as specific substitutional or complementary relations among the products of participating firms (including, in this way, what is often called technological „network externalities").*[212]

---

[208] Vgl. Mirbach 1999, S. 33.

[209] Duden – Das Fremdwörterbuch 1990, S. 150.

[210] Porter 2002, S. 21.

[211] Die geläufigsten Ansätze des Clusterkonzepts sind in einer Zusammenfassung beispielsweise bei *Bruch-Krummbein/Hohmuth* nachzulesen. Bruch-Krummbein/Hochmuth 2000, S. 22 ff.

[212] Elsner 2000a, S. 413-415.

Der Grundgedanke des Clusters ist schon relativ alt und keine Neuerfindung unserer Zeit. So soll nur an das mittelalterliche Zünftewesen erinnert werden, in welchem sich die Angehörigen der einzelnen Zünfte innerhalb der jeweiligen Stadt auch schon in sogenannten Zunftquartieren räumlich konzentrierten.[213] Mit der Verbesserung der Verkehrswege und -mittel und der voranschreitenden Arbeitsteilung (auch innerhalb einzelner Produktionsprozesse) ging eine räumliche Ausweitung des Handlungs- bzw. Aktionsraumes einher. War zuerst die Stadt der Nukleus wirtschaftlicher und gesellschaftlicher Aktivität, dehnte sich der Fokus nach und nach erst über das direkte Stadtumland und dann über die Region (und zum Teil auch darüber hinaus) aus. Der Ursprung des Clustergedankens blieb die ganze Zeit über erhalten – beispielhaft hierfür soll die Stahlverarbeitungsindustrie in Solingen oder die Druckmaschinenindustrie in Heidelberg angeführt werden. Einen kurzen Abriß der geschichtlichen Entwicklung der Cluster-Idee gibt *Steiner*.[214]

Nachdem das Phänomen der räumlichen Konzentration von Unternehmen gleicher sowie eng verwandter Branchen seit Mitte der 80er Jahre (nach Überwindung älterer Konzepte wie bspw. dem der „Agglomerationsvorteile“) allerorts unter der Theorie des *„industrial district“*[215] diskutiert wurde, rückte der Cluster-Begriff erst 1990 mit der Veröffentlichung des Buches „The Competitive Advantage of Nations“ von *Michael Porter* richtig ins Bewußtsein der Regionalwissenschaft und gelangte zur „Theoriereife“ [216]. Porters Leistung war es, die Frage nach den Grundlagen der Wettbewerbsfähigkeit von Branchen einerseits und von Regionen andererseits zu verknüpfen[217] und hierfür eine „allgemeine Methodik zur Erfassung regionalwirtschaftlicher Konfigurationen“[218] zu entwickeln, in denen „die industrial districts eine fallspezifische Kategorie [darstellen –

[213] Vgl. McKinsey&Company 2000, S. 9.

[214] Vgl. Steiner 1998, S. 2-3.

[215] Als Industriedistrikt wird bezeichnet: „... a set of companies located in a relatively small geographical area; and the said companies work, either directly or indirectly, for the same end market; that they share a series of values and knowledge is so important that they define a cultural environment; and that they are linked to one another by very specific relations in a complex mix of competition and cooperation.“ Brusco 1990 zitiert nach Bruch-Krumbein/Hochmuth 2000, S. 23.
Als Prototyp eines Industriedistriktes wurden schon Ende der 70er Jahre unter dem Synonym des „Dritten Italiens“ (Piore/Sabel 1984) Cluster klein- und mittelständischer Unternehmen (KMU) in Italien bekannt, die aufgrund ihrer Kooperationen („Schmitz hat für diesen Tatbestand den Begriff *collective efficiency* geprägt.“ Schmitz zitiert nach Meyer-Stamer 2000, S. 9) ohne staatliche Sonderzuwendungen rascher und dynamischer wuchsen als die von politischer Seite stark unterstützten Großunternehmen. Vgl. Hellmer/Friese/Kollros/Krumbein 1999, S. 45-46; Meyer-Stamer 2000, S. 2-3.

[216] Pilling 2001, S. 63. (Onlinequelle)

[217] Bruch-Kumbein/Hochmuth 2000, S. 25.

[218] Kremer/Harmes-Liedke/Korflür 2000, S.22.

Anm. d. Verf.], die durch weitere [Kategorien – Anm. d. Verf.] zu ergänzen wäre“[219].

Diese Verknüpfung gelingt Porter in seinem „Diamanten-Modell“, in welchem er die sich wechselseitig bedingenden, d.h. nicht interdependenten und verstärkenden Faktoren (die die Wettbewerbsfähigkeit von Clustern begründen) in ihrer Beziehung zueinander aufzeigt. Bei den Faktoren handelt es sich um[220]:

1.	Faktorbedingungen:	Das Vorhandensein spezifischer Faktoren, die Qualität und Innovationen in der Produktion ermöglichen.
2.	Unternehmensstrategien und Rivalität:	Mehrere Wettbewerber, die sich durch gegenseitige Konkurrenz zur kontinuierlichen Weiterentwicklung stimulieren.
3.	Nachfragebedingungen:	Anspruchsvolle lokale Kunden, die mit ungewöhnlichen (Produkt-) Nachfragen (auch Pioniernachfragen) zu immer neuer Produktinnovation antreiben.
4.	Unterstützende Unternehmen:	Eine kritische Masse kompetenter lokaler Zulieferer, die gleichfalls innovativ tätig sind und darüber wiederum Produktionspartner in ihrer Arbeit und Entwicklung stimulieren und befördern.

Unternehmen, die sich ständig mit immer neuen Anforderungen seitens der Nachfragemärkte konfrontiert sehen und sich zugleich gegen eine starke Konkurrenz auf eben diesen Märkten behaupten müssen, versuchen dies über eine flexiblere, spezialisiertere und innovativere Produktion, die häufig nur im arbeitsteiligen Verbund möglich ist.[221]

Die drei im Prinzip wesentlichsten Beweggründe für Unternehmen, sich zu *clustern*, sind zusammengetragen und spezifiziert bei *Schamp* zu finden.[222] Dort, in

---

[219] Kremer/Harmes-Liedke/Korflür 2000, S.22.
[220] Vgl. z.B. Porter 1998, S. 9; Meyer-Stamer 2000, S. 4 ff. (Onlinequelle); Schamp 2000, S. 134.
[221] Vgl. Sengenberger/Pyke 1992, S. 14 ff.
[222] Vgl. Schamp 2000, S. 150 ff.

direkter Beziehung zu Hochtechnologie-Unternehmen gesetzt, sind die angeführten Motive mit Einschränkungen durchaus auf weite Teile der Wirtschaft insgesamt verallgemeinerbar. Unterschieden wird zwischen a) einer transaktionskosten-theoretischen Begründung, b) einer institutionen-ökonomischen Begründung und c) einer Begründung über dynamische urbane Agglomerationsvorteile.

Die transaktionskosten-theoretische Begründung zielt darauf ab, daß die Unternehmen versuchen, ihre *Transaktionskosten*, d.h. die Kosten der Anbahnung, der Vereinbarung, der Kontrolle und gegebenenfalls der Durchsetzung von Verträgen und Ansprüchen gegenüber weiteren Akteuren, zu minimieren. Motiviert durch den Wunsch, die durch den Markt hervorgerufene Unsicherheit zu senken und neue flexiblere Formen der Arbeitsorganisation jenseits der reinen „economies of scale" der Nachkriegsära zu finden und zu implementieren, bilden Unternehmen an spezifischen Standorten Cluster aus, die aufgrund der impliziten räumlichen Nähe wechselseitige Interaktionen erleichtern und hierüber die Transaktionskosten reduzieren.[223] Dieser Ansatz ist jedoch nicht kritiklos. *Schamp* nennt in diesem Zusammenhang vor allem die Nicht-Historizität der Transaktionskostentheorie sowie die nicht verifizierte und daher zweifelhafte Annahme der Distanzabhängigkeit der Transaktionskosten.[224]

Der Kern der institutionen-ökonomischen Begründung liegt in der steigenden Bedeutung von Informationen und Wissen als wesentlicher Faktor für den Erfolg eines Unternehmens. Neben dem allgemein besseren Überblick über den Markt bzw. das Marktgeschehen und das Agieren der Konkurrenten ist es aber vor allem das *nicht-kodifizierte Wissen* (tacit knowledge[225]), welches nicht frei

---

[223] Vgl. Schamp 2000, S. 151; Krätke 1995, S. 68-69.
[224] Schamp 2000, S. 151.
[225] Tacit knowledge: „Das wechselseitige Verstehen von Codes, Symbolen, Signalen, diffusen Andeutungen usw. impliziert neben hoch entwickelten kognitiven Kompetenzen auch spezifische Erfahrung, Empathie, ähnliche oder sogar homogene wertbezogene, kulturelle Deutungs- und Orientierungsmuster. Diese Kombination von kognitiven, emotionalen und erfahrungsgebundenen Elementen macht „tacit knowledge" so schwer faßbar und manchmal geheimnisvoll, weil sich dieses Wissen für den externen Akteur oder Beobachter nicht (ohne weiteres) erschließt und kaum objektivierbar erscheint. In der Regel wird sich solcherart Wissen wohl nur in einem kulturell und zivilisatorisch einigermaßen homogenen Raum, also bei *sozialer*, aber auch *räumlicher Nähe* entwickeln können, weil „blindes Verstehen", „unausgesprochenes Einverständnis", implizites „commitment", „Vertrauensvorschüsse", Empathie usw. sich unter autonomen und isolierten Akteuren, die nur wenig voneinander wissen und sich nicht „kennen", wohl kaum entstehen kann. Es geht ja um nicht ohne weiteres kommunizierbares Wissen. Ein gewisses Maß an sozio-kultureller Homogenität ist also unabdingbar, weil der Inhalt von Informationen und die „Botschaft" von Kommunikationen anders gar nicht verarbeitet werden können." Fischer/Gensior 2002, S. 16-17.

verfügbar und transferierbar ist und auf das ein Unternehmen nur unter bestimmten Voraussetzungen Zugriff hat.

Dieses Wissen ist in der Regel an Personen bzw. Personenkreise gebunden und deshalb nicht ubiquitär oder aus den regionalen Zusammenhängen herauszulösen und transferierbar.[226] An solchen „Wissenspools“ kann nur der partizipieren, der sich in die regionalen Zusammenhänge einbringt und über kontinuierliche Interaktion mit den „wissenden“ lokalen Akteuren ein persönliches Verhältnis zu diesen aufbaut, was dann in der Regel zu einem Erfahrungsgewinn im Zuge eines Wissenstransfers (über learning by doing, by using und by interaction) führt.[227]

Die Begründung über dynamische urbane Agglomerationsvorteile setzt am Faktor „Unsicherheit“ an. Sich mit zunehmender Geschwindigkeit immer wieder verändernde Marktbedingungen fordern von Unternehmen eine immer höhere Flexibilität und zeitnahe Anpassung an sich neu ergebende Anforderungen. Dieses erzeugt bei Unternehmen eine erhöhte *Unsicherheit* aufgrund fehlender Kontinuität, welche diese versuchen, über die Wahl eines die Risiken minimierenden Standorts zu reduzieren. Häufig handelt es sich hierbei um Standorte in und um große Städte bzw. Metropolen herum, da diese die Unsicherheit der Unternehmen über die vorhandene räumliche Konzentration entscheidender Wettbewerbsfaktoren wie beispielsweise einem spezialisierten Arbeitskräftepotential, Venture-Capital, spezifischen Dienstleistern oder einer hohen Dichte an potentiellen Auftraggebern reduzieren können.[228] „Wo Unsicherheiten (...) vorherrschen (...), suchen Unternehmen einen Unsicherheit reduzierenden Standort in den Metropolen, weil sie dort von allem mehr erwarten.“[229] Im Zuge dieser Risikominimierung kann es so zur branchenspezifischen Clusterung in den Städten oder im städtischen Umland kommen.

Alle drei aufgezeigten Motive für Unternehmen, sich in Cluster einzubringen, sind mehr oder minder das Produkt der sich im Zuge der Globalisierung verändernden Ordnung, d.h. des Paradigmenwechsels weg von der fordistischen Massenproduktion nach tayloristischen Prinzipien hin zu einer post-fordistischen, immer stärker auf eine ansteigende Vielfalt an Marktanforderungen ausgerichteten Einzelfertigung (Maßproduktion).[230]

---

[226] Kujath 2002b, S. 184.
[227] Vgl Schamp 2000, S. 118.
[228] Vgl. Schamp 2000, S. 153.
[229] Ebenda.
[230] Zur Entwicklung der kapitalistischen Wirtschaft von der *extensiven Akkumulation* unter liberaler Regulation (ab Mitte des 19. Jahrhunderts) bis zur *flexiblen Akkumulation* bzw. dem Postfordismus der heutigen Zeit siehe Maier/Tödtling 2002, Kapitel 8, S. 157-175.

„Increasing competition, standards of living and of culture, and the increasing diversification of society in various groups with different consumer behaviour imply the end of the 'mass production' and of the myth of a large 'middle class' with homogeneous preferences. Quality control, product diversification, and product innovation become the crucial instruments in a market-oriented or consumer-oriented regional industrial policy.“ [231]

Dies soll nicht bedeuten, daß diese Effekte nicht schon in früheren Zeiten von Relevanz bei der betrieblichen Standortwahl waren, doch wird davon ausgegangen, daß sie in den letzten 2-3 Dekaden mit Blick auf die Wettbewerbsfähigkeit so stark an Bedeutung gewonnen haben, daß andere, vormals im Mittelpunkt stehende (z.T. traditionellere) Kriterien an den Rand gedrängt wurden. Im Gegensatz zu den bis Anfang der 70er Jahre die Strategie der Unternehmen dominierenden Faktoren der Unternehmensgröße (economies of scale) und dem Zugang zu den Produktionsfaktoren, ist heute die Produktivität das entscheidende Wettbewerbselement.[232] In direkter Beziehung hierzu gelang das „Clusterkonzept“ sowohl als erfolgsversprechende Unternehmensstrategie als auch als regionalpolitisches Förderinstrument wieder in das Bewußtsein der Akteure (Unternehmensmanager, Regionalplaner, Wirtschaftsförderer etc.).

2.3 „Clusters are an ancient concept, but a new tool“[233] – das Clusterkonzept

Cluster scheinen nach bisherigem Wissensstand das Potential zu bergen, zusätzliche wirtschaftliche Entwicklungspotentiale bei Unternehmen freizusetzen und zu vergleichsweise dynamischerem Wachstum zu verhelfen, was sich wiederum positiv auf die Stabilität bzw. – ganz allgemein – auf die Qualität der Wirtschaftsstruktur der jeweiligen Region auswirkt.

Was sind aber nun im Detail für ein Unternehmen die erfolgsfördernden Einflußfaktoren, die cluster-spezifisch und nur über die Beteiligung an einem solchen zu erlangen sind? Nach *Porter*[234] kann ein bestehendes Unternehmen über die Einbettung in ein Cluster einerseits seine Produktivität über die normale Marktentwicklung hinaus erhöhen und andererseits kontinuierlich innovationsfähig bleiben, was (in der Regel) die Wettbewerbsfähigkeit und damit das Überleben am Markt sichert. Überdies bietet das Cluster neuen Unternehmen erheblich günstigere Startchancen, da bestehende Markteintrittsbarrieren abgesenkt werden können.[235]

---

231 Vgl. Cappellin 1998, S. 60.
232 Porter 1998, S. 55.
233 Paierl, zitiert nach McKinsey&Company 2000, S. 9.
234 Porter 1998, S. 55-59.
235 Ebenda.

Unternehmen, die Bestandteil eines Clusters sind, genießen den wesentlichen (Standort-) Vorteil, daß der Zugang zu spezialisierten und erfahrenen Arbeitskräften erheblich vereinfacht ist, da diese sich aufgrund der hohen räumlichen Dichte an potentiellen Arbeitgebern an jenem Standort konzentrieren (was ihnen die Sicherheit gibt, bei einem Arbeitsplatzverlust relativ schnell eine neue Anstellung zu bekommen). Die Suchkosten nach spezialisierten Arbeitskräften ist demzufolge für die Unternehmen in einem Cluster gering. Auch entfällt häufig die Verpflichtung, unternehmensintern Arbeitskräfte ausbilden zu müssen. Durch die räumliche Konzentration vieler Spezialisten ist darüber hinaus zu erwarten, daß diese ihre Qualifikation durch formelle und informelle Kontakte kontinuierlich ausbauen.[236]

Ähnlich der gerade beschriebenen Situation bezüglich des regionalen Arbeitsmarktes verhält es sich auch im Hinblick auf die Zulieferer in einem Cluster. Diese, zumeist hochspezialisierten Unternehmen richten oft ihr Tätigkeitsspektrum gezielt auf die Belange des Clusters (bzw. der Produktionsunternehmen innerhalb des Clusters) aus, was zum einen die Such-, Organisations- und Transaktionskosten der Unternehmen innerhalb des Clusters senkt und zum anderen *relativ feste* (i.S.v. dauerhafte, vertraglich fixierte) Bindungen zur Folge haben kann, die den – zumeist kleineren – Zulieferern (Bestands-) Sicherheit geben *können*.[237] Aufgrund der Konzentration spezialisierter Zulieferer ist es für Produktionsunternehmen erheblich einfacher, Segmente, die nicht direkt zum Aufgabenkern gehören, *outzusourcen* (d.h. fremdzuvergeben), da „kurze Wege" die Kommunikation erhöhen und die Reaktionszeit beim Auftreten von Komplikationen verkürzen.

Weitere Vorteile können sich ergeben, wenn die Region bzw. ihre öffentlich-rechtlichen Akteure das Cluster als solches erkennen und entsprechend durch den Auf- bzw. Ausbau von flankierenden öffentlichen Institutionen (Universitäten, Fachhochschulen, Qualitätszentren etc.) und/oder Programmen (im Bereich Bildung/Fortbildung, spezielle Infrastruktur etc.) das Cluster unterstützen und fördern.[238] Unternehmen können diese Einrichtungen und Angebote nutzen, was sich sowohl individuell kostensenkend als auch allgemein kommunikationsfördernd auswirkt.

Neben diesen „Größenvorteilen", die die Cluster-Unternehmen beispielsweise resistenter gegenüber Preisschwankungen auf den Märkten und, auf Basis der eingebundenen Kapazitäten, flexibler und schneller auf neue Anforderungen reagieren läßt, sind es aber vor allem auch die Wissensdichte und der Wissens-

---

[236] Vgl. Tichy 1998, S. 226.
[237] Vgl. Porter 1998, S. 57; Tichy 1998, S. 227.
[238] Porter 1998, S. 58.

transfer, die, u.a. durch die o.g. *kurzen Wege*, innerhalb eines Clusters eine nicht vergleichbare Qualität besitzen und die Wettbewerbsfähigkeit der Unternehmen stark positiv beeinflussen können. An dieser Stelle kann nicht mehr eindeutig von wesentlichen Gunstfaktoren eines Clusters gesprochen werden, da vor allem der *aktive* Wissenstransfer als ein konstituierendes Element von Netzwerken (i.S.v. strategischen Kooperationen) angesehen werden muß. So sorgen vor allem Wissens-Spillovers[239] über Mitarbeiterwechsel und das genaue Beobachten der Konkurrenten (passiver, nicht bewußter und willentlicher Wissenstransfer) dafür, daß ein Unternehmen stetig mit neuen Impulsen versorgt wird, die es langfristig agil (i.S.v. beweglich) und innovativ bleiben läßt. Teil eines branchenspezifischen Clusters zu sein, bedeutet für ein Unternehmen gleichzeitig „am Puls der Zeit" zu sein, da dieses oft Keimzelle von Innovationen ist und diese hier (im Innovationskern) über „Mundpropaganda" als erstes zugänglich sind, bevor sie in den Raum diffundieren.[240] Der darüber hinaus ständig stattfindende Vergleich mit der Konkurrenz wirkt überdies hochmotivierend und treibt die Unternehmen fortwährend zu Leistungssteigerungen an, was in der Folge das Cluster als Ganzes stärkt und zu einem anhaltenden Aufschwung und wirtschaftsstruktureller Prosperität in der Region führen kann. Optimalerweise gelingt es einer Region sogar, sich über das lokal verankerte Cluster „einen Namen zu machen", d.h. im branchenspezifischen Bereich zu einer *Leitregion* mit nationaler oder gar internationaler Ausstrahlung aufzusteigen.[241] Resultat einer solchen Attraktivitätssteigerung (immer mehr Akteure werden auf das erfolgreiche Cluster aufmerksam) wäre ein weiterer – vielleicht sogar verstärkter – Zulauf an Firmen, Kapital und Arbeitskräften, die wiederum die Entwicklung des Clusters anregen und beschleunigen würden.[242] Im besten Fall könnte diese Entwicklung in einem „... sich [kontinuierlich – Anm. d. Verf.] selbst verstärkenden Kreislauf ..." gipfeln.[243]

Cluster sind jedoch kein Allheilmittel für grundsätzlich jede Region und schon gar kein „Selbstläufer". Vielen Regionen fehlt das Potential und/oder Vermögen, ein Cluster zu initiieren und auszubilden. Vielschichtige Voraussetzungen müssen gegeben bzw. erfüllt sein, um einer Region mit Hilfe des Cluster-Konzeptes wirtschaftsstrukturelle Impulse zu induzieren. Für die Standorte ist es im sich verschärfenden internationalen Wettbewerb von immer entscheidenderer Bedeutung, die eigenen individuellen „herausragenden" (i.S.v. von – im besten Falle – international wettbewerbsfähigen) Stärken zu erkennen und diesen ein

---

[239] Vgl. Mirbach 1998, S. 17-19.
[240] Vgl. Ebenda; Reichard 1999, S. 146-153.
[241] Vgl. Iwer/Dispan/Grammel/Stieler 2002, S. 19.
[242] Ebenda.
[243] Porter 1998b, S. 84.

möglichst einzigartiges, wachstumsförderndes Umfeld zu schaffen, das anderenorts nicht ohne weiteres duplizierbar ist.

2.4 Theoretische Grundlagen

Die nachfolgende Einführung in die theoretischen Grundlagen der Cluster-Thematik soll dazu dienen, die aus den empirisch erhobenen Daten der Unternehmen gewonnenen Erkenntnisse (nachfolgend unter Punkt 2.5) zweckdienlich einordnen bzw. bewerten zu können, um schließlich eine Aussage zur Qualität und damit letztlich zur Förderwürdig- bzw. -bedürftigkeit des bremischen Logistikclusters treffen zu können.

2.4.1 Der Standort

Wenn nicht jeder Standort in sich das Potential birgt, ein Cluster zu initiieren, stellt sich die Frage, welches die wesentlichen Voraussetzungen sind, die eine strukturfördernde Umsetzung des Cluster-Konzeptes überhaupt erst ermöglichen.

Hier sind im wesentlichen zwei Kernkomplexe auszumachen, die von herausragender Bedeutung sind:

1. Ein Cluster läßt sich in der Regel nur dort induzieren, wo schon in einem gewissen Maß (i.S. einer kritischen Masse) spezifische (Kern-) Kompetenzen aufgebaut/angesammelt wurden und gleichzeitig dementsprechende, wirtschaftsstrukturelle Bedingungen geschaffen werden konnten.[244]

2. Wie aus dem bisher Dargestellten im Ansatz schon erkennbar, hat sich die Bedeutung des Standortes im Zuge der sich drastisch verändernden weltwirtschaftlichen Bedingungen gewandelt. Waren vor 20-30 Jahren noch in der Hauptsache (*produktions-*) *kostensenkende Faktoren* wie u.a. der direkte Zugang zu Beschaffungs- und Absatzmärkten, ein kostengünstiges Lohnniveau und eine die Transportkosten senkende Verkehrsinfrastruktur (Güterbahnhöfe, Häfen etc.) bei der Standortwahl von primärer Bedeutung, so sind es heute im Zuge der Kontraktion von Zeit und Raum vielfach vornehmlich sogenannte *weiche Faktoren*, die innovationsfördernd wirken und die Effizienz im Unternehmen über alle Bereiche erhöhen.[245] Ein Standort muß – ohne die vormals gewichtigen Faktoren in ihrer Weiterentwicklung und Bestandspflege vollständig

[244] Vgl. Bruch-Krumbein/Hochmuth 2000, S. 15; Iwer/Dispan/Grammel/Stieler 2002, S 40; Stuchtey 2002, S. 51.
[245] Vgl. Porter 1998, S. 51-52.

außer Acht zu lassen – ein Umfeld schaffen, in welchem gerade diese neuen (i.S.v. an Bedeutung zugenommenen) Faktoren in qualitativ ausreichendem Maße vorhanden sind und zur Geltung kommen.

Cluster können sich auf Basis unterschiedlichster Gründe formieren. Entscheidend ist häufig ein *Ursprungsimpuls*, der die Entwicklung anstößt und die Clusterbildung startet.[246] Dieser Impuls kann beispielsweise durch historisch gewachsene regionale Standortvorteile ausgelöst worden sein (Rohstoffvorkommen vor Ort, besondere infrastrukturelle Einrichtungen wie bspw. Häfen), von wenigen, äußerst innovativ tätigen Unternehmen (häufig sog. Pioniere) und/oder Institutionen ausgehen, durch eine lokale hochspezialisierte Nachfrage hervorgerufen werden oder einfach auf ein begünstigend wirkendes, zufälliges Ereignis zurückzuführen sein.[247]

In der Regel muß also am Standort eine ausgeprägte branchenspezifische Kompetenz und/oder ein struktureller Rahmen vorhanden sein, der ein ausbaufähiges „Fundament" darstellt (also ein endogenes Entwicklungspotential beinhaltet), an das ein Cluster „andocken" und auf welchem es aufbauen kann.[248] Cluster können nicht aus dem „Nichts" geschaffen werden. *Bruch-Krumbein* und *Hochmuth* bringen es mit der Feststellung: „... wenn nicht auf vorhandene wirtschaftsstrukturelle Bedingungen aufgebaut werden kann, läßt sich ein Cluster nicht induzieren"[249] auf den Punkt.

Erfolgreiche Cluster entwickeln sich normalerweise jedoch über ihren Ursprungsimpuls hinaus und setzen eine sich wechselseitig beeinflussende und verstärkende Kette von Wettbewerbsvorteilen in Gang, die – im besten Falle – das Cluster langfristig innovations- und damit wettbewerbsfähig sein läßt. Auch kommt es vor, daß der ursächliche Impulsgeber, der die Bildung des Clusters angeregt hat, im Laufe der Zeit an Bedeutung verliert oder gar gänzlich verschwindet, das Cluster aber schon so weit entwickelt ist, daß nachfolgend generierte, lokal gebundene Wettbewerbsvorteile einen im Vergleich weitaus höheren Stellenwert erlangt haben und (bis auf weiteres) die Grundlage für das Fortbestehen des Clusters sind.[250]

Neben der Tatsache, daß ein Standort über wirtschaftliche Strukturen und Kompetenzen mit Entwicklungspotential verfügen muß, müssen überdies die sonstigen Rahmenbedingungen (in Form von Standortfaktoren) dergestalt sein, daß sie

---

[246] Vgl. Pilling 2001, S. 64. (Onlinequelle); Porter 1998, S. 59.
[247] Porter 1998, S. 59.
[248] Vgl Cooke 2003, S. 48; Porter 2002, S. 23; Grote-Westrick/Müller 2002, S. 161.
[249] Bruch-Krumbein/Hochmuth 2000, S. 15
[250] Vgl. Pilling 2001, S. 64. (Onlinequelle)

in erster Linie produktivitäts- und innovationsfördernd wirken. Eine Kernkompetenz allein (vor allem in der Ausprägung einer wirtschaftsstrukturellen Branchenkonzentration[251]) ist noch kein Hinweis auf das Vorhandensein bzw. Garant für die Bildung eines Clusters.[252]

Da es sich bei der Standortwahl eines Unternehmens um eine langfristig wirksame, strategisch grundlegende (Investitions-) Entscheidung handelt, die in der Folge – wenn überhaupt – nur unter sehr hohem finanziellen und zeitlichen Aufwand zu revidieren ist, erfolgt zumeist im Vorfeld ein langwieriger Such-, Abwägungs- und Ausleseprozeß, bevor seitens der Unternehmensführung eine abschließende (Standort-) Wahl getroffen wird.[253]

Im Mittelpunkt der betrieblichen Standortwahl stehen die Standortfaktoren, d.h. Faktoren, die dem Unternehmen aus den lokalen Gegebenheiten heraus die Realisierung wirtschaftlicher Vorteile ermöglichen, die in dieser spezifischen Form anderenorts nicht generiert werden könnten.

Die „klassischen" Standortfaktoren sind hierbei (Raum-) Ausstattungen im Bereich der materiellen, institutionellen und personellen Infrastruktur, die grundsätzlich in irgendeiner Form vorhanden sein müssen, damit eine Volkswirtschaft wachsen und sich wirtschaftsstrukturell entwickeln kann.[254] Zur materiellen Infrastruktur werden beispielsweise Versorgungseinrichtungen wie die Energie- und Wasserversorgung, die Abwasserbeseitigung und das Verkehrswesen, zur institutionellen Infrastruktur u.a. das Rechts-, Finanz-, Zoll- und Steuersystem und zur personellen Infrastruktur das lokal vorhandene Reservoir an qualifizierten und unqualifizierten Arbeitskräften gezählt.[255] Des weiteren von Bedeutung sind das lokal vorhandene Flächenangebot zur Ansiedlung neuer oder Erweiterung bestehender Betriebe, der Miet- und Kaufpreisspiegel pro qm^2 erschlossener Fläche und die Möglichkeit, Subventionen zu erhalten.[256]

In den vergangenen 20 Jahren hat eine Gruppe von Standortfaktoren, die als *Agglomerationseffekte* bezeichnet werden, wesentlich an Bedeutung gewonnen. „Dies sind externe Effekte in der Produktion und im Konsum, die von der Größe der Agglomeration und den Interdependenzen zwischen den verschiedenen Wirtschaftssubjekten abhängen."[257] Erste Arbeiten hierzu stammen von *Mars-*

[251] „The mere colocation of companies, suppliers, and institutions creates the *potential* for economic value; it does not necessarily ensure its realization." Porter 1998b, S. 88.
[252] Vgl. Rehfeld 1999b, S. 48-49; Bruch-Krumbein/Hochmuth 2000, S. 41; Porter 2002, S. 23.
[253] Vgl. Schätzl 1993, S. 28 ff.; Sedlacek 1994, S. 21-22, 25.
[254] Schätzl 1993, S. 33.
[255] Ebenda.
[256] Vgl. Krätke 1995, S. 25.
[257] Mirbach 1998, S. 7-8.

hall, der Ende des 18. Jahrhunderts aufgezeigt hat, daß *Agglomerationsvorteile* im wesentlichen mit drei externen Effekten im Zusammenhang stehen bzw. aus diesen hervorgehen: a) der Verfügbarkeit immobiler Ressourcen (z.B. Klima, Boden, Bodenschätze etc.), b) der Größe und Struktur der Arbeitsmärkte und c) des erleichterten Austausches von Informationen und Wissen innerhalb einer Region.[258] Marshalls Begründungen für Agglomerationsvorteile wurden seither erweitert, ergänzt und modelltheoretisch begründet.[259]

Agglomerationseffekte bzw. -faktoren im allgemeinen lassen sich grundsätzlich in zwei Kategorien bzw. drei Gruppen unterteilen:[260]

a) Interne Ersparnisse

–„*large scale economies*": Interne positive/negative Ersparnisse entstehen in Folge von Kapazitätsausweitungen innerhalb eines (Produktions-) Betriebes, die zu sinkenden/steigenden Stückkosten führen.[261]

b) Externe Ersparnisse

–„*localization economies*": Positive externe Ersparnisse ergeben sich im Fall der *localization economies* aus dem Umstand, daß mehrere Betriebe *derselben Branche* am Standort vorhanden sind. Aufgrund der damit einhergehenden Konzentration gleicher Anforderungen an das Umfeld/den Standort (bzw. erhöhter spezifischer Nachfrage) bilden sich regional Strukturen heraus, die speziell auf diese Anforderungen ausgerichtet sind und von allen genutzt werden können (Verbundvorteile können realisiert werden). Als Beispiel kann eine erhöhte Zahl an branchenspezifischen Dienstleistern und Fachkräften genannt werden.[262]

–„*urbanization economies*": Positive externe Ersparnisse ergeben sich im Fall der *urbanization economies* aus dem Umstand, daß mehrere Betriebe *verschiedener Branchen* am Standort vorhanden sind. Aufgrund der lokalen Konzentration vielfältiger Branchen verbessert sich die allgemeine (strukturelle) Situation (stark diversifizierte Nachfrage), indem einerseits der

---

258 Vgl. Marshall 1890, Buch IV, Kapitel X.
259 Für einen Überblick siehe z.B. Stahl 1995.
260 Vgl. Isard 1956, S. 172-188;
261 Schätzl 1993, S. 32.
262 Ebenda.

> Ausbau von bzw. die Ausstattung mit öffentlichen Einrichtungen und Infrastruktur quantitativ und qualitativ besser ist und andererseits (mit Blick auf den Einzelhandel) das vorhandene Kaufkraftpotential in viel stärkerem Ausmaß angeregt wird.[263]

Allgemein wird davon ausgegangen, daß Agglomerationseffekte in ihrer Wirkung lokal auf den jeweiligen Agglomerationsraum begrenzt sind[264] und dort die räumliche Konzentration von wirtschaftlichen Aktivitäten anregen und befördern, da sie sich insgesamt positiv auf die Produktivität und damit auf die Ertragssituation der Unternehmen auswirken.[265] Während die large scale economies direkt auf die Ertragssituation im *einzelnen Unternehmen* Einfluß nehmen, wirken sich die localization economies auf eine *ganze Branche* und die urbanization economies auf die *gesamte Wirtschaft* einer Region aus.[266]

Der positive Einfluß von Agglomerationseffekten hat aber auch Grenzen, nämlich dort, wo sich aufgrund andauernder hoher räumlicher Konzentration von Menschen bzw. menschlicher Aktivität das Umfeld derart verändert, daß sich Ungunstfaktoren (Agglomerationsnachteile, auch Deglomerationsfaktoren genannt) herausbilden, die die (Faktor-) Kosten ansteigen lassen. Agglomerationsnachteile können sich beispielsweise aus der Verknappung und Verteuerung von Boden, Überfüllung der Verkehrswege, Beeinträchtigungen durch erhöhte Emissions- und Schadstoffbelastungen oder gar steigender sozialer Konflikte ergeben. Deglomerationsfaktoren wirken in der Summe dezentralisierend. Es muß also davon ausgegangen werden, daß es hinsichtlich der Größe von Agglomerationen eine Art Optimum gibt, bis zu welchem die Vorteile die Nachteile noch gerade überwiegen (bevor sich das Verhältnis ins Gegenteil verkehrt).[267]

Die Differenzierung der Agglomerationsfaktoren geht jedoch noch über die aufgezeigte Kategorisierung hinaus. In dieser Form bieten die Agglomerationseffekte und ihre Wirkungsweisen in der Hauptsache eine theoretische Begründung für die räumliche Konzentration von Produktion und Dienstleistung. Was sie – so interpretiert – nur bedingt liefern, ist eine fundierte Erklärung des (dynamischen) Wachstums der Unternehmen und hierüber des ansteigenden Wohlstandes in erfolgreichen Regionen. Aus diesem Grund werden die Agglomerationseffekte zusätzlich in *statische* und *dynamische Externalitäten* unterschieden, wobei die statischen Externalitäten mit den localization und urbanization eco-

[263] Schätzl 1993, S. 32; Krätke 1995, S. 29.
[264] Mirbach 1998, S. 9.
[265] Vgl. Schätzl 1993, S. 32.
[266] Mirbach 1998, S. 8.
[267] Mirbach 1998, S. 30-31.

nomies (externe Ersparnisse) gleichzusetzen sind, während die dynamischen in der Hauptsache aus „der Akkumulation von Humankapital“ hervorgehen.[268] Für *Henderson, Kuncoro* und *Turner* sind die aus lang anhaltenden, persönlichen (zumeist auf *räumlicher Nähe basierende*, informelle[269]) Beziehungen (Face-to-Face etc.) hervorgehenden spezifischen Formen des gemeinschaftlichen Miteinanders (*local trade secrets*; gleichzusetzen mit dem Begriff des *tacid knowledge*) die kennzeichnenden Faktoren dynamischer Externalitäten:

> „Dynamic externalities deal with the role of prior information accumulations in the local area on current productivity and hence employment. Such accumulations are fostered by a history of interactions and cultivated long-term relationships, which lead to a buildup of knowledge ("local trade secrets"), available to firms just in a local area. (...) However, dynamic externalities have broader implications concerning industrial development over time. They help provide an explanation for the location and growth patterns of both mature and newer industries, which we observe in a series of snapshots of an economy.“[270]

Diese schwer meßbaren, vom Charakter her im Vergleich eher informellen und immateriellen Agglomerationsfaktoren sind die eigentlichen treibenden Kräfte, die ein Wachstum der Regionen bzw. der Industrien generieren. Die mit diesen Faktoren zusammenhängenden bzw. mit jenen einhergehenden Wissens-Spillovers und Lerneffekte[271] stellen die entscheidende Grundlage für fortwährende (Produkt-, Prozeß- etc.) Innovationen dar, die die Unternehmen langfristig auf den Märkten wettbewerbsfähig bleiben lassen.[272] Daß sich informelle Beziehungen zwischen Mitarbeitern verschiedener Unternehmen häufig (aber natürlich nicht ausschließlich) zwischen solchen Personen entwickeln, die schon im Zuge alltäglicher Geschäftsaktivitäten miteinander in Kontakt stehen, d.h. die Anbahnung schon in unverfänglicher Form während der Arbeit stattgefunden hat, fördert die Cluster- bzw. vor allem die *Netzwerkbildung* (hier im Sinne strategischer Kooperationen).[273] So können in den dynamischen Agglomerationsvorteilen in der Tendenz schon konstituierende Merkmale von Netzwerken[274] gesehen

---

[268] Mirbach 1998, S. 42.
[269] Vgl. z.B. Tichy 1998, S. 227.
[270] Henderson/Kuncoro/Turner 1995, S. 1083.
[271] Vgl. Storper 1997a, S. 75; Die Definition von Lernen nach *Cooke*: „So learning, like innovation, has to be continuous, cumulative process that can be defined as: *improvement in capability to acquire and adapt knowledge*, and institutional learning as *improvement in an institution's capabilities to monitor, evaluate and implement knowledge.*“ Cook 2003, S. 34-35.
[272] Vgl. Schamp 2000, S. 21; Krätke/Borst 2000, S. 112.
[273] Vgl. Fischer/Gensior 2002, S. 21.
[274] Ein Netzwerk baut auf einem zumeist langfristig „funktionierenden“ Cluster (in welchem durch kontinuierliche Zusammenarbeit ein Mindestmaß an Vertrauen zwischen den Akteuren aufgebaut wurde) auf und findet seine Ausgestaltung beispielsweise in der bewußten

werden und nicht nur das Wachstum eines Clusters anregende und befördernde Faktoren. *Hierbei stellt sich der Übergang vom Cluster zum Netzwerk als relativ fließend dar – eine exakte Abgrenzung und/oder Zuordnung der Einflußfaktoren fällt schwer.*[275] So bemerken *Bruch-Krumbein* und *Hochmuth* treffend, daß ein Cluster in der Hauptsache über funktionale Verflechtungen (also harte Faktoren) definiert ist und diese nicht zwangsläufig mit eher weichen Konstellationen wie Kooperationen zwischen den Akteuren einhergehen müssen.[276] Zur Verdeutlichung führen sie als Beispiel den Fall eines Tochterunternehmens eines international operierenden Großkonzerns an. Das Tochterunternehmen kann unter Umständen Firmen, die entsprechende vor-, nach- beigelagerte Produktions-/Dienstleistungsprozesse anbieten, zu einer Ansiedlung an den Standort bewegen und hierüber schrittweise ein Cluster initiieren und aufbauen, aber aufgrund fehlender *strategischer Entscheidungskompetenz* und *-macht*, die in der Regel beim Mutterkonzern in der Hauptzentrale verbleibt, ist ein darüber hinausgehendes Interesse an der Entwicklung des Standortes/der Region über die aktive Teilnahme u.a. an lokalen politischen und gesellschaftlichen Netzwerken gering.[277] *Kremer, Harmes-Liedke* und *Korflür* sehen das Interesse eines Unternehmens, sich aktiv an regionalen Netzwerken und/oder der Standortentwicklung zu beteiligen, nicht so sehr an wirtschaftliche und unternehmerische Kontrollkapazitäten gebunden, sondern vielmehr vom Grad der Abhängigkeit von stofflichen, immobilen (d.h. an den Standort gebundenen) Produktionsfaktoren sowie dem Ausmaß der über die netzwerkartige Einbindung generierbaren spezifischen Vorteile für das Unternehmen und deren Gewicht im Hinblick auf die Umsetzung langfristig angestrebter Unternehmensziele beeinflußt.[278] Als Beispiel für einen Wirtschaftszweig, der durch seine branchenspezifischen Rahmenbedingungen in Beschaffung, Produktion und Absatz aus Wirtschaftlichkeitsgründen mehr oder minder gezwungen ist, aktiv an der Standortentwicklung und -pflege teilzunehmen, führen sie die Zementindustrie an. Aufgrund von u.a. räumlich begrenzten Absatzmärkten im Zuge hoher Transportkosten und fehlender preiswirksamer Abgrenzungsmöglichkeiten gegenüber Konkurrenten auf Basis von produktbezogenen Qualitätsmerkmalen oder Produktinnovationen sind die Unternehmen dieses industriellen Produktionszweiges insbesondere auf gute Standortbedingungen angewiesen, um wirtschaftlich agieren zu können.[279]

Kooperation im Bereich der strategischen Entwicklung. Auf das Netzwerk und seine Funktionen wird im Folgenden unter Punkt 4 näher eingegangen werden.

[275] Vgl. Punkt 1.

[276] Bruch-Krumbein/Hochmuth 2000, S. 46.

[277] Ebenda.

[278] Vgl. Kremer/Harmes-Liedke/Korflür 2000, S. 97.

[279] Kremer/Harmes-Liedke/Korflür 2000, S. 98.

Steiner faßt die steigende Bedeutung dynamischer Agglomerationsfaktoren für eine anhaltende Wettbewerbsfähigkeit von Unternehmen (fast aller Branchen) sowie der wirtschaftsstrukturellen Entwicklung von Regionen (fast jedem Regionstyps) auf der einen Seite und ihren gleichzeitig exklusiven Charakter auf der anderen Seite wie folgt zusammen:

> „... regional specialization is less and less founded on agglomeration economies but on active forms of cooperation in innovative networks. Agglomeration economies are external, available to anyone located in the region. Clusters certainly do have elements of agglomeration economies, but the more they assume a network-like character the more the gains are internalised: they are like clubs, where you have to pay a membership fee and/or have to take an active part in the activities to remain a member and enjoy the benefits."[280]

Eine sich zwangsläufig aufdrängende und aus regionalwirtschaftlicher und -politischer Sicht ungemein wichtige Frage ist die der *räumlichen Reichweite* der Clustereffekte bzw. ihrer positiven Implikationen auf die wirtschaftsstrukturelle Entwicklung einer Region. In welchem Verhältnis steht das Cluster zu dem ihn umgebenden Raum? Wieso gibt es ein „... europäisches Chemie-Cluster, das von Rotterdam bis Basel reicht, aber auch ein Steckdosen- und Schalter-Cluster im geographisch kleinen Sauerland"?[281]

2.4.2 Cluster und Raum

Cluster sind keine statischen Gebilde, sondern vielmehr ein räumlich mehr oder weniger stark konzentriertes Konglomerat von Unternehmen einer Produktionskette, die auf funktionaler Ebene verflochten sind. Die Definition eines Clusters erfolgt in der Regel über eben diese funktionalen Verflechtungen, die nicht zwingend mit administrativen Grenzziehungen (Verwaltungsgrenzen, Staatsgrenzen etc.) übereinstimmen müssen.[282] So gibt es regionale, nationale und auch internationale Cluster.[283] *Porter* führt, in Anlehnung an Cluster-Untersuchungen, die von der Harvard Business School in den USA durchgeführt wurden, an, daß der „Autoradius", d.h. das Gebiet, in welchem innerhalb eines Tages jeder Ort mit dem Auto – inklusive der Rückfahrt zum Ausgangspunkt – problemlos erreicht werden kann, ein gutes Richtmaß für die Abgrenzung eines Wirtschaftsraumes sei.[284] In Europa angelegt, wäre ein solches Maß mit Sicherheit zu relativieren. Aufgrund der im Vergleich mit den USA deutlich kleineren Staatsgebiete der einzelnen europäischen Staaten sind die räumlichen Dimensionen hier entsprechend viel kleiner, was u.a. zur Folge hat, daß die soziokulturellen

---

[280] Steiner 1998, S. 8.
[281] Stuchtey 2002, S. 48.
[282] Ebenda.
[283] Vgl. Porter 1998b, S. 79.
[284] Porter 2002, S. 22.

und wirtschaftlichen „Spielregeln“ schnell, nämlich bei der Grenzüberschreitung von einem in ein anderes europäisches Land, in vielen Bereichen nicht mehr identisch sind. Dieses macht die Anbahnung von wirtschaftlichen Beziehungen im Normalfall nicht unmöglich, kann im Einzelfall aber erschwerend Einfluß nehmen. Im einfachsten denkbaren Fall können die Probleme schon im Gebrauch unterschiedlicher Sprachen begründet liegen. Ein Cluster in der räumlichen Ausdehnung Rotterdam–Basel (wie oben angeführt) strapaziert sicherlich den Clusterbegriff, der explizit in Verbindung mit dem Begriff der „räumlichen Nähe“ zu sehen ist. Hier muß, in Anlehnung an das Richtmaß des Autoradius, sicherlich in ähnlicher Ausgestaltung ein „Flugzeugradius“ angenommen werden, um eine Clusterformation noch rechtfertigen zu können.

Die notwendige räumliche Nähe als Vorraussetzung für ein Cluster basiert auf dem schon unter Punkt 2.2 angesprochenen Motiv der Unsicherheit. Das Cluster stellt in der Regel den Versuch der beteiligten Unternehmen dar, der Tendenz der immer stärkeren Fragmentierungen der Wertschöpfungsketten, in welchen die einzelnen Kettenglieder (vor allem, wenn es sich um KMUs mit geringer Marktmacht handelt) immer anfälliger gegenüber Veränderungen auf den Märkten werden, entgegenzuwirken. Höhere Flexibilität, höhere Resistenz gegenüber Preisschwankungen, niedrigere Transaktions- und Suchkosten und auf Basis lang anhaltender/dauerhafter Geschäftsbeziehungen generiertes Vertrauen[285] der einzelnen Akteure zueinander sind die substantiellen Vorteile, die die Unternehmen direkt aus der Beteiligung an einem Cluster ziehen und die sich in bezug auf die jeweiligen Geschäftstätigkeiten risikomindernd auswirken.

Eine neue, darüber hinaus gehende Qualität bekommt der Aspekt der (räumlichen) Nähe in Verbindung mit Netzwerken, die, auf Clustern aufbauend, auf Basis der erhöhten Anforderungen der nunmehr intensiveren Kooperation bzw. engeren Kooperationsformen häufig noch deutlich sensibler auf Distanzen reagieren. Dieses wird nachfolgend unter Punkt 3.2.2 eingehender thematisiert werden.

In den bisherigen Ausführungen ist schon angeklungen, daß ein regionales Cluster – im Sinne einer Vorleistung – ein „Fundament“ in Form einer vorhandenen Konzentration von branchenspezifischen Kompetenzen und Strukturen braucht, um überhaupt entstehen zu können. Neben einer regional konzentrierten kritischen Masse von Aktivitäten, sind es in der Regel vor allem eine innovations-

---

[285] Nach *Sabel* handelt es sich bei Vertauen nicht um eine endogene Eigenschaft einer Region, sondern um das Ergebnis dauerhafter Interaktionen zwischen Akteuren, welches durch (von gegenseitigem Respekt geprägten) gemeinschaftliches Handeln und Auftreten aufgebaut werden kann und infolge „gepflegt“ werden muß, da es durch fehlende(n) Beachtung (Gebrauch) auch wieder verloren gehen kann. Vgl. Sabel 1992.

orientierte strategische Ausrichtung der (Leit-) Unternehmen und eine Einbettung in die regionalen Zusammenhänge, die im allgemeinen als notwendige Kriterien zur Konstituierung eines Clusters angesehen werden.[286]

2.4.3 Clusterentwicklung (Lebenszyklus)

Sind die verschiedenen Voraussetzungen in ausreichendem Maße[287] erfüllt und ist ein Potential vorhanden, kann ein regionales Cluster entstehen und wachsen. Jedoch ist das dynamische Wachstum eines erfolgreich agierenden Clusters keineswegs per se ein Garant für dauerhafte Prosperität. Selbst nach einer gelungenen Initiierung und nachfolgender Etablierung eines Clusters besteht die reale Chance des Niedergangs, welcher häufig die Verödung ganzer Regionen nach sich zieht. Als Beispiel für ein Cluster, welches seine Wettbewerbsfähigkeit über die Zeit verloren hat und mit dem eigenen Niedergang auch die Region, in welcher das Cluster bzw. die Clusterunternehmen über enge Verflechtungen zu lokalen Institutionen und Akteuren eingebettet waren, in eine schwere strukturelle Krise stürzte, ist das traditionelle Montancluster im Ruhrgebiet.[288] Der Verlust von Wettbewerbsfähigkeit sowohl von Produktionsclustern als auch von Dienstleistungsclustern (hier jedoch in der Tendenz mit einer lockereren Bindung aufgrund eines weniger starken Produktbezuges) kann *interne* und/oder *externe* Ursachen haben. So kann beispielsweise eine bestimmte Technologie, die Kernbestandteil der Clusteraktivität ist, durch Substitute u.ä. nutzlos werden, was dem Cluster potentiell die Basis rauben kann.[289] Auch können sich Kundenbedürfnisse schnell und drastisch wandeln, was die Clusterunternehmen zum einen schnell genug erkennen und worauf sie zum anderen – unter erheblichen Wettbewerbsdruck stehend – ohne Zeitverzug mit Anpassungen reagieren müssen.[290] Demgegenüber ist eine interne Gefahr in einer „inneren Verkrustung" des Clusters zu sehen, was bedeutet, daß die Clusterakteure in solchem Maße miteinander verflochten und einzig auf die reibungslosen Abläufe der clusterinternen Prozesse konzentriert sind, daß eine Abschottung nach außen erfolgt, die die strukturelle Weiterentwicklung des Clusters gefährdet. Einerseits führt diese „Scheuklappenmentalität" dazu, daß die Akteure den Blick nach außen verlieren, was vor allem eine Marktentfremdung zur Folge hat. Impulse und Einflüsse von Außen werden nunmehr abgeblockt (es entstehen sogenannte 'lock ins'). In einer solchen Situation ist die Gefahr der „Petrifizierung" der Strukturen groß. Am Ende steht dann der Verlust der Innovationsfähigkeit – der sogenannte „en-

---

286 Vgl. Rehfeld/Wompel 1997, S. 9-11.

287 Hierbei bleibt das Maß (i.S. einer Richtlinie/eines Richtwertes) unverbindlich und ist jedesmal neu zu überprüfen bzw. regional zu definieren.

288 Vgl. Kremer/Harmes-Liedke/Korflür 2000, S. 86.

289 Porter 1998b, S. 85.

290 Ebenda.

tropic death"[291]. Zudem kann die (bewußt/unbewußt selbst auferlegte) Beschränkung des eigenen Handelns auf immer gleiche Prozesse und das Denken in immer gleichen Bahnen zu Wahrnehmungsmängeln führen, die in Inflexibilität und unzureichender Reaktionsfähigkeit auf sich verändernde Rahmenbedingungen mündet, was mit dem Begriff der ökonomisch-institutionellen Sklerose umschrieben wird.[292] Qualitative Standards im Cluster, die gegebenenfalls ein wesentliches Element des Erfolges sind, können infolge stagnieren oder gar absinken.[293] Andererseits wird häufig bei einer solcherart nach innen gewandten Sichtweise die innovationsfördernde lokale Konkurrenzsituation ausgeschaltet, was wiederum eine Art „kollektive Trägheit" zur Folge hat, die das Cluster zuerst eine gewisse Zeit lang auf einer Entwicklungsstufe verharren, dann aber häufig aufgrund ausbleibender Fortschritte/Weiterentwicklungen im Bereich der Produkte, Produktionsverfahren, Organisationsformen etc. schnell altern und sich auflösen läßt.[294] Hier wird bezüglich der Clusterentwicklung wiederholt der Vergleich zum Modell des Produktlebenszyklus gezogen, da das Cluster – in der Regel produktbezogen – in ähnlicher Weise verschiedene Lebenszyklen durchläuft.[295]

Ähnlich dem Lebenszyklus eines Produktes kann auch ein Cluster nach seiner „Geburt" altern und die in Abbildung 19 dargestellten verschiedenen (Lebens-) Phasen durchlaufen.

In der *Entwicklungsperiode* entsteht ein neues Produkt oder eine neue Dienstleistung. Zur Entwicklung sind in der Regel hohe Investitionen im Bereich Forschung und Entwicklung (F&E) und der Einsatz von hochqualifizierten Spezialisten notwendig. Hierzu muß in vielen Fällen die Verfügbarkeit einer ausreichend hohen Menge an Risikokapital gegeben sein. Ein Markt für das Produkt hat sich noch nicht herausgebildet – es werden nur Prototype entwickelt. Einnahmen werden noch keine erzielt. Die Produktentwicklung findet an wenigen ausgewählten Standorten statt (Forschungszentren etc.). Das Cluster kann sich entlang gezielter Konzentration von Kompetenzen herausbilden.[296]

Die *Einführungsphase* zeichnet sich durch verhältnismäßig hohe Kosten für die Einführung des Produktes in den Markt (bspw. Werbung, Aufbau von Distributionskanälen etc.) aus bei gleichzeitig noch geringen Erlösen aufgrund geringer

[291] Fritsch 2000, S. 108.
[292] Vgl. Meyer 2002, S. 37-38; Meyer-Stamer 1999, S. 451.
[293] Porter 1998b, S. 86.
[294] Ebenda.
[295] Vgl. Dybe/Kujath 2000, S. 39 ff; Maier/Tödtling 2001, S. 87 ff.
[296] Siehe hierzu auch Punkt 2.4.1.

Marktdurchdringung. Der Bekanntheitsgrad des Clusters erweitert sich auf Grundlage erster nachweislicher Erfolge.

Abbildung 19: Produktlebenszyklus

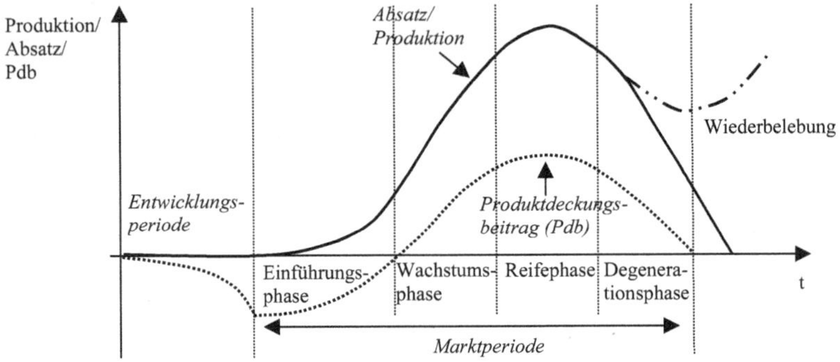

Veränderungen: →

PRODUKTION	humankapitalintensiv →	sach- oder arbeitsintensiv	
INNOVATIONEN	Produktinnovationen →	Prozeßinnovationen	
INVESTITIONEN	F&E-Investitionen →	Rationalisierungsinvestitionen	
PRODUKTIONSMENGEN	kleine Losgrößen →	Massenproduktion	
MARKTSTELLUNG	Verkäufermarkt →	Käufermarkt	
GEWINNE	Verlust, ansteigende Gewinne, abnehmende Gewinne, Verlust		
OPTIMALER PRODUKTIONSSTANDORT	Agglomerationsraum	Umland der Agglomeration	periphere Regionen, Niedriglohnländer

→ Intraregionale, interregionale und internationale Dezentralisierung

Eigene Darstellung in Anlehnung an Schätzl 1993, S. 195.

In der *Wachstumsphase* ist der Produktdeckungsbeitrag (vereinfacht: Einnahmen - Ausgaben) zum ersten Mal positiv. Das Produkt setzt sich auf dem Markt nach und nach durch und gewinnt an Marktanteilen. In der Produktion verlagert sich der Schwerpunkt von einer Humankapitalintensität auf eine Sachkapitalintensität. Aktivitäten in Forschung und Entwicklung werden von steigenden Produktionsaktivitäten abgelöst. Zur Deckung der steigenden Nachfrage muß die Produktion ausgeweitet werden, was eine höhere Kapitalausstattung notwendig macht. Das Cluster ist am wachsen und hat eine hohe Anziehungskraft auf auswärtige branchenspezifische Unternehmen und Neugründungen. Der Standort gewinnt über das erfolgreiche Cluster an Einfluß. Ein hoher Grad an innovativem Output sichert eine anhaltende Attraktivität und ein stetiges Wachstum.

Die *Reifephase* (auch Sättigungs- oder Standardisierungsphase) kennzeichnet den Abschluß des Übergangs zur standardisierten Produktion bzw. zur Massenproduktion (das Produkt ist ausgereift), der begleitet wird von Marktsättigung und steigendem Konkurrenzdruck infolge von auf den Markt drängenden Produktnachahmungen und -duplikaten fremder Firmen. Der Bedarf an qualifizierter Arbeit sinkt und die Automatisierung nimmt weiter zu. Die erzielten Gewinne (Produktdeckungsbeitrag) nehmen nach Erreichen ihres Maximums ab, was auch durch Rationalisierungsmaßnahmen nicht dauerhaft verhindert werden kann. Versuche der Kosteneinsparung und Erhöhung der Produktivität führen zu einer Fragmentierung der Wertschöpfungskette. Arbeitsintensive Prozesse werden in lohnkostengünstigere periphere Regionen verlagert; wissensintensive und administrative Tätigkeiten verbleiben in bzw. in der Nähe von Ballungsräumen. Das Cluster, spätestens auf dieser Stufe hoch spezialisiert, kann aufgrund seines Erfolges Gefahr laufen, sich zu sehr auf die Bewahrung des (gegebenenfalls auf dieser Stufe nicht mehr wettbewerbsfähigen) Erreichten zu konzentrieren und dabei den Blick nach außen verlieren. „The older a cluster the more inward-looking it becomes, the more it secludes itself against outside influences, the more it develops 'laager-mentality'."[297] Dieses führt im Regelfall zu den schon erwähnten sklerotischen Strukturen und zum Niedergang des Clusters.

Ein parallel verlaufender Prozeß von rasch schrumpfenden Erlösen bei Verringerung des Marktvolumens und Ausbleiben griffiger (i.S.v. innovativer) Auffangkonzepte läutet die *Degenerationsphase* (auch Schrumpfungsphase) ein. Clusterunternehmen reagieren auf diese krisenhafte Situation mit vertikaler Integration und horizontaler Abschottung. Erstere soll Kosteneinsparungen (und damit Produktivitätssteigerungen) über Größeneffekte erbringen[298], letzteres Kontrolle über die Märkte erzwingen.[299] Neue Impulse können im Zuge der Abschottung ('lock in') nicht mehr zum Cluster durchdringen, was mit Blick auf die Entwicklung des Clusters und der Clusterregion nach *Grabher* in einer „evolutorischen Sackgasse" mündet.[300]

Cluster, die sich in der Degenerationsphase befinden, müssen sich jedoch nicht – wie bei biologischen Lebenszyklen – zwangsläufig auflösen und verschwinden.[301] Es bestehen immer wieder Möglichkeiten, diese im Zuge von Neuorientierungen und Transformationsprozessen wiederzubeleben. Zu denken wäre hierbei beispielsweise an eine funktionale Erweiterung des Clusters aufgrund technischer Innovationen. Eine weitere Möglichkeit könnte in einer noch effizienteren Nutzung der Verbundvorteile zur Kostensenkung liegen, um die Reifephase auszudehnen.

[297] Tichy 1998, S. 230.
[298] Ebenda.
[299] Vgl. Iwer/Dispan/Grammel/Stieler 2002, S. 41.
[300] Grabher 1994, S. 79-81.
[301] Kremer/Harmes-Liedke/Korflür 2000, S. 87.

Insgesamt darf in der Systematisierung des Lebenszyklus aber keine zwingende Abfolge der Clusterentwicklung gesehen werden. Zum einen sind innerhalb eines Clusters eine Reihe von Teilkomponenten, aus denen sich letztendlich das Endprodukt zusammensetzt, zusammengefaßt. Diese befinden sich ihrerseits häufig auf ganz unterschiedlichen Entwicklungsstufen, d.h. Innovations-, Standardisierungs- und Schrumpfungsprozesse können innerhalb einer Wertschöpfungskette durchaus parallel verlaufen bzw. sich überlagern.[302] Zum anderen verfügt gerade das Cluster aufgrund seines breiten Leistungs- (Wissens-) Spektrums über die Fähigkeiten, in jeder Entwicklungsphase derart auf das Produkt (bzw. seine Teile und Komponenten) einzuwirken, daß diese situationsbedingt auf der einen Seite verlängert oder auf der anderen auch vollständig verlassen werden kann.[303]

Fakt ist, daß je höher die Spezialisierung in einem Cluster ist, desto anfälliger ist dieses gegenüber einer Petrifizierung der internen Strukturen und einem nachfolgenden Niedergang, was zudem normalerweise (wenn das Cluster die regionale Wirtschaftsstruktur dominierte) gleichzeitig die Region in eine tiefgreifende Krise stürzt.[304] Die mit einem angesiedelten Cluster für die Region einhergehende Gefahr ist einerseits struktureller und andererseits zyklischer Natur.[305] Das strukturelle Risiko geht aus einer, die Region wirtschaftsstrukturell stark dominierenden und mit dieser eng verflochtenen Leitbranche hervor (wirtschaftliche Monostruktur). Sollte diese Branche aus irgendeinem Grunde in eine strukturelle Krise geraten (von der natürlich indirekt auch die vor-, bei- und nachgelagerten Branchen betroffen sind), die kurz- bzw. mittelfristig nicht beseitigt werden kann, bedeutet das gleichzeitig fast immer eine Krise für die Region. Zyklische Risiken stehen im direkten Zusammenhang mit der wirtschaftlichen Stabilität als solcher. So unterliegt im allgemeinen die Weltwirtschaft (bzw. die einzelnen Wirtschaftsbereiche) konjunkturellen Zyklen, die sich – je nach Ausprägung – fördernd oder dämpfend auf die Entwicklung der jeweiligen Volkswirtschaften bzw. ihrer einzelnen Teilbereiche auswirken. Eine zu starke Spezialisierung einer Region in einem bestimmten Wirtschaftsfeld läßt diese extrem anfällig gegenüber zyklischen Schwächephasen werden.

Letztendlich sind die regionalen Akteure fortwährend in der Verantwortung, den Spagat zwischen Spezialisierung und Diversifikation der regionalen Wirtschaftsstruktur zu meistern, um die Region einerseits vor einer hohen Krisenanfälligkeit aufgrund einer zu einseitigen Ausrichtung der Strukturen zu bewahren, andererseits aber auch in ausreichendem Maße die Konzentration von branchen-

[302] Vgl. Iwer/Dispan/Grammel/Stieler 2002, S. 42.
[303] Ebenda.
[304] Steiner 1998, S. 12.
[305] Steiner 1998, S. 12-13.

spezifischer Kompetenz zu unterstützen und zu fördern, damit die faktische Möglichkeit einer Clusterinitiierung und die Ausbildung zu einer international wettbewerbsfähigen (branchenspezifischen) Leitregion gewahrt bleibt.[306]

2.4.4 Struktur eines Clusters

Innerhalb des Lebenszyklus kann das Cluster zudem hinsichtlich seiner internen Struktur/Zusammensetzung verschiedene Entwicklungsstufen durchlaufen. Orientiert an einer schematisch dargestellten Wertschöpfungskette, sind in Anlehnung an *Weiss*[307] vier verschiedene Entwicklungsstufen (Abbildung 20) wesentlich.

Region 1 – Latent Cluster: Das „Latent Cluster" der Region 1 zeichnet sich vor allem darin aus, daß eine Konzentration wesentlicher Elemente einer Wertschöpfungskette in der Region vorhanden sind. Trotzdem ist das Cluster unvollständig, da zum einen nicht alle Elemente in der Region vorzufinden sind und zum anderen erste Clusterstrukturen nur sehr rudimentär ausgeprägt sind. Das Cluster ist in weiten Teilen unterentwickelt. Es herrscht ein ausgeprägtes Informations- und Gütertransaktionsdefizit vor.

Region 2 – Potential Cluster: In der Region 2 („Potential Cluster") sind alle Elemente der Wertschöpfungskette enthalten. Aufgrund schwacher Verflechtungsbeziehungen konnte sich hier jedoch noch kein vollständiges Cluster herausbilden. Eine Weiterentwicklung vorhandener Beziehungen bei gleichzeitiger Ausweitung der „Netz"-Strukturen kann zur Bildung eines starken Clusters führen.

Region 3 – Semistrong Cluster: Das „Semistrong Cluster" in der Region 3 basiert auf stabilen Clusterstrukturen und weist sowohl Innen- als auch Außenbeziehungen in deutlich erhöhter Zahl auf. Innerhalb des Clusters sind alle Elemente der Wertschöpfungskette vorzufinden. Der Gütertransaktions- und Informationstransfer ist ausgeprägt, wenn auch stellenweise noch lückenhaft.

---

306 Vgl. Tichy 1998, S. 233.
307 Vgl. Weiss 1994 zitiert nach Bruch-Krumbein/Hochmuth 2000, S. 28.

Abbildung 20: Schematische Darstellung verschiedener Entwicklungsstufen von Clustern

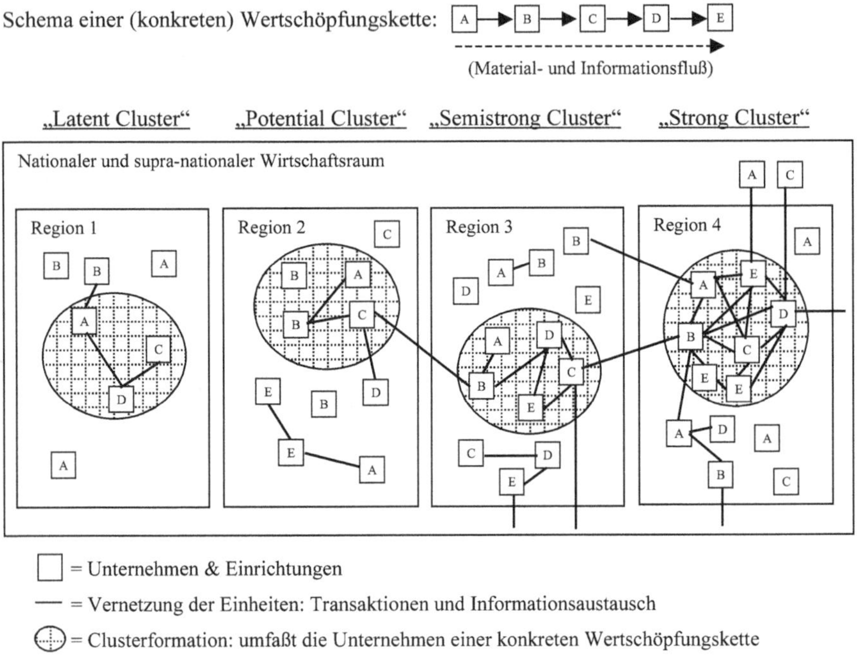

Eigene Darstellung in Anlehnung an Krätke/Scheuplein 2001, S. 59 und Weiss 1994 nach Bruch-Krumbein/Hochmuth 2000, S. 28.

Region 4 – Strong Cluster: Das „Strong Cluster“ stellt das Ideal eines Clusters dar. Die Clusterstrukturen sind ausgereift. Das Flechtwerk der Güter- und Informationsaustauschbeziehungen ist dicht. Das Cluster weist, neben den intensiven Binnenbeziehungen (clusterinternen Verknüpfungen), auch eine Reihe von weiteren (Außen-) Beziehungen innerhalb der Region und darüber hinaus mit Unternehmen des nationalen und/oder supra-nationalen Wirtschaftsraum auf. Das Cluster ist (international) wettbewerbsfähig und entwickelt sich dynamisch.[308]

[308] Krätke/Scheuplein 2001, S. 60.

Region 4 –
Sonderfall: Lock In: Tritt der Fall ein, daß ein „Strong Cluster" zwar über intensive clusterinterne Verflechtungsbeziehungen verfügt, Außenbeziehungen aber gänzlich fehlen, sieht es sich mit einer drohenden Gefahr einer Lock-in-Situation[309] konfrontiert. Sollte sich eine solche Situation einstellen, resultieren hieraus im Normalfall sklerotische Strukturen und schließlich der „entropic death" des Clusters.[310]

Je (bindungs-) stärker sich nun ein solcher Standortverbund zwischen den grundsätzlich unabhängigen Einheiten von Unternehmen und Einrichtungen gestaltet, desto höher ist der Spielraum der einzelnen Clusterakteure, denen das Cluster in ihrer jeweiligen Geschäftstätigkeit eine deutlich höhere Flexibilität und Effizienz ermöglicht.[311]

Die in vielen Branchen feststellbare zunehmende Tendenz der Unternehmen, sich immer stärker räumlich zu clustern und sich über integrative Maßnahmen und Strategien immer intensiver an die jeweilige Region zu binden bzw. sich in diese als Aktivposten einzubringen, ist als eine erfolgversprechende (Gegen-) Reaktion auf die sich im Zuge der Globalisierung verändernden wirtschaftlichen Zusammenhänge und Rahmenbedingungen zu verstehen.[312] Neue Paradigmen[313] haben die bis dahin geltenden, nunmehr alten (z.B. das der standardisierten Massenproduktion) abgelöst und dominieren jetzt das globale wirtschaftliche Zusammenspiel aller (privaten und öffentlichen) wirtschaftlichen Akteure.

2.4.5 Neue Paradigmen – neue politische Handlungsoptionen zur Entwicklung der Region

Eine der durchgreifensten Änderungen ist die Einsicht in den Führungsetagen vieler Wirtschaftsunternehmen, daß eine Firmenpolitik, die stark auf die weitgehende Konzentration aller Unternehmensteile ausgerichtet ist, heutzutage veraltet ist und sich in der Regel wettbewerbshemmend und entwicklungsblockierend auswirkt. Das neue Leitbild seit Mitte der 80er Jahre ist das der Dezentralität.[314]

---

309 Eine eingehender Auseinandersetzung mit dem Thema „Lock-In" findet sich bei David (1985).

310 Krätke/Scheuplein 2001, S. 60.

311 Vgl. Porter 1998b, S. 80.

312 Vgl. Cappellin 1998, S. 67.

313 Als wesentliche „innovative Reorganisationsformen" können hier die folgenden stichwortartig angeführt werden: outsourcing und simultaneous engineering, modular sourcing, insourcing (räuml. Integration von Zulieferern), just-in-time, Null-Fehler-Qualität und Wertschöpfungspartnerschaften. Reson 2001, (Kapitel 5) S. 21. (Onlinequelle)

314 Vgl. Hirsch-Kreinsen 1996, S. 198; Cappellin 1998, S. 67.

Dezentrale Einheiten weisen eine Reihe von Vorteilen auf, die in vielfältiger Art und Weise mit den veränderten Rahmenbedingungen korrespondieren bzw. eine adäquate Reaktion auf die neuartigen Anforderungen darstellen.[315] Die noch vor 15-20 Jahren von vielen Unternehmen allgemein verfolgte Wachstumsstrategie der vertikalen Integration, d.h. das Aufnehmen und Einbinden von Arbeitsprozessen entlang der Wertschöpfungskette in die eigenen/internen Unternehmensstrukturen, hat sich im heutigen globalen Wirtschaftsgeflecht vielfach als ineffizient erwiesen und ist durch die Konzentration auf die eigenen Kernkompetenzen bei gleichzeitigem Outsourcing[316] von Aufgabenrandbereichen an spezialisierte Unternehmen innerhalb des Clusters/Netzwerkes ersetzt worden.[317]

> „Das alte Paradigma ist das introvertierte Unternehmen, das versucht, möglichst viel im eigenen Haus zu machen, sich gegen die Außenwelt abzugrenzen und sein lokales Einkaufsmonopol zu nutzen. Das neue Paradigma ist das Netzwerk-Unternehmen, es ist extrovertiert und hat vielfältige Verbindungen zur Außenwelt. (...) Volkswagen hat begriffen, daß die Wagenburg in Wolfsburg nicht mehr funktioniert, genauso wie Aventis Pharma in Frankfurt. Sie haben begriffen, daß sie Teil einer Community sein müssen, sie können ihre Kernkompetenzen nur ausdehnen, indem sie das machen, was sie am besten können und dabei auf die Ressourcen anderer Unternehmen im gleichen Cluster zurückgreifen.“[318]

Als Indiz dafür, mit welcher Dynamik sich dieser Wandel vor allem bei international agierenden Großkonzernen vollzieht, kann der in den letzten Jahren zum Teil erheblich sinkende Anteil der Wertschöpfung innerhalb des eigenen Unternehmens angesehen werden (Abbildung 21).

Die Abbildung 21 zeigt, daß die Reduzierung des Wertschöpfungsanteils in der Zeit von 1990 bis 1997/98 in der Spitze bei einigen der dargestellten Unternehmen um fast 50% zurückgegangen ist, was implizit auf Auslagerungen von Arbeits-/Prozeßschritten in erheblichem Umfang hindeutet.

Eben diese Entwicklung der Dezentralisierung und Fragmentierung birgt wiederum für die Region unter *bestimmten Voraussetzungen* das Potential, durch geschicktes Agieren positive Impulse für die Entwicklung der eigenen Wirtschaftsstrukturen zu generieren, was im Resultat theoretisch von einer Stabilisierung der lokalen (Wirtschafts-) Situation bis hin zu einem Aufstieg zu einer international wettbewerbsfähigen Leitregion reichen kann. Die Voraussetzungen, um an diesem Potential zu partizipieren, liegen in den schon erwähnten Kern-

[315] Vgl. Hirsch-Kreinsen 1996, S. 197.
[316] Siehe hierzu auch die Ausführungen im I. Kapitel, S. 70 ff.
[317] Vgl Sengenberger/Pyke 1992, S. 10.
[318] Stuchtey 2000, S.2. (Onlinequelle)

kompetenten (Punkt 2.4.1) einer Region. Die bis in die 80er Jahre deutschlandweit durchgeführte regionale Strukturpolitik, die in ihrem Kern einen solidarischen Ausgleich der regionalen Disparitäten zum Ziel hatte, ist (zumindest auf regionaler Ebene) abgelöst worden durch eine Politik, die einzig dem Gebot „*Stärken stärken*“ folgt und eine Profilierung der Region gerade über vorhandene Differenzen zu erreichen versucht.[319] In diese Neuausrichtung der Regionalpolitik fügt sich das Cluster als regionalwirtschaftliches Entwicklungsinstrument aufgrund seines Ansatzes (gezielte Förderung des Clusters im Gegensatz zu einer flächendeckenden Förderung aller regionalen Wirtschaftsbereiche[320]), welcher nahtlos an die neuen Bedarfe anknüpft, sehr gut ein.

Abbildung 21: Spezialisierung: Der innerhalb der Grenzen der einzelnen Unternehmen erwirtschaftete Wertschöpfungsanteil sinkt / *in Prozent*

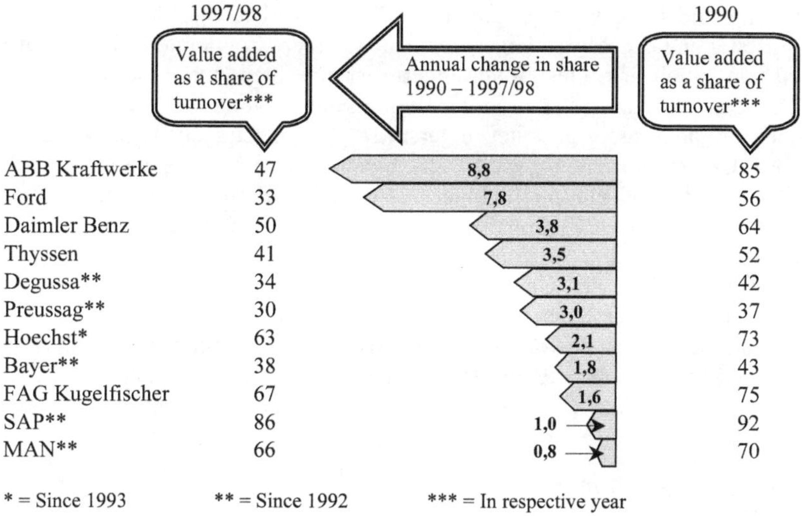

Quelle: Hoppenstedt Datenbank; McKinsey&Company 2000, S. 10.

Ein wesentlicher Aspekt zum erfolgreichen Bestehen innerhalb des sich kontinuierlich verschärfenden internationalen Standortwettbewerbs ist der der Einheit

[319] Vgl. Sedlacek 1994, S. 98 ff.; Iwer/Dispan/Grammel/Stieler 2002, S. 24-25, 28, 31; Stuchtey 2002, S. 51.

[320] „Cluster benötigen einen Kern, eine Kompetenz, die anderswo so nicht vorhanden ist. (...) Ist diese Stärke nicht offensichtlich, muß sie gesucht und entwickelt werden – und zwar konsequent, auch wenn das oft genug die Vernachlässigung anderer regionaler Kompetenzen bedeutet.“ Stuchtey 2002, S. 51.

im Sinne von Einigkeit der mit Entscheidungsmacht ausgestatteten Akteure in der Region.[321] Wie schon unter Punkt 2.2 erwähnt, clustern sich Unternehmen häufig in bzw. in der Nähe von großen Städten (Metropolen), da sie aufgrund der spezifischen Standortfaktoren (statische und dynamische Agglomerationseffekte etc.) hierin die effizienteste Möglichkeit der Reduzierung potentieller, von den sich im ständigen Wandel befindlichen Faktormärkten ausgehender Risiken sehen.[322] Um ein solches Umfeld zu kreieren, in welchem sich überdies ein letztlich die Produktivität der Unternehmen förderndes „innovatives Milieu“[323] herausbilden kann, muß in der Region und hier vor allem auch zwischen dem (häufig vorhandenen) dominierenden Bevölkerungszentrum und seinem Umland Einigkeit über die allgemeine strukturelle Entwicklungsrichtung herrschen.[324] Ein die Stadt-Umland Beziehungen beherrschendes Konkurrenzverhältnis hat soziale und politische Spannungen zur Folge, die wiederum die optimale Ausnutzung endogen vorhandener, vor allem räumlicher Ressourcen und Potentiale der Region (Nutzen aus räumlich verdichtetem Verhältnis von Spezialisierung, Arbeitsteilung und Kooperation) behindert oder gar vollständig blockiert.[325] Die Außendarstellung der Region leidet, der Aufbau einer „Cooporate Identity“ wird nahezu unmöglich. Um dies zu verhindern, ist eine Standortpolitik notwendig, die von allen Interessengruppen in der Region, d.h. sowohl den öffentlichen als auch den privaten, aktiv gestaltet, unterstützt und mitgetragen wird. So haben ansässige Unternehmen ein gesteigertes Eigeninteresse an kooperativen (auch i.S.v. handlungs- und entschlußfähigen) öffentlichen Partnern und einer abgestimmten weittragenden Regionalpolitik. Sie profitieren von einem aufblühenden wirtschaftlichen Umfeld, von engen persönlichen und geschäftlichen Beziehungen (sozialer Kitt des Clusters) und einer Erhöhung des Wettbewerbsniveaus.[326] Aus diesen Gründen sind sie immer häufiger bereit, sich für die eigene Region tatkräftig, d.h. sowohl finanziell als auch über selbständig initiierte Maßnahmen und Events (z.B. Expertenrunden, Stammtische, Veranstaltungen, Foren etc.) zu engagieren.[327] Auf diese Weise entsteht ein gemeinsamer und ge-

---

[321] Vgl. Cappellin 1998, S. 78.

[322] Vgl Schamp 2000, S. 200.

[323] Nach *Camagni* definiert sich ein lokales Milieu wie folgt: “In general terms, the local 'milieu' may be defined as a set of territorial relationships encompassing in a coherent way a production system, different economic and social actors, a specific culture and a representation system, and generating a dynamic collective learning process.“ Camagni 1991, S. 130.

[324] Dieses gewinnt unter dem Gesichtspunkt zusätzlich an Bedeutung, daß ein Cluster sich räumlich im Normalfall völlig unbeeinflußt von territorialen Grenzziehungen entwickelt. (siehe Punkt 2.4.2)

[325] Porter 2002, S. 25; eine umfassende Auflistung an Gründen für die verstärkte interkommunale (bzw. im Fall von Bremen länderübergreifende) Kooperationsnotwendigkeit gibt *Heinz.* Heinz 2000b, S. 551.

[326] Vgl. Porter 1998b, S. 87-89.

[327] Ebenda.

genseitiger Nutzen für die Region und ihre Akteure durch das Zusammenspiel beider synergetischer Verbundsysteme: auf der einen Seite dem der Kernstadt mit ihrem Umland, auf der anderen Seite dem der öffentlichen mit den privaten regionalen Akteuren.

2.5 Methodische Grundlagen

Nach Darlegung des theoretischen Hintergrundes werden im nächsten Arbeitsschritt, auf Basis der durchgeführten Unternehmensbefragung, die Clusterstrukturen des Bremer Logistiksektors ermittelt, aufgezeigt und analysiert, um hierüber die Qualität des Clusters bestimmen und sein Potential für die wirtschaftsstrukturelle Entwicklung der Region abschätzen zu können. Mit Hilfe von berechneten Beziehungsparametern wie der Dichte der Clusterbeziehungen, der Kohäsion dieses Beziehungsnetzwerkes und dem Zentralisierungsgrad eines jeden Clusterakteurs wird es möglich sein, sowohl gegebenenfalls vorhandene Schwächen des Clusters aufzuspüren als auch die zentralen Akteure im Verbund herauszufiltern, um mit diesen dann gemeinsam zukünftige, den Standort stärkende Entwicklungskonzepte im Bereich Logistik zu entwickeln.

Es ist für die nachfolgende Analyse der Clusterstrukturen von wesentlicher Bedeutung, sich noch einmal vor Augen zu führen, daß zur Anwendung des Clusterkonzeptes auf den Logistiksektor gedanklich ein Abstraktionsprozeß (wie in ähnlicher Weise auch schon bei der Operationalisierung des Sektors geschehen) vorgenommen werden muß. Das Clusterkonzept stellt nach bisher in der regionalwissenschaftlichen Analyse gebräuchlicher Vorgehensweise die *Wertschöpfungskette* in den Mittelpunkt, anhand derer die Formation (über die regional identifizierten Clusterakteure sowie ihrer Kontaktnetze) sektoral räumlich abgegrenzt und hinsichtlich ihrer vorgefundenen Struktur bewertet werden kann.[328] Dieses impliziert einen direkten Produktbezug, weshalb in der Hauptsache bislang *Produktionscluster* erforscht und untersucht wurden. Logistik ist von ihrer Funktion her aber eine Dienstleistung[329] und als solche Bestandteil von Wertschöpfungs- bzw. Produktionsketten, ohne jedoch eigenständig, also ohne Produktbezug, eine solche konstruieren zu können. Um dennoch das Clusterkonzept im Zusammenhang mit dem Logistiksektor anwenden zu können, muß, von der Ebene des Produktionsprozesses kommend, eine Dienstleistungsebene abstrahiert werden, auf welcher die Erstellung eines *„perfekten logistischen Gutes"* im Vordergrund steht.[330]

---

[328] Vgl. Kremer/Harmes-Liedke/Korflür 2000, S. 22.

[329] Vgl. Kapitel I, Punkt 3.1.

[330] Hierzu erwähnt *Schamp* passend: „Vielfältige neue Schnittstellen in den Wertschöpfungsketten entstehen zwischen der Industrie und Dienstleistungen. In ihnen bleibt die industrielle Produktion der Kern." Schamp 2000, S. 125.

Abbildung 22 zeigt das Schema einer Logistikkette, deren Konstruktion an den strukturellen Aufbau einer gewöhnlich in dieser Form dargestellten Produktionskette angelehnt ist. Bei der Analyse des Logistikclusters liegt der Fokus auf eben diesen Clusterelementen, die in der dargestellten Verkettung als Hauptkomponenten einer x-beliebigen Wertschöpfungskette auf Ebene der Logistik angesehen werden. Es gilt zu prüfen, inwieweit diese Elemente innerhalb der Clusterformation vertreten sind und wie sich die Vernetzung derselben untereinander darstellt.

Abbildung 22: Vereinfachte schematische Darstellung einer Prozeßkette zur Erstellung eines „perfekten logistischen Gutes“

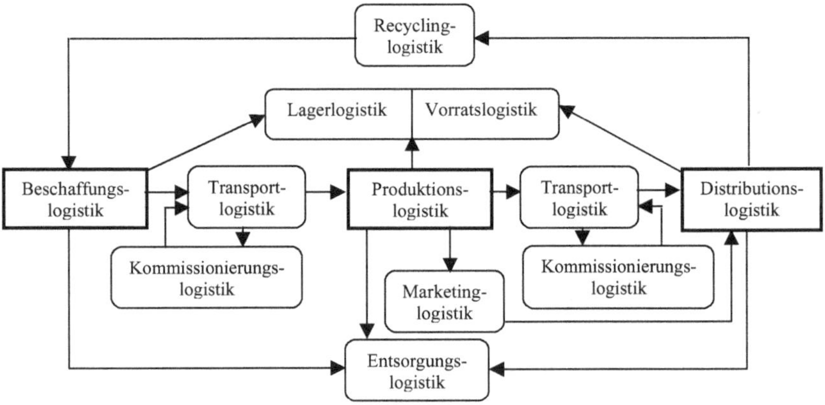

Eigene Darstellung.

2.5.1 Datenerfassung

Viele Regionalplaner haben am Clusterkonzept ein erhöhtes Interesse, da es, wie viele erfolgreiche Beispiele belegen, die Freisetzung von in der Region endogen vorhandener Potentiale vermag, die anderenfalls in der Regel unausgeschöpft bleiben.[331] So nennt *Meyer-Stamer* als zentrale Stärke des Clusterkonzeptes, daß „es einen anderen Blick auf die vorhandene Realität öffnet und dadurch Potentiale offenbart, die anderenfalls verborgen blieben ...“.[332] So fördert diese Methode spezifische regionale Besonderheiten zutage, die bei einer Analyse der Wirtschaftsstrukturen mittels herkömmlichen Instrumente, die in der Hauptsache auf der Auswertung der Branchenklassifikationen beruhen, häufig unentdeckt bleiben.[333] *Porter* führt in diesem Zusammenhang ein Cluster für medizinische

---

331 Vgl. Meyer-Stamer 2000, S. 21. (Onlinequelle)
332 Ebenda.
333 Brusco 1990, S. 14; Porter 1998b, S. 79; Meyer-Stamer 2000, S. 22.

Geräte in Massachusetts an, das aufgrund einer sehr uneinheitlichen Einordnung der einzelnen Clusterunternehmen in die Branchensystematik lange unentdeckt geblieben ist und erst vor etwa 5 Jahren (1998) als solches identifiziert wurde.[334] Als wesentliche Elemente können hierbei

a) die Aufdeckung der branchenübergreifenden funktionalen Verflechtungsbeziehungen,
b) die Darlegung der Bedeutung der Branche für die regionale Wirtschaftsstruktur,
c) das Aufzeigen von Kausalzusammenhängen (Ursache-Wirkung), die die wirtschaftsstrukturelle Entwicklung nachhaltig beeinflussen,
d) die Identifikation von Stärken, Schwächen, Chancen und Risiken der vorhandenen Wirtschaftsstruktur

angesehen werden.[335] Die zur Analyse der Clusterstrukturen notwendigen Basisinformationen sind in der benötigten Qualität nur über den Weg einer Unternehmensbefragung zu erhalten, die, je nach (vermuteter) Größe des Clusters, im Zuge von persönlichen Gesprächen mit Unternehmensvertretern oder, in schriftlicher Form, über die Versendung eines standardisierten Fragebogens evaluiert werden können. Wichtig ist hierbei in jedem Fall, daß möglichst alle dem Cluster zuzurechnenden Unternehmen mit in die Befragung einbezogen werden. In bezug auf die Clusterstrukturen wird den Unternehmen bzw. deren Vertretern die Frage nach der räumlichen Struktur der Geschäftsbeziehungen, d.h. der Verflechtung mit weiteren Unternehmen auf der funktionalen Ebene (Transaktions- bzw. Austauschbeziehungen), gestellt. Hierbei kann die Beantwortung in Form einer Abfrage einer vorgegebenen Liste an Unternehmen plus einer zusätzlichen offenen Ergänzungsmöglichkeit oder aber in offener Form, d.h. durch Abfrage einer limitierten Zahl an wichtigsten Beziehungen, geschehen.[336] Während erstere mehr oder minder eine vollständige Erfassung des Clusters garantiert, aber nur bei kleineren Clusterformationen durchführbar ist, wird die zweite Variante zur Erfassung der Strukturen von großen Clusterformationen genutzt, obschon hiermit Abgrenzungsprobleme bezüglich des Clusters in Kauf genommen werden müssen.[337] Im Fall des Logistikclusters wurde die Befragung in Form eines standardisierten Fragebogens durchgeführt und die Beantwortung der Frage nach den Verflechtungen auf funktionaler Ebene als offene, auf die jeweils fünf wichtigsten Beziehungen begrenzte Abfrage gestellt.[338]

---

[334] Porter 1998b, S. 79.
[335] Vgl. Kremer/Harmes-Liedke/Korflür 2000, S. 78-79.
[336] Krätke/Scheuplein 2001, S. 62.
[337] Ebenda.
[338] Aus Gründen der Zweckdienlichkeit fließt nur der Teil der Befragungsergebnisse in diese Studie ein, der direkt zur Ermittlung der angestrebten Ergebnisse notwendig ist. Eine umfas-

Im Zuge der fehlenden klaren Abgrenzung des Sektors infolge vor allem der Verortung der Logistik auch in Unternehmen des Verarbeitenden Gewerbes (Querschnittssektor), war die Generierung einer reinen Logistik-Datenbank für das Land Bremen (die also den Gesamtsektor abbildet) – in einem vertretbaren Zeitrahmen – nicht möglich. Eine präzise Bestimmung der über die Anzahl der Betriebsstätten definierten Größe des Sektors mußte somit zwangsweise ausbleiben.

Da eine Identifizierung des Gesamtsektors auf Basis der Unternehmen nicht möglich war, wurde für die Befragung als Zielgröße ein Sample von 500 anzuschreibenden Bremer Unternehmen festgesetzt. Es muß aufgrund der großen Bandbreite im Aufgabenspektrum der Logistik (häufig war es eine reine Definitionsfrage, ob ein Betrieb in erster Linie dem Logistiksektor oder aber einem anderen Wirtschaftsbereich zuzuordnen ist) jedoch davon ausgegangen werden, daß hiermit insgesamt nur ein verhältnismäßig kleiner Teil des Gesamtsektors erfaßt werden konnte.

Mit etwa $^{1}/_{5}$ der Bögen (105) wurden in beiden Landesteilen die insgesamt beschäftigungsstärksten Unternehmen erfaßt, d.h. Unternehmen, die eine Beschäftigtenzahl von > 250 (sozialversicherungspflichtig Beschäftigte) auswiesen. Die restlichen 395 Bögen wurden mit Schwerpunkt an solche Bremer und Bremerhavener Unternehmen gesandt, die sich den ermittelten Wirtschaftszweigen aus der Ausgangsmatrix zuordnen ließen. Hierbei wurde besonderer Wert darauf gelegt, daß Unternehmen aller Betriebsgrößenklassen in etwa proportional aufgenommen wurden, um eine einseitige Gewichtung im Sample, welche die Aussagequalität der Ergebnisse in der Tendenz negativ beeinflussen würde, zu vermeiden.

Die Unternehmensbefragung, der ein Pretest mit 25 teilnehmenden Unternehmen vorgeschaltet war, fand im Zeitraum von Mitte Februar bis Ende März 2002 statt. Im Zuge sowohl schriftlicher als auch telefonischer Nachfaßaktionen verlagerte sich der letzte Stichtag auf den 01. Juni 2002. Bis zu diesem Stichtag trafen insgesamt 56 verwertbar ausgefüllte Bögen ein. Die unbereinigte Rücklaufquote beträgt somit 11,2%. Eine (unbereinigte) Rücklaufquote von 11,2% bei einer schriftlichen Unternehmensbefragung ohne besondere Unterstützung durch wesentliche Institutionen (Handelskammer etc.) muß als durchschnittlich bzw. leicht unterdurchschnittlich bezeichnet werden.[339]

---

sende Darstellung des aus der Befragung hervorgegangenen Bildes des Bremer Logistiksektors würde den Erkenntniswert hinsichtlich der angestrebten Zielsetzung nur unwesentlich erhöhen und überdies den Rahmen dieser Arbeit sprengen.

[339] Vgl. Krätke/Scheuplein 2001, S. 160.

Es ist davon auszugehen, daß der eher unbefriedigende Rücklauf in der Hauptsache auf die Materie selbst, d.h. auf die Logistik als Querschnittsfunktion, zurückzuführen ist, so daß vorhandene Abgrenzungsprobleme nur schwer zu sondieren und auszugrenzen waren.

So richtete sich der Fragebogen in der Hauptsache an zwei Zielgruppen: nämlich die der Gruppe der *Logistikdienstleister* und die der Unternehmen im Verarbeitenden Gewerbe, die *innerbetrieblich* über eigene nennenswerte *Logistikabteilungen* verfügen. Gerade die Berücksichtigung der zweiten Gruppe ist für die Zielsetzung der Erfassung des Gesamtsektors zwingend erforderlich. Innerhalb der telefonischen Nachfaßaktion konnte jedoch die Erfahrung gemacht werden, daß sich vor allem Industriebetriebe, bei denen die Logistik zwar häufig integraler Bestandteil der Produktionsprozesse ist, diese jedoch nicht zu den Kernkompetenzen gezählt wurde, durch den Bogen nicht im ausreichenden Maße angesprochen fühlten – und diesen als Resultat nicht bearbeiteten.

Die Grundgesamtheit des Samples umfaßt zum Abschluß der Befragung insgesamt 56 Unternehmen. Von diesen 56 auswertbaren Fragebögen machten 39 Angaben zu ihren funktionalen Verflechtungsbeziehungen und konnten in die Analyse der Clusterstrukturen mit einbezogen werden – bei den restlichen 17 Unternehmen fehlten diesbezügliche Angaben. Die Rekonstruktion des Clusters basiert somit auf den erfaßten funktionalen Beziehungsverflechtungen von 39 Bremer Unternehmen. Über diese Angaben konnten weitere 39 bremische Unternehmen des Logistikclusters ermittelt werden (ohne jedoch im weiteren deren zusätzlich möglichen, clusterinternen Querverbindungen zu erfahren), die zusammen mit den 39 befragten Unternehmen die Grundgesamtheit (78 Unternehmen) für die später *berechneten Beziehungsparameter* des Clusters bilden. Darüber hinaus wurden ferner 27 nationale oder internationale Unternehmen erfaßt, die mit den bremischen Clusterunternehmen Transaktionsbeziehungen unterhalten. Diese, für die nachfolgenden Berechnungen der Parameter der *internen* Clusterstruktur irrelevanten Unternehmen, stellen im wesentlichen die Grundlage für die Beurteilung der Qualität der *Außenverflechtung* des Clusters dar. Ein unzureichend ausgeprägtes oder gar komplett fehlendes Netz an Außenbeziehung deutet – wie schon unter Punkt 2.4.3 und 2.4.4 aufgezeigt – auf eine drohende Lock-In-Situation des Clusters hin.

Insgesamt muß davon ausgegangen werden, daß nur ein kleiner Teil des tatsächlich vorhandenen Logistikclusters über die Befragung erfaßt werden konnte. Um dennoch verwertbare und gleichzeitig zweckdienliche Ergebnisse aus der Analyse der Clusterstrukturen heraus zu generieren, die in Handlungsoptionen für die wirtschaftsstrukturelle Entwicklung des Standortes münden können, wird im Folgenden (wissend, daß hiermit zunächst die Ebene eines theoretischen Konstruktes nicht verlassen wird) unter der Hypothese weitergearbeitet, daß das erfaßte Partial-Netz in seiner analysierten Struktur – mit Einschränkungen – repräsentativ für das regionale Gesamtnetz ist.

2.5.2 Datenanalyse I – das Instrumentarium

Zur Analyse der Cluster- (und später auch der Netzwerk-) strukturen wird das Computerprogramm *UCINET 6 for Windows*[340] verwendet. UCINET ist eine Software zur Analyse von Netzwerkstrukturen[341] und ermöglicht neben der Berechnung verschiedenster Zentralitätsmaße zur Bestimmung der Qualität der Netze (u.a. der Dichte der Verflechtungsbeziehungen, der Kohäsion des Beziehungsnetzes, dem Ausmaß der Zentralität eines Clusters und der [Mittler-] Position der einzelnen Akteure innerhalb der Formation) vor allem auch die graphische Darstellung eben dieser Netze. Hierbei arbeitet das Programm matrixorientiert, d.h. alle Ausgangsdaten sind im Hintergrund als Matrizen hinterlegt und gespeichert. Für die in dieser Arbeit geplanten Analysen muß die Matrixdarstellung in Form einer a) *symmetrischen Matrix der ungerichteten* und *dichotomisierten (binär kodierten) Beziehungen* und – einzig für die zweidimensionale graphische Rekonstruktion der Netzwerke – einer b) a*symmetrischen Matrix der gerichteten* und *dichotomisierten (binär kodierten) Beziehungen* vorliegen.[342]

2.5.3 Datenanalyse II-a – allgemeine Netzwerkparameter (im Cluster)

Das erste entscheidende Qualitätskriterium für die Clusterformation ist die *Dichte* ihres internen Beziehungsnetzwerkes bzw. Beziehungsgeflechts, d.h. der Grad der Verbundenheit aller Clusterakteure zueinander. Der Begriff des „Netzwerkes" wird hier und im Folgenden, wenn er im direkten Zusammenhang mit dem

---

[340] Borgatti, S.P./Everett, M.G./Freeman, L.C. 2002. *UCINET 6.0* Version 1.00. Natick: Analytic Technologies.

[341] Eine ausführliche Darstellung der vorhandenen Instrumente und der derzeitigen Möglichkeiten in der Netzwerkanalyse bietet *Jansen* 1999.

[342] Die zugrundeliegende Matrix kann, je nach angestrebtem Ergebnis, in verschiedenen Varianten erzeugt und hinterlegt werden. Die wesentlichen Merkmale des Beziehungsnetzes, die in verschiedener Ausrichtung die Matrix definieren können, sind hierbei a) die *Symmetrie*: symmetrisch/asymmetrisch (bzw. ungerichtet/gerichtet) und b) die *Bewertung*: bewertet/unbewertet. Die Symmetrie zeigt an, ob nur die erfaßte Beziehung zwischen zwei Akteuren als solche (symmetrische/ungerichtete Matrix) oder ob die Beziehungsrichtung, d.h. wenn Akteur A Zulieferer für Akteur B ist, muß B nicht gleichzeitig automatisch Zulieferer für A sein (asymmetrische/gerichtete Matrix), von Bedeutung ist. Über eine Abfrage der Intensität der erfaßten Beziehungen kann eine Bewertung in die Matrix eingebracht werden, die in Folge Aussagen über die Stärke der einzelnen Beziehungen zuläßt, was eine zusätzliche Differenzierung ermöglicht. Während die bewertete Matrix mittels der evaluierten Intensitätskennziffern aufgestellt wird, wird die unbewertete Matrix binär, d.h. mit 0 (keine vorhandene Beziehung) und 1 (vorhandene Beziehung), kodiert. Vgl. Krätke/Scheuplein 2001, S. 66.

Clusterbegriff fällt, im eigentlichen Sinne des Wortes und nicht – wie später – als Ausdruck strategischer Kooperationen gebraucht. Je höher die Dichte in einem Cluster, desto stärker (i.S.v. weniger anfällig bzw. wettbewerbs- und leistungsfähiger) ist die Formation. So hängt es z.B. im wesentlichen von der Beziehungsdichte ab, wie schnell sich Informationen im Cluster ausbreiten und wie rasch das Cluster als solches auf sich verändernde Rahmenbedingungen – im schlimmsten Fall auf drohende Krisensituationen – reagieren kann.

Die theoretisch höchstmögliche Dichte von 100% würde (in einem Cluster) erreicht werden, wenn alle Akteure wechselseitig miteinander auf funktionaler Ebene in Kontakt stünden. In der Realität ist ein solch hohes Dichtemaß im allgemeinen jedoch schon allein aufgrund *knapper Zeitressourcen* und, speziell im Cluster, aufgrund der *fehlenden Notwendigkeit* für ein jeweils alle Akteure umfassendes Kontaktnetz (in der Regel benötigt beispielsweise ein Industrieunternehmen nur einen Zulieferer für eine spezielle Produktkomponente – obschon hierfür mehrere Anbieter innerhalb einer großen Clusterformation verfügbar sein können), nicht zu erreichen. Nach *Jansen* liegt die realistische Dichte eines Netzwerkes zwischen 0 und maximal 0,4, d.h. zwischen 0-40%.[343] Dabei nimmt die maximal erreichbare Dichte mit dem Anwachsen des Netzwerkes (an Akteuren) beständig ab, da die *vorhandenen Ressourcen* der einzelnen Akteure (absolut gesehen) *begrenzt* sind und mit einer dynamischen Ausweitung nicht Schritt halten können. Die Dichte großer Netzwerke fällt dementsprechend vergleichsweise geringer aus.[344] Weitere Faktoren, die einen wesentlichen Einfluß auf die Dichte haben, sind der *Gegenstand* (Verwandtschafts-, Freundschafts- oder berufsbezogenes Netzwerk) und die *Art* (Kontaktnetzwerk oder Hilfsnetzwerk) des Beziehungsnetzes. So sind die Verflechtungsbeziehungen in berufsbezogene und/oder Hilfsnetzwerke in der Regel eher lichter.[345]

In der über die Unternehmensbefragung erfaßten Clusterformation von 78 Akteuren beträgt die theoretische Höchstgrenze an Verbindungen 3003 [= (N*(N-1))/2].[346] Ein Erreichen dieses Wertes würde bedeuten, daß jeder Akteur mit allen anderen Akteuren in Kontakt stehen würde – 100% Netzwerkdichte. Tatsächlich konnten jedoch innerhalb des Partial-Netzes nur 84 Beziehungen festgestellt werden, was in der Berechnung einen Dichtewert von 0,028 bzw. 2,8% ergibt. *Dieser Wert muß insgesamt* (bei einer realistischen Bandbreite von 0-40%) *als gering eingestuft werden*. Vergleichsweise Studien haben für andere Wirtschaftscluster zum Teil eine deutlich höhere Dichte ermitteln können. So konnte für ein Produktionscluster Filmwirtschaft in Potsdam/Babelsberg eine als

---

[343] Jansen 1999, S. 89.
[344] Ebenda.
[345] Ebenda.
[346] Jansen 1999, S. 88.

hoch zu bezeichnende Dichte von knapp 13% ermittelt werden.[347] Hingegen lag die Dichte eines untersuchten Produktionsclusters Holzwirtschaft in Brandenburg mit einem Rechenergebnis von 0,003 deutlich unter einem Prozent.[348] Vor dem Hintergrund, daß das Bremer Logistikcluster von seinem Ausmaß und seiner Struktur eher mit dem traditionellen Holzcluster als mit dem modernen und hoch spezialisierten Filmwirtschaftscluster zu vergleichen ist, relativiert sich die Einschätzung der Dichte des Logistikclusters und läßt diese moderater erscheinen.

Die Clusterformation läßt sich mittels der erhobenen Daten bzw. auf Grundlage der daraus erstellten, gerichteten und dichotomisierten Matrix graphisch zweidimensional rekonstruieren. Eine zweckmäßige Nachbearbeitung (Umpositionierung von Akteuren) der über UCINET gewonnenen Netzabbildungen ist zulässig. „Die Abstände der Akteure im zweidimensionalen Bild haben keine graphische Dimension, sondern entsprechen der transaktionsbezogenen »Nähe« jedes Akteurs zu allen anderen."[349] Im Normalfall gewinnt die Darstellung durch eine Überarbeitung, die vor allem die Übersichtlichkeit erhöht, deutlich an Qualität. Um den Fokus auf den dieser Arbeit zugrundeliegenden Forschungsschwerpunkt Logistik zu verstärken, wurden die in der Matrix erfaßten, gerichteten Beziehungen dahingehend überarbeitet, als daß sie nunmehr die Lieferrichtung der Verbindungen – d.h. wer liefert wem was (in Form einer Input-Output Beziehung) – und nicht mehr die reine Form der Erfassung (wer hat in der Befragung wen angegeben) abbilden. Die nachfolgende Abbildung 23 zeigt – ohne Berücksichtigung seiner Außenbeziehungen – das Partial-Cluster Logistik in Bremen.

Das erzeugte Clusterbild kann die oben gewonnenen Erkenntnisse noch weiter konkretisieren, indem es aufzeigt, daß die Formation viele Randakteure beinhaltet, die nur eine einzelne Beziehung zu einem weiteren Clusterakteur aufweisen, die sie an das Cluster bindet. Insgesamt können 37 Unternehmen festgestellt werden, die zu dieser Gruppe der Randakteure zu zählen sind. Dennoch ist die visuelle Dichte der Formation, d.h. der Gesamteindruck über die Verflochtenheit der Unternehmen im Cluster, recht hoch. Dieser Eindruck entsteht unter anderem aus dem Grund, daß sich die Clusterformation insgesamt als relativ geschlossenes Gesamtnetz darstellt und nur wenige insulare Teilkomponenten auszumachen sind. So haben 3 erfaßte Logistikunternehmen überhaupt keine regionalen, sondern ausschließlich überregionale Bindungen und stehen vollständig isoliert neben dem Cluster (A18, A28 und A53). Des weiteren sind vier kleinere

[347] Krätke/Scheuplein 2001, S. 122.
[348] Krätke/Scheuplein 2001, S. 172.
[349] Krätke/Scheuplein 2001, S. 122.

Teilnetze mit jeweils 2-4 Akteuren zu sehen. Beide Faktoren zusammen sind ursächlich für die geringe Netzwerkdichte von knapp 3% mitverantwortlich.

Abbildung 23: Das interne Beziehungsnetz im Bremer Logistikcluster

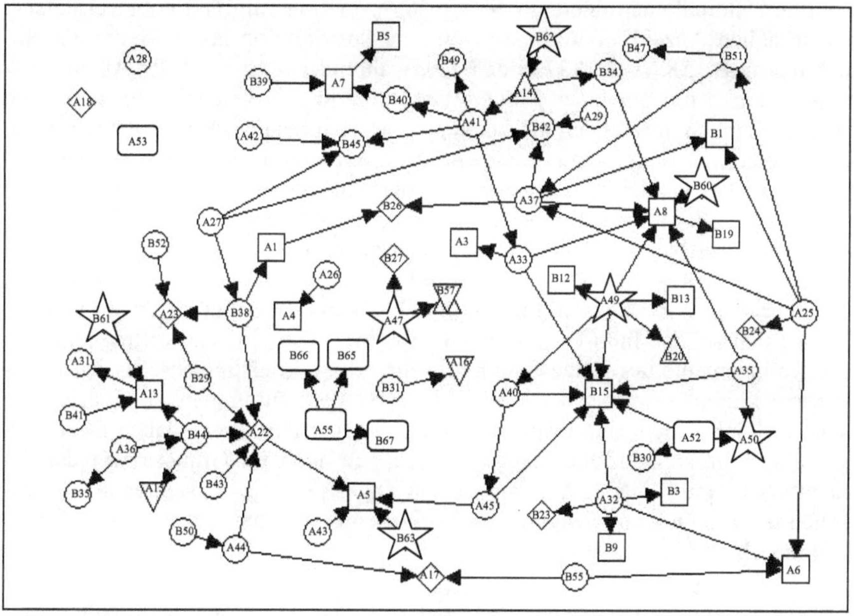

Legende: *Erfaßte Abschnitte der Wirtschaftszweigsystematik (WZ 93) im Bremer Logistikcluster/Netzwerk*

□ : Verarbeitendes Gewerbe (D); △ : Energie- u. Wasserversorgung (E); ▽: Baugewerbe (F);
◇ : Handel; Instandhaltung .... etc. (G); ○ : Verkehr u. Nachrichtenübermittlung (I);
⧗ : Kredit- und Versicherungsgewerbe; ☆: Erbringung von Dienstleistungen ... etc. (K);
▽ : Öffentliche Verwaltung, Verteidigung, Sozialversicherung (L); ⬠: Erziehung und Unterricht (M);
▢: Erbringung von sonstigen öffentlichen und persönlichen Dienstleistungen (O);

- Innerhalb der Codierung der Akteure weist ein vorangestelltes A einen befragten und ein B einen über die Befragung erfaßten Akteur aus. Eigene Darstellung.

Neben der Dichte läßt die graphische Darstellung des Clusters aber auch erste Rückschlüsse auf die *Kohäsion* des Netzes und die *Zentralität* verschiedener Akteure innerhalb der Formation zu. Die Kohäsion[350] der Formation, d.h. in der Negativauslegung die Lückenhaftigkeit des Clusters, ist weder als besonders hoch noch als besonders niedrig einzustufen. Einerseits bildet der Kern der Formation ein prinzipiell geschlossenes Gesamtnetz, welches jedoch keinen über-

[350] Kohäsion = Innerer Zusammenhalt der Moleküle eines Körpers. Duden – Das Fremdwörterlexikon 1990, S. 405.

mäßig kompakten Eindruck hervorruft, da einige, nur über einen einzelnen Akteur an die Formation angebundene Seitenarme erkennbar sind. Andererseits sind insulare Teilnetze vorhanden, die das Gesamtbild fragmentierter erscheinen lassen. In bezug auf die Zentralität macht die Abbildung deutlich, daß einige wenige Unternehmen innerhalb der Clusterformation aufgrund ihrer vergleichsweise hohen Anzahl an Verbindungen eine Position von hoher Zentralität einnehmen (z.B. A8, A22, A37 oder B15), während ein Großteil der Akteure (37 Unternehmen mit nur einer Bindung) eher randwärtig gelegene Positionen im Netz innehaben. Interessant hierbei ist, daß es sich bei den Akteuren hoher visueller Zentralität in der Hauptsache entweder um Unternehmen des Verarbeitenden Gewerbes handelt, die insbesondere den fünf beschäftigungsstärksten Wirtschaftszweigen im Land Bremen[351] zuzurechnen sind oder um Logistikdienstleister aus der Abteilung Verkehr und Nachrichtenübermittlung (vor allem den Gruppen *sonstiger Landverkehr* – WZ 60.2 und *Speditionen, sonstige Verkehrsvermittlung* – WZ 63.4). Bildlich gesprochen kann davon ausgegangen werden, daß es sich bei den Industrieunternehmen in ihrer Funktion als Auftraggeber um die Kernelemente des Netzes handelt, während die Logistikdienstleister sozusagen der „Leim“ sind, der das Netzgewebe kompakt zusammenhält. Dieser (fast schon trivial zu nennende) Zusammenhang – Dienstleistungen haben in der Regel einen direkten Produktbezug – findet sich auch im Grundsatz in der Erkenntnis bestätigt, daß „... empirisch ein enger positiver Zusammenhang zwischen der Entwicklung der Industrie und der unternehmensnahen Dienstleistungen besteht“.[352]

Mit Blick auf die Außenbeziehungen des Logistiksektors kann festgehalten werden, daß diese auf allen Ebenen, d.h. regional (Niedersachsen), national und international zu verzeichnen sind, wobei innerhalb des erfaßten Partial-Netzes ein klarer Schwerpunkt der Beziehungen auf der nationalen Ebene liegt. Bei diesen Clusterunternehmen handelt es sich in der Hauptsache um Unternehmen aus dem Verarbeitenden Gewerbe, die entweder auf funktionaler Ebene über bremische Logistikdienstleister mit lokalen Geschäftspartnern verbunden sind oder aber auf diese ohne weitere standortspezifische Verknüpfungen zurückgreifen. Gleichwohl zeigt die Abbildung aber auch, daß ein Großteil der Clusterunternehmen ausschließlich regionale Transaktionsbeziehungen unterhält – die Außenverflechtung also keinesfalls als außerordentlich ausgeprägt bezeichnet wer-

[351] Als beschäftigungsstärkste Wirtschaftszweige für das Land ermittelte das Statistische Landesamt Bremen auf 4-Steller Ebene nach der neuen Wirtschaftszweigsystematik (WZ 93) die Zweige *Fischverarbeitung (WZ 1520), Erzeugung von Roheisen, Stahl und Ferrolegierungen (WZ 2710), Herstellung von Maschinen für bestimmte Wirtschaftszweige soweit anderweitig nicht genannt (WZ 2956), Herstellung von Kraftwagen und Kraftwagenteilen (WZ 3410), Luft- und Raumfahrzeugbau (WZ 3530)* und *Herstellung von sonstigen Erzeugnissen soweit anderweitig nicht genannt (WZ 3663).*

[352] Krätke/Borst 2000, S. 39.

den kann. Ein überregionaler Knotenpunkt hoher Zentralität beispielsweise, der als Hinweis auf ein weiträumigeres Cluster gedeutet werden könnte, ist nicht festzustellen – das (erfaßte) Cluster bleibt im Kern regional.

Als Zwischenbilanz für den Bremer Logistiksektor kann festgehalten werden, daß die vorgefundene Clusterformation (Partial-Netz) – mit Blick auf die vermutliche Clustergröße – eine vergleichsweise annehmbare interne Vernetzungsdichte aufweist und durch eine durchschnittlich hohe Kohäsion gekennzeichnet ist. In der Mehrzahl sind alle wesentlichen Clusterelemente (Abbildung 22) entlang der standortspezifisch bedeutenden logistischen Wertschöpfungsketten (Beschaffung–Produktion–Absatz) zur Herstellung eines optimalen logistischen Gutes innerhalb des regionalen Clusters vorhanden. Außenbeziehungen sind (wenn auch nicht im Übermaß) existent, was vorerst für das Bremer Logistikcluster ein Auftreten einer Lock-In-Situation unwahrscheinlich erscheinen läßt und eine erhöhte Lern- und Innovationsfähigkeit ermöglicht.

2.5.4 Datenanalyse II-b – akteursbezogene Netzwerkparameter (im Cluster)

Die im Folgenden berechneten Zentralitätsmaße beziehen sich nun nicht mehr auf die Gesamtformation im allgemeinen, sondern – spezifischer – auf deren einzelne Akteure. UCINET bietet hierzu eine Vielzahl von möglichen Indizes an, von denen innerhalb der Analyse des Logistikclusters aufgrund der Datenlage und der Interpretierbarkeit nur eine Auswahl, nämlich die Zentralitätsmaße des *Degree*, der *Closeness* und der *Betweenness* Verwendung finden. Die Berechnung dieser Zentralitätsmaße baut in der Regel auf einer zugrundeliegenden ungerichteten symmetrischen Matrix auf.[353] Abbildung 24 (S. 195) gibt einen kurzen Überblick über diese Indizes. Grundsätzlich aber gilt für die Berechnung von Zentralitätsmaßen in Netzwerken:

> „Alle Operationalisierungen von Zentralität stimmen darin überein, daß der Akteur in der Mitte eines Sterns maximale Zentralität und das sternförmige Netzwerk den höchsten Grad von Zentralisierung aufweist. Ebenso kommen alle Maßzahlen zu dem Ergebnis, daß im Kreis keinerlei Unterschiede in der Zentralität der Akteure bestehen und das Netzwerk die geringstmögliche Zentralisierung aufweist.“[354]

Das *degree-basierte* Zentralitätskonzept gibt Auskunft über den Grad der Einbindung eines Akteurs in das Gesamtnetz. *Ein Akteur ist umso zentraler, je mehr direkte Beziehungen er hat.* Eine hohe Zentralität ist mit einem weitreichenden Zugriff auf cluster- bzw. netzinterne Strukturen und Quellen (also neben Infra-

---

[353] Jansen 1999, S. 122.
[354] Jansen 1999, S. 123.

strukturen auch auf clusterspezifisches Wissen etc.) gleichzusetzen.[355] Dieses eröffnet dem jeweiligen Akteur eine breitere Palette an Handlungsoptionen und erweitert damit seinen Handlungsspielraum. Andererseits weisen *Krätke/ Scheuplein* darauf hin, daß die Interpretation von Akteuren, die in einem Netz eine Position von hoher Zentralität innehaben, ambivalent bleibt. [356] Mit dem Vorhandensein zentraler Akteure ist das Cluster/Netzwerk in seiner Funktionsfähigkeit häufig stark von diesen abhängig. Sollten diese (nachhaltig) in Schwierigkeiten geraten, ist die Funktionsfähigkeit (und damit faktisch die Existenz) des kompletten Netzes gefährdet bzw. in Frage gestellt.

Das *closeness-basierte* Zentralitätskonzept kann als Erweiterung des degreebasierten Zentralitätskonzeptes angesehen werden, *da es nicht nur die direkten, sondern auch die indirekten Beziehungen mit berücksichtigt bzw. bewertet.* „Zentral ist in einem *nähebasierten Zentralitätsmaß* der Akteure, der nur durch *kurze Pfaddistanzen von allen anderen* getrennt wird.“[357] Hierin drückt sich aus, wie häufig ein Akteur auf *Dritte* angewiesen ist, um an Informationen etc. zu kommen, d.h. wie direkt (über wie viele Stationen/Akteure) sich der Verlaufsweg darstellt. Je weniger Akteure bei der Übermittlung als Stationen zwischengeschaltet sind, desto schneller, verlustfreier und unverfälschter ist die Übertragung.[358]

Das *betweenness-basierte* Zentralitätskonzept stellt in erster Linie nicht die Beziehungen, sondern *den Akteur als solchen* in den Mittelpunkt. Der Betweenness-Wert ist hierbei ein Indikator dafür, *wie häufig der Akteur auf der kürzesten Verbindungsstrecke zweier weiterer Akteure des Netzes liegt*, d.h. wie oft er innerhalb des Netzes als *Übermittler* fungieren muß.[359] Hierin drückt sich implizit die relative Machtposition eines Akteurs im Netz aus, da er in seiner Position als Mittler den Ressourcen- und Informationsfluß kontrolliert.[360]

Bei der nachfolgenden Interpretation der berechneten Ergebnisse gilt es zu beachten, daß vornehmlich die Ergebnisse der befragten Unternehmen auswertbar sind, da von den erst über die Befragung erfaßten Unternehmen nicht alle Querbeziehungen bekannt sind. Diese konnten demgemäß nicht in die Analysen mit einfließen und verhindern eine qualitativ vergleichsweise Beurteilung der Ergebnisse.

---

[355] Vgl. Krätke/Scheuplein 2001, S. 135-136.
[356] Krätke/Scheuplein 2001, S. 136.
[357] Jansen 1999, S. 125.
[358] Ebenda.
[359] Ebenda.
[360] Krätke/Scheuplein 2001, S. 136.

Die für die Clusterformation berechneten Zentralitätsmaße der einzelnen Akteure können dem Anhang IV-1 entnommen werden.

Abbildung 24: Übersicht über Zentralitätsmaße für Akteure

Maß	*Degree $C_D(n_i)$*	*Betweenness $C_B(n_i)$*	*Closeness $C_C(n_i)$*
Was wird gemessen?	erfaßt die Anzahl der direkten Verbindungen zu anderen Punkten	erfaßt die Anzahl der kürzesten Verbindungen (geodesics) zwischen Punktpaaren, die durch den betrachteten Punkt laufen	erfaßt die Nähe (invers dann die Entfernung) eines Punktes zu allen anderen Punkten des Netzes über die Pfaddistanz
Berechnung	$C_D(n_i) = d_i$ d_i ist der Degree des Akteurs i $d_i = \sum_j x_{ij} = \sum_j x_{ji}$ $i \neq j$	$C_B(n_i) = \sum_{j<k}^{n} \sum^{n} b_{jk}(n_i)$ für $i \neq j \neq k$ $b_{jk}(n_i) = \frac{1}{g_{jk}} * g_{jk}(n_i)$ g_{jk} als Anzahl der geodesics zwischen n_j und n_k $g_{jk}(n_i)$ als Anzahl der geodesics durch n_i	$C_C(n_i) = \left[\sum_{j=1}^{n} d(n_i, n_j) \right]^{-1}$ für $i \neq j$, wobei die Punkte in dem Netzwerk verbunden sein müssen, sonst ist das Maß nicht berechenbar. $d(n_i,n_j)$ bezeichnet die Anzahl der Kanten zwischen dem betreffenden Punktepaar.
Interpretation	gilt als Maß für die mögliche Kommunikationsaktivität	gilt als Maß für die mögliche Kommunikationskontrolle	gilt als Maß für Zentralität bzw. Unabhängigkeit (von anderen), auch Effizienz.
Einführung einer Bezugsgröße	größtmöglicher Degree: n-1	größtmögliche Betweenness: $(n^2-3n+2)/2$	größtmögliche Closeness: 1/(n-1)
Netzwerkform, die die Realisation der Bezugsgröße ermöglicht	Stern	Stern	Stern
Relativierung des Maßes auf Bezugsgröße, deren Ausprägung von der Netzwerkgröße n anhängig ist (netzwerkunabhängige Interpretierbarkeit).	$C'_D(n_i) = d_i/(n-1)$	$C'_D(n_i) = \frac{2 * C_B(n_i)}{n^2 - 3n + 2}$	$C'_C(n_i) = \frac{n-1}{\left[\sum_{j=1}^{n} d(n_i, n_j) \right]}$

Basisparameter: C = Centrality; D = degree-basiert; B = betweenness-basiert; C = closeness-basiert; n_i = Zentralitätswert des Akteurs i; j und k = weitere Akteure.
Quelle: Jansen 1999, S. 131.

Insgesamt zeigen die errechneten Zentralitätsmaße ein Bild vom Bremer Logistiksektor auf, in welchem kein Akteur eine maßgeblich herausragende Position einnehmen kann. Vielmehr sind die Akteure auf den Rangplätzen relativ dicht hintereinander gestaffelt, ohne daß bezüglich der Abfolge der ermittelten Maße große „Sprünge" (i.S.v. Differenzen) festzustellen sind. Einzig im Bereich der betweenness-basierten Clusterposition ist ein nennenswerter Abstand im Grad der Verbundenheit zwischen dem ersten und zweiten sowie zwischen dem zweiten und dritten Rangplatz auszumachen.

Hinsichtlich der Wirtschaftszweigzuordnung ist das Verhältnis von Logistikdienstleistern zur Logistik im Verarbeitenden Gewerbe etwa 2:1 auf den vorderen 13 Rangplätzen, wobei im Bereich der Dienstleister Unternehmen aus der Abteilung Nachrichtenübermittlung und Verkehr von der Anzahl her klar dominieren. So sind (degree-basierte Zentralität) neben einem Unternehmen aus dem Zweig „Herstellung von Kraftwagen und Kraftwagenteilen", einem aus der „Metallerzeugung und -bearbeitung", einem aus der Branche „Sonstiger Fahrzeugbau" und einem des „Ernährungsgewerbes" vor allem hinsichtlich der Logistikdienstleister sechs Unternehmen aus dem Bereich der „Hilfs- und Nebentätigkeiten für den Verkehr; Verkehrsvermittlung" sowie einem aus dem Bereich „Landverkehr; Transport in Rohrfernleitungen", die das Gesamtbild maßgeblich bestimmen. In dieser Zusammensetzung drückt sich zum einen die Struktur klassischer Prozeßketten aus (Abbildung 22), in deren Mittelpunkt – in mehr oder weniger dominierender/zentraler Position – Elemente der Produktion verortet sind (Rangplätze 1, 2 und 9), die von grundlegend notwendigen Transporteinheiten flankiert werden (Rangplätze 5, 6, 7, 8 etc.).

In der Tendenz etwas höhere Rangpositionen erreichen die Logistikunternehmen aus dem Bereich „Hilfs- und Nebentätigkeiten für den Verkehr; Verkehrsvermittlung" (WZ 63) bei der closeness-basierten Zentralität. So werden u.a. drei der ersten fünf Plätze von Unternehmen dieses Wirtschaftsbereiches eingenommen. Dieses ist jedoch nicht wirklich verwunderlich und läßt sich auf das von einem breiten (Branchen-) Spektrum an Unternehmen gleichermaßen in Anspruch genommene Leistungsangebot dieser Logistikdienstleister zurückführen. Die Tatsache, daß eine große Zahl an Akteuren der Formation in ihrer Leistungserstellung auf Unternehmen des WZ 63 zurückgreifen müssen, rückt diese automatisch in relativ zentrale Netzpositionen, die (von den übrigen Akteuren) über möglichst wenige zusätzliche Stationen/Netzknoten erreicht werden können.

Hinsichtlich der Größenklasse der Unternehmen auf den vorderen Rangplätzen kann pauschal gesagt werden, daß ganz große (i.S.v. beschäftigungsstarke), fokale Unternehmen in der Clusterformation fehlen (Tabelle 20). Logistikunternehmen/-abteilungen mit 1000 und mehr Beschäftigten stellen keinen Bestandteil des Clusters dar. Die weitaus meisten Unternehmen lassen sich hinsichtlich der Anzahl an Arbeitsplätzen in die Größenklasse 3 einordnen, d.h. sie beschäftigen 100 – 499 Logistiker. Unternehmen mit weniger als 100 Logistikangestellten finden sich unter den vorderen Rangplätzen nur vereinzelt wieder. Die nachfolgende Tabelle kann diese Beobachtung noch weiter spezifizieren. Sie zeigt, daß die durchschnittliche Zentralität der Position im Cluster (über alle Zentralitätsmaße) mit zunehmender Zahl der Beschäftigten steigt.

Tabelle 20: Clusterpositionen (Mittelwerte) nach Größenklassen der Logistiker[1]

Logistiker – Größenklasse[2]		Maß der möglichen Kommunikationsaktivität (Degree)	Maß der relativen Unabhängigkeit (Closeness)	Maß der Kommunikationskontrolle (Betweenness)
(1) < 20	(n = 8)[3]	2,60	4,48	1,66
(2) 20 – 99	(n = 11)	2,83	4,79	3,92
(3) 100 – 499	(n = 13)	5,00	5,35	8,03
(4) 500 – 999	(n = 2)	6,49	5,79	8,37
(5) 1.000 +	(n = 0)	–	–	–
Gesamt	(n = 34)	3,82	4,99	5,22

[1]: Stand zum 01.01.2001.
[2]: Berechnung basiert auf Ergebnissen der Unternehmensbefragung.
[3]: Ausgewertet werden konnten nur die befragten Unternehmen, die sowohl Angaben zu ihren Verflechtungen auf funktionaler Ebene als auch zum Stand ihrer Logistiker gemacht haben.
Eigene Berechnungen

Ganz entscheidend hierbei ist die jeweils feststellbare große Differenz im durchschnittlichen Zentralitätsmaß (besonders hinsichtlich Degree und Betweenness) zwischen der 2. und 3. Größenklasse. Dieser erkennbare Abstand verdeutlich bzw. signalisiert deutlich eine relativ peripherere Positionierung (mit geringer „Macht“ – siehe betweenness-basiertes Zentralitätskonzept) der Klein- und Kleinstunternehmen des Sektors innerhalb des Clusters. Einerseits könnte dieser Tatbestand auf einen jeweils hohen Spezialisierungsgrad dieser Unternehmen zurückzuführen sein, aufgrund dessen sie nur wenige, dafür aber lang andauernde Geschäftsbeziehungen unterhalten.

Tabelle 21: Unternehmensbefragung –
Alter des Betriebes

Betriebsalter	absolut	in v.H.
Jünger als 5 Jahre	4	7,4%
5 bis 10 Jahre	1	1,9%
10 bis 20 Jahre	4	7,4%
20 bis 50 Jahre	13	24,1%
Älter als 50 Jahre	32	59,2%
Keine Angabe	2	-

In v.H. = gibt die gültigen Prozent an, d.h. die Basis wurde um die Bögen, auf denen die jeweiligen Angaben fehlten, reduziert. Unternehmensbefragung 2001.

Auch wäre denkbar, daß es sich bei einem Großteil dieser Unternehmen um *verhältnismäßig junge Betriebe* handelt, die sich im Aufbau befinden und noch über kein kontaktreiches Beziehungsnetz verfügen. Die Auswertung diesbezüglicher Angaben aus der Unternehmensbefragung (Tabelle 21) läßt diese These jedoch eher unwahrscheinlich erscheinen. Zum anderen mag dies aber auch Ausdruck gefestigter Beziehungen bzw. einer verfestigten Clusterstruktur sein, in welcher die größeren Unternehmen ihre etablierte (Vormachts-) Stellung (gegebenenfalls über aggressive Wettbewerbsstrategien) behaupten und hierüber vor allem Klein- und Kleinstunternehmen ihrer potentiellen Entwicklungschance berauben.

Werden die Clusterpositionen unter dem Gesichtspunkt des jährlichen Umsatzes (im Logistikbereich) betrachtet, ergibt sich ein in Teilen differierendes Bild (Tabelle 22). Hinsichtlich der Kriterien Degree und Betweenness weisen die Unternehmen mit einem jährlichen Umsatz von 2,5 – 10 Mio. € (und nicht wie erwartet die höchste Umsatzgrößenklasse) die mit Abstand höchste durchschnittliche Zentralität im Cluster auf.

Tabelle 22: Clusterpositionen (Mittelwerte) nach Umsatzgrößenklassen (der Logistik)[1]

Umsatz – Größenklasse[2]		Maß der möglichen Kommunikations-aktivität (Degree)	Maß der relativen Unabhängigkeit (Closeness)	Maß der Kommunikationskontrolle (Betweenness)
(1) < 2,5 Mio. €	(n = 7)[3]	2,60	3,67	1,09
(2) 2,5 – 10 Mio. €	(n = 7)	5,75	5,14	8,82
(3) > 10 Mio. €	(n = 14)	3,80	5,65	6,38
Gesamt	(n = 28)	3,99	5,03	5,67

[1]: Jährlicher Umsatz.
[2]: Berechnung basiert auf Ergebnissen der Unternehmensbefragung.
[3]: Ausgewertet werden konnten nur die befragten Unternehmen, die sowohl Angaben zu ihren Verflechtungen auf funktionaler Ebene als auch zu ihrem Umsatz gemacht haben.
Eigene Berechnungen

Dieser Umstand ist auf die unter diese Kategorie subsumierten spezifischen Unternehmen zurückzuführen, bei denen es sich in der Hauptsache um Firmen aus dem Verarbeitenden Gewerbe bzw. deren Logistikabteilungen handelt.

Wie schon weiter oben aufgezeigt werden konnte, nehmen diese zum Teil zentrale Positionen in der Formation ein (Anhang IV-1). Da die Logistik – in bezug auf das Gesamtunternehmen – wahrscheinlich häufig nicht zu den innerbetrieblichen Kernkompetenzen gehört, ist zu vermuten, daß zum einen der Großteil des Umsatzes in bzw. durch anderen Unternehmenssegmenten erzielt/erwirtschaftet wird und zum anderen Teilbereiche der Logistik in der Vergangenheit schon ausgelagert bzw. an spezialisierte Logistikdienstleister vergeben wurden.

Unternehmen, deren jährlicher Umsatz in der Logistik unter 2,5 Mio. € liegt, weisen – nach allen Kriterien – im Durchschnitt äußerst schwache Zentralitätsmaße auf, was auf Randpositionen innerhalb der Formationen hindeutet. Eine

Verschneidung der Befragungsergebnisse nach der Beschäftigtenzahl und dem jährlichen Umsatz zeigt zudem, daß es sich hierbei hauptsächlich um Klein- und Kleinstunternehmen des Sektors handelt. Auch dieser Tatbestand weist wieder auf die feststellbare, derzeit faktisch geringe Bedeutung dieser Unternehmen im Cluster hin, worin, wenn man unterstellt, daß es sich hierbei im wesentlichen um (schon seit längerer Zeit) im Aufbau befindliche Unternehmen handelt, eine Verhärtung der bestehenden Clusterstrukturen gesehen werden kann, die blokkierend auf die Entfaltung dieser Firmen wirken könnte. Sollte sich diese These im weiteren Verlauf bestätigen und vor allem auch im Logistiknetzwerk (Punkt 3) wiederfinden, könnten hierhinter sklerotische Strukturen vermutet werden, die eine zukünftig positive Entwicklung des Sektors (und hierüber des Standortes) be- bzw. verhindern.

Eine weitere Analyse der Clusterpositionen, diesmal auf Grundlage der Umsatzentwicklung in der Logistik in der Zeit von 1995 bis 2000, kann das gezeichnete Bild des Clusters weiter verfeinern und die aufgestellte These weiter festigen (Tabelle 23).

Tabelle 23: Clusterpositionen (Mittelwerte) nach Umsatzentwicklung (in der Logistik)[1]

Umsatzentwicklung[2]		Maß der möglichen Kommunikationsaktivität (Degree)	Maß der relativen Unabhängigkeit (Closeness)	Maß der Kommunikationskontrolle (Betweenness)
(a) steigend	(n = 22)[3]	3,48	5,02	4,96
(b) stagnierend	(n = 4)	3,90	4,67	6,58
(c) sinkend	(n = 3)	4,76	5,64	5,41
(d) schwankend ohne Trend	(n = 3)	4,33	5,66	6,47
Gesamt	(n = 32)	3,73	5,10	5,34

[1]: Entwicklung in den Jahren von 1995 bis 2000.
[2]: Berechnung basiert auf Ergebnissen der Unternehmensbefragung.
[3]: Ausgewertet werden konnten nur die befragten Unternehmen, die sowohl Angaben zu ihren Verflechtungen auf funktionaler Ebene als auch zu ihrer Umsatzentwicklung gemacht haben.
Eigene Berechnungen

Auffällig sind in der Formation die im Durchschnitt besonders starken Mittlerpositionen jener Unternehmen, die für die letzten Jahre eine stagnierende oder ohne erkennbaren Trend schwankende Umsatzentwicklung angegeben haben. Eine Auswertung dieser Unternehmen zeigt, daß es sich hierbei fast ausschließlich um etablierte Großunternehmen in der Region handelt, die über einen festen Kundenstamm verfügen, welcher sich normalerweise nur noch in Ausnahmefällen erweitert (so muß das Auftragsvolumen neuer Kunden beispielsweise häufig eine gewisse Grenze überschreiten, um angenommen zu werden) und in der

Summe die Realisierung eines sich mehr oder weniger auf gleichbleibend hohem Niveau befindlichen Jahresumsatzes garantiert.

Die These, daß es sich bei den Unternehmen, die in der Regel periphere Positionen in der Clusterformation einnehmen, vornehmlich um im Aufbau befindliche Klein- und Kleinstunternehmen handelt, läßt sich ebenfalls aus den Ergebnissen zur Umsatzentwicklung ableiten. Trotz steigender Umsatzentwicklungen (wobei hierin implizit ein Aufbauprozeß gesehen wird) weisen diese Unternehmen im Durchschnitt nur einen schwachen Verbundenheitsgrad und ebenso schwache Mittlerpositionen im Transaktionsnetz des Clusters auf. Im Bremer Logistiksektor scheint demnach keine positive Korrelation zwischen dem Grad der Einbindung in das lokale Cluster und der Geschäftsentwicklung zu bestehen, d.h. die Umsatzentwicklung eines Clusterunternehmens scheint nicht mit dem Grad seiner Einbindung zu steigen.

2.6 Zwischenfazit – Clusterformation

Für das erfaßte Bremer Logistikcluster kann, bei einer vermuteten Größe von weit über 500 Akteuren, eine vergleichsweise hohe Dichte von 3% ausgewiesen werden. Die Kohäsion des Partial-Netzes kann als durchschnittlich bezeichnet werden, da es sich als relativ geschlossenes Gesamtnetz mit nur wenigen insularen Teilnetzen darstellt, an welches eine hohe Zahl von Clusterakteuren jedoch nur über jeweils eine einzige Transaktionsbeziehung angebunden ist. Einzelakteure, die (im Sinne eines fokalen Unternehmens) eine herausragende Position in der Clusterformation einnehmen, sind im Prinzip nicht auszumachen. Die vorderen Rangplätze werden zu etwa gleichen Teilen von Unternehmen des Verarbeitenden Gewerbes und Logistikdienstleistern eingenommen, wobei bei letzteren klar Unternehmen aus dem Bereich „Hilfs- und Nebentätigkeiten für den Verkehr; Verkehrsvermittlung“ dominieren. Trotz vorhandener Außenbeziehungen, die vor allem einen nationalen Fokus aufweisen, bleibt das Cluster im Kern regional ausgerichtet. Eine Analyse der Positionen der einzelnen Clusterakteure auf Grundlage der drei Zentralitätskonzepte Degree, Closeness und Betweenness und mit Blick auf die Faktoren Beschäftigung, Umsatz und Umsatzentwicklung zeigt ein differenzierteres Bild. Im Durchschnitt ist die Zentralität der Position der Akteure im Cluster um so höher, je mehr Logistiker das Unternehmen beschäftigt. Hierbei nehmen Unternehmen mit weniger als 100 Beschäftigten in der Formation nach allen Kriterien klar Randpositionen ein. Auch bezüglich des jährlichen logistikbasierten Umsatzes verfügen Unternehmen mit weniger als 2,5 Mio. € (der kleinsten von drei abgefragten Größenklassen) größtenteils über Positionen, die im Durchschnitt durch schwache Zentralitätsmaße gekennzeichnet sind. Hier sind es vor allem Unternehmen des Verarbeitenden Gewerbes, die durch die Logistik zwischen 2,5 und 10 Mio. € (zweite Größenklasse) Umsatz erwirtschaften, die herausragende Positionen – sowohl in bezug auf mögliche

Kommunikationsaktivitäten als auch mit Blick auf die Kommunikationskontrolle – im Cluster einnehmen. Hierin spiegelt sich die Bedeutung der in den Unternehmen des Verarbeitenden Gewerbes eingebettete Logistik als Bestandteil des Gesamtsektors wider, ohne den eine Sektordefinition zwangsweise unvollständig bleiben muß. Unerwartet fällt das Ergebnis bei der Berechnung der durchschnittlichen Zentralitätsmaße auf Grundlage der Umsatzentwicklung aus. Während die Unternehmen, die für den Zeitraum von 1995 bis 2000 eine steigende Umsatzentwicklung in der Logistik angaben, in der Formation nur Positionen von schwacher Zentralität innehaben, befinden sich auf den Positionen mit im Durchschnitt hoher Zentralität jene Clusterunternehmen, die im selben Zeitraum „nur" stagnierende bzw. ohne Trend schwankende Umsätze realisieren konnten. Das Gesamtbild der Formation zeigt ein Cluster, in welchem Klein- und Kleinstunternehmen mit einem vergleichsweise geringen Jahresumsatz bei aber gleichzeitig steigender Umsatzentwicklung ausschließlich Positionen von im Durchschnitt geringer Zentralität einnehmen können, während Großunternehmen des Verarbeitenden Gewerbes oder etablierte beschäftigungsstarke Logistikdienstleister Positionen innehaben, die sich durch einen hohen Grad an Verbundenheit, einer relativen Unabhängigkeit und potentiell hoher Kontrollmacht im Transaktionsnetz auszeichnen. Dieses Bild kann sicherlich in mehrere Richtungen gedeutet werden – am naheliegendsten erscheint jedoch nach derzeitigem Erkenntnisstand eine Interpretation, die erkennbar ein Bremer Logistikcluster sieht, das dominiert wird von Großunternehmen aus dem Bereich der Logistikdienstleister (speziell aus der Abteilung Nachrichtenübermittlung und Verkehr) und dem Verarbeitenden Gewerbe und in welchem die Mehrzahl der vielen Klein- und Kleinstunternehmen nur dezentrale, periphere Positionen geringerer Einbindung in die Formation einnehmen.[361] In der nachfolgenden Analyse der Netzwerkstrukturen des Bremer Logistiksektors soll versucht werden, zu klären, ob das vorgefundene Bild des Clusters in irgendeiner Art auf sklerotische Strukturen der Formation hindeutet, die eine Entfaltung der vorhandenen Potentiale – nicht nur über ungünstig einflußnehmende Standortfaktoren, sondern auch – seitens der Akteure bzw. deren Beziehungen untereinander blockieren.

[361] Implizit läßt sich hierin die in Bremen allgemein vorherrschende strukturelle Zusammensetzung der Unternehmen hinsichtlich ihrer Betriebsgröße wiederfinden (Kapitel I, Punkt 1).

3. Analyse der Netzwerkstrukturen

3.1 Nach dem Cluster das Netzwerk: 2+2=5

> „Die ursprünglichen Netzwerke, egal, ob regionales Cluster oder echtes virtuelles Unternehmen, suchten Synergien. Die einfache Formel: Wenn mehrere Partner gemeinsam etwas machen, wird der 2+2=5-Effekt in Kraft gesetzt und alle profitieren davon. Dieser Mythos Synergie war und ist noch immer so groß, daß es offenbar keine Rolle mehr spielt, wer sich da zusammenschließen will. Es gilt allgemein die Devise: Gemeinsam sind wir stark! Was ungefähr so richtig ist wie der Plan, die Fusion von zwei Einbeinigen führe zu einem Olympia-Sprint-Sieger."[362]

Wie schon unter Punkt 2.1 angedeutet, wird dem *strategischen Netzwerk* (im Zusammenhang mit dem Clusterbegriff) dieser Tage in der regionalen Strukturentwicklung allzu schnell unreflektiert – gleich einem Breitbandantibiotikum in der Allgemeinmedizin – eine allumfassende „Heilwirkung" gegen jedwedes strukturelles „Leiden" einer Region attestiert.[363] Daß dem nicht so ist, zeigen in der Realität viele fehlgeschlagene Versuche, in denen trotz der Bemühungen der Etablierung eines regionalen Clusters bzw. Netzwerkes ein wirtschaftsstrukturelles Aufholen der Region ausblieb.[364]

Die dieser Arbeit in diesem Zusammenhang zugrunde liegende Definition strategischer Kooperationsnetzwerke kommt wieder von *Elsner* und knüpft direkt an die (ebenfalls von ihm stammende) Clusterdefinition an (siehe Punkt 2.2):

> *The network in contrast* [*to a cluster* – Anm. d. Verf.], *shall be understood as strategic, as distinct from "functional". Thus, a network normally is based on a cluster. The functional interdependence in clusters may result in the strategic interaction in networks. We define (regional) networks, therefore, as (regional) clusters which develop an intensive, lasting and comprehensive multilateral cooperation, which utilize specific infrastructures and which, therefore, cooperate with relevant public, semi-public, and social agents.* "[365]

[362] Scholz 2002, S. 113.
[363] Vgl Genosko 1999, S. 8.
[364] Vgl. Cooke 2003, S. 37; Huebner 1999, S. 80-81.
[365] Elsner 2000a, S. 415.

Netzwerke können demnach als Ausdruck der auf qualitativer Ebene stattfindenden Intensivierung bestehender (Geschäfts-) Beziehungen bezeichnet werden. Zur Bildung eines Netzwerkes bedarf es in der Regel eines schon längerfristig vorhandenen, störungsfrei funktionierenden Clusters, in welchem die wesentlichen netzwerkkonstituierenden Vorraussetzungen, in erster Linie ein Mindestmaß an wechselseitigem Vertrauen der Akteure, im Vorfeld geschaffen wurden. In diesem Sinne kann das Netzwerk als Weiterentwicklung eines Clusters angesehen werden. Von einer qualitativen Aufwertung der Beziehungen kann aus dem Grunde gesprochen werden, weil es sich bei den Beziehungen nicht mehr nur um reine „Austauschbeziehungen marktmäßiger Art“[366] handelt, wie sie typisch für Verflechtungen in einem Cluster sind, sondern vielmehr um *bewußte* Kooperationen[367] im Bereich der strategischen Entwicklung etc., die sich gerade durch ihre *„nicht marktmäßige* Art“ auszeichnen.[368] Häufig ist es einem Unternehmen erst mit Hilfe solcher Kooperationsbeziehungen möglich, angestrebte Projekte umzusetzen und gesteckte Ziele zu erreichen, die aus eigener Kraft mit zur Verfügung stehenden firmeninternen Mitteln nicht bzw. nicht mehr realisiert werden können.[369]

Die mit dem Netzwerkkonzept in Zusammenhang gebrachten, potentiell zu erlangenden Synergien (also der im Eingangszitat dieses Kapitels angesprochene 2+2=5-Effekt) sind dementsprechend nicht per se als ein „Mythos“ anzusehen. Vielmehr kommt es ganz entscheidend darauf an, inwieweit an einem Standort die wesentlichen Voraussetzungen zur Generierung eines Netzwerkes in zweckmäßiger Zusammensetzung vorhanden sind. Worum es sich hierbei innerhalb des Netzwerkkonzeptes im Detail handelt, soll nachfolgend erläutert werden.

3.2 Theoretische Grundlagen

Analog zur Vorgehensweise unter Punkt 2.4 soll auch an dieser Stelle die nachfolgende Einführung in die theoretischen Grundlagen der Netzwerk-Thematik helfen, die später gewonnenen, diesbezüglichen Ergebnisse sachkundig beurteilen und bewerten zu können, so daß letztendlich hieraus die Ableitung adäquater Handlungsoptionen zur Aufwertung des Wirtschaftsstandortes Bremen möglich wird.

---

[366] Vgl. Schamp 2000, S. 65.
[367] Vgl. Fischer/Gensior 2002, S. 20
[368] Vgl. Genosko 1999, S. 36.
[369] Ebenda.

3.2.1 Das Netzwerkkonzept

Das Netzwerk (als Ausdruck bzw. Resultat strategischer Kooperationen), von seinen grundlegenden Strukturen im Prinzip ähnlich wie das Cluster aufgebaut, definiert sich aus formaler systematischer Sicht über Knoten und Kanten. Knoten stellen hierbei Personen, Projekte oder Ereignisse dar und die Beziehungen zwischen diesen Knoten (wobei es sich bei diesen nicht ausschließlich um soziale Beziehungen, sondern auch um Güterströme [s.o.: Cluster] handeln kann) werden Kanten genannt.[370] Von einem *regionalen* Netzwerk wird überdies gesprochen, wenn die Knoten allesamt innerhalb eines bestimmten geographischen Raumes (bspw. einer Region) angesiedelt sind, mit anderen Worten in der Summe eine gewisse räumliche Nähe zueinander vorweisen können.[371]

Die Beziehungen (Kanten) der Netzakteure untereinander differenzieren sich auf Grundlage der Verschiedenartigkeit ihres u.a. sozialen und kulturellen Hintergrundes in „strong ties“ und weak ties“ (starke/schwache Beziehungen oder auch enge/lose Kopplungen) aus. Die Art der Beziehungen birgt weitreichende Implikationen und hat unumstritten Auswirkungen auf die Funktionsfähigkeit und Überlebensfähigkeit des Netzwerkes in kritischen Situationen (wobei dies nur sehr bedingt für Cluster, d.h. auf Ebene der reinen – häufig vertraglich fixierten – funktionalen Verflechtungen, gilt). „Strong ties“ treten in der Regel dann zwischen zwei Akteuren auf, wenn diese ähnliche Wertvorstellungen, ein vergleichbares Bildungsniveau und sozialen Status besitzen.[372] Dieser hohe Grad an Gemeinsam- und Ähnlichkeiten hat einerseits zur Folge, daß die Akteure aufgrund ihres gemeinsamen Verständnisses („man weiß, was der andere denkt und wie er in bestimmten Situationen handelt würde“) viel schneller Informationen austauschen und Entscheidungen herbeiführen können.[373] Andererseits bergen „strong ties“-Netzwerke die Gefahr, sich aufgrund des vermeintlich idealen (i.S.v. reibungslosen) Zusammenspiels der Netzakteure, welches z.B. durch neu hinzukommende Akteure potentiell Gefahr läuft gestört zu werden, in solchem Maße nach außen hin abzuschotten (bis hin zu Vetternwirtschaft, Seilschaften u.ä.), daß keinerlei neue Impulse und Ideen von außen mehr in das Netzwerk eindringen können.[374] Das Resultat einer solchen Entwicklung findet sich häufig vor allem in einer schwindenden Innovationsfähigkeit und einer zunehmenden Rückständigkeit der Produktionsausrüstung und Arbeitsorganisation (letztlich also der Leistungsfähigkeit) innerhalb des Netzes wieder – es entstehen „strukturelle Löcher“[375], die in immer stärkerem Maße sklerotische Strukturen im Netz

[370] Genosko 1999, S. 32; Jansen 1999, S. 52 ff.
[371] Ebenda.
[372] Vgl. Genosko 1999, S. 32.
[373] Vgl. Genosko 1999, S. 34.
[374] Vgl. Genosko 1999, S. 33.
[375] Ebenda.

erzeugen und dadurch den Niedergang desselben einläuten und vorantreiben.[376] *Grabher* spricht in diesem Zusammenhang von der „Schwäche starker Beziehungen“.[377] Im Gegensatz hierzu weisen „weak ties“-Netzwerke keine Abschottungstendenzen auf. Sie definieren sich über Akteure, die untereinander weitaus weniger Gemeinsamkeiten als jene in „strong-ties“-Netzwerken aufweisen und lockerere Beziehungen zueinander unterhalten. Diese Netzwerke sind aus diesem Grunde zwar deutlich fragiler, lassen dafür aber den kontinuierlichen Zufluß neuer Ideen von außen zu und verhindern somit das Entstehen besagter struktureller Löcher.[378] Die „Stärke schwacher Beziehungen“[379] liegt gerade in der Verschiedenheit der einzelnen Akteure (bezogen auf deren Einstellungen, Ansichten, Werte etc. und auch der Überlappungen zwischen den personellen Netzwerken, deren Mitglieder sie jeweils sind[380]), die diese innerhalb des Netzes eine vergleichsweise hohe Autonomie beibehalten läßt.[381] Diese (Autonomie) wiederum läßt Widerspruch zu, was, gekoppelt mit einer im Netz vorhandenen (i.S.v. gelebten) Diskurs- bzw. Konsenskultur (eine bestimmte ‚Kultur‘ des Umgangs miteinander[382]), einen hohen gemeinsamen Lerneffekt hervorbringt.[383] Ein dauerhafter, von allen beteiligten Akteuren getragener (kollektiver) Lernprozeß[384] kann insgesamt sowohl die auftretenden Transaktionskosten aller Netzwerkunternehmen drastisch senken[385] als auch die Innovationsfähigkeit des Netzes gewährleisten und befördern.[386] *Bruch-Krumbein* und *Hochmuth* ziehen aus diesen Überlegungen hinsichtlich der Stärke der Interdependenzen folgendes Resümee für das Netzwerk:

> „Diese eher lockeren, offenen Verbindungen [gemeint sind „weak ties“ – Anm. d. Verf.] stehen in einem Spannungsfeld zu den Erfordernissen stabiler Interaktion, da ohne eine gewisse „interne Kohäsion“ wiederum die Handlungsfähigkeit von Netzwerken untergraben wird. Die Funktionstüchtigkeit eines Netzwerkes hängt also von der Balance von loser und enger Kopplung ab.“[387]

---

[376] Vgl. Genosko 1999, S. 33; Schamp 2000, S. 66; siehe hierzu auch Punkt 2.4.3.
[377] Grabher 1993b, S. 263.
[378] Vgl. Genosko 1999, S. 34; Sabel 2002, S. 112.
[379] Granovetter 1973.
[380] „Proximity is the extent to which two interacting individuals have personal networks that overlap. Thus heterophilous actors are likely to have *weak* or *low-proximity* linkages, with little overlap in their personal networks.“ Steward/Conway 1996, S. 206.
[381] Bruch-Krumbein/Hochmuth 2000, S. 55; Hellmer/Friese/Kollros/Krumbein 1999, S. 65-66.
[382] Fritsch 2000, S. 109.
[383] Schamp 2000, S. 66.
[384] Detaillierte Ausführungen zum Themenkomplex „Lernprozesse in Netzwerken“ sind u.a. bei *Olbertz* nachzulesen. Olbertz 2001.
[385] Vgl. Sydow 1992, S. 140 ff.
[386] Vgl. Hellmer/Friese/Kollros/Krumbein 1999, S. 71.
[387] Bruch-Krumbein/Hochmuth 2000, S. 55.

Das entscheidende Motiv zum Aufbau eines Kooperationsnetzwerkes bzw. zur Beteiligung an einem solchen ist nicht mehr in erster Linie die Reduzierung von Unsicherheit – diese hat das Cluster schon in nennenswertem Umfang zu reduzieren vermocht –, sondern vielmehr das Erreichen strategischer Ziele, die aus eigener Kraft mit vertretbarem Aufwand nicht bzw. nicht mehr realisiert werden können. Im Gegensatz zu den Beziehungen im Cluster, d.h. jenen auf funktionaler Ebene, sind Netzwerkbeziehungen häufig durch ihren eher informellen Charakter gekennzeichnet.[388] Während Transaktionsbeziehungen in der Regel vertraglich fixiert und dementsprechend durch gesetzliche Sanktionsmechanismen abgesichert sind, bilden oft (aber nicht ausschließlich) bilaterale, mündlich getroffene Übereinkünfte und Absprachen den Ausgangspunkt und Kristallisationskern von kooperativen Netzwerken, die mehr auf Vertrauen denn auf gesetzlicher/vertraglicher Absicherung basieren. Hierdurch besteht in den Netzwerken für die beteiligten Akteure die dauerhafte Gefahr, daß der angestrebte wechselseitige Nutzen[389] aus den jeweiligen Beziehungen durch opportunistisches Verhalten untergraben wird. *Fritsch* hierzu:

> „Solche unvollständig spezifizierten Vertragsbeziehungen bergen die Gefahr in sich, daß einer der Vertragspartner sich ‚opportunistisch' verhält, d.h. die vorhandenen Interpretationsspielräume zu seinem individuellen Vorteil ausnutzt, was dann zu Abhängigkeit und Ausbeutung führen kann."[390]

Zur Eindämmung dieser potentiellen Gefahr, sowohl für die einzelnen Akteure als auch für die Funktionsfähigkeit des Gesamtnetzes als solches, gibt es in jedem Netz zur Aufrechterhaltung reibungsloser Abläufe 'Spielregeln', d.h. spezifische Regeln, Normen und Konventionen, die von allen einzuhalten sind.[391] Durchsetzbare Sanktionsmöglichkeiten gegenüber einem Fehlverhalten sind kaum vorhanden. Einzig der aktive Ausschluß aus dem Netzwerk, dem damit verbundene Reputationsverlust (in der Region oder – bei einer kleineren und/oder stark vernetzten Community – in der gesamten Branche) und dem in Folge nicht mehr möglichen Zugriff auf netzinterne Ressourcen können als Hemmfaktoren gegen die einseitige Ausnutzung und den eigennützigen Mißbrauch des Netzwerkes fungieren.[392]

---

[388] Während in der Literatur „strong ties" mit Hersteller-Zulieferer-Beziehungen (also Clusterbeziehungen) gleichgesetzt werden, sind die Beziehungen in strategischen Kooperationsnetzwerken von ihrer Art her in der Regel „weak ties". Vgl. Genosko 1999, S. 36; Genosko 2002, S. 56.

[389] Vgl. Fischer/Gensior 2002, S. 21; Dreher/Kinkel 2000, S. 48.

[390] Fritsch 2000, S. 108.

[391] Vgl. Schamp 2000, S. 15.

[392] Vgl. Genosko 1999, S. 57-58.

Die Netzwerkverflechtungen (und somit das Netz als solches) bauen auf verschiedenen *Prinzipien* auf, die die Grundvoraussetzung für die Aufnahme von Kooperationsbeziehungen, die Initiierung eines Netzverbundes und die nachfolgende Stabilität desselben darstellen. Insgesamt können in der einschlägigen Literatur im wesentlichen vier *Funktionsprinzipien* ausgemacht werden, wobei einige innerhalb der bisherigen Ausführung schon Erwähnung gefunden haben. Namentlich handelt es sich um:

a) Vertrauen,
b) Kooperation und kooperatives Verhalten,
c) Reziprozitätsprinzip (mit Aufweichen des Äquivalenzprinzips) und
d) Machtverhältnisse in der Organisationsform.

Zu a): Wie in den bisherigen Ausführungen schon angeklungen, ist Vertrauen einer der wesentlichen Faktoren zur Generierung eines Netzwerkes.[393] Nur wenn ein Akteur erwarten kann, daß alle übrigen Akteure innerhalb des Netzes für ein gemeinsames Ziel und zum wechselseitigen Nutzen agieren, wird er sich mit seinen Kompetenzen und Ressourcen maximal in das Netz einbringen. Da er letztlich die tatsächlichen Handlungen (opportunistisch oder nicht) der Mitakteure im Netz nicht bestimmen bzw. mit Sicherheit vorhersagen kann, muß er darauf vertrauen, daß diese jeweils im Interesse und zum Wohle des gesamten Netzes (bzw. zumindest den Eigeninteressen nicht gegenläufig) sind. Ohne Vertrauen würde jeder dem anderen in der Tendenz eigennütziges, zu den eigenen Interessen diametral verlaufendes Verhalten unterstellen, was dazu führen würde, daß sich kein Akteur – aus Angst, er könne übervorteilt werden („Problem der riskanten Vorleistungen“[394]) – vollständig (wenn überhaupt) in das Netz einbringen würde.

Zu b): Die – in unterschiedlichsten Ausprägungen und Intensität vorkommende – Kooperation als solche ist die wesentlichste Form der Beziehung zwischen Akteuren innerhalb von Netzwerken. Kooperation bedeutet das koordinierte, freiwillige Zusammenwirken zweier oder mehrerer Akteure auf materieller (z.B. Produktion) und/oder immaterieller (z.B. Forschung) Ebene, deren Einstellungen/Verhaltensweisen wechselseitig bekannt und auf gemeinsame Ziele ausgerichtet bzw. aufeinander abgestimmt sind.[395] „Diese grundsätzliche Haltung beinhaltet als kleinsten [gemeinsamen – Anm. d. Verf.] Nenner, daß eine Schädi-

393 Siehe Fußnote 274.
394 Vgl. Fischer/Gensior 2002, S. 22; Sabel 2002, S. 111.
395 Vgl. Hellmer/Friese/Kollros/Krumbein 1999, S. 59 ff.

gung der Interessen anderer [i.S.v. involvierter – Anm. d. Verf.] Akteure vermieden wird.“[396]

Zu c): Ein weiteres charakteristisches Merkmal von Netzwerken ist das Reziprozitätsprinzip.[397] Anders als beim Äquivalenzprinzip, nach welchem Leistung und Gegenleistung direkt aufeinander folgen und sich in ihrer Wertigkeit einander entsprechen (üblicherweise stellt Geld das Äquivalent dar), sind Austauschbeziehungen nach dem Reziprozitätsprinzip dadurch gekennzeichnet, daß auf die Leistung weder sofort die Gegenleistung erfolgen muß noch sich diese beiden exakt entsprechen müssen, sondern – nach Art und Qualität der Leistung – in angemessener (ungefähr gleichwertiger) Relation zueinander stehen sollten.[398] Drei wesentliche Merkmale des Reziprozitätsprinzips ermöglichen es wirtschaftlichen Akteuren, deren Beziehungen sich auf diesem Prinzip gründen, entscheidende (Wettbewerbs-) Vorteile zu erlangen. Erstens steigt die Flexibilität der Akteure, da einer Leistung nicht sofort eine Gegenleistung folgen muß. Die ökonomischen Handlungsspielräume erweitern sich hierdurch maßgeblich. Zweitens unterstellt die Art des reziproken Leistungsaustausches, daß es sich um dauerhafte Beziehungen handelt. Jeder Akteur kann davon ausgehen, daß sich das Verhältnis von Geben und Nehmen langfristig die Waage hält.[399] Drittens sind reziproke Beziehungen durch vornehmlich informelle Absprachen (im Gegensatz zu vertraglich fixierten Vereinbarungen mit Rechtssicherheit) gekennzeichnet, was – auf der Grundlage von gegenseitigem Vertrauen – ein schnelles, unbürokratisches Umsetzen auch umfangreicherer Vorhaben zuläßt. *Meyer* faßt zum Reziprozitätsprinzip zusammen:

> „Die Existenz von Reziprozität in Kooperationen erhöht die Flexibilität und Handlungsspielräume der Einzelnen. Die Wahrnehmung der Notwendigkeit eines mindestens langfristigen Ausgleichs kanalisiert dabei die egoistischen Motive und unterstützt die Bildung von kooperativem Handeln.“[400]

Zu d): Bei der Vorstellung, in einem Netzwerk habe jeder Akteur – in vollständiger Gleichberechtigung bzw. in Abwesenheit jeglicher Hierarchie – das gleiche Maß an Einfluß und Entscheidungsmacht, handelt es sich in der Regel um eine Idealisierung des Netzwerkgedankens.[401] „Insgesamt ist hier festzuhalten: Es ist u.E. wichtig, Netzwerke nicht mit harmonischen Beziehungen gleichzu-

---

[396] Meyer 2002, S. 50.
[397] Vgl. Fischer/Gensior 2002, S. 21; Bruch-Krumbein/Hochmuth 2000, S. 48; Meyer 2002, S. 57-58.
[398] Vgl. Meyer 2002, S. 57-58; Hellmer/Friese/Kollros/Krumbein 1999, S. 66.
[399] Meyer 2002, S. 57.
[400] Meyer 2002, S. 58.
[401] Vgl. Elsner 2000b, S. 430 ff.

setzen."[402] Um gemeinsame Ziele zu erreichen, ist jeder Akteur auf die spezifischen Ressourcen, die durch die jeweils anderen Akteure in das Netz eingebracht werden, angewiesen. Es bilden sich (freiwillige, gegenseitige) Abhängigkeiten heraus, die vom Prinzip her für alle gleichermaßen gelten. Dennoch gelangt ein Ungleichgewicht der Einflußmacht über die strategische Bedeutung der einzelnen Ressourcen in das Netz. „Solche, die nicht oder nur unter hohem Aufwand in oder außerhalb des Netzwerks substituierbar sind, haben eine hohe strategische Bedeutung und führen zu relativ großem Einfluß."[403] Verbunden mit der Unsicherheit darüber, welche Ressourcen zukünftig, d.h. bei sich ändernden Rahmenbedingungen, welche Bedeutung haben, können vor allem hochspezialisierte KMU hieraus Nutzen ziehen, da sie ihren eigenen Belangen aufgrund ihrer Bedeutung im Netz mehr Nachdruck verleihen können.[404] Fest steht, daß zum einen die Asymmetrie der Machtverteilung innerhalb eines Netzwerkes in der Regel mit der Inhomogenität der Unternehmensgrößen zunimmt, d.h. große bzw. auch fokale Unternehmen über vergleichsweise weitreichendere Möglichkeiten der Einflußnahme und Lenkung des Netzes verfügen als die beteiligten KMUs.[405] Zum anderen ist der Faktor Macht in vertikalen Netzwerken (Zulieferer-Hersteller-Netzwerken) aufgrund der dort per se schon bestehenden Abhängigkeiten viel ausgeprägter als in horizontalen Netzwerken, in denen die Beziehungen eher wechselseitiger Natur sind und die Akteure ein relativ hohes Maß an Autonomie beibehalten.[406]

3.2.2 Netzwerke und Raum

Auch beim Netzwerk stellt sich – wie schon beim Cluster – die Frage nach den räumlichen Implikationen (vgl. Punkt 2.4.2). Im Gegensatz zu Clustern, die auf Austauschbeziehungen auf funktionaler Ebene basieren, werden Netzwerke in der Regel initiiert, um strategische Ziele zu erreichen, die ohne Kooperationspartner nicht zu realisieren sind. Hierbei handelt es sich häufig um mehrdimensionale Vorhaben, die schwerer/komplizierter handhabbar, umsetzbar und schriftlich fixierbar sind als dies bei eher eindimensionalen, routinemäßigen Zulieferer-Hersteller Beziehungen der Fall ist. Der entscheidende Unterschied liegt dabei in der „Qualität" der den Beziehungen in Clustern und in Netzwerken zugrundeliegenden „Kommunikationsinhalte". So kann in erster Linie zwischen *Information* und *Wissen* unterschieden werden:

---

[402] Hellmer/Friese/Kollros/Krumbein 1999, S. 65.
[403] Meyer 2002, S. 56.
[404] Vgl. Meyer 2002, S. 56-57; Hellmer/Friese/Kollros/Krumbein 1999, S. 64.
[405] Vgl. Hellmer/Friese/Kollros/Krumbein 1999, S. 63.
[406] Vgl. Hellmer/Friese/Kollros/Krumbein 1999, S. 64.

> „*Information*, such as the price of gold on the New York Stock Exchange, or the value of the Yen in London, can be easily codified and has a singular meaning and interpretation. By contrast, *knowledge* is vague, difficult to codify and often only serendipitously recognized. While the marginal cost of transmitting information across geographic space has been rendered invariant by the telecommunications revolution, the marginal cost of transmitting knowledge, and especially tacit knowledge, rises with distance.“[407]

und

> „Whereas information may be transmitted across distances, the transfer of knowledge needs communication and repeated interaction. It is assumed that this process of trial and feedback is facilitated by face-to-face interaction, which permits reciprocal exchanges, negotiations, and deep communication during the complex process of innovation.“[408]

Wissen wird gegenüber Informationen gemeinhin als personen- und umfeldgebundener definiert, wobei es sich gewöhnlich nur über Verbindungen transferieren läßt, deren Basis in der Tendenz langfristigere, engere Kontakte sind. Wissen als solches untergliedert sich nach seiner Verallgemeinerbarkeit (i.S.v. Kodifizierbarkeit) und Komprimierbarkeit jedoch noch einmal in die Kategorien *„nicht-kodifiziertes/kodifizierbares Wissen“* (tacit knowledge – siehe Fußnote 225) und *„kodifizierbares Wissen“* (codified knowledge).[409] Je höher der Grad der Kodifizierbarkeit von Wissen ist, desto leichter läßt es sich ohne direkten, persönlichen Kontakt (z.B. auf dem Postweg oder über das Internet), d.h. ohne (geographische) räumliche Nähe der Akteure zueinander übermitteln und weitergeben. Wird ein sehr hoher Grad an Kodifizierbarkeit erreicht, kann das kodifizierbare Wissen – hinsichtlich seines nunmehr erreichten Charakters – mehr oder minder Informationen gleichgesetzt werden. Diese Ausdifferenzierung impliziert in bezug auf den geographischen Raum, daß vor allem wissensintensiven innovativen Unternehmenssegmenten wie z.B. der Forschung und Entwicklung, in welchen ein nicht unbedeutender Anteil der Aktivitäten auf nicht kodifizierbarem Wissen und seinem Austausch beruht, im Hinblick auf ihre Innovations-, Lern- und Leistungsfähigkeit in einem hohen Maß räumlicher Nähe bedürfen.[410] Daneben lassen sich Spill-over-Effekte, die unter Wettbewerbsgesichtspunkten für bestimmte Unternehmen (vornehmlich KMUs[411]) eine nicht unwesentliche Bedeutung einnehmen, in der Regel ebenfalls nur auf Basis räumlicher Nähe erzielen.[412] Besonders einprägsam ist in diesem Zusammenhang der (häufig zitierte) Satz von *Glaeser et al.*: „After all, intellectual breakthroughs must cross

[407] Audretsch 2003, S. 16-17.
[408] Rallet/Torre 1998, S. 41.
[409] Rallet/Torre 1998, S. 42.
[410] Vgl. Rallet/Torre 1998, S. 44; Feldman 1994, S. 24 ff.
[411] Vgl. Feldmann 1994, S. 70 ff.
[412] Vgl. Torre/Gilly 2000, S. 173.

hallways and streets more easily than oceans and continents."[413] Neben diesen schon seit Anfang der 90er Jahre bekannten und in der Literatur breit diskutierten Zusammenhang zwischen räumlicher Nähe (engl.: geographical proximity) und der Ausbildung und Funktionsfähigkeit von Netzwerken tritt seit Ende der 90er Jahre ein weiterer Näheaspekt – der der organisatorischen Nähe (engl.: organisational proximity).[414] Die organisatorische Nähe drückt aus, daß die Unternehmen in ihrer Orientierung, ihrem Denken und Handeln gleiche (Wert-) Maßstäbe anlegen, die sie durch die gemeinsame Zugehörigkeit zu einer Organisation, einem Verbund o.ä. erlernt bzw. angenommen haben.[415] Als naheliegendes Beispiel nennt *Steiner* in diesem Zusammenhang Firmen mit geographisch weit voneinander getrennten Standorten, die aber alle der gleichen Firmengruppe zuzuordnen sind bzw. ein und demselben Mutterkonzern angehören.[416] Eine hohe organisatorische Nähe garantiert schnellere und reibungslosere Abläufe, da im allgemeinen der Erklärungsbedarf auf allen Ebenen aufgrund einer identischen Denk- und Sichtweise sinkt. Demzufolge kann Wissen in Netzwerken, die sich durch einen Grad an hoher organisatorischer Nähe auszeichnen, erheblich leichter fließen und zirkulieren.

Sowohl geographische als auch organisatorische Nähe unterstützen die Initiierung, Stabilisierung und Ausdehnung von Netzwerken. Beide Nähekonzepte sind aufgrund ihrer starken Interdependenz kaum getrennt voneinander zu betrachten bzw. alleinverantwortlich für die Entwicklung eines Netzwerkes.[417]

> „This dimension allows the link between the two types of proximity (organizational and geographical) to be captured including, besides the spatial aspect of the accessibility, the organizational aspect concerning the operationality of the flows and their interconnection."[418]

Je nach Stadium, in welchem sich das dem Netzwerk zugrundeliegenden Projekt/Vorhaben befindet, hat im Zusammenspiel der beiden Nähekonzepte mal das eine und mal das andere mehr Gewicht für den Entwicklungsprozeß. So steht zum Beispiel im Anfangsstadium einer Neuentwicklung häufig ein Brainstorming-Prozeß im Vordergrund, welcher das (durchaus mehrmalige) persönliche Zusammentreffen aller beteiligten Akteure erfordert. Eine enge räumliche Nähe der Akteure beschleunigt und befördert diesen Prozeß.[419] Gegebenenfalls bedürfen nachfolgende, weniger von nicht-kodifizierbaren Wissen abhängige

---

[413] Glaeser/Kallal/Scheinkman/Shleifer 1992, S. 1127.
[414] Vgl. Torre/Gilly 2000, S. 173 ff.
[415] Vgl. Rallet/Torre 1998, S. 45; Feldman 1994, S. 19.
[416] Vgl. Steiner 1998, S. 13.
[417] Vgl. Keeble/Wilkinson 1999, S. 300.
[418] Torre/Gilly 2000, S. 174.
[419] Torre/Gilly 2000, S. 176.

Entwicklungsstadien in einem geringeren Maße Face-to-Face Kontakte, was die Möglichkeit einer Zusammenarbeit in größerer räumlicher Entfernung zueinander einräumt. Zudem ist die jeweilige Bedeutung der beiden Nähekonzepte für die Unternehmen sehr branchenabhängig. Die einzelnen Branchen (bzw. deren Unternehmen) haben mitunter sehr unterschiedliche Ansprüche an die aus den Nähekonzepten potentiell zu realisierenden (Wettbewerbs-) Vorteile und an die Art und Weise des Wissensaustausches.[420] Zusammenfassend kann festgehalten werden, daß der Faktor Nähe, und zwar sowohl die geographische als auch die organisatorische, als ein wesentliches, konstituierendes Element von Netzwerken anzusehen ist.

3.2.3 Strukturmodelle von Netzwerken

Wie schon für Cluster gilt auch für Netzwerke – und hier sogar in verstärktem Maße –, daß eine totale, d.h. hundertprozentige Vernetzung aller Akteure miteinander nur theoretisch erreicht werden kann (vgl. Punkt 2.5.3). Im Zuge steigender Komplexität[421] auf allen Ebenen (Wirtschaft, Gesellschaft, Politik etc.) sind und bleiben die sozialen und zeitlichen Ressourcen jedes einzelnen Akteurs begrenzt, was die Notwendigkeit einer Komplexitätsreduzierung erzwingt, um eine handhabbare Form der Koordination der essentiellsten Kontakte bzw. Verbindungen zu erreichen.[422]

Abbildung 25: Die Realität der direkten Interdependenzen und Interaktionen (am Beispiel eines Netzes mit 6 Akteuren)

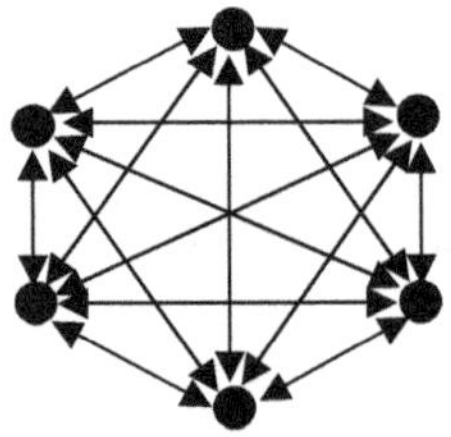

„Complexity here not only depends on the numbers of agents involved and of relations among them, but also on the potential multiplicity of relations between the same agents." (Elsner 2003, S. 2. [Onlinequelle])

Quelle: Elsner 2003, S. 16. (Onlinequelle)

Mit Blick auf die Abbildung 25 ist es gut vorstellbar, daß die Anzahl potentiell (bzw. theoretisch) möglicher Beziehungen (und damit die Komplexität) in Netzwerken mit zunehmender Zahl an Akteuren sprunghaft ansteigt und damit

[420] Vgl. Oinas 2000, S. 65.

[421] Elsner definiert Komplexität als „... nothing more than a reflection of overall socialisation of production and innovation in the widest sense." Elsner 2003, S. 4. (Onlinequelle)

[422] Vgl. Elsner 2003, S.2-3. (Onlinequelle)

gleichzeitig die Gefahr des Zusammenbrechens der fragilen Gesamtstruktur aufgrund fehlender Koordinierbarkeit wächst.[423]

Ausdruck der Anpassung der Akteure an diese Entwicklung sind selbstinitiierte Netzwerke (abseits der [klassischen] vertikalen Integration), die als "neue" Organisationsform mehr Sicherheit und Stabilität im Zuge einer deutlichen Komplexitätsreduzierung versprechen.

Diese Netzwerke weisen alle eine im Prinzip identische Grundstruktur auf (Hub & Spoke), die jedoch durch einen unterschiedlich hohen Grad an netzinterner Hierarchie verschiedenartig ausgebildet ist. Eine verbreitete Form des Netzwerkes bildet die originäre Hub & Spoke Struktur (Abbildung 26). In ihr steht in der Regel ein fokales (zumeist ein Groß-) Unternehmen im Mittelpunkt, welches auf Basis von Marktmacht zum einen kleinere Unternehmen um sich herum gruppieren bzw. an sich binden kann und die alleinige strategische Führung dieses Verbundes übernimmt. Zum anderen kann ein Unternehmen in dieser Position häufig auch direkten Einfluß auf das regionale (bei Mega-Konzernen gegebenenfalls sogar das überregionale) Umfeld nehmen und es den eigenen Bedürfnissen entsprechend gestalten.

Abbildung 26: Ein komplexitätsreduzierendes Modell – skizzenhaft – (Nr. 1) – unter dem Einfluß von Hierarchie: Hub & Spoke (Nabe & Speiche) Netzwerke
(am Beispiel eines Netzes mit 6 Akteuren)

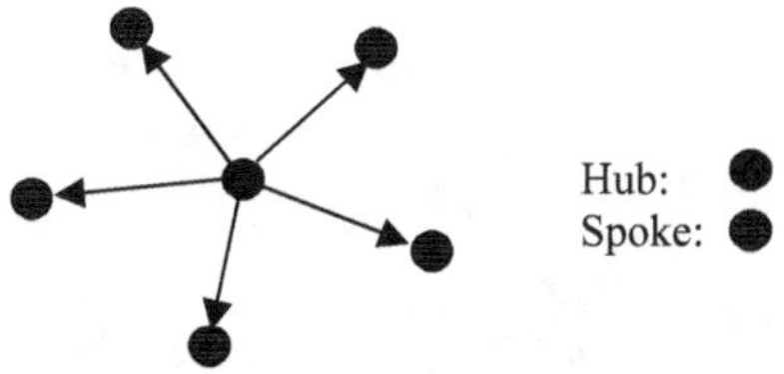

Quelle: Elsner 2003, S. 18. (Onlinequelle)

Als Beispiel kann der global player *Microsoft* angeführt werden, der lange Zeit aufgrund seiner Quasi-Monopolstellung in der Computerbranche (mit Schwerpunkt im Bereich Software und Betriebssysteme) ein in diesem Bereich selbstinitiiertes, nach und nach den gesamten Globus umspannendes Netzwerk vollständig kontrollieren und darüber die weltweite Entwicklung einer ganzen Branche maßgeblich steuern konnte.[424] Ein wesentliches Charakteristikum des Netzwer-

[423] Elsner 2003, S. 16. (Onlinequelle)
[424] Vgl. Elsner 2003, S. 9. (Onlinequelle)

kes war[425], daß die Weitergabe bzw. der Austausch von Wissen innerhalb des Verbundes einer stark restriktiven, von Microsoft ausgeübten Kontrolle unterlag. Wissenstransfers waren in der Regel einseitig in Richtung Microsoft ausgerichtet, es sei denn, ein Transfer in die entgegengesetzte Richtung war für den Konzern von Interesse und wurde von diesem legitimiert. Im Zusammenhang mit Strukturmodellen wird deshalb in der Literatur bei dieser Art von Netzwerken auch vom „Microsoft Paradigma" gesprochen.[426]

Sind die Hierarchien im Netzwerk flacher, ist dieses nach außen hin offener. Als eine Art Antwort auf die rigiden Strukturen im Falle Microsoft kann das sich seit den 50er Jahren um den global player Hewlett-Packard herum gewachsene Netzwerk angesehen werden (Abbildung 27).

Im Hewlett-Packard-Netzwerk wird Wissen – auf Basis von Vertrauen – wechselseitig kommuniziert, um hierüber als Wettbewerbseffekt gegenüber der Konkurrenz Qualitäts-, aber vor allem Geschwindigkeitsvorteile in den Bereichen Forschung und Entwicklung sowie Produktion zu erzielen (Hewlett-Packard Paradigma).[427] Die Kontrolle bleibt aber trotz des relativ höheren Grades an Offenheit letztlich, wie schon im Microsoft-Netzwerk, in den Händen des zentralen Akteurs, auf den das Netz als solches insgesamt fokussiert ist, nämlich Hewlett-Packard.

Abbildung 27: Ein komplexitätsreduzierendes Modell – skizzenhaft – (Nr. 2) – unter dem Einfluß von Hierarchie: Hub & Spoke (Nabe & Speiche) Netzwerke
(am Beispiel eines Netzes mit 6 Akteuren)

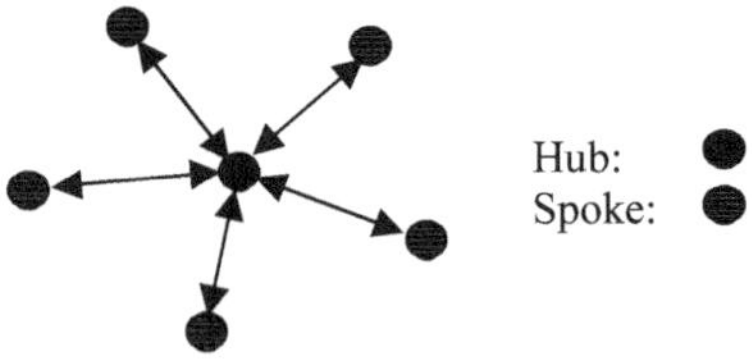

Eigene Darstellung.

Wiederum einen Schritt weiter in Richtung Offenheit nach außen geht das auf seinen Gründer Linus Benedict Torvalds zurückgehende Linux-Netzwerk. Nach

[425] Microsoft hat sich als letzter großer global player der Branche unlängst dazu entschieden, den Quellcode seines Systems für öffentliche Verwaltungen und internationale Organisationen frei zugänglich zu machen. Vgl. Microsoft Pressemitteilung vom 22.01.03 – http://www.microsoft.com/germany/ms/business/government/sicherheit/source.htm.
[426] Vgl. Elsner 2003, S. 9. (Onlinequelle)
[427] Vgl Elsner 2003, S. 12. (Onlinequelle)

der Entwicklung einer funktionsfähigen Ausgangsversion des Betriebssystems Linux 1991/1992 machte Torvalds diese *samt Quellcode* 1994 der breiten Öffentlichkeit über das Internet frei zugänglich.[428] Die Community, die auf dieses Betriebssystem zurückgreifen und über den Quellcode auf seine Weiterentwicklung auch direkt Einfluß nehmen konnte, wuchs – vor allem aufgrund der fast nicht vorhandenen Ein- bzw. Zutrittsbarrieren – rasant (1994 nutzten schon 100.000 Anwender Linux) und war bald über den gesamten Globus verteilt anzutreffen.[429] Das Erfolgsrezept dieses Netzwerkes war die Geschwindigkeit und Qualität fortwährend neuentwickelter und sofort in das System implementierter – und somit von allen Anwendern zeitgleich nutzbarer – Neuerungen (i.S.v. Innovationen).[430]

> „Indeed, a core finding of "hackerdom" and recent radical open-source networking is that low levels of power and hierarchy, open information flows and non-exclusion are network properties favourable to a culture of effective learning of co-ordination and, subsequently, to fast and sustainable innovation."[431]

Auf Basis dieser flachen Hierarchie im Netz konnten sich nach und nach dezentral immer mehr in ihrem Handeln relativ autonome Subhubs (i.S.v. unabhängige, aber immer noch im Sinne und zum Wohle des Gesamtnetzes agierende "Nebenzentren") bilden[432], die ihrerseits kleinere, häufig regional konzentrierte Linux-Communities an das globale Linux-Netzwerk anbanden (Abbildung 28).[433]

Gemeinsame Visionen und eine geschaffene, auf Vertrauen und Reputation aufbauende Netzwerkkultur (deren einziger Sanktionsmechanismus bei einem Fehlverhalten im Verlust des Ansehens des betroffenen Akteurs liegt) vereinigten eine immer größere Zahl an unterschiedlichsten Akteuren im Linux-Netzwerk, in welchem sich auf Grundlage der Vielschichtigkeit der Akteure ein hohes Innovationspotential bündelte. Bis heute ist das Wachstum sowohl des

---

[428] Vgl. Börner/Graber (?), S. 3-4. (Onlinequelle)

[429] Ebenda.

[430] Vgl. Elsner 2003, S. 12-13. (Onlinequelle)

[431] Elsner 2003, S. 13. (Onlinequelle)

[432] Aufgrund steigender Komplexität im Netzwerk, die von Torvalds (als "Hub") aufgrund begrenzter zeitlicher und sozialer Ressourcen ab einem bestimmten Zeitpunkt nicht mehr allein zu bewältigen war, reihte dieser eine zuerst kleine, dann aber wachsende Schar „trusted lieutenants" (als "Subhubs") um sich, die im Vorfeld potentielle, von Dritten entwickelte Programmneuerungen für Linux für ihn testeten und nachfolgend dahingehend berieten, ob eine Implementierung in das System sinnvoll sei oder nicht. Obschon Torvalds letztlich diesbezüglich die entgültige Entscheidungsgewalt (i.S. des "letzten Wortes") behielt, wurde der Entscheidungsprozeß bzw. die Entscheidungsfindung zunehmend von mehreren Personen getragen. Vgl. McKelvey 2001, S. 22-26.

[433] Elsner 2003, S. 13. (Onlinequelle)

Programms im Zuge kontinuierlicher Weiterentwicklungen als auch der Linux-Community ungebrochen. Im Zuge der bisher gebrauchten Terminologie kann in diesem Zusammenhang nach *Elsner* vom Linux-Paradigma gesprochen werden.[434]

Abbildung 28: Ein komplexitätsreduzierendes Modell – skizzenhaft – (Nr. 3) – unter dem Einfluß von Hierarchie: Hub & Spoke (Nabe & Speiche) Netzwerke
(am Beispiel eines Netzes mit 9 Akteuren)

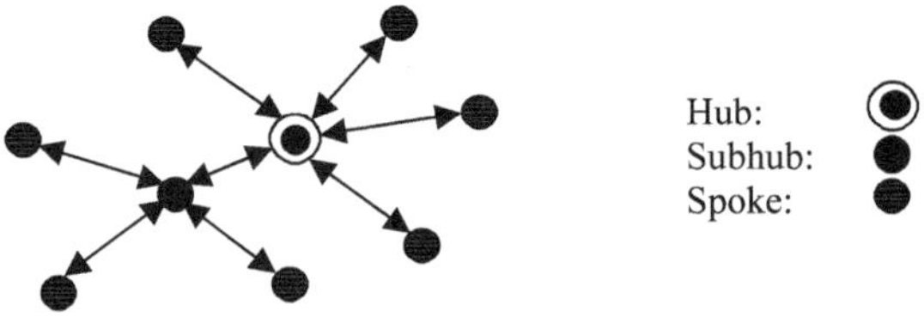

Eigene Darstellung.

Netzwerke können der global zunehmenden Fragmentierung der Wertschöpfungsprozesse entgegenwirken, den beteiligten Unternehmen mehr Sicherheit geben und größere Handlungsspielräume einräumen, Innovationen erleichtern und deren Entstehung beschleunigen sowie letztlich den Netzwerk-Standorten (je nach dem Grad der regionalen Einbindung) wirtschaftsstrukturelle Impulse übermitteln. Je flacher die Hierarchien in einem Netzwerk ausfallen, desto höher ist zum einen die Wahrscheinlichkeit, daß sich in diesem ein sich selbst verstärkender, eigendynamisch entwickelnder Wachstumsimpuls herausbildet, der – gleich einem Funken – auf die Region überzuspringen vermag und dort endogen vorhandene Potentiale freisetzen kann. Zum anderen nimmt der Grad der Offenheit des Netzwerkes (bzw. deren Notwendigkeit) nach außen mit zunehmender netzinterner Hierarchie ab, was in der Tendenz die Möglichkeit zur Einflußnahme (auch i.S.v. Kooperationen) der Region bzw. ihrer öffentlichen Akteure auf das Netz und seine Unternehmen deutlich einschränkt. So können vor allem fokale (Groß-) Unternehmen und mit ihnen das durch sie *gesteuerte* Netzwerk oft ohne eine regionale Einbettung bestehen, ohne daß dies schwerwiegende Beeinträchtigungen ihrer Geschäftstätigkeiten zur Folge hätte.[435]

3.3 Methodische Grundlagen

Die nachfolgende Analyse der Strukturen des Bremer Logistiknetzwerkes wird – ebenfalls mit Hilfe des Computerprogramms UCINET 6 for Windows – anhand der selben Kriterien, die schon zur Analyse der Clusterstrukturen herangezogen

---

[434] Vgl. Elsner 2003, S. 12. (Onlinequelle)
[435] Vgl. Iwer/Dispan/Grammel/Stieler 2002, S. 28 ff.; Feldman 1994, S. 72 ff.

wurden, durchgeführt. Neben der Dichte und der Kohäsion des Netzwerkes stehen wiederum die akteursbezogenen Zentralitätsmaße des Degree, der Closeness und der Betweenness in bezug auf die Beschäftigungsgrößenklasse, die Umsatzgrößenklasse sowie die Umsatzentwicklung der Unternehmen im Vordergrund der Untersuchung. Als Grundlagen muß auch hier die Matrix in den drei unter Punkt 2.5.2 aufgelisteten Formen vorliegen.

3.3.1 Datenerfassung

Die Daten für die Analyse der Netzwerkstrukturen wurden in gleicher Weise wie jene zur Clusterstruktur über die unter Punkt 2.5.1 dargestellte Unternehmensbefragung erhoben. Von den 56 Unternehmen des Samples machten 36 verwertbare Aussagen zu ihren Kooperationsbeziehungen – bei den restlichen 20 Unternehmen fehlten diesbezügliche Angaben. Zu diesen 36 Unternehmen kommen noch weitere 35 bremische hinzu, die über die erhaltenen Angaben der befragten Unternehmen als Bestandteil des Netzwerkes identifiziert werden konnten. Diese insgesamt 71 Unternehmen bilden die Grundgesamtheit für die nachfolgend berechneten Beziehungsparameter des Netzwerkes bzw. seiner Akteure. Darüber hinaus konnten zusätzlich 25 Unternehmen mit Firmensitz außerhalb der Region (bzw. in einigen Fällen auch außerhalb der Bundesrepublik) erfaßt werden, die im Bereich Logistik Kooperationsbeziehungen zu Bremer Unternehmen des Sektors unterhalten.

Wie schon für die Clusterformation (Punkt 2.5.1) gilt auch in bezug auf das Netzwerk, daß vermutlich mit den erfaßten Unternehmen nur ein kleiner Teil des Gesamtnetzes aufgedeckt werden konnte. Aus diesem Grund wird auch bezüglich des strategischen Kooperationsnetzwerkes unter der Hypothese weitergearbeitet, daß das erfaßte Partial-Netz in seiner analysierten Struktur – mit Einschränkungen – repräsentativ für das regionale Gesamtnetz ist.

3.3.2 Datenanalyse III-a – allgemeine Netzwerkparameter (im Netzwerk)

Die berechnete Dichte innerhalb des Partial-Netzwerkes liegt, bei 2.485 maximal möglichen und 50 festgestellten Verbindungen, bei 2,0%. Damit liegt sie 0,8 Prozentpunkte unter der ermittelten Dichte der Clusterformation. Daß die Dichte des Netzwerkes im Normalfall geringer ausfällt als die des Clusters, war aufgrund der weitreichenderen Voraussetzungen und dem in Folge selteneren Zustandekommen von strategischen Kooperationsbeziehungen (gegenüber jenen Austauschbeziehungen auf rein funktionaler Ebene) von vornherein zu erwarten und kann deshalb nicht überraschen. Da aber schon die Dichte im Cluster als gering einzustufen war, kann letztlich die Dichte innerhalb des Netzwerkes ebenfalls nicht überzeugen und signalisiert in der Summe das Fehlen ausgeprägter Netzwerkstrukturen im Bremer Logistiksektor.

Dieses Bild verdichtet sich bei der Betrachtung der zweidimensionalen Abbildung des Netzwerkes (Abbildung 29), welche, auf Basis der ungerichteten[436] und dichotomisierten Matrix erstellt und zweckmäßig nachbearbeitet, ein fragmentiertes Ensemble der beteiligten Akteure zeigt.

Abbildung 29: Das interne Beziehungsnetz im Bremer Logistiknetzwerk

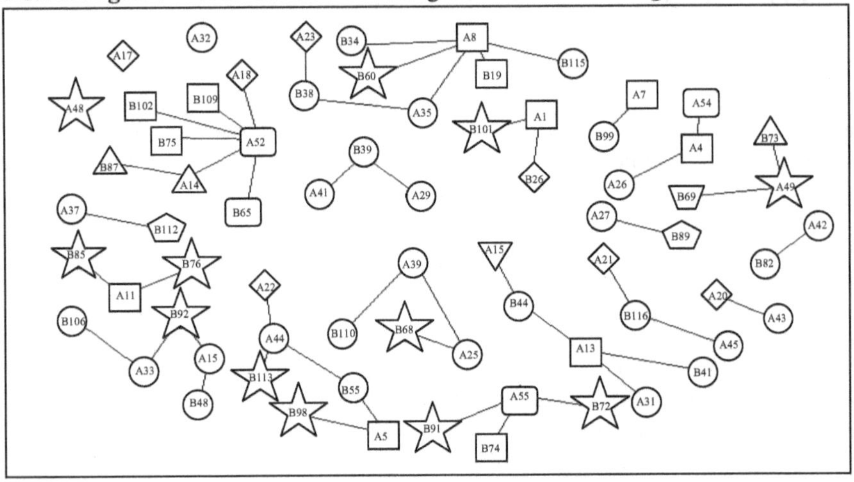

Legende: *Erfaßte Abschnitte der Wirtschaftszweigsystematik (WZ 93) im Bremer Logistikcluster/Netzwerk*

□ : Verarbeitendes Gewerbe (D); △ : Energie- u. Wasserversorgung (E); ▽: Baugewerbe (F);
◇ : Handel; Instandhaltung .... etc. (G); ○ : Verkehr u. Nachrichtenübermittlung (I);
⧖ : Kredit- und Versicherungsgewerbe; ☆: Erbringung von Dienstleistungen ... etc. (K);
▽ : Öffentliche Verwaltung, Verteidigung, Sozialversicherung (L); ⬠: Erziehung und Unterricht (M);
▢: Erbringung von sonstigen öffentlichen und persönlichen Dienstleistungen (O);

- Innerhalb der Codierung der Akteure weist ein vorangestelltes A einen befragten und ein B einen über die Befragung erfaßten Akteur aus.

Eigene Darstellung.

So setzt das Gesamtnetz aus insgesamt 17 insularer Teilnetze (i.S.v. unverbundenen Komponenten) zusammen, von denen das umfangreichste sieben Bindungen aufweist und das kleinste aus zwei kooperierenden Akteuren besteht. Überdies können zusätzlich drei Akteure des Bremer Logistiksektors (A17, A32 und A48) ausgemacht werden, die keinerlei regionale, sondern ausschließlich überregionale Kooperationsbeziehungen unterhalten. Als ein Resultat aus dieser "Zergliederung" muß die Kohäsion des Netzwerkes als äußerst gering einge-

[436] In der Darstellung des Kooperationsnetzes des Logistiksektors werden die Beziehungen der Akteure ungerichtet dargestellt, da davon ausgegangen werden kann, daß diese grundsätzlich einen wechselseitigen Charakter haben.

schätzt werden. Die Frage nach der *visuellen* Zentralität der Akteure erübrigt sich, denn: "wo kein Netzwerk [ist], da [ist] auch kein zentraler Akteur".

Interessant ist jedoch, daß sich in Ansätzen Verflechtungsstrukturen, die schon im Cluster aufgetreten sind, ganz oder in Teilen auch im Netzwerk wiederfinden lassen. So ist beispielsweise die Verkettung der Akteure A15-B44-A13-A31 in gleicher Verknüpfung im Cluster zu finden, wo sie über die Beziehung zwischen den Akteuren B44 und A22 an die Formation angebunden ist. Darüber hinaus lassen sich im Netzwerk noch vier weitere Fragmente/Komponenten finden, die in gleicher Zusammensetzung schon im Cluster aufgetaucht sind. Diese Übereinstimmungen sind Ausdruck des unter Punkt 2.4.1 angeführten Umstandes, daß sich informelle Beziehungen zwischen den Akteuren (und daraus hervorgehende strategische Kooperationsbeziehungen) schneller und leichter anbahnen, wenn diese (die Akteure) schon längerfristig über gemeinsame Geschäftsbeziehungen (vor allem i.S.v. Transaktionsbeziehungen) in Kontakt stehen und auf dieser Grundlage wechselseitig eine gewisse, von Respekt geprägte Vertrauensbasis gewachsen ist.

Das Netzwerk des Bremer Logistiksektors kann Außenbeziehungen sowohl auf regionaler (Niedersachsen), nationaler und internationaler Ebene vorweisen. Hierbei dominieren – gleich der Situation im Cluster – die Beziehungen zu überregionalen Partnern innerhalb der Bundesrepublik, ohne daß die vorgefundenen Bindungen aber identisch zu jenen im Cluster wären. Auch bleibt das Bild des Netzwerkes unter Hinzuziehen der Außenbeziehungen stark fragmentiert und dominiert von insularen Teilnetzen. Nur in Einzelfällen haben die überregionalen Akteure eine das Gesamtnetz verdichtenden Funktion, indem sie vorhandene Lücken im Netz schließen.

Als Zwischenbilanz muß dem Netzwerk des Bremer Logistiksektors eine geringe Dichte, eine äußerst schwache Kohäsion und das gänzliche Fehlen zentraler Akteure attestiert werden. All diese Ergebnisse münden vor dem aufgezeigten theoretischen Hintergrund in der Feststellung, daß das Netz nur schwach ausgebildet ist und in seiner jetzigen (rudimentären) Form weder als Standortstärke noch (kurzfristig) als potentieller Impulsgeber für die strukturelle Entwicklung der Region angesehen werden kann. Die Defizite bergen vielmehr die Gefahr einer eingeschränkten Lern- und Innovationsfähigkeit, die aber – neben anderen – als wesentliche Erfolgsfaktoren für die Leistungs- und Überlebensfähigkeit des Verbunds angesehen werden können. Die Gefahr auftretender Lock-In-Situationen bleibt vornehmlich aufgrund der schon auf regionaler Ebene fehlenden Geschlossenheit des Verbundes gering. Zudem konnten Außenbeziehungen der Netzwerkakteure ermittelt werden, die eine relative Offenheit des Netzes nach außen signalisieren und einer Entwicklung hin zu internen sklerotischen Strukturen entgegenwirken.

3.3.3 Datenanalyse III-b – akteursbezogene Netzwerkparameter (im Netzwerk)

Auch das Netzwerk des Bremer Logistiksektors soll – trotz der schon relativ eindeutigen Resultate aus der Betrachtung der allgemeinen Netzwerkparameter – nachfolgend einer knappen Analyse der akteursbezogenen Netzwerkparameter unterzogen werden. Hierfür werden die selben Kriterien wie im diesbezüglichen Analyseschritt der Clusterakteure bzw. ihrer Positionen innerhalb der Formation (Punkt 2.5.4) angelegt. Die berechneten Parameter ermöglichen eine Erhärtung und Absicherung der zum Teil nur visuell gewonnenen Erkenntnisse aus der Untersuchung der allgemeinen Netzwerkparameter.

Es gilt zu beachten, daß auch bei der Analyse der akteursbezogenen Netzwerkparameter im Netzwerk in erster Linie die Ergebnisse der befragten Unternehmen auswertbar sind, da nicht alle Querbeziehungen der erst über die Befragung erfaßten Unternehmen bekannt sind.

Die für das Kooperationsnetzwerk berechneten Zentralitätsmaße der einzelnen Akteure können dem Anhang IV-2 entnommen werden.

Bei der Betrachtung der berechneten Parameter fällt auf, daß diese fast durchgängig deutlich niedriger als jene im Cluster ausfallen. Hierin drückt sich die lückenhafte, stark fragmentierte Struktur des Netzwerkes aus, die eine prägnante Ausdifferenzierung der beteiligten Akteure anhand ihrer jeweiligen Netzposition verhindert. Weist der berechnete Degree noch eine gewisse abgestufte Struktur aus, indem sich zumindest die Akteure auf den ersten beiden Plätzen vom Rest abheben (danach stellt sich eine relative Uniformität ein – zur vollständigen Ausdifferenzierung der Struktur wurden nur die ersten fünf Ränge benötigt), fallen die Closeness- und Betweenness-Kennziffern (die auf Pfadabhängigkeiten [im Sinne der Logik des Computerprogramms UCINET] im Netz basieren) so gering aus, daß sie nicht mehr im Sinne einer Netzstruktur interpretiert werden können. Vielmehr zeigen sie an, daß es sich beim Kooperationsnetzwerk des Bremer Logistiksektors um einen derart lückenhaften (i.S.v. zusammenhangslosen) Verbund handelt, daß eine sinnvolle Analyse der Position der Akteure im Netz auf Grundlage von Pfadabhängigkeiten nicht möglich ist. So führen *Krätke* und *Scheuplein* in bezug auf eine solche Netzwerksituation beispielsweise zum Betweenness-Maß an, daß: „... Kennziffer-Werte < 1 eigentlich zum Ausdruck bringen, daß in der betreffenden Gruppe (...) im Durchschnitt *überhaupt keine* relevante Mittlerposition eingenommen wird".[437]

---

[437] Krätke/Scheuplein 2001, S. 181.

Die Analyse nach den Kriterien Beschäftigungsgrößenklasse-Logistiker (Tabelle 24), Umsatzgrößenklasse (Tabelle 25) und Umsatzentwicklung (Tabelle 26) kann das gewonnene Bild des Netzwerkes nur noch geringfügig vertiefen. Auch hier läßt nur die degree-basierte Zentralität eine Interpretation zu, da sie (im Gegensatz zu den pfadabhängigen Kennziffern Closeness und Betweenness) im Netz nur die Bindungen zu den direkten Nachbarn eines Akteurs berücksichtigt bzw. bewertet.

Tabelle 24: Netzwerkpositionen (Mittelwerte) nach Größenklassen der Logistiker[1]

Logistiker – Größenklasse[2]		Maß der möglichen Kommunikationsaktivität (Degree)	Maß der relativen Unabhängigkeit (Closeness)	Maß der Kommunikationskontrolle (Betweenness)
(1) < 20	(n = 6)[3]	2,14	1,50	0,06
(2) 20 – 99	(n = 11)	1,69	1,45	0,03
(3) 100 – 499	(n = 9)	3,02	1,48	0,15
(4) 500 – 999	(n = 2)	5,00	1,56	0,58
(5) 1.000 +	(n = 0)	–	–	–
Gesamt	(n = 28)	2,45	1,48	0,11

[1]: Stand zum 01.01.2001.
[2]: Berechnung basiert auf Ergebnissen der Unternehmensbefragung.
[3]: Ausgewertet werden konnten nur die befragten Unternehmen, die sowohl Angaben zu ihren Netzwerkbeziehungen (i.S.v. strategischen Kooperationen) als auch zum Stand ihrer Logistiker gemacht haben.
Eigene Berechnungen

Hinsichtlich der Beschäftigung kann festgehalten werden, daß das durchschnittliche Maß der möglichen Kommunikationsaktivitäten mit steigender Zahl an beschäftigten Logistikern zunimmt, wobei die zweite Größenklasse (20 – 99 Logistiker) hierbei eine Ausnahme bildet und zu der getroffenen Feststellung diametral verläuft. Ein stichhaltigen Grund für die im Durchschnitt vergleichsweise geringe Zahl an Bindungen der Unternehmen dieser Beschäftigtengrößenklasse ist weder aus der Analyse ihrer Wirtschaftszweigzugehörigkeit (es ist keine Häufung einer bestimmten Gruppe oder eines spezifischen Zweiges innerhalb dieser Größenklasse festzustellen) noch aus ihrer Positionierung im Netz heraus ersichtlich.

Werden die Netzwerkpositionen der Akteure nach ihrer Umsatzgrößenklasse differenziert, zeigt sich ein Bild, in welchem die Abweichungen der errechneten Kennziffern der einzelnen Größenklassen eher gering ausfallen. Es kann also davon ausgegangen werden, daß der Umsatz als solcher *in der Tendenz* keinen nennenswerten Einfluß auf die Netzwerkaktivität und -einbindung der involvierten Unternehmen hat. Demzufolge scheinen alle erfaßten Unternehmen, unabhängig von ihrem Geschäftsvolumen, gleichermaßen die potentiell zu realisierenden Vorteile strategischer Kooperationen zu erkennen und durch den Aufbau von Beziehungen für sich nutzen zu wollen. Daß diese in der Summe dennoch deutlich weniger häufig vorkommen als die das Tagesgeschäft bestimmenden Transaktionsbeziehungen (Beziehungen im Cluster), liegt u.a. an der fehlenden, *zwingenden Notwendigkeit* dieser Beziehungen.

Tabelle 25: Netzwerkpositionen (Mittelwerte) nach Umsatzgrößenklassen (der Logistik)[1]

Umsatz – Größenklasse[2]		Maß der möglichen Kommunikations-aktivität (Degree)	Maß der relativen Unabhängigkeit (Closeness)	Maß der Kommuni-kationskontrolle (Betweenness)
(1) < 2,5 Mio. €	(n = 6)[3]	2,14	1,49	0,06
(2) 2,5 – 10 Mio. €	(n = 5)	2,86	1,48	0,19
(3) > 10 Mio. €	(n = 11)	2,47	1,48	0,14
Gesamt	(n = 22)	2,47	1,48	0,13

[1]: Jährlicher Umsatz.
[2]: Berechnung basiert auf Ergebnissen der Unternehmensbefragung.
[3]: Ausgewertet werden konnten nur die befragten Unternehmen, die sowohl Angaben zu ihren Netzwerkbeziehungen (i.S.v. strategischen Kooperationen) als auch zu ihrem Umsatz gemacht haben.
Eigene Berechnungen

Die in der Analyse der netzwerkbezogenen Akteursparameter im Cluster (Punkt 2.5.4) aufgestellte These, die vorhandenen Strukturen der Formation weisen erste sklerotische Züge auf, kann durch die an dieser Stelle gewonnenen Erkenntnisse (aufgrund des faktisch nur in rudimentären Zügen [i.S.v. lückenhaft] vorhandenen Netzwerkes) weder bestätigt noch gänzlich verworfen werden. Die Tatsache, daß die Unternehmen der kleinsten Umsatzgrößenklasse aber auch im Netzwerk Positionen mit einem im Durchschnitt vergleichsweise niedrigen Grad an Verbundenheit einnehmen, vermag jedoch die These weiter zu stützen.

Die letzte analytische Betrachtung gilt wieder den Netzpositionen der Unternehmen in Abhängigkeit von ihrer jeweiligen Umsatzentwicklung in den Jahren 1995 bis 2000. Die zahlenmäßig größte Gruppe an Akteuren ist jene, in welcher die Akteure für den besagten Zeitraum *steigende* Umsätze angaben. Diese Akteure nehmen jedoch im Netz, gegenüber den Unternehmen mit *ohne Trend schwankenden* oder *sinkenden* Umsätzen, im Durchschnitt peripherere Positionen geringerer Verbundenheit und Zentralität ein. Dieses Ergebnis kann in verschiedene Richtungen interpretiert werden, ohne daß sich die Überlegungen an dieser Stelle verifizieren ließen. Die These, es handle sich bei den Unternehmen mit einem hohen Einbindungsgrad und mit sinkenden oder mit ohne Trend schwankenden Umsatzentwicklungen um alte Netzkerne, deren Entwicklung ins Stocken geraten ist, findet sich bei einem konkreten Blick auf eben diese Akteure nicht bestätigt. Eine weitere denkbare Lesart könnte sein, daß die Einbindung in Kooperationsnetzwerke für die Entwicklung der Unternehmen des Logistiksektors nicht im gleichen Maße von Bedeutung ist, wie für Unternehmen anderer (wissensintensiverer) Branchen, beispielsweise der Halbleitertechnologie, der Softwareentwicklung und der Bio-Genetik.

Tabelle 26: Netzwerkpositionen (Mittelwerte) nach Umsatzentwicklung (in der Logistik)[1]

Umsatz-entwicklung[2]		Maß der möglichen Kommunikations-aktivität (Degree)	Maß der relativen Unabhängigkeit (Closeness)	Maß der Kommunika-tionskontrolle (Betweenness)
(1) steigend	(n = 18)[3]	2,06	1,48	0,07
(2) stagnierend	(n = 2)	1,43	1,43	0,00
(3) sinkend	(n = 2)	5,00	1,52	0,41
(4) schwankend ohne Trend	(n = 3)	3,33	1,47	0,28
Gesamt	(n = 25)	2,40	1,48	0,12

[1]: Entwicklung in den Jahren von 1995 bis 2000.
[2]: Berechnung basiert auf Ergebnissen der Unternehmensbefragung.
[3]: Ausgewertet werden konnten nur die befragten Unternehmen, die sowohl Angaben zu ihren Netzwerkbeziehungen (i.S.v. strategischen Kooperationen) als auch zu ihrer Umsatzentwicklung gemacht haben.
Eigene Berechnungen

Andererseits kann der relativ geringe Grad an Verbundenheit auch darauf zurückzuführen sein, daß die Berechnung der Parameter auf dem regional begrenzten Bremer Netzwerk basiert. Es kann gemutmaßt werden, daß die Bremer Unternehmen des Logistiksektors in der Hauptsache Netzwerkbeziehungen zu solchen Unternehmen unterhalten, die außerhalb der Region ansässig sind. Da die Zahl der festgestellten Außenbeziehungen jedoch nicht außerordentlich hoch ist und es sich zusätzlich noch in der Mehrzahl um Verbindungen zu räumlich weiter entfernten Unternehmen handelt (was den regelmäßigen Face-to-Face Kontakt erschwert und damit einen hemmenden Einfluß auf die Netzwerkbildung hat – siehe Punkt 3.2.2), erscheint es fraglich, ob der Netzwerkbegriff (im hier verwendeten Sinn) unter diesen Umständen noch zweckmäßig und anwendbar ist.

3.4 Zwischenfazit – Netzwerk

Das Netzwerk des Bremer Logistiksektors zeichnet sich durch eine geringe Dichte von 2% und eine äußerst schwache Kohäsion aus, was vor allem in der visuell leicht zu erfassenden, starken Fragmentierung des Netzes in eine Vielzahl unverbundener Teilkomponenten zum Ausdruck kommt. Die vollständige Abwesenheit zentraler Akteure läßt sich ebenfalls auf diesen Umstand zurückführen. Außenbeziehungen sind vorhanden, schließen aber kaum Lücken im Netz (haben also keine das Verbindungsgeflecht verdichtende Funktion), so daß von einem überregionalen Netzwerk gesprochen werden könnte. Strategische Kooperationsnetzwerke scheinen, zumindest im direkten regionalen Bezug, für die Logistikbranche (zumindest in Bremen) nur von nachgelagerter Bedeutung zu sein. Dieses mag sich entweder auf einem fehlenden Bewußtsein der Akteure für die gesamte Reichweite der potentiell über Kooperationen zu realisierenden Vorteile, das Fehlen potentieller Kooperationspartner in direkter räumlicher Nähe oder auf die – im Vergleich zu anderen Branchen – möglicherweise geringere Bedeutung von strategischen Kooperationen gründen. Als abschließendes Resultat aus der Netzwerkanalyse kann festgehalten werden, daß der Bremer Logistiksektor kein nennenswertes regionales Kooperationsnetzwerk vorzuweisen hat, welches das Wachstum der Branche der ansässigen Unternehmen befördern und darüber der strukturellen Entwicklung der Region positive Impulse induzieren könnte.

4 Fazit

Auf Grundlage der Ergebnisse der durchgeführten Unternehmensbefragung konnte, unter Anwendung des statistischen Instrumentariums der Netzwerkanalyse, ein detaillierter Einblick in die Tiefenstruktur des erfaßten Bremer Logistikclusters und des darauf aufbauenden strategischen Kooperationsnetzwerkes der logistikrelevanten Akteure erlangt werden. Trotz der relativ hohen Invalidität der der Analyse zugrundeliegenden Ausgangsdaten und der damit zusammenhängenden, schweren Einschätzbarkeit der Repräsentativität der auf dieser Basis ermittelten Ergebnisse sowie der hieraus gezogenen Schlußfolgerungen in bezug auf den Gesamtsektor, kann ihnen ein richtungsweisender Charakter zugeschrieben werden. Diese Einschätzung gründet sich vor allem auch auf die Tatsache, daß mit den auswertbaren Fragebögen sowohl in der Summe über 30% der sozialversicherungspflichtig Beschäftigten im Logistiksektor (ca. 6.850 der 22.500 Arbeitnehmern) als auch eine nennenswerte Anzahl der den Standort Bremen prägenden Großunternehmen erfaßt werden konnten.

Das erfaßte Bremer Logistikcluster wird dem Ergebnis nach klar dominiert von ansässigen Großunternehmen aus dem Verarbeitenden Gewerbe sowie Unternehmen aus der Transport- und Speditionsbranche und zeichnet sich im wesentlichen durch verhärtete interne Strukturen aus, welche die Entwicklung von lokalen Klein- und Kleinstunternehmen negativ beeinflussen.[438] Ein darauf aufbauendes Netzwerk strategischer Kooperationsbeziehungen ist faktisch nicht vorhanden. Einzelne insulare Teilnetze, die selten mehr als vier Akteure umfassen, bieten ein zergliedertes, kaum als Netzwerk (im eigentlichen Sinne) zu bezeichnendes Bild.[439]

[438] Vgl. Punkt 2.5.4.
[439] Vgl. Punkt 3.3.3.

So nehmen im Cluster in der Regel Großunternehmen aus dem Verarbeitenden Gewerbe sowie traditionell am Standort ansässige Unternehmen aus der Transport- und Speditionsbranche nach allen Kriterien Positionen hoher und höchster Zentralität ein, während vor allem Klein- und Kleinstunternehmen, die (quantitativ) ein wesentlicher Bestandteil des Clusters darstellen, fast durchgehend periphere Positionen besetzen. Dieser Tatbestand wiegt um so schwerer, wenn in die Betrachtung der Umstand mit einbezogen wird, daß vornehmlich diese Unternehmen ($\leq$ 99 sozialversicherungspflichtig Beschäftigte) – bei vergleichsweise geringen jährlichen Umsätzen – für den Zeitraum 1995-2000 steigende Umsatzentwicklungen angaben. Trotz des ihnen erkennbar innewohnenden Entwicklungspotentials sind sie kaum in das Cluster integriert, was sich zwangsweise negativ auf die Realisierung desselben zum wechselseitigen Nutzen (sowohl zwischen den Unternehmen als auch zwischen den Unternehmen und der Region) auswirken muß. Zudem bleibt das Cluster in seinem Kern regional orientiert, was die Chance, zusätzliche Wachstumsimpulse von außen zu erhalten, reduziert. Zwar sind Außenbeziehungen vorhanden, doch bleiben sie nach Art und Ausprägung von eher nachrangiger Bedeutung.

Das aufgezeigte Bild der internen Struktur des Clusters und des Netzwerkes im Bremer Logistiksektor macht deutlich, daß durchaus ein endogenes Potential zur Entwicklung des Sektors (und darüber der Region) vorhanden ist, die Aktivierung desselben aber durch unzureichende, standortbedingte Faktoren blockiert wird (vgl. Kapitel III). Insbesondere von Seiten der regionalen logistikrelevanten Akteure (bzw. deren Aktionen/Interaktionen) erfährt der Sektor diesbezüglich keine maßgeblichen Impulse.

Die Ausführungen im IV. Kapitel liefern überdies indirekt Antworten auf einen Teil der am Ende des III. Kapitels aufgeworfenen Fragen. So handelt es sich bei den sogenannten "neuen" bzw. "modernen" Standortfaktoren um eben jene Faktoren, die letztlich aus dem Vorhandensein eines funktionsfähigen Clusters (und eines gegebenenfalls darauf aufbauenden Netzwerkes) hervorgehen und im Zuge der Auswirkungen der Globalisierung von zunehmender Bedeutung für die Wettbewerbsfähigkeit sowohl der einzelnen Unternehmen als auch der Regionen sind.

Diese Standortfaktoren, in Kapitel I (Tabelle 7) schon kurz aufgelistet und im IV. Kapitel bei der Darlegung des Cluster- und des Netzwerkkonzeptes thematisch vertieft, sind es, die am Standort Bremen fehlen bzw. nur in unzureichendem Maße entwickelt sind. Die fehlende Umsetzung vorhandener Wachstumspotentiale und die geringe Zahl junger Unternehmen sind hierfür ein Indiz. Bremen scheint es insgesamt (d.h. von Ausnahmen abgesehen) an der Fähigkeit zu fehlen, attraktive Unternehmen aus zukunftsträchtigen Teilbereichen des Sektors an sich zu binden bzw. diese anzuziehen, d.h. zu einer Standortverlagerung/Neugründung in der Region anzuregen.

Zu welchen Teilen sich dieses Unvermögen auf Defizite im Bereich der sogenannten harten Standortfaktoren, weichen Standortfaktoren oder Netzwerkfaktoren zurückführen läßt, kann letztlich an dieser Stelle nicht geklärt werden. Daß aber im Fall von Bremen vor allem die Netzwerkfaktoren hierbei eine entscheidende Rolle spielen, konnte in der Untersuchung eindeutig herausgearbeitet werden. In diesem Zusammenhang scheint – mit Blick auf die netzwerktheoretischen Hintergründe – als akzentuiertes Resümee die Aussage von *Schamp* passend zu sein, der sagt:

> „Erst der Umbau von verfestigten Netzwerken mit ihren rigiden Strukturen und starken Beziehungen in flexible mit schwachen Beziehungen (*weakness of strong ties versus chances of weak ties*) macht die ökonomische Erneuerung altindustrialisierter Regionen möglich."[440]

[440] Schamp 2000, S. 142.

V. Kapitel:

Der Standort Bremen und die Logistikbranche – Eine Chance für die wirtschaftsstrukturelle Entwicklung der Region?

1. Einleitung

Die dieser Arbeit zugrundeliegende Fragestellung bedurfte zu ihrer Beantwortung der Analyse mehrerer thematischer Teilkomplexe, die inhaltlich unterschiedlichen wissenschaftlichen Disziplinen zugeordnet werden konnten. Erst die Verknüpfung der einzelnen, zunächst unabhängig voneinander generierten Teilergebnisse, ergibt ein Gesamtbild, aus welchem heraus Handlungsoptionen für die wirtschaftsstrukturelle Entwicklung des Standortes abgeleitet werden können. So umfaßt das I. Kapitel zum einen eine stark geographisch-räumlich orientierte *Analyse der (Wirtschafts-) Region Bremen*[441], mit thematischem Schwerpunkt auf den *Suburbanisierungsprozessen der 90er Jahre* (und hier vor allem der *Arbeitsplatzsuburbanisation*) und deren Auswirkungen auf die wirtschaftsstrukturelle Situation des Landes. Zum anderen wird eine detaillierte *Status-quo-Analyse* der *Logistik* in ihrer Funktion als Bindeglied an den Schnittstellen weltweiter Produktionsprozesse und *ihrer zukünftigen wirtschaftlichen Bedeutung* im Kontext anhaltender Globalisierungsprozesse vorgenommen, welcher eine Einschätzung über die in diesem Zusammenhang auftretenden *regionalspezifischen Implikationen* folgt. Im II. Kapitel wird eine Methode erarbeitet, mit deren Hilfe die trennscharfe Abgrenzung und *Operationalisierung des bisher sekundärstatistisch nicht erfaßten Querschnittssektors Logistik* erfolgt, was diesen erstmalig für regionalstatistische Analysen verfügbar macht. Hauptbestandteil des III. Kapitels bildet eine umfassende *Shift-Share-Analyse* des nunmehr sekundärstatistisch verfügbaren Logistiksektors, welche richtungsweisend *die Qualität und den Einfluß der regionalen Branchenstruktur* (d.h. des vorhandenen Branchenmixes) und der *Standortbedingungen* (neben der geographisch räumlichen Lage und des Regionstyps auch die An-/Abwesenheit allgemein-und/oder logistikrelevanter harter und weicher Standortfaktoren) auf die Entwicklung der Logistikbranche ermittelt. Die – methodisch dem Feld der Soziologie entstammende – *Analyse der internen Struktur der vorgefundenen Clusterformation* in der Bremer Logistikbranche *und des darauf fußenden Netzwerkes strategischer Kooperationsbeziehungen* steht schließlich im Mittelpunkt des IV. Kapitels. Die Quantität und Qualität der vorgefundenen Beziehungsstrukturen gibt im wesentlichen Aufschluß über noch vorhandene, bisher nicht genutzte

---

[441] Kapitel I und III beinhaltet eine Erweiterung der jeweiligen Analyseschritte um die Region Hamburg, was einen interregionalen Vergleich der festgestellten Entwicklungen ermöglicht und darüber die Einschätzung der jeweiligen regionalen Bedeutung der Ergebnisse erleichtert.

sektorinterne Potentiale, die aus *den Interaktionen der beteiligten Akteure untereinander* (also den Beziehungsnetzwerken) hervorgehen.

Im Folgenden wird, als Konzentrat aller innerhalb der Arbeit erzielter Ergebnisse, ein Gesamtbild des in der Region verankerten Bremer Logistiksektors modelliert, welches noch einmal komprimiert alle aus diesem Beziehungsgeflecht hervorgehenden Stärken und Schwächen sowie Risiken und Chancen für die regionale Strukturentwicklung akzentuiert darstellt. Dabei wird insgesamt die Situation im Land Bremen – mit Blick auf die Zielsetzung der Arbeit – stark in den Vordergrund gerückt, d.h. die zeitweise parallel mituntersuchten Vergleichsräume Land Hamburg und Bund (alte Bundesländer) rücken an den Rand. Aus dem generierten Gesamtbild heraus sollen im Anschluß umsetzungsorientierte Handlungsoptionen/-empfehlungen für die privaten und öffentlichen Akteure im Land Bremen abgeleitet werden, die das Potential haben, eine dauerhafte Reduzierung der Zahl der Erwerbslosen in der Region zu erreichen.

2. Das Gesamtbild: Eine symbiotische Beziehung mit Zukunft?

Einen ersten Überblick über die gewonnenen Ergebnisse liefert die nachfolgende Abbildung 30, die – aufgrund des gewollten Wiedererkennungswertes – nahezu identisch zur Eingangsabbildung dieser Arbeit (schematische Abfolge der Leitfragen) aufgebaut ist. Mit Hilfe beider Abbildungen läßt sich auf einfachem Wege überprüfen, was erreicht werden sollte und was erreicht werden konnte.

Im Detail ist das sich aus den Ergebnissen der Untersuchung ergebende Gesamtbild viel komplexer und bietet einen umfassenden Einblick in die vielschichtigen Abhängigkeiten und Wechselwirkungen zwischen der Region (Bremen) und dem darin eingebetteten Wirtschaftszweig Logistik. Die sich aus diesem Miteinander für die Unternehmen des Sektors und hierüber letztlich für die Region ergebenden Chancen und Gefahren sind äußerst vielschichtig.

Das Land Bremen kann sicherlich zu den Regionen Deutschlands gezählt werden, die sich mit großen Herausforderungen im Bereich der wirtschaftsstrukturellen Erneuerung und auch Neuausrichtung konfrontiert sehen. In erheblichem Maße von Deindustrialisierungsprozessen im Zuge des Strukturwandels betroffen, geraten immer mehr und mehr traditionelle Firmen aus altindustriellen Branchen am Standort Bremen in die Krise, so sie nicht schon längst davon erfaßt sind. Brach Anfang der 90er Jahre fast die gesamte Schiffbaubranche in Bremen (mit einer Welle von betriebsbedingten Entlassungen) im Zuge der weltweiten Neuordnung dieses Wirtschaftszweiges zusammen, sind es heute die Stahlwerke (einer der derzeit größten Arbeitgeber des Landes), die über die Schließung einer ihrer beiden Hochöfen am Standort öffentlich nachdenken.

Abbildung 30: Schematische Abfolge der Ergebnisse der Arbeit

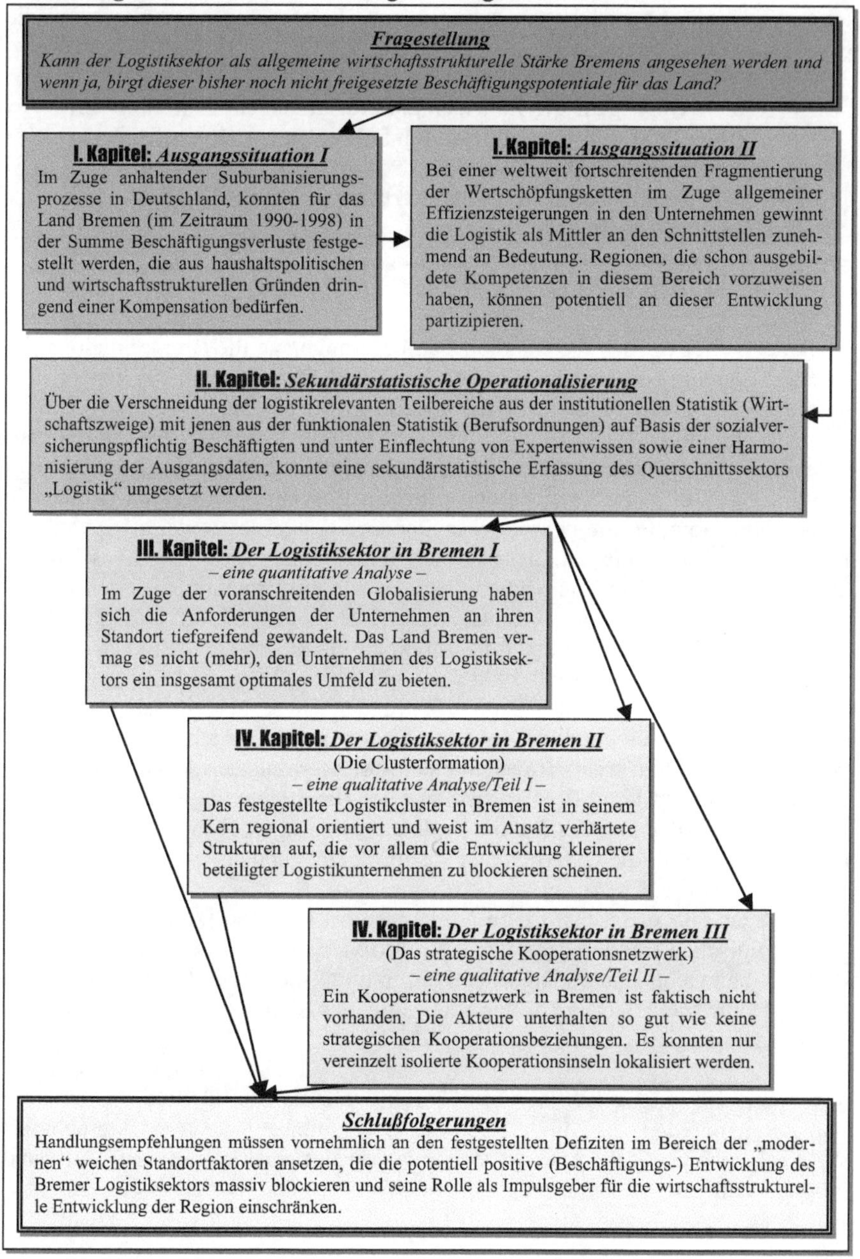

Daß im Land Bremen unbedingter Bedarf an Handlungskonzepten zur Schaffung von langfristig gesicherten Arbeitsplätzen besteht, machen beispielhaft die folgenden Zahlen deutlich:

- In Bremen geht die Zahl der Erwerbstätigen im Zeitraum von 1991-2000 um 4,6% zurück – im Bund (alten Bundesländern) steigt sie um 1,1%.
- Die Arbeitslosenquote liegt in Bremen zum 31.12.2000 bei 14,2% – im Bund bei 7,8%.
- Die Zahl der Arbeitslosen je gemeldete offene Stelle lag im Jahr 2000 in Bremen bei 8 – im Bund bei 5,5.

Noch deutlicher werden die Handlungsanforderungen an die Bremer regionalpolitischen Akteure bei der Ursachenforschung in diesem Bereich. So konnte festgestellt werden, daß gut ⅓ der Arbeitsplatzverluste im Bereich der sozialversicherungspflichtigen Beschäftigung im Zeitraum von 1990 bis 1998 auf eine höhere unternehmerische Attraktivität des Umlandes zurückzuführen ist. Etwa 5.100 der 15.300 sozialversicherungspflichtig Beschäftigten gingen Bremen in dieser Zeit also aufgrund betrieblicher Standortverlagerungen verloren, weil das Land es nicht vermocht hat, diesen Unternehmen ein ähnlich attraktives Umfeld bzw. ähnlich attraktive Rahmenbedingungen wie die Umlandgemeinden zu bieten. Die restlichen ⅔ der Arbeitsplatzverluste liegen in der schrumpfenden Nachfrage im Zuge der Bevölkerungssuburbanisation (im Land Bremen sank die Zahl der Einwohner von 1990-1998 um 13.700 bzw. 2,0%) und dem wirtschaftlichen Strukturwandel in der Region begründet. Diese beiden Faktoren ließen sich in der Analyse nicht mehr voneinander trennen. Der Ansatzpunkt regionalpolitischer Handlungsmaßnahmen für eine Aufwertung der wirtschaftsstrukturellen Situation im Land Bremen liegt auf der Hand: eine allgemeine Verbesserung des Umfeldes und der Rahmenbedingungen – sowohl für die Wohnbevölkerung als auch für die Unternehmen – ist dringend geboten.

Da die Suche nach Beschäftigungspotentialen im Logistiksektor (bzw. nach regionalpolitischen Handlungsoptionen zur Aktivierung derselben) im Mittelpunkt dieser Arbeit steht, sind die aus einem Attraktivitätsdefizit und dem wirtschaftlichen Strukturwandel in der Region herrührenden Arbeitsplatzverluste von besonderem analytischen Interesse.

Vor allem in bezug auf vorhandene Attraktivitätsdefizite dürfte die Evaluation von Ansatzpunkten zur Minderung oder Beseitigung dieser aus Unternehmersicht scheinbaren Standortschwächen mit verhältnismäßig geringem Aufwand möglich sein.

Das Land Bremen, das durch die Folgen des allgemeinen wirtschaftlichen Strukturwandels in den letzten zwei Jahrzehnten u.a. einen erheblichen Anstieg der Zahl der Erwerbslosen zu verkraften hatte, könnte – zumindest theoretisch – aber auch in besonderer Weise (nämlich in Form von regionalwirtschaftlichen Entwicklungsimpulsen) von den weltweiten Veränderungen profitieren.

Als klassischer Hafenstandort hat sich im Land Bremen im Laufe der letzten Jahrhunderte in einem kumulativen Prozeß nach und nach ein breites Spektrum logistischer Kompetenzen und Infrastrukturen "angesiedelt" und konzentriert. An der Schnittstelle verschiedener Verkehrsträger, als bedeutender Handelsplatz und als Oberzentrum mit Versorgungsfunktion für ein weitläufiges Hinterland war und ist der Standort Bremen eine "erste Adresse" für Unternehmen der Logistikbranche. Es ist durchaus nicht abwegig, Bremen als eines der führenden Logistikzentren in Deutschland zu bezeichnen. Der Bremer Logistiksektor[442] konnte innerhalb dieser Arbeit als Hochbesatzsektor (d.h. der Anteil der Logistik an der Gesamtbeschäftigung liegt in Bremen über demjenigen der alten Bundesländer) identifiziert werden, was die obige These stützt.

Gerade aus dieser Standortkompetenz heraus könnten die mit dem allgemeinen wirtschaftlichen Strukturwandel einhergehenden weltweiten Veränderungen, die die Entwicklung der regionalen Wirtschaftsstruktur (mit Blick auf den Bremer Arbeitsmarkt) in der Vergangenheit eher massiv belastet als befördert haben, zukünftig erheblich zur Stabilisierung und Aufwertung (der Wirtschaftsstruktur) beitragen.

So erfährt die Logistik spätestens seit Mitte der 70er Jahre im Zuge der voranschreitenden Globalisierung (einige Indikatoren der Globalisierung: ansteigende Direktinvestitionen und eine zunehmende Exportquote) eine kontinuierliche Funktionserweiterung, was ihre Bedeutung innerhalb der vielfach schon global organisierten Produktions- und Wertschöpfungszusammenhänge drastisch anwachsen läßt. Die Logistik hat sich in den letzten 30 Jahren von einem Optimierungsinstrument abgegrenzter, voneinander isolierter Wertschöpfungsfunktionen (Beschaffung, Produktion, Absatz) hin zu einer Managementinstrument entwikkelt, das integrierte Wertschöpfungsketten zu globalen Netzwerken zusammenschließt. Für Standorte, die es schaffen, den neuen (Standort-) Anforderungen der Unternehmen, welche mit dem aufgezeigten neuen Logistikprofil einhergehen, nachzukommen, birgt diese Entwicklung ein hohes wirtschaftsstrukturelles Potential.

---

[442] Der Querschnittssektor Logistik wurde in der Arbeit über den Indikator der *sozialversicherungspflichtig Beschäftigten* definiert, erfaßt und abgegrenzt.

Die entscheidende Frage, ob die derzeit in Bremen vorhandenen logistikrelevanten Strukturen und Kompetenzen im Zuge der Ausweitung der Logistikfunktionen ein förderliches Fundament darstellen, an dem eine Transformation des traditionellen Hafenstandortes zu einem standortstärkenden modernen Logistikkompetenzzentrum ansetzen kann, ist auf Grundlage der in der Arbeit erzielten Ergebnisse nicht uneingeschränkt zu bejahen.

Die Situation des Bremer Logistiksektors ist sehr differenziert zu betrachten. Das sektorale Gesamtbild ist hinsichtlich der von ihm ausgehenden Einflüsse auf die Entwicklung der regionalen Wirtschaftsstruktur nicht eindeutig.

Ein erstes Alarmsignal für einen nicht allzu optimistische Einschätzung der Potentiale des Bremer Logistiksektors ist im deutlichen Rückgang der im Sektor sozialversicherungspflichtig beschäftigten Arbeitnehmer im Zeitraum von 1990-2000 zu sehen. Mit -11,9% lag der sektorspezifische Arbeitsplatzabbau 5,7 Prozentpunkte über den Beschäftigungsverlusten insgesamt, d.h. in bezug auf die Entwicklung der Gesamtzahl der sozialversicherungspflichtig Beschäftigten im Land Bremen.[443] Gleichzeitig liegen die relativen Beschäftigungsverluste in der Bremer Logistik im Vergleich erheblich über jenen im Bund, wo im selben Zeitraum in der Summe nur 4,8% der sozialversicherungspflichtigen Arbeitsplätze verloren gingen. Eine (vermeintliche) Bremer Standortstärke scheint hiernach mit überdurchschnittlich hoher Dynamik im Rückbau (bzw. Umbau) begriffen zu sein.

Tiefer in die Struktur des Sektors eindringende Analyseschritte verstärken den gewonnenen Eindruck einer "gealterten" Standortstärke, die an Kraft eingebüßt hat. Sie fördern weitere wesentliche Defizite zum Vorschein, die das arbeitsmarktspezifische Potential des Logistiksektors und eine darüber angestrebten Verbesserung der wirtschaftsstrukturellen Situation der Region Bremen weiter einschränken.

Die Analyse der Ursachen dieser Entwicklung hat ergeben, daß sich die Anforderungen der Unternehmen der Branche an ihren Standort innerhalb der letzten Jahre (im Zuge der Globalisierung) tiefgreifend geändert haben. An die Seite der traditionellen Faktoren der unternehmerischen Standortwahl – wie beispielsweise die verkehrliche Infrastruktur, die Miet- und Bodenpreise oder das regionale Wohn-, Erholungs-, Kultur- und Freizeitangebot – sind neue, moderne (zeitgemäßere) Faktoren, die sogenannten Netzwerkfaktoren, getreten. Diese gewinnen innerhalb der Vorstandsetagen der Unternehmen zunehmend an Gewicht und nehmen maßgeblich Einfluß auf die dort getroffenen Entscheidungen. Für Re-

[443] Hierbei muß jedoch bedacht werden, daß die Entwicklung im Logistiksektor ein Bestandteil der Entwicklung der Gesamtbeschäftigtenzahl ist.

gionen, die sich untereinander im ständigen Standortwettbewerb befinden, bedeutet dies ein Bündel neuer Kriterien, die im Konkurrenzkampf um die Gunst der Unternehmen eine zusätzliche Chance zur Abgrenzung und Profilierung bieten.

Aus Sicht des Standortes Bremen und des bremischen Logistiksektors liegt aber gerade in dieser jüngsten Entwicklung eine gewisse Brisanz, wie durch die ermittelten Ergebnisse aufgezeigt werden konnte. So werden rechnerisch vorhandene, aus der regionalen Wirtschaftsstruktur, d.h. dem Branchenmix, hervorgehende Wachstumsimpulse von den sich in der Summe negativ auf die Entwicklung des Sektors auswirkenden Standortfaktoren vollständig kompensiert und können deshalb nicht (sichtbar) zur Geltung kommen. Während jeweils vorhandene Wachstumspotentiale in zukunftsträchtigen Teilbereichen des Sektors aufgrund eines fehlenden, wachstumsfördernden Umfeldes nicht aktiviert werden konnten, wurden gleichzeitig Arbeitsplätze in zumeist traditionellen, wachstumsschwachen, logistikrelevanten Wirtschaftszweigen in erheblichem Umfang abgebaut. Der eigentlich strukturell positiv zu wertende Beschäftigungsabbau in Wirtschaftszweigen, die gesamtwirtschaftlich in eine Krise geraten sind (und infolgedessen schrumpfen), verkehrt sich in einem solchen Szenario ins Gegenteil, nämlich in eine zusätzliche Belastung, wenn, wie in Bremen, eine Kompensation dieser Verluste von Seiten der Wachstumsbereiche ausbleibt. Nur 4% der sozialversicherungspflichtig Beschäftigten im Bremer Logistiksektor arbeiten in einem Wachstumssegment des Sektors, welches durch die regionalen Standortbedingungen in seiner Entwicklung unterstützt wird. Mit anderen Worten verfügen nur etwa 4% der Wachstumsbranchen des Sektors in Bremen über bessere Standortbedingungen als in anderen Regionen – eine markante Schwäche des Standortes.

Daß für diese wirtschaftsstrukturelle Entwicklung in die falsche Richtung vor allem das Fehlen der modernen Standortfaktoren, der sogenannten Netzwerkfaktoren, ursächlich verantwortlich gemacht werden kann, deckt die eingehende Analyse und Bewertung der Cluster- und Netzwerkstrukturen des Bremer Logistiksektors auf.

So konnte ein Bremer Logistikcluster ermittelt werden, das jedoch im Ansatz deutliche Schwächen in der internen Struktur aufweist. Das Cluster wird dominiert von wenigen Bremer Großunternehmen aus dem Verarbeitenden Gewerbe sowie traditionell am Standort ansässigen Unternehmen der Transport- und Speditionsbranche. Kleinere und/oder spezialisiertere Unternehmen haben Probleme, zentrale Positionen im Cluster einzunehmen. Die Strukturen der Clusterformation machen einen verhärteten sklerotischen Eindruck. Solchermaßen entwickelte Strukturen schränken die Ausschöpfung eines endogen vorhandenen

Entwicklungspotentials massiv ein. Zudem bleibt das erfaßte Cluster in seinem Kern regional orientiert. Zwar konnten Außenbeziehungen festgestellt werden, doch bleiben sie nach Art und Ausprägung von nachrangiger Bedeutung. In ihnen kann kein maßgeblicher Impulsgeber für die (Weiter-) Entwicklung des Clusters gesehen werden.

Die Analyse des Netzwerkes strategischer Kooperationsbeziehungen im Bremer Logistiksektor senkt die Erwartung an hieraus hervorgehenden Impulsen für die wirtschaftsstrukturelle Entwicklung der Region weiter ab. Ein solches Netzwerk ist im Bremer Logistiksektor faktisch nicht vorhanden. Eine überschaubare Zahl kleiner insularer Teilnetze zeigen ein fragmentiertes Gesamtbild, das ein sichtbares Potential vermissen läßt.

Die Frage, ob die vorhandenen logistikrelevanten Strukturen in Bremen für die Transformation des Standortes von einem traditionellen Hafenstandort mit Logistikfunktionen hin zu einem modernen umfassenden Logistikkompetenzzentrum förderlich oder eher hinderlich sind, kann jetzt auf Basis der Untersuchungsergebnisse (mit Blick auf die regionale Arbeitsmarktsituation) beantwortet werden.

Den gewonnenen Erkenntnissen nach ist innerhalb des Sektors ein nennenswertes Entwicklungspotential vorhanden, dessen Aktivierung jedoch von unzureichenden standortbedingten Faktoren blockiert wird. Ein wesentlicher Aspekt hierbei ist ein aus der Interaktion der regionalen logistikrelevanten Akteure hervorgehendes (innovations- und produktivitätsförderndes) Umfeld, welches in Bremen in Teilen *unzureichend ausgebildet, falsch entwickelt oder schlicht nicht vorhanden* ist. Die existierenden logistikspezifischen Strukturen im Land Bremen bieten somit zwar ausbaufähige, in Teilen zukunftsträchtige Ansatzpunkte für regionalpolitische Konzepte zur Aufwertung der Bremer Wirtschaftsstruktur, wirken sich überdies in ihrer derzeitigen Ausprägung jedoch vielmehr entwicklungshemmend als entwicklungsfördernd aus.

Die Analyse der Strukturen des Bremer Logistiksektors hat eine Reihe von Defiziten aufgezeigt, die eine uneingeschränkte Positivbeurteilung des umsetzbaren Potentials zur wirtschaftsstrukturellen Entwicklung der Region nicht zuläßt. Da aber trotz aller notwendigen Einschränkungen ein nennenswertes, noch nicht genutztes Potential festgestellt werden konnte, sollen im Folgenden skizzenhaft einige denkbare Handlungsoptionen aufgezeigt werden, die die derzeit in der Tendenz eher ungünstigen Rahmenbedingungen verbessern und langfristig eine Aktivierung des Potentials möglich erscheinen lassen.

Bevor jedoch Handlungsoptionen erarbeitet werden, gilt es an dieser Stelle noch einmal zu dokumentieren und aufzuzeigen, unter welchen methodischen Rahmenbedingungen die gewonnenen Ergebnisse erzielt wurden. So erfolgte die Analyse des Sektors vornehmlich unter dem Gesichtspunkt seines endogenen Beschäftigungspotentials, dessen Umsetzung zur Verbesserung der wirtschaftsstrukturellen Situation des Landes beitragen soll. Andere Aspekte, wie beispielsweise Produktivitätskennziffern, blieben gänzlich unbeachtet. So mag es denn sein, daß der Sektor aus Sicht des Standortes zukünftig zwar keinerlei positive Beschäftigungseffekte hervorbringt, gegebenenfalls aber aufgrund sich verbessernder Ertragssituationen der Logistikunternehmen z.B. im steigenden Maße Gewerbesteuern für das Land erwirtschaftet, welche sich positiv auf die Ertragssituation im Finanzhaushalt auswirken. Ein weiterer Aspekt, welcher bei der Interpretation der Ergebnisse berücksichtigt werden muß, ist der Gebrauch der sozialversicherungspflichtig Beschäftigten als statistische Größe (bzw. als Indikator) für die Berechnungen und Analysen. Mit den sozialversicherungspflichtig Beschäftigten werden, je nach Wirtschaftszweig, durchschnittlich etwa 80% der Erwerbstätigen erfaßt. Die restlichen 20% setzen sich aus Selbständigen, Beamten, mithelfenden Familienangehörigen und nicht sozialversicherungspflichtigen Personenkreisen zusammen. Es muß also davon ausgegangen werden, daß der Sektor zumindest in Teilen in seiner ermittelten Größe mehr oder minder stark unterzeichnet ist. Dieses gilt beispielsweise für den gesamten Bereich des Gütertransports, in welchem in den letzten Jahren zunehmend Gründungen sogenannter Ich-AGs beobachtet werden konnte. Hierbei handelt es sich um Einzelpersonen, die, vormals Angestellte in einem Unternehmen, sich selbständig gemacht haben und nun unter anderem für diese (ihre ehemalige Firma) als Subunternehmer tätig sind. Abschließend ist im Hinblick auf die Ergebnisse der Analyse der Cluster- und Netzwerkformation von Bedeutung, daß zum einen in bezug auf die Fragestellung der Arbeit ausschließlich Bremer Logistikunternehmen zu ihren funktionalen Beziehungen und strategischen Kooperationsbeziehungen befragt wurden. Dementsprechend fußt die Analyse der Cluster- und Netzwerkstrukturen allein auf den Aussagen von Akteure, die im Land Bremen ansässig sind. Da sich sowohl ein Cluster als auch ein Netzwerk nicht über administrative Grenzziehungen definieren läßt, sondern in der Regel in seiner räumlich-geographischen Ausdehnung hiervon völlig unbeeinflußt bleibt, sorgt die Auswahl der befragten Unternehmen für eine künstliche Begrenzung, die so in der Realität nicht zu finden sein wird. Beschränkte zeitliche und finanzielle Ressourcen ließen eine (eigentlich notwendige) eingehende Analyse der Ausdehnung und Verflechtungsbeziehung des "Bremer Logistikclusters" mit gegebenenfalls dazugehörenden, auf niedersächsischem Gebiet liegenden Teilen nicht zu. Zudem wurden in der Befragung nur die jeweils fünf wichtigsten Beziehungen (als Maximum an möglichen Antworten) der Unternehmen abgefragt, was die exakte Abgrenzung des Clusters bzw. des Netzwerkes behindert, gleichzeitig aber die einzig gangbare Möglichkeit zur Erfassung der Strukturen eines Querschnittssektors dieser Größe darstellt.

Die nachfolgend erstellten Handlungsoptionen setzen gleichermaßen an den ermittelten Stärken und Schwächen an, um sowohl aufgedeckte Chancen zu nutzen als auch offengelegte Gefahren zu minimieren bzw. abzuwenden. Es werden umsetzungsorientierte Konzepte bzw. Konzeptansätze gesucht, die das Potential haben, zukunftsweisende logistikorientierte Projekte zu initiieren, die wirtschaftliche Struktur der Region darüber zu stabilisieren und diesbezüglich schon existierende strukturfördernde Prozesse zu beschleunigen.

3. Handlungsempfehlungen

Als wesentliches Defizit in der strukturellen Entwicklung des Bremer Logistiksektors der letzten 10-15 Jahre muß eine einseitige Anpassung an die sich insgesamt (i.S.v. global) verändernden Rahmenbedingungen gesehen werden. So definiert sich die Entwicklung in Bremen hauptsächlich über einen massiven Beschäftigungsrückbau in den in die Krise geratene und in Folge dessen wachstumsschwachen logistikrelevanten Wirtschaftszweigen, der für sich genommen positiv zu beurteilen ist, da der negative Strukturbeitrag hierdurch verringert wird. Diese Einschätzung verkehrt sich jedoch ins Gegenteil bzw. ins Negative, d.h. aus der strukturellen Verbesserung wird eine zusätzliche Mehrbelastung, wenn es – wie im Falle Bremen – nicht vermocht wird, parallel zum Rückbau von Schwächen das den Stärken innewohnende Potential zu aktivieren und umzusetzen.

(1) Erste strategische Stoßrichtung für regionalpolitische Handlungsmaßnahmen:
Um die wirtschaftsstrukturelle Situation im Land Bremen im allgemeinen und speziell über den Logistiksektor zu verbessern, sind zweierlei Aspekte als "Eckpunkte" eines jeden Handlungskonzeptes unabdingbar zu berücksichtigen:

A) Der Niedergang/die Umstrukturierung von logistikrelevanten Wirtschaftszweigen, die massiv von Deindustrialisierungsprozessen betroffen sind, muß kontrolliert stattfinden, um einen schnellen Zusammenbruch derselben zu verhindern, dessen wirtschaftliche und soziale Konsequenzen das Land nicht mehr (eigenständig) tragen kann.

B) Die Rahmenbedingungen am Standort müssen dahingehend verändert werden, daß das vorhandene Wachstumspotential der sich auf gesamtwirtschaftlicher Ebene dynamisch entwickelnden logistikrelevanten Wirtschaftszweige auch in Bremen vollständig (in Form von wirtschaftsstrukturellen Impulsen) umgesetzt werden kann.

Die Untersuchung hat gezeigt, daß an die Seite der traditionell bedeutenden Faktoren der unternehmerischen Standortwahl in den letzten zwei bis drei Jahrzehnten eine neue, moderne (i.S.v. den veränderten Rahmenbedingungen entsprechenden) Gruppe an Entscheidungsfaktoren getreten ist – die der Netzwerkfaktoren. Bei diesen Faktoren handelt es sich hauptsächlich um positive Effekte, die – im weiteren Sinne – aus der „Akkumulation von Humankapital" hervorgehen, d.h. aus einem gemeinschaftlichen Miteinander der (in der Regel regional konzentrierten) Akteure, welches sich auf lang anhaltende, persönliche Beziehungen gründet. Neben der Reduzierung von Unsicherheit (die von den kontinuierlichen, in immer rascherer Folge auftretenden Veränderungen auf den Märkten ausgeht) sind es vor allem potentielle Wissens-Spillovers, Lerneffekte und der Zugriff auf spezifische, aus dem gemeinsamen Miteinander hervorgehende Ressourcen, die heutzutage die Wettbewerbsfähigkeit vieler Unternehmen maßgeblich mit beeinflussen. Ein derartiges wettbewerbsförderndes Beziehungsgeflecht findet häufig Ausdruck in einem Cluster und, darauf aufbauend, bisweilen auch in einem Netzwerk strategischer Kooperationsbeziehungen. Ein Cluster definiert sich hierbei über die funktionalen Verflechtungsbeziehungen (d.h. die Transaktionsbeziehungen) der involvierten privaten und öffentlichen (hier logistikrelevanten) Akteure, während das Netzwerk Ausdruck der darüber hinausgehenden strategischen Kooperationsbeziehungen zwischen den Akteuren ist.

In bezug auf den Bremer Logistiksektor konnte eine bestehende Clusterformation identifiziert werden, die jedoch durch verfestigte Strukturen und eine starke regionale Orientierung gekennzeichnet ist und deshalb hinsichtlich ihrer standortstärkenden bzw. standortfördernden Wirkung ambivalent beurteilt werden muß. Die Analyse der Clusterstrukturen hat ergeben, daß, neben einem relativ verdichteten Clusterkern, eine Vielzahl an Clusterakteuren nur schwach an das regionale Cluster angebunden ist und Randpositionen mit geringem Einfluß einnehmen. Die noch als relativ dicht zu bezeichnende (Beziehungs-) Struktur des Kerns „zerfasert" nach außen hin (in Richtung des Clusterrands) zunehmend. Dominiert wird die Formation von einer Handvoll Bremer Großunternehmen aus dem Bereich des Verarbeitenden Gewerbes und des Transport- und Umschlagsgewerbes, die herausragende Positionen hoher Zentralität (und damit implizit relativer Macht) einnehmen. Bei diesen Akteuren handelt es sich ausschließlich um alteingesessene Bremer Unternehmen mit zumeist langer Tradition am Standort. Die gewonnenen Ergebnisse deuten darauf hin, daß eben diese Unternehmen für die im Ansatz sklerotischen und damit entwicklungsblockierenden Strukturen des Clusters verantwortlich gemacht werden können. Lang etablierte Geschäftsbeziehungen der Unternehmen des Verarbeitenden Gewerbes (die in der Regel die Rolle des Auftraggebers innehaben) mit großen Bremer Logistikdienstleistern lassen den Ergebnissen nach wenig Raum für KMUs des selben Marktsegmentes. Obschon vor allem die befragten KMUs steigende Umsatzentwicklungen für den Zeitraum 1995-2000 angaben (die Großunternehmen gaben in der Hauptsache – auf vergleichsweise hohem Niveau befindliche – stagnierende oder ohne Trend schwankende Umsatzentwicklungen für diesen Zeitraum an), bleibt der Grad der Einbindung davon relativ unbeeinflußt. Eine Korrelation zwischen dem Grad der Einbindung in das lokale Cluster und der Geschäftsentwicklung scheint demnach nicht zu bestehen. Diese Tatbestände lassen in der Summe auf eine voranschreitende Spezialisierung der KMUs schließen, die versuchen, sich erfolgreich in noch nicht besetzten bzw. überbesetzten Marktnischen zu plazieren. Neben den Schwächen in der internen Struktur tritt zudem noch eine auffällig geringe Reichweite der Bremer Logistikdienstleistungen. Zum einen fällt die Zahl der überregionalen Beziehungen (27 Bindungen konnten festgestellt werden) nicht überdurchschnittlich hoch aus und zum anderen muß ihre strukturverdichtende Wirkung insgesamt als gering bezeichnet werden. Vielmehr verstärken sie den Eindruck eines „zerfaserten", wenig kompakten Beziehungsgeflechts. Maßgebliche, von außen in die Clusterformation hineingetragene Entwicklungsimpulse, sind dementsprechend kaum zu erwarten.

(2) *Zweite strategische Stoßrichtung für regionalpolitische Handlungsmaßnahmen:*
Um aus der Konzentration an Logistikkompetenz und -infrastruktur einen wettbewerbswirksamen Vorteil für den Standort generieren zu können – der darüber hinaus zur Verbesserung der wirtschaftsstrukturellen Situation beiträgt –, ist eine Erhöhung der Außenwirkung (auch im Sinne einer Imageverbesserung) über das Aufbrechen bzw. Lockern verkrusteter Strukturen angeraten. Es sollte eine Art Clusterbewußtsein bei den Akteuren geschaffen und nachfolgend geschärft werden, welches dazu beiträgt, alle "näher zusammenrücken" zu lassen. Es muß deutlich werden, daß mit der Stärkung der Unternehmen vor Ort eine Stärkung des Standortes insgesamt einhergeht. Klein- und mittelständische Unternehmen dürfen nicht an den Rand gedrängt werden, daß ihnen keinerlei Möglichkeit mehr bleibt, mit ihrem Know-How positiv auf die Clusterentwicklung einzuwirken. Vielmehr müssen sie durch integrative Maßnahmen stärker in das Beziehungsnetzwerk eingebunden werden – zumal sie quantitativ die stärkste Gruppe der Clusterakteure darstellen und zugleich mit ihrem häufig vorhandenen, aus der Spezialisierung auf ein Nischen-Marktsegment hervorgehendes spezifisches Wissen, der Entwicklung der Formation maßgebliche

Impulse verleihen können. Je einfacher es für Logistikunternehmen ist, am Standort Bremen Fuß zu fassen und sich in die existierenden regionalen Strukturen zu integrieren, desto positiver ist die branchenspezifische Außenwirkung des Standortes und desto mehr logistikrelevante Unternehmen werden die Nähe zu Bremen suchen. Neben einer, mit positiven Implikationen verbundenen Erhöhung des regionalen Wettbewerbs, steigt mit einer zunehmenden Zahl an Logistikunternehmen vor allem auch die Angebotsvielfalt, was wiederum die Clusterentwicklung begünstigt.

Die Analyse der erfaßten Netzwerkstrukturen im Bremer Logistiksektor hat zum Ergebnis, daß ein solches Netz strategischer Kooperationsbeziehungen am Standort faktisch nicht vorhanden ist. Einzelne insulare Teilnetze – mit einer in der Regel nur sehr geringen Zahl an Akteuren – zeigen ein fragmentiertes Bild, das keinerlei nennenswertes Potential für die Standortentwicklung erkennen läßt. Identifizierte Außenbeziehungen tragen kaum zur Verdichtung bei. Unter Berücksichtigung der steigenden Bedeutung der aus einem Netzwerk hervorgehenden Standortvorteile für Unternehmen und der damit verbundenen Möglichkeit zur Besserstellung einer jeweiligen Region im Standortwettbewerb muß hierin die eklatanteste ermittelte Schwäche gesehen werden.

(3) Dritte strategische Stoßrichtung für regionalpolitische Handlungsmaßnahmen:

Es besteht weiterer Forschungsbedarf hinsichtlich der Ursachen für das fast gänzliche Fehlen strategischer Kooperationsbeziehungen im Bremer Logistiksektor. Es muß geklärt werden, ob hierfür fehlendes gegenseitiges Vertrauen, fehlende lokale Partner und/oder schlicht die fehlende Notwendigkeit verantwortlich gemacht werden kann, um an den auf diesem Wege ermittelten Defiziten (so es sich um solche handelt) regionalpolitische Handlungsmaßnahmen anzusetzen. Je nach Art und Ausprägung der festgestellten Defizite sind verschiedene Handlungsmaßnahmen denkbar:

A) Den Akteuren muß deutlich gemacht werden, in welchem Maße sie von strategischen Kooperationen profitieren können. Ihnen muß bewußt gemacht werden, daß anfänglichen Kosten (Input) zum Aufbau des Kooperationsnetzwerkes in der Regel ein häufig (u.a. finanziell) meßbarer, im Verhältnis zu den entstandenen und laufenden Kosten überproportional hoher Nutzen (Output) aus der Beteiligung nachfolgt.

B) Zur Erhöhung des Anreizes zum Aufbau eines Kooperationsnetzwerkes sollte gemeinsam eine Vision entworfen werden, die wesentliche zukünftige Ziele aller (also aller logistikrelevanten privaten und öffentlichen) Akteure bündelt, d.h. in der sich jeder Akteur mit seinen Interessen wiederfindet.

C) Da die Region als sozusagen „kleinster gemeinsamer Nenner“ (bzw. auch als "Nährboden") die Entwicklung aller Akteure in der Regel maßgeblich mit beeinflußt, ist eine gemeinsame Vision in Verbindung mit dem Standort (also ein zukunftsweisendes Standortentwicklungskonzept im Bereich Logistik) regionalpolitisch am ehesten vorstell- und vermittelbar. Vor allem die Unternehmen müssen noch stärker im Hinblick auf die Bedeutung der Region für ihren wirtschaftlichen Erfolg sensibilisiert werden. So sind von privatwirtschaftlicher Seite getätigte Investitionen in die Standortentwicklung keinesfalls Ressourcenverschwendung (wie es noch heute die einvernehmliche Meinung in den Vorstandsetagen vieler Unternehmen ist), sondern vielmehr eine direkte Verbesserung der eigenen Wirtschaftsgrundlage. Das Engagement in den Aufbau oder die Erweiterung eines umfassenden regionalen Netzwerkes kann als eine solche Investition angesehen werden. Ein funktionsfähiges, vielleicht sogar international wettbewerbsfähiges Netzwerk (was normalerweise ein ebensolches Cluster voraussetzt) strahlt geographisch weit aus und verbessert Attraktivität und Image des Standortes. Dieser findet als Resultat grenzüberschreitend Beachtung und rückt in das Interesse weiterer Unternehmen und Investoren.

Die Wirkungen eines Cluster und Netzwerkkonzeptes dürfen jedoch nicht überschätzt werden. Der Aufbau und die Entwicklung eines Clusters bzw. auch eines Netzwerkes ist den bisher auf diesem Gebiet gesammelten Erfahrungen nach ein langwieriger, selten gradlinig verlaufender und mit erheblichen Anstrengungen verbundener Prozeß. Erste Erfolge treten – wenn überhaupt; eine Erfolgsgarantie gibt es nicht – oft erst nach mehreren Jahren ein. Den gewonnenen Erkenntnissen nach zu urteilen muß das Heranziehen des Logistiksektors zur Verbesserung der wirtschaftsstrukturellen Situation in Bremen gegenwärtig als unzweckmäßig angesehen werden. Ein zu breitgefächertes Spektrum an ermittelten Defiziten lassen schnelle Erfolge unwahrscheinlich erscheinen. Vielmehr ist es notwendig, langfristig angelegte Konzepte zur Entwicklung der Bremer Logistiklandschaft zu entwerfen, die die Ausgangsbasis soweit verbessern, daß das vorhandene Beschäftigungspotential zukünftig mit einem vertretbaren (finanziellen) Aufwand realisiert werden kann. Hierfür bietet ein auf die Anforderungen und Bedürfnisse sowohl des Bremer Logistiksektors als auch des Landes Bremen zugeschnittenes Cluster- und Netzwerkkonzept gute Voraussetzungen.

Insgesamt scheint das Erreichen des gesteckten Zieles des Bremer Senats, die begonnene Transformation des traditionellen Hafenstandortes Bremen mit einer Konzentration an Logistikfunktionen in ein modernes, national führendes Logistikkompetenzzentrum bis zum Jahr 2010 abzuschließen, nach den innerhalb dieser Arbeit gewonnenen Einblicken mehr als fraglich. Sollte es jedoch gelingen, in den nächsten 1-2 Jahren ein adäquates, von allen relevanten Akteuren getragenes Entwicklungskonzept zu konzipieren und mit der Umsetzung ohne Verzug zu beginnen, ist langfristig, d.h. über den Zeitpunkt 2010 hinaus, die Realisierung der Potentiale im Zuge der Umstrukturierung und Neuausrichtung des Sektors am Standort Bremen denkbar. Mit entsprechendem Engagement könnte die Logistik in Zukunft zu einer treibenden Kraft der wirtschaftsstrukturellen Entwicklung des Landes Bremen werden. Die notwendigen Grundlagen hierfür sind – einmal unbeachtet ihrer derzeitigen Quantität und Qualität – auf jeden Fall vorhanden.

Literaturverzeichnis

Albers, K./ Bahrenberg, G. (1999): *Siedlungsstruktur und Verkehr in der Stadtregion. Eine Analyse der Entwicklung 1970-1987 am Beispiel des Berufsverkehrs in der Region Bremen.* ZWE Arbeit und Region, Arbeitspapier Nr. 37. Universität Bremen.

Alt, R. (1997): *Interorganisationssysteme in der Logistik – Analyse und Gestaltung interorganisatorischer Koordinationsinstrumente aus interaktions- und institutstheoretischer Sicht.* Dissertation. Deutscher Universitätsverlag, Wiesbaden.

Altvater, E./ Mahnkopf, B. (1999): *Grenzen der Globalisierung. Ökonomie, Ökologie und Politik in der Weltgesellschaft.* 4. Auflage. Westfälisches Dampfboot, Münster.

Amin, A./ Robins, K. (1990): *Industrial Districts and Regional Development: Limits and Possibilities*, in : Pyke, F./ Becattini, G./ Sengenberger, W. (Hg.): Industrial Districts and Inter-Firm Co-Operation in Italy. International Institute for Labour Studies, Genf, S. 185-219.

Amin, A. (1993): *The Globalization of the Economy: An Erosion of Regional Networks?*, in: Grabher, G. (eds.): The Embedded Firm. On the Socio-oeconomics of Industrial Networks. Routledge, London/New York, S. 278-295.

Arendt, F. (2002): *Innovative IT-Konzepte für die Logistik. Ein generisches Datenmodell für die Unterstützung der operativen Kooperation in der Transportlogistik.* ISL Book Series No. 27, Universität Bremen.

Arnold, U./ Eßig, M. (1999): *Von der Beschaffungslogistik zur marktorientierten Netzwerklogistik: Theoretische Fundierung des logistischen Entwicklungspfades bei Industrieunternehmen*, in: Pfohl, H.-C. (Hg.): Logistikforschung. Entwicklungszüge und Gestaltungsansätze. Erich Schmidt Verlag, Berlin, S. 87-106.

Audretsch, D. B. (2003): *Globalization, Innovation and the Strategic Management of Places*, in: Bröcker, J./ Dohse, D./ Soltwedel, R. (eds.): Innovation Clusters and Interregional Competition. Springer, Berlin/Heidelberg/New York, S. 11-27.

Bahrenberg, G./ Priebs, A. (1995): *Bremen und sein Umland – Eine schwierige Beziehung.* ZWE Arbeit und Region, Arbeitspapier Nr. 20/7. Universität Bremen.

Bähr, J. (1992): *Bevölkerungsgeographie.* 2. Auflage. UTB, Ulmer, Stuttgart.

Baumgarten, H./ Walter, S. (2000): *Trends und Strategien in der Logistik 2000+. Eine Untersuchung der Logistik-Dienstleistung und anderer Dienstleistungsunternehmen.* Technische Universität Berlin, Berlin.

Baumgarten, H./ Thoms, J. (2002): *Trends und Strategien in der Logistik. Supply Chains im Wandel.* Technische Universität Berlin, Berlin.

Baumheier, R. (1997): *Auf dem Weg zu einer Region – das regionale Entwicklungskonzept der Gemeinsamen Landesplanung Bremen/Niedersachsen*, in: Mensing, K./ Thaler, A. (Hg.): Stadt, Umland, Region. Entwicklungsdynamik und Handlungsstrategien: Hamburg, Bremen, Hannover. Edition Sigma, Berlin, S. 75-87.

Becattini, G. (1990): *The Marshallian Industrial District as a Socio-Economic Notion*, in : Pyke, F./ Becattini, G./ Sengenberger, W. (Hg.): Industrial Districts and Inter-Firm Co-Operation in Italy. International Institute for Labour Studies, Genf, S. 37-51.

Beckmann, K. J. (2001): *Methodik der Verkehrsplanung.* Lehrstuhl für Stadtbauwesen und Stadtverkehr – RWTH Aachen. Arbeitspapier 01/2001. RWTH Aachen.

Bichler, B./ Schröter, N. (1995): *Praxisorientierte Logistik.* Kohlhammer, Stuttgart.

Boll, C./ Lattner, J./ Meyer, J./ Schlumbohm, S. (1999): *Quantifizierung der Hafenabhängigkeit der Bremerhavener Wirtschaft.* Institut für Seeverkehrswirtschaft und Logistik (ISL), Bremerhaven.

Bologna, S. (1998): *Deutsches und italienisches Modell – Anmerkungen aus Sicht der Logistik*, in: Cattero, B. (Hg.): Modell Deutschland – Modell Europa. Probleme und Perspektiven. Leske + Budrich, Opladen, S. 263-283.

Bömer, H. (2000): *Moderne regionale Strukturpolitik – ohne alternative Wirtschaftspolitik ein stumpfes Schwert für Krisenregionen*, in: Hickel, R./ Kisker, K.-P./ Mattfeldt, H./ Troost, A. (Hg.): Politik des Kapitals – heute. VSA, Hamburg, S. 290-305.

Borrmann, A/ Jungnickel, R./ Koopmann, G. (2002): *Stand und Perspektiven der Globalisierung – Außenhandel und Direktinvestitionen.* HWWA Hamburg (Hg.) im Auftrag der Enquête-Kommission des Deutschen Bundestages/Globalisierung der Weltwirtschaft.

Borrmann, C./ Dennig, U./ Jungnickel, R./ Keller, D./ Koopmann, G. (2001): *Standort Deutschland im internationalen Verbund.* HWWA Hamburg (Hg.): HWWA Studien Nr. 67. Nomos, Baden-Baden.

Brake, K./ Dangschat, J./ Herfert, G. (2001) (Hg.): *Suburbanisierung in Deutschland. Aktuelle Tendenzen.* Leske + Budrich, Opladen.

Bremer Senator für Wirtschaft und Häfen & Bremer Senator für Bildung und Wissenschaft (Hg.) (2002): *InnoVision 2010. Bremer Innovationsoffensive*. Bremen.

Bretzke, W. H. (1995): *Praktische Herausforderungen an das Logistik-Management*, in: Corsten, H./ Reiß, M.: Handbuch Unternehmensführung. Gabler, Wiesbaden, S. 519-527.

Brodda, J./ Heseler, H. (2000): *Cluster und Prozeßketten in der maritimen Industrie. Ansatzpunkte für eine zielgerichtete Wirtschaftsstruktur*. Otto Brenner Stiftung, Arbeitsheft Nr. 11, Berlin.

Bronder, C. (1993): *Kooperationsmanagement: Unternehmensdynamik durch strategische Allianzen*. Campus, Frankfurt am Main.

Bronder, C./ Pritzl, R. (1992): *Wegweiser für strategische Allianzen: Meilen- und Stolpersteine bei Kooperationen*, in: Broder, C./ Pritzl, R. (Hg.): Ein konzeptioneller Ansatz zur Gestaltung und Entwicklung von strategischen Allianzen. Frankfurter Allgemeine [u.a.], Frankfurt am Main, S. 17-44.

Bruch-Krumbein, W./ Hochmuth, E. (1998): *Cluster und Clusterpolitik. Begriffliche Grundlagen und empirische Fallbeispiele aus Ostdeutschland.* Schüren, Marburg.

Brusco, S. (1990): *The Idea of the Industrial District: Its Genesis*, in : Pyke, F./ Becattini, G./ Sengenberger, W. (Hg.): Industrial Districts and Inter-Firm Co-Operation in Italy. International Institute for Labour Studies, Genf, S. 10-19.

Bundesamt für Bauwesen und Raumordnung (BBR) (2000): *Raumordnungsbericht 2000*. Drucksache 14/3874, Bonn.

Camagni, R. (1991): *Local „Milieu“, Uncertanity and Inovation Networks: Towards a New Dynamic Theory or Economic Space*, in Camagni, R. (eds.): Innovation Networks: Spatial Perspectives. Belhaven, London/New York, S. 121-145.

Campbell, S. (1993): *Increasing Trade, Declining Port Cities: Port Containerization and the Regional Diffusion of Economic Benefits,* in: Noponen, H./ Graham, J./ Markusen, A. (eds.): Trading Industries, Trading Regions. International Trade, American Industry, and Regional Economic Development. The Guilford Press, New York/London, S. 212-255.

Cappellin, R. (1998): *The Transformation of Local Production Systems: International Networking and Territorial Competitiveness*, in: Steiner, M. (eds.): Clusters an Regional Specialisation – On Geography, Technology and Networks. European research in regional science No. 8, Pion, London, S. 57-80.

Cappellin, R. (2003): *Networks and Technological Change in Regional Clusters*, in: Bröcker, J./ Dohse, D./ Soltwedel, R. (eds.): Innovation Clusters and Interregional Competition. Springer, Berlin/Heidelberg/New York, S. 52-78.

Christaller, W. (1933): *Die zentralen Orte in Süddeutschland.* Eine ökonomisch-geographische Untersuchung über die Gesetzmäßigkeit der Verbreitung und Entwicklung der Siedlungen mit städtischen Funktionen. Fischer, Jena. (Neudruck der 1. Aufl. 1968, Darmstadt).

Clement, W. (1998): *New Developments in Austria and their Relevance in Economic Policy*, in: Steiner, M. (eds.): Clusters an Regional Specialisation – On Geography, Technology and Networks. European research in regional science No. 8, Pion, London, S. 254-267.

Cooke, P. (2003): *Regional Innovation and Learning Systems, Clusters, and Local and Global Value Chains*, in: Bröcker, J./ Dohse, D./ Soltwedel, R. (eds.): Innovation Clusters and Interregional Competition. Springer, Berlin/Heidelberg/New York, S. 28-51.

David, P. A. (1985): *Clio and the Economics of QWERTY*, in: The American Economic Review, Vol. 75, No. 2, S. 332-337.

De Langen, P. (2000): *Seaports as Adaptive Systems. The Case of Rotterdam*, in: Blotevogel, H./ Ossenbrügge, J./ Wood, G. (Hg.): Lokal verankert – weltweit vernetzt. Tagungsband zum 52. Deutschen Geographentag. Franz Steiner Verlag, Stuttgart, S. 204-212.

Delfmann, W. (1995): *Logistik*, in: Corsten, H./ Reiß, M.: Handbuch Unternehmensführung. Gabler, Wiesbaden, S. 506-517.

Dinc, M./Haynes, K. E./ Qiangsheng, L. (1998): *A Comparativ Evaluation of Shift-Share-Models and their Extensions*, in: Australasian Journal of Regional Studies, 4/98 – 2, S. 275-302.

Dolata, U. (2000): *Allianzen, Kooperationen, Netzwerke. Formen und Funktionsweisen industrieller Zusammenarbeit in Hochtechnologiesektoren*, in: Hickel, R./ Kisker, K. P./ Mattfeldt, H./ Troost, A. (Hg.): Politik des Kapitals – heute. Festschrift zum 60. Geburtstag von Jörg Huffschmid. VSA, Hamburg, S. 279-289.

Dreher, C./ Kinkel, S. (2000): *Die Bedeutung der regionalen Basis für Globalisierungsentscheidungen*, in: Hirsch-Kreinsen, H./ Schulte, A. (Hg.): Standortbindungen – Unternehmen zwischen Globalisierung und Regionalisierung. Edition Sigma, Berlin, S. 29-60.

Duerler, B. (1990): *Logistik als Teil der Unternehmensstrategie: die Entwicklung der betriebswirtschaftlichen Logistik in der Schweiz.* Haupt, Bern.

Dybe, G./ Kujath, H. J. (2000): *Hoffnungsträger Wirtschaftscluster. Unternehmensnetzwerke und regionale Innovationssysteme: Das Beispiel der deutschen Schienenfahrzeugindustrie.* Edition Sigma, Berlin.

Elsner W./ Gebauer, T. (1995): *Stadt-Umland-Entwicklung in der Region Bremen im überregionalen Vergleich.* Innerregionale Entwicklungen in den westdeutschen Ballungsräumen, in: BAW (Bremer Ausschuß für Wirtschaftsförderung), Monatsbericht 02/95.

Elsner W. (1999): *Sektorale Cluster im Nordwesten und strategische Strukturpolitik,* in REGIO-Institut (Hg.): Regionalentwicklung zwischen Globalisierung und Regionalisierung, Tagungsband. BIS, Oldenburg, S. 61-75.

Elsner W. (2000a): *A Simple Theory of Cooperative Industrial Policy. Model Building and Practical Experience,* in Elsner, W./ Groenewegen, J. (eds.): Industrial Policy After 2000. Kluwer, Boston/Dordrecht/London, S. 113-143.

Elsner W. (2000b): *An Industrial Policy Agenda 2000 and Beyond – Experience, Theory and Policy,* in Elsner, W./ Groenewegen, J. (eds.): Industrial Policy After 2000. Kluwer, Boston/Dordrecht/London, S. 411-486.

Elsner, W. (Hg.) (2002): *Neue Alternativen des Länder-Finanzausgleichs.* Modellrechnungen und Gutachten unter besonderer Berücksichtigung der Stadtstaaten-Problematik. Strukturwandel und Strukturpolitik, Band 4. Lang, Frankfurt am Main [u.a.].

Enright, M. J. (2003): *What we Know and What we Should Know,* in: Bröcker, J./ Dohse, D./ Soltwedel, R. (eds.): Innovation Clusters and Interregional Competition. Springer, Berlin/Heidelberg/New York, S. 99-129.

Feldman, M. P. (1994): *The Geography of Innovation.* Kluwer, Dordrecht/ Boston/London.

Fischer, J./ Gensior, S. (2002): *Einleitung,* in: Fischer, J./ Gensior, S. (Hg.): Sprungbrett Region? Strukturen und Voraussetzungen vernetzter Geschäftsbeziehungen. Edition Sigma, Berlin, S. 9-50.

Friedrichs, J. (1995): *Stadtsoziologie.* Leske + Budrich, Opladen.

Fritsch, M. (2000): *Ansatzpunkte und Möglichkeiten zur Verbesserung regionaler Innovationsbedingungen – Ein Überblick über den Stand der Forschung*, in: Hirsch-Kreinsen, H./ Schulte, A. (Hg.): Standortbindungen – Unternehmen zwischen Globalisierung und Regionalisierung. Edition Sigma, Berlin, S. 103-128.

Gaebe, W. (1987): *Verdichtungsräume*. Teubner, Stuttgart.

Genosko, J. (1999): *Netzwerke in der Regionalpolitik*. Schüren, Marburg.

Genosko, J. (2002): *Regionale Netzwerke und regionaler Arbeitsmarkt: Kumulative Prozesse zirkulärer Verursachung?*, in: Fischer, J./ Gensior, S. (Hg.): Sprungbrett Region? Strukturen und Voraussetzungen vernetzter Geschäftsbeziehungen. Edition Sigma, Berlin, S. 53-70.

Glaeser, E. L./ Kallal, H./ Scheinkman, J./ Shleifer, A. (1992): *Growth of Cities*, in: Journal of Political Economy, Band 100, S. 1126-1152.

Grabher, G. (1993a): *Rediscovering the Social in the Economics of Interfirm Relations*, in: Grabher, G. (eds.): The Embedded Firm. On the Socio-oeconomics of Industrial Networks. Routledge, London/New York, S. 1-31.

Grabher, G. (1993b): *The Weakness of Strong Ties: The Lock-In of Regional Development in the Ruhr Area*, in: Grabher, G. (eds.): The Embedded Firm. On the Sociooeconomics of Industrial Networks. Routledge, London/New York, S. 255-277.

Grabher, G. (1994): *Lob der Verschwendung. Redundanzen in der Regionalentwicklung: Ein sozioökonomisches Plädoyer*. Edition Sigma, Berlin.

Granovetter, M. (1973): *The Strength of Weak Ties*, in: American Journal of Sociology, Band 79, Heft 6, S. 1360-1380.

Gornig, M./ Ring, P./ Stäglin, R. (1999): *Der Dienstleistungssektor in Hamburg. Stand, Verflechtung, Qualifikation und Entwicklungschancen*. DIW (Hg.): Beiträge zur Strukturforschung, Heft 181. Duncker & Humblot, Berlin.

Grote-Westrick, D./ Müller, A. (2002): *Clusterentwicklung: Herausforderungen an ein aktuelles Instrument der Wirtschaftsförderung*, in: Institut für Arbeit und Technik (Hg.): Jahrbuch 2001/2002. Gelsenkirchen, S. 159-170.

Guinet, J. (2003): *Drivers of Economic Growth: The Role of Innovative Clusters*, in: Bröcker, J./ Dohse, D./ Soltwedel, R. (eds.): Innovation Clusters and Interregional Competition. Springer, Berlin/Heidelberg/New York, S. 150-160.

Harms, H. (2000): *Langfristige Wandlungsprozesse in der Beziehung von Hafen und Stadt: Globale lange Wellen der Innovation, Konjunkturzyklen und lokale Auswirkungen am Beispiel Hamburg*, in: Blotevogel, H./ Ossenbrügge, J./ Wood, G. (Hg.): Lokal verankert – weltweit vernetzt. Tagungsband zum 52. Deutschen Geographentag. Franz Steiner Verlag, Stuttgart, S. 233-247.

Häussermann, H./ Siebel, W. (1987): *Neue Urbanität*. 1. Auflage. Nr. 1432; Neue Folge 432. Suhrkamp, Frankfurt am Main.

Heidenreich, M. (1997): *Wirtschaftsregionen im weltweiten Wettbewerb*, in: Kölner Zeitschrift für Soziologie und Sozialpsychologie, 49/3, S. 500-527.

Heineberg, H. (2001): *Grundriß Allgemeine Geographie: Stadtgeographie*. 2. Aufl., UTB, Paderborn/München/Wien/Zürich.

Heinz, W. (2000a): *Interkommunale Kooperation in Stadtregionen: das Beispiel der Bundesrepublik Deutschland*, in Heinz, W. (Hg.): Stadt & Region – Kooperation oder Koordination?. Ein internationaler Vergleich. Kohlhammer, Stuttgart/Berlin/Köln, S. 169 – 274.

Heinz, W. (2000b):*Wesentliche Merkmale interkommunaler Kooperation in Stadtregionen*, in Heinz, W. (Hg.): Stadt & Region – Kooperation oder Koordination?. Ein internationaler Vergleich. Kohlhammer, Stuttgart/Berlin/ Köln, S. 497 – 562.

Heinze, R./ Hilbert, J./ Nordhausen-Janz, J./ Rehfeld, D. (1998): *Industrial Clusters and the Governance of Change. Lessons from North Rhine-Westphalia*, in: Braszyk, H.-J./ Cooke, P./ Heidenreich, M. (Hg.): Regional Innovation Systems. UCL Press, London.

Hellmer, F./Friese, C./ Kollros, H./ Krumbein, W. (1999): *Mythos Netzwerke. Regionale Innovationsprozesse zwischen Kontinuität und Wandel*. Edition Sigma, Berlin.

Henderson, V./ Kuncoro, A./ Turner, M. (1995): *Industrial Development in Cities*, in: Journal of Political Economy, Vol. 103, No. 5, S. 1067-1090.

Hendry, C./ Brown, J./ Defillippi, R. (2000): *Regional Clustering of High Technology-based Firms: Opto-electronics in Three Countries*, in: Regional Studies, Vol. 34, S. 129 – 144.

Hesse, M. (1998): *Raumentwicklung und Logistik. Zwischen „space of flows" und Zielen der Nachhaltigkeit*, in: Bundesamt für Bauwesen und Raumordnung (Hg.): Raumforschung und Raumordnung, 2/3. Köln, S. 125-135.

Hesse, M. (2000): *Städte im Binnenland – vom Marktplatz und Zentrum des Warenumschlags zum logistischen Satelliten*, in: Blotevogel, H./ Ossenbrügge, J./ Wood, G. (Hg.): Lokal verankert – weltweit vernetzt. Tagungsband zum 52. Deutschen Geographentag. Franz Steiner Verlag, Stuttgart, S. 212-220.

Hirsch-Kreinsen, H. (1996): *Restrukturierung von Unternehmen – Ziele, Formen und Probleme dezentraler Organisationen*, in: Lutz, B./ Hartmann, M./ Hirsch-Kreinsen, H. (Hg.): Produzieren im 21. Jahrhundert. Herausforderungen für die deutsche Industrie. Campus, Frankfurt a.M./New York, S. 195-223.

Hirsch-Kreinsen, H. (1999): *Regionale Unternehmensstrategien*, in: Schmidt. G./ Trinczek, R. (Hg.): Globalisierung. Sonderband der Sozialen Welt Nr. 13, Baden-Baden, S. 115-137.

Hirsch-Kreinsen, H./ Schulte, A. (2000): *Einführung: Standortentscheidungen zwischen Globalisierung und Regionalisierung*, in: Hirsch-Kreinsen, H./ Schulte, A. (Hg.): Standortbindungen – Unternehmen zwischen Globalisierung und Regionalisierung. Edition Sigma, Berlin, S. 9-27.

Holub, H. W./ Schnabl, H. (1994): *Input-Output-Rechnung/Input-Output-Analyse: Eine Einführung*. Oldenbourg, München.

Huebner, M. (1999): *Kunststoffindustrie im Südoldenburger Raum: Ein Produktionscluster mit Modellcharakter?*, in REGIO-Institut (Hg.): Regionalentwicklung zwischen Globalisierung und Regionalisierung, Tagungsband. BIS, Oldenburg, S. 77-81.

Ihde, G. (2001): *Transport, Verkehr, Logistik. Gesamtwirtschaftliche Aspekte und einzelwirtschaftliche Handhabung*. 3. Auflage. Vahlen, München.

Isard, W. (1956): *Location and Space-Economy – A General Theory Relating to Industrial Location, Market Areas, Land Use, Trade, and Urban Structure*. M.I.T. Press, Cambridge (Mass.)/London.

Iwer, F./ Dispan, J./ Grammel, R./ Stieler, S. (2002): *Strukturwandel und regionale Kooperation*. Arbeitsorientierte Strukturpolitik in der Region Stuttgart. Schüren, Marburg.

Jansen, D. (1999): *Einführung in die Netzwerkanalyse. Grundlagen, Methoden, Anwendungen*. Leske + Budrich, Opladen.

Karsten, M./ Usbeck, H. (2001): *Suburbanisierung und kommunale Finanzen*, in: Brake, K./ Dangschat, J./ Herfert, G. (Hg.): Suburbanisierung in Deutschland. Aktuelle Tendenzen. Leske + Budrich, Opladen, S. 71-80.

Keeble, D./ Wilkinson, F. (1999): *Collective Learning and Knowledge Development in the Evolution of Regional Clusters of High Technology SMEs in Europe*, in: Regional Studies, Nr. 33/4, S. 295-303.

Kirchhoff, P./ Elsner, W. (1997): *Logistik-Sektor und Region. Definition, Erfassung und Entwicklung des Logistik-Sektors am Beispiel des Logistik-Standorts Bremen.* IKSF Discussion Paper Nr. 13, Universität Bremen.

Klodt, H./ Maurer, R./ Schimmelpfennig, A. (1997): *Tertiarisierung der deutschen Wirtschaft.* Siebert, H. (Hg.): Kieler Studien, Nr. 283. Mohr, Tübingen.

Krätke, S. (1995): *Stadt – Raum – Ökonomie: Einführung in aktuelle Problemfelder der Stadtökonomie und Wirtschaftsgeographie.* Birkhäuser, Basel.

Krätke, S./ Borst, R. (2000): *Berlin: Metropole zwischen Boom und Krise.* Leske + Budrich, Opladen.

Krätke, S./ Scheuplein, C. (2001): *Produktionscluster in Ostdeutschland. Methoden der Identifizierung und Analyse.* VSA, Hamburg.

Kremer, U./ Harmes-Liedke, U./ Korflür, I. (2000): *Regionalwirtschaftliche Kooperation und arbeitsorientierte Strukturpolitik.* Schüren, Marburg.

Kujath, H. J. (1998): *Zwischen Marginalisierung und Aufstieg. Regionen unter dem Einfluß technologischen Wandels und industrieller Restrukturierung*, in: Kujath, H. J. (Hg.): Strategien der regionalen Stabilisierung. Wirtschaftliche und politische Antworten auf die Internationalisierung des Raumes. Edition Sigma, Berlin, S. 83-107.

Kujath, H. J./ Dybe, G./ Fichter, H. (2002a): *Europäische Verflechtungen deutscher Regionen und ihre Auswirkungen auf die Raumstruktur des Bundesgebietes.* Kurzfassung des Endberichtes. Bundesamt für Bauwesen und Raumordnung (Hg.): Forschungen Heft Nr. 108. Köln.

Kujath, H. J. (2002b): *Organisatorische und räumliche Dynamik „reifer“ Industriesysteme. Das Netzwerk der deutschen Schienenfahrzeugbauindustrie als Beispiel*, in: Fischer, J./ Gensior, S. (Hg.): Sprungbrett Region? Strukturen und Voraussetzungen vernetzter Geschäftsbeziehungen. Edition Sigma, Berlin, S. 179-202.

Kulke, E. (2001): *Entwicklungstendenzen der suburbanen Einzelhandelslandschaft*, in: Brake, K./ Dangschat, J./ Herfert, G. (Hg.): Suburbanisierung in Deutschland. Aktuelle Tendenzen. Leske + Budrich, Opladen, S. 57-70.

Landsberg, H./ Wehling, W. (2002): *IAB-Betriebspanel Bremen 2001.* BAW Institut für Wirtschaftsforschung GmbH (Hg.): Auswertung im Auftrage des Senators für Arbeit, Frauen, Gesundheit, Jugend und Soziales und des Senators für Wirtschaft und Häfen der Freien Hansestadt Bremen.

Läpple D./ Deecke H./ Krüger T. (1994): *Strukturentwicklung und Zukunftsperspektiven der Hamburger Wirtschaft unter räumlichen Gesichtspunkten – Clusterstruktur und Szenarien.* Technische Universität Hamburg-Harburg, Hamburg.

Läpple, D. (1997): *Thesen zum Verhältnis von Globalisierung und Regionalisierung,* in: Krämer-Badoni, T./ Petrowsky, W. (Hg.): Das Verschwinden der Städte. Dokumentation des 16. Bremer Wissenschaftsforums der Universitär Bremen. ZWE Arbeit und Region, Forschungsbericht Nr. 8. Universität Bremen.

Läpple, D. (1998a): *Globalisierung – Regionalisierung: Widerspruch oder Komplementarität,* in: Kujath, H. J. (Hg.): Strategien der regionalen Stabilisierung. Wirtschaftliche und politische Antworten auf die Internationalisierung des Raumes. Edition Sigma, Berlin, S. 61-81.

Läpple, D. (1998b): *The City and Port of Hamburg,* in: Kreukels, T./ Wever, E. (eds.): North Sea Ports in Transition: Changing Tides. Van Gorcum & Comp., Assen (The Netherlands), S. 65-79.

Läpple, D. (2002): *Stadt und Region in Zeiten der Globalisierung und Digitalisierung,* in: Articus, S. et al. (Hg.): Deutsche Zeitschrift für Kommunalwissenschaften (DfK), 40. Jg., 2001/II, Berlin, S. 12-36.

Lenz, K. (2002): *Berlin: Hauptstadt zwischen Vergangenheitsbewältigung und Neuorientierung,* in: Schneider-Sliwa, R. (Hg.): Städte im Umbruch. Reimer, Berlin.

Lindner, H. (1997): *Internationalisierung und Dienstleistungshandel in der BRD,* in: Dienstleistungen für das 21. Jahrhundert. Gestaltung des Wandels und Aufbruch in die Zukunft. Schäffer-Poeschel, Stuttgart, S. 235-252.

Long, D./ Lee, D./ Gaier, E./ Johnson, J./ Kostiuk, P. (1999): *A Method for Forcasting Commercial Air Traffic Schedule in the Future.* Logistics Management Institute, Report: NASA/CR-1999-208987. McLean, Virginia.

Loveridge, S./ Selting, A. (1998): *A Review and Comparison of Shift-Share Identities,* in: International Regional Science Review, 21/98 – 1, S. 37-58.

Lösch, A. (1940): *Die räumliche Ordnung der Wirtschaft.* Fischer, Jena.

Mäding, H. (2001): *Suburbanisierung und kommunale Finanzen*, in: Brake, K./ Dangschat, J./ Herfert, G. (Hg.): Suburbanisierung in Deutschland. Aktuelle Tendenzen. Leske + Budrich, Opladen, S. 109-120.

Maier, G./ Tödtling, F. (2001): *Regional- und Stadtökonomik 1. Standorttheorie und Raumstruktur*. 3. erw. Aufl., Springer, Wien/New York.

Maier, G./ Tödtling, F. (2002): *Regional- und Stadtökonomik 2. Regionalentwicklung und Regionalpolitik*. 2. erw. Aufl., Springer, Wien/New York.

Mantell, J./ Strauf, H. G. (1997): *REK – Regionales Entwicklungskonzept für die Metropolregion Hamburg*, in: Mensing, K./ Thaler, A. (Hg.): Stadt, Umland, Region. Entwicklungsdynamik und Handlungsstrategien: Hamburg, Bremen, Hannover. Edition Sigma, Berlin, S. 57-74.

Markusen, A. (1999): *Sticky Places in Slippery Spaces: a Typology of Industrial Districts*, in: Routledge Studies in the Modern World Economy, No. 22. Routledge, London, S. 98-124.

Marshall, A. (1890): *Principles of Economics*. MacMillan, London.

McKelvey, M. (2001): *Internet Entrepreneurship: Linux and the Dynamics of Open Source Software*. CRIC Discussion Paper No. 44. Centre for Research on Innovation and Competition, University of Manchester.

McKinsey & Company (2000): *Synergetic Growth. How Corporations can Capture the Benefits of Regional Clusters*. Düsseldorf.

Ministerium für Wirtschaft und Mittelstand, Technologie und Verkehr – NRW (Hg.) (2000): *Stand und Perspektiven der Logistikbranche in Nordrhein-Westfalen. Kurzfassung der Bestandsanalyse*. Düsseldorf.

Mirbach, M. (1998): *Regionales Beschäftigungswachstum und dynamische Agglomerationseffekte. Eine empirische Untersuchung der Bedingungen regionalen Strukturwandels*. Volkswirtschaftliche Forschung und Entwicklung, Band 90. tuduv, München.

Meyer, S. (2002): *Strukturerneuerung und Regionalentwicklung durch Kooperationen und Netzwerke*. Strukturwandel und Strukturpolitik, Band 5. Lang, Frankfurt am Main [u.a.].

Meyer-Stamer, J. (1999): *Strategien lokaler/regionaler Entwicklung: Cluster, Standortpolitik und systemische Wettbewerbsfähigkeit*, in: Deutsches Übersee-Institut Hamburg (Hg.): Nord-Süd aktuell, Jg. XIII, Nr. 3, Köln; S. 447-460.

Murray, R. (1992): *Flexible Specialisation in Small Island Economies: The Case of Cyprus*, in: Pyke, F./ Sengenberger, W. (Hg.): Industrial Districts and Local Economic Regeneration. International Institute for Labour Studies, Genf, S. 255-276.

Neuhäuser, K. H. (2000): *Strategische Netzwerke in der internationalen Marketig-Logistik*. Lang, Frankfurt am Main [u.a.].

Neutze, M. (1996): *Suburbanisierung in der Region Bremen und Hannover – Ein Vergleich*. Institut für Geographie (Diplomarbeit), Universität Bremen.

Niebuhr, A./ Stiller, S. (2003): *Norddeutschland im Standortwettbewerb*. HWWA Hamburg (Hg.): HWWA-Report Nr. 222. Hamburg.

Oinas, P. (2000): *Distance and Learning: Does Proximity Matter?*, in: Boekema, F./Morgan, K./ Bakkers, S./ Rutten, R. (eds.): Knowledge, Innovation and Economic Growth. The Theory and Practice of Learning Regions. Edward Elgar, Cheltenham/Northampton (Mass.), S. 57-69.

Olbertz, E. (2001): *Lernende Regionen. Initiierung und Unterstützung von regionalen Kooperationsprozessen im Rahmen des Strukturwandels am Beispiel der Modellregion Aachen*. Lang, Frankfurt am Main [u.a.].

Pappi, F. U. (1987): *Methoden zur Netzwerkanalyse*. Oldenbourg, München.

Picot, A./ Reichwald, R./ Wigand, R. (2001): *Die grenzenlose Unternehmung. Information, Organisation und Management*. 4. Aufl., Gabler, Wiesbaden.

Piore, M./ Sabel, C. (1984): *The Second Industrial Divide*. Basic Books, New York.

Plewe, D. (Hg.) (1998): *Transformation der Logistik*. WZB - Discussion paper FS I 98-103. Wirtschaftszentrum Berlin für Sozialforschung.

Pfohl, H. C. (2000): *Logistiksysteme. Betriebswirtschaftliche Grundlagen*. 6. Auflage. Springer, Berlin, Heidelberg, New York [u.a.].

Porter, M. E. (1985): *Competitive Advantage: Creating and Sustaining Superior Performance*. Free Press, New York.

Porter, M. E. (1990): *The Competitive Advantage of Nations*. Free Press, New York.

Porter, M. E. (1998a): *The Adam Smith Address: Location, Clusters, and the „New" Microeconomics of Competition*, in: Business Economics, 33/1, S. 7-14.

Porter, M. E. (1998b): *Clusters and the new Economics of Competition*, in: Havard Business Review, No. 6.

Porter, M. E. (2002): *„Mehr Kunst als Wissenschaft"*, in: McKinsey & Company (Hg.): Cluster. McK Wissen 1/01. Brand eins, Hamburg, S. 20-25.

Preissl, B./ Solimene, L. (2003): *The Dynamics of Clusters and Innovation – Beyond Systems and Networks*. Physica, Heidelberg [u.a.].

Rallet, A./ Torre, A. (1998): *On Geography and Technology: Proximity Relations in Localised Innovation Networks*, in: Steiner, M. (eds.): Clusters an Regional Specialisation – On Geography, Technology and Networks. European research in regional science No. 8, Pion, London, S. 41-56.

Rehfeld, D./ Wompel, M. (1997): *Künftige Produktionscluster im Raum Köln.* IAT-Projektbericht 1997-06, Essen.

Rehfeld, D. (1998): *Unternehmensstrategien zwischen Regionalisierung und Globalisierung*, in: Kujath, H. J. (Hg.): Strategien der regionalen Stabilisierung. Wirtschaftliche und politische Antworten auf die Internationalisierung des Raumes. Edition Sigma, Berlin, S. 41-59.

Rehfeld, D. (1999a): *Produktionscluster. Konzeption, Analysen und Strategien für eine Neuorientierung der regionalen Strukturpolitik.* Hampp, München.

Rehfeld, D. (1999b): *Theoretische und empirische Befunde von Produktionsclustern/-netzwerken und Ansatzpunkte für Verbundstrategien*, in: REGIO-Institut (Hg.): Regionalentwicklung zwischen Globalisierung und Regionalisierung, Tagungsband. BIS, Oldenburg, S. 47-59.

Reichart, T. (1999): *Bausteine der Wirtschaftsgeographie – Eine Einführung.* UTB, Haupt, Bern/Stuttgart/Wien.

Risch, S. (2002): *Neuland*, in: McKinsey & Company (Hg.): Cluster. McK Wissen 1/01. Brand eins, Hamburg, S. 2.

Robinson, R. (2002): *Ports as Elements in Value-Driven Chain Systems: The New Paradigm*, in: Maritime Policy & Management No. 29/3, S. 241-255.

Sabel, C. (1992): *Studied Trust: Building New Forms of Cooperation in a Volatile Economy*, in: Pyke, F./ Sengenberger, W. (Hg.): Industrial Districts and Local Economic Regeneration. International Institute for Labour Studies, Genf, S. 215-250.

Sabel, C. (2002): *Diversity, not Specialization: The Ties That Bind the (New) Industrial District*, in: Curizo, A./ Fortis, M. (eds.): Complexity and Industrial Clusters: Dynamics and Models in Theory and Practice. Physica, Heidelberg [u.a.], S. 107-122.

Schamp, E. W. (2000): *Vernetzte Produktion. Industriegeographie aus institutioneller Perspektive.* Wiss. Buchgesellschaft, Darmstadt.

Schätzl, L. (1993): *Wirtschaftsgeographie 1 – Theorie.* 5. Auflage. UTB, Schöningh, Paderborn/München/Wien/Zürich.

Schätzl, L. (1994): *Wirtschaftsgeographie 2 – Empirie*. 2. Auflage. UTB, Schöningh, Paderborn/München/Wien/Zürich.

SCI Verkehr GmbH (2000): *Stand und Perspektiven der Logistikbranche in Nordrhein-Westfalen*. Kurzfassung der Bestandsanalyse. Studie im Auftrag des Ministeriums für Wirtschaft und Mittelstand, Technologie und Verkehr des Landes Nordrhein-Westfalen. Düsseldorf.

Scholz, C. (2002): *Überleben im Netz*, in: McKinsey & Company (Hg.): Cluster. McK Wissen 1/01. Brand eins, Hamburg, S. 112-114.

Schönert, M. (2001): *Stadt-Umland-Wanderung der Bevölkerung*. Langfristige Suburbanisierungstendenzen deutscher Großstädte im Benchmarking, in: BAW (Bremer Ausschuß für Wirtschaftsförderung), Monatsbericht 12/01.

Schroller, A./ Meyer, S./ Gebauer, T. (2002): *Der Logistik-Sektor als zentrales Cluster in Hafenregionen. Forschungskonzept zur Identifizierung und Analyse des Logistiksektors*. iiso-Forschungsberichte Nr. 4, Universität Bremen.

Sedlacek, P. (1994): *Wirtschaftsgeographie – Eine Einführung*. Wissenschaftliche Buchgesellschaft, Darmstadt.

Semlinger, K. (1993): *Small Firms and Outsourcing as Flexibility Reservoirs of Large Firms*, in: Grabher, G. (eds.): The Embedded Firm. On the Socio-oeconomics of Industrial Networks. Routledge, London/New York, S. 161-178.

Sengenberger, W./ Pyke, F. (1992): *Industrial Districts and Local Economic Regeneration: Research and Policy Issues*, in: Pyke, F./ Sengenberger, W. (Hg.): Industrial Districts and Local Economic Regeneration. International Institute for Labour Studies, Genf, S. 3-29.

Sichelschmidt, H. (2001): *Das Projekt eines deutschen Tiefwasser-Containerhafens und seine Rolle im Standortwettbewerb*. Institut für Weltwirtschaft, Kieler-Arbeitspapiere Nr. 1025, Kiel.

Sprenger, R. U./ Svabik, K. (2001): *Unternehmensnetzwerke und regionale Netzwerke – Chancen für Beschäftigung und Umweltschutz*. Nationale Unterstützungsstelle ADAPT der Bundesanstalt für Arbeit (Hg.), Bonn.

Stahl, K. (1995): *Entwicklung und Stand der regionalökonomischen Forschung*, in: Gahlen, B./Hesse, H./ Ramser, H. J. (Hg.): Standort und Region – Neue Ansätze zur Regionalökonomik. Wirtschaftswissenschaftliches Seminar Ottobeuren, Band 24. Mohr, Tübingen, S. 3-40.

Stäglin, R. (2001): *A Step by Step Procedure to Regionalized Input-Output-Analysis*, in: Pfähler, W. (Hg.): Regional Input-Output Analysis. Nomos, Baden-Baden, S. 47-62.

Steiner, M. (1998): *The Discrete Charm of Clusters: An Introduction*, in: Steiner, M. (eds.): Clusters an Regional Specialisation – On Geography, Technology and Networks. European research in regional science No. 8, Pion, London, S. 1-17.

Steward, F./ Conway, S. (1996): *Informal Networks in the Origination of Successful Inovations*, in: Coombs, R./ Walsh, V./ Saviotti, P.P./ Richards, A. (eds.): Technological Collaboration. The Dynamics of Cooperation in Industrial Innovation. Edward Elgar, Cheltenham/Brookfield, S. 201-221.

Stimson, R. J. /Stough, R. R./ Roberts, B. H. (2002): *Regional Economic Development – Analysis and Planning Strategy*. Springer, Berlin/Heidelberg/ New York.

Storper, M. (1997a): *The Regional World: Territorial Development in a Global Economy*. Guilford Press, New York/London.

Storper, M./ Salais, R. (1997b): *Worlds of Production. The Action Framework of the Economy*. Harvard University Press, Cambridge (Mass.).

Stuchtey, M. (2002): *Zurück zu den Wurzeln*, in: McKinsey & Company (Hg.): Cluster. McK Wissen 1/01. Brand eins, Hamburg, S 48-51.

Swyngedouw, E. (1997): *Neither Global nor Local:"Glocalization" and the Politics of Scale*, in Cox, K.R. (eds.): Spaces of Globalization. Reasserting the Power of the Local. Guilford, New York, S. 137-166.

Sydow, J. (1992): *Strategische Netzwerke. Evolution und Organisation*. Gabler, Wiesbaden.

Tengler, H. (1989): *Die Shift-Analyse als Instrument der Regionalforschung*. Schriften zur Regionalforschung – Nr. 28 NF. C.E. Poeschel, Stuttgart.

Thaler, A./ Kurt, F. (1997): *Räumlicher Strukturwandel im Hamburger Umland – Vom Umgang mit Entwicklungsdruck*, in: Mensing, K./ Thaler, A. (Hg.): Stadt, Umland, Region. Entwicklungsdynamik und Handlungsstrategien: Hamburg, Bremen, Hannover. Edition Sigma, Berlin, S. 15-29.

Thünen, J. H. v. (1826): *Der isolierte Staat in Beziehung auf Landwirtschaft und Nationalökonomie*. Leopold, Hamburg; 3. Aufl. Berlin, 1875.

Tichy, G. (1998): *Less Dispensable and More Risky than Ever*, in: Steiner, M. (eds.): Clusters an Regional Specialisation – On Geography, Technology and Networks. European research in regional science No. 8, Pion, London, S. 226-237.

Torre, A./ Gilly, J. P. (2000): *On the Analytical Dimension of Proximity Dynamics*, in: Regional Studies, Nr. 34/2, S. 169-180.

Van der Linde, C. (2003): *The Demography of Clusters – Findings from the Cluster Meta-Study*, in: Bröcker, J./ Dohse, D./ Soltwedel, R. (eds.): Innovation Clusters and Interregional Competition. Springer, Berlin/Heidelberg/ New York, S. 130-149.

Voppel, G. (1999): *Wirtschaftsgeographie. Räumliche Ordnung der Weltwirtschaft unter marktwirtschaftlichen Bedingungen*. Teubner, Stuttgart/Leipzig.

Weber, A. (1909): *Über den Standort der Industrien.* 1. Teil: Reine Theorie des Standortes. Mohr, Tübingen.

Zehner, K. (2001): *Stadtgeographie*. Klett, Gotha.

Onlinequellen

Börner, F./Graber, J. (?): *Die Geschichte von Linux.*
URL:http://www.selflinux.org/selflinux/html/linux_geschichte01.html#d7e60
Eingesehen am 01.09.2003.

Bundesministerium für Wirtschaft und Arbeit (Hg.) (2003): *Exportnation Deutschland – nicht nur im Fußball Vizeweltmeister.*
URL:http://www.bmwi.de/Homepage/Politikfelder/Außenpolitik%20%26%20Europa/Exportnation.js
Eingesehen am 22.01.2003.

Elsner, W. (2003): *Increasing Complexity in the New Economy and Coordination Requirements Beyond the Markets.* [erscheint demnächst in: Elsner, W./ Frigato, P./ Steppacher, R. (eds.): Social Costs of the Global „New" Economy]
URL:http://www.iiso.uni-bremen.de/elsner/
Eingesehen am 28.08.2003.

Frey, R. L. (2000): *Zwischen den Städten: Konkurrenz oder Kooperation?*
URL:http://www.unibas.ch/wwz/wipo/publikationen/mat_publ/heidenheim.pdf
Eingesehen am 12.09.2003.

Meyer-Stamer, J. (2000): *Clusterförderung als Element lokaler und regionaler Standortpolitik: Optionen, Hindernisse und Grenzen – Perspektiven für NRW.*
URL:http://www.uni-duisburg.de/Institute/INEF/Intra/debate_meyer.pdf
Eingesehen am 08.08.2001.

o.V. (2000): *Vom Transporteur zum Logistikdienstleister – Moderne Dienstleistungen.*
URL:http://www.logistikwelt.de/ausgabe/logistik_0100_s06.htm
Eingesehen am 11.09.2002.

o.V. (2001): *Glossar zur Vorlesung Wirtschaftsinformatik I WS 01/02 an der Universität Bremen.* Arbeitsgruppe Digitale Medien.
URL:http://dimsa.informatik.uni-bremen.de/vorlesungen/einf_wiinf_ws0102/glossar.pdf
Eingesehen am 04.08.2003.

Pilling, D. (2001): *Cluster oder warum Konkurrenten gerne Nachbarn sind.*
URL:http://www.corp.aventis.com/future/de/fut0102/clusters/clusters_1.htm
Eingesehen am 27.11.2002.

Reson (Regionale Entwicklungsagentur für Südostniedersachsen e.V.) (2001): *Regionales Entwicklungskonzept für Südostniedersachsen.*
URL:http://www.reson-online.de/REK/son-gesamt.pdf
Eingesehen am 01.04.2003.

Stuchtey, M. (2000): *Titanische Aufgaben.*
URL:http://www.brandeins.de/magazin/archiv/2000/ausgabe_09/was_wirtschaft_treibt/6_1_frame_rechts.html
Eingesehen am 10.06.2003.

ANHÄNGE

Verzeichnis der Anhänge

Die Bevölkerungsentwicklung in der Region Bremen / Hamburg von 1990 - 2000						
Gebiet	*Bevölkerung zum...*	**31.12. 1990**	**31.12. 1995**	**31.12. 1998**	**31.12. 2000**	Entwicklung
	Bremen	*551.219*	*549.357*	*543.279*	*539.403*	
	Bremerhaven	*130.446*	*130.400*	*124.686*	*120.822*	
Kernstadt	**Land Bremen**	681.665	679.757	667.965	660.225	-21.440
	Wesermarsch	*90.413*	*94.061*	*94.2978*	*94.084*	
	Delmenhorst	*75.154*	*78.226*	*77.368*	*76.644*	
	Osterholz	*96.212*	*105.576*	*108.084*	*110.582*	
	Oldenburg	103.509	112.922	117.300	121.017	
	-Wardenburg	13.921	14.612	15.212	15.588	
	-Großkneten	11.185	12.184	12.660	13.252	
	-Wildeshausen	14.311	16.192	16.478	16.985	
	Oldenburg (neu)	*64.092*	*69.934*	*72.950*	*75.192*	
	Verden	117.716	128.108	131.410	132.820	
	-Dörverden	8.970	9.456	9.570	9.669	
	-Kirchlinteln	8.989	9.959	10.158	10.341	
	Verden (neu)	*99.757*	*108.693*	*111.682*	*112.810*	
	Cuxhaven	192.014	198.654	202.202	204.843	
	-Am Dobrock	12.341	12.408	12.480	12.490	
	-Hemmoor	13.050	13.658	14.087	14.297	
	Cuxhaven (neu)	*166.623*	*172.588*	*175.635*	*178.056*	
	Rotenburg (Wümme)	141.383	152.688	157.906	161.692	
	+Sottrum	10.785	12.355	13.300	13.687	
	+Tarmstedt	9.065	9.681	10.315	10.792	
	+Gnarrenburg	8.527	9.116	9.279	9.407	
	+Geestequelle	6.082	6.347	6.622	6.751	
	Rotenburg (Wümme) (neu)	*34.459*	*37.499*	*39.516*	*40.637*	
	Diepholz	188.762	203.704	208.218	211.227	
	+Stuhr	27.457	28.733	29.544	30.799	
	+Weyhe	26.050	28.453	29.592	30.240	
	+Syke	19.674	23.014	23.374	23.565	
	+Bassum	13.999	15.055	15.643	16.058	
	+Bruchhausen-Vilsen	14.696	16.332	16.672	17.003	
	Diepholz (neu)	*101.876*	*111.587*	*114.825*	*117.665*	
Umland	**Bremen**	728.586	778.164	794.357	805.670	77.084
Region	**Bremen**	1.410.251	1.457.921	1.462.322	1.465.895	55.644
Kernstadt	**Land Hamburg**	*1.652.363*	*1.707.901*	*1.700.089*	*1.715.392*	63.029
	Stade	*169.414*	*183.728*	*189.239*	*191.690*	
	Harburg	*198.416*	*215.975*	*226.407*	*232.799*	
	Pinneberg	*269.081*	*282.538*	*288.109*	*291.609*	
	Segeberg	*221.160*	*237.083*	*244.781*	*250.112*	
	Stormarn	*198.859*	*208.861*	*214.477*	*217.582*	
	Lauenburg	*159.943*	*170.058*	*175.690*	*179.848*	
Umland	**Hamburg**	1.216.873	1.298.243	1.338.703	1.363.640	146.767
Region	**Hamburg**	2.869.236	3.006.144	3.038.792	3.079.032	209.796

Quelle: Statistische Landesämter Bremen, Hamburg und Niedersachsen sowie Landesarbeitsamt Schleswig-Holstein; Eigene Berechnungen.

Darstellung der "Lückenhaftigkeit" der Ausgangsdaten

Nr.[1]	WZ 70 / Unterabteilungen X = Fehlende Angabe für das Jahr 1990. Y = Fehlende Angabe für das Jahr 1998.	Diepholz	Cuxhaven	Osterholz	Rotenburg	Verden	Delmenhorst	Oldenburg	Wesermarsch	Harburg	Stade	Pinneberg	Segeberg	Stormarn	Lauenburg	Bremen	Hamburg
0	*Land- und Forstwirtschaft, Fischerei*																
-	Land- und Forstwirtschaft, Fischerei																
1	*Energiewirtschaft, Wasserversorgung, Bergbau*																
-	Energiewirtschaft, Wasserversorgung, Bergbau						xy		y								
2	*Verarbeitendes Gewerbe*																
20	Chemische Industrie			xy			y		xy								
21	Kunststoffverarbeitung			x	x				xy								
22	Steine, Erden, Feinkeramik, Glas			y			x										
23	Eisen- und Metallerzeugung				xy				xy								
24	Stahl-, Maschinen- und Fahrzeugbau				y												
25	Elektrotechnik, Feinmechanik, EBM-Waren	xy															
26	Holz-, Papier- und Druckgewerbe				y												
27	Leder-, Textil- und Bekleidungsgewerbe	x															
28/29	Nahrungs- und Genußmittelgewerbe																
3	*Baugewerbe*																
30	Bauhauptgewerbe																
31	Ausbaugewerbe																
4	*Handel*																
40/41	Großhandel	y			y												
42	Handelsvermittlung	xy															
43	Einzelhandel	x															
5	*Verkehr- und Nachrichtenübermittlung*																
500	Eisenbahnen			xy	y	x	xy	y	xy	y	xy						
507	Deutsche Bundespost			xy			xy		xy	y	xy						
50[2]	Verkehr (ohne Eisenbahnen und Dt. Bundespost)						y										
6	*Kreditinstitute und Versicherungsgewerbe*																
60	Kredit- und Finanzinstitute																
61	Versicherungsgewerbe																
7	*Dienstleistungen*																
700	Gaststätten und Beherbergungsgewerbe																
701,702	Reinigung und Körperpflege				xy												
706-708	Wissenschaft, Bildung, Kunst, Publizistik	y															
710,711	Gesundheits- und Veterinärwesen	x															
712-717	Rechts- und Wirtschaftsberatungen				x												
718	Sonstige Dienstleistungen	xy															
8	*Organisationen ohne Erwerbszweck, private Haushalte*																
-	Organisationen ohne Erwerbszweck, private Haushalte																
9	*Gebietskörperschaften, Sozialversicherung*																
-	Gebietskörperschaften, Sozialversicherung																
Gesamt																	

[1] = Nummer der Systematik: Systematik der Wirtschaftszweige, Fassung für die Berufszählung 1970.
[2] = ohne 500 und 507.

Eigene Darstellung

Umland – Bremen			
Nr.[1]	WZ 70 / Unterabteilungen	Gewinn[3]	Verlust[3]
0	*Land- und Forstwirtschaft, Fischerei*		
-	Land- und Forstwirtschaft, Fischerei		-12
1	*Energiewirtschaft, Wasserversorgung, Bergbau*		
-	Energiewirtschaft, Wasserversorgung, Bergbau		-359
2	*Verarbeitendes Gewerbe*		
20	Chemische Industrie	275	
21	Kunststoffverarbeitung		-93
22	Steine, Erden, Feinkeramik, Glas	64	
23	Eisen- und Metallerzeugung	268	
24	Stahl-, Maschinen- und Fahrzeugbau		-986
25	Elektrotechnik, Feinmechanik, EBM-Waren		-545
26	Holz-, Papier- und Druckgewerbe		-276
27	Leder-, Textil- und Bekleidungsgewerbe		-336
28/29	Nahrungs- und Genußmittelgewerbe	890	
3	*Baugewerbe*		
30	Bauhauptgewerbe	446	
31	Ausbaugewerbe		-9
4	*Handel*		
40/41	Großhandel		-514
42	Handelsvermittlung		-350
43	Einzelhandel	4.129	
5	*Verkehr- und Nachrichtenübermittlung*		
500	Eisenbahnen	60	
507	Deutsche Bundespost	92	
50[2]	Verkehr (ohne Eisenbahnen und Dt. Bundespost)	756	
6	*Kreditinstitute und Versicherungsgewerbe*		
60	Kredit- und Finanzinstitute		-19
61	Versicherungsgewerbe	92	
7	*Dienstleistungen*		
700	Gaststätten und Beherbergungsgewerbe	786	
701,702	Reinigung und Körperpflege	180	
706-708	Wissenschaft, Bildung, Kunst, Publizistik		-938
710,711	Gesundheits- und Veterinärwesen	321	
712-717	Rechts- und Wirtschaftsberatungen	187	
718	Sonstige Dienstleistungen		-562
8	*Organisationen ohne Erwerbszweck, private Haushalte*		
-	Organisationen ohne Erwerbszweck, private Haushalte	471	
9	*Gebietskörperschaften, Sozialversicherung*		
-	Gebietskörperschaften, Sozialversicherung	1.117	
Gesamt		10.137	-4.999

[1] = Nummer der Systematik: Systematik der Wirtschaftszweige, Fassung für die Berufszählung 1970.
[2] = ohne 500 und 507.
[3] = sozialversicherungspflichtig Beschäftigte.
Eigene Berechnungen.

Umland – Hamburg			
Nr.[1]	WZ 70 / Unterabteilungen	Gewinn[3]	Verlust[3]
0	*Land- und Forstwirtschaft, Fischerei*		
-	Land- und Forstwirtschaft, Fischerei		-106
1	*Energiewirtschaft, Wasserversorgung, Bergbau*		
-	Energiewirtschaft, Wasserversorgung, Bergbau	72	
2	*Verarbeitendes Gewerbe*		
20	Chemische Industrie	382	
21	Kunststoffverarbeitung		-182
22	Steine, Erden, Feinkeramik, Glas	222	
23	Eisen- und Metallerzeugung	249	
24	Stahl-, Maschinen- und Fahrzeugbau		-1.771
25	Elektrotechnik, Feinmechanik, EBM-Waren	1.293	
26	Holz-, Papier- und Druckgewerbe	795	
27	Leder-, Textil- und Bekleidungsgewerbe		-208
28/29	Nahrungs- und Genußmittelgewerbe	740	
3	*Baugewerbe*		
30	Bauhauptgewerbe	1.074	
31	Ausbaugewerbe	672	
4	*Handel*		
40/41	Großhandel	5.868	
42	Handelsvermittlung	1.003	
43	Einzelhandel	3.379	
5	*Verkehr- und Nachrichtenübermittlung*		
500	Eisenbahnen		-501
507	Deutsche Bundespost	320	
50[2]	Verkehr (ohne Eisenbahnen und Dt. Bundespost)	4.438	
6	*Kreditinstitute und Versicherungsgewerbe*		
60	Kredit- und Finanzinstitute	507	
61	Versicherungsgewerbe	178	
7	*Dienstleistungen*		
700	Gaststätten und Beherbergungsgewerbe	1.749	
701,702	Reinigung und Körperpflege		-295
706-708	Wissenschaft, Bildung, Kunst, Publizistik		-679
710,711	Gesundheits- und Veterinärwesen	200	
712-717	Rechts- und Wirtschaftsberatungen		-1.892
718	Sonstige Dienstleistungen	197	
8	*Organisationen ohne Erwerbszweck, private Haushalte*		
-	Organisationen ohne Erwerbszweck, private Haushalte	638	
9	*Gebietskörperschaften, Sozialversicherung*		
-	Gebietskörperschaften, Sozialversicherung	1.262	
Gesamt		25.238	-5.634

[1] = Nummer der Systematik: Systematik der Wirtschaftszweige, Fassung für die Berufszählung 1970.
[2] = ohne 500 und 507.
[3] = sozialversicherungspflichtig Beschäftigte.
Eigene Berechnungen.

Eingriffe in die Verteilungsmatrix			
	Eingriffsarten	WS 73	WZ 93
Hamburg	Sperrungen	040	DG 241
		091	DG 241
		130	DB 182, DC 193, DG 246, DM 351, DM 361, DM 364, DM 366, DM 372
		211	DJ 271, DJ 274
		320	DM 361
		620	DN 371, DN 372, GA 501, GA 502, GA 503, GA 504, GA 511, GA 523, GA 525
		621	GA 501, GA 503, GA 504, GA 505, GA 524, GA 527
		630	IA 611
		721	DK 295, GA 502, GA 524, OA 930
		780	GA 524
	Ausweitungen	261	DM 352
	Absenkungen	-	-
	Setzungen[1]	220	GA 502 (1.285)
		620	GA 512 (1.225), GA 513 (10.790), GA 514 (16.881), GA 515 (13.257), GA 516 (6.747), GA 517 (4.816)
		621	GA 511 (6.655)
		720	OA 927 (1.150)
		730	OA 930 (2.850)
Bremen	Sperrungen	-	-
	Ausweitungen	-	-
	Absenkungen	010	A 013, A 014
		170	DJ 274
		431	DD 204
		620	GA 502
		625	GA 502
		670	IA 633
	Setzungen[1]	-	-

[1] = Der hinter dem jeweiligen Wirtschaftszweig in Klammern aufgeführte Wert gibt die gesetzte Anzahl der sozialversicherungspflichtig Beschäftigten wider.

Die einzelnen Wirtschaftszweige sind hier mit ihrer Codierung auf 3-Steller Ebene angegeben. Die Kombination eines Wirtschaftszweiges der WS 73 mit einem der WZ 93 identifiziert immer die Zelle des Eingriffs in die Matrix.

Eigene Darstellung.

Die logistikrelevanten Bereiche im Land X in funktionaler und sektoraler													
Funktionen **(Berufsordnungen)** / ***Sektoren*** **(Wirtschaftszweige)**		**Fertigungsberufe**			**Dienstleistungsberufe**								
		III.r		**III.t**	**V.a**		**V.b**				**V.c**		
		521 Warenprüfer, -sortierer	522 Warenaufmacher, Versandfertigmacher	544 Kranführer	681 Groß- und Einzelhandelskaufleute, Ein-	687 Handelsvertreter, -reisende	691 Bankfachleute	701 Speditionskaufleute	704 Makler, Grundstücksverwalter	705 Vermieter, Vermittler, Versteigerer	711 Schienenfahrzeugführer	712 Eisenbahnbetriebsregler	713 Sonstige Fahrbetriebsregler, Schaffner
V.	**Handel**												
62	Großhandel, Einzel- und Versandhandel usw.												
620	Großhandel												
621	Handelsvermittlung												
624	Versandhandel												
VI.	**Verkehr und Nachrichtenübermittlung**												
63	Eisenbahnen												
64	Bundespost												
65	Straßenverkehr												
651	Güterbeförderung mit Kfz.												
66	Schiffahrt, Wasserstraßen/Häfen												
660	Binnenschiffahrt, Binnenwasserstraßen, Häfen												
661	See- und Küstenschiffahrt, Seehäfen												
67	Spedition, Lagerei, Kühlhäuser												
68	Luftfahrt und Flugplätze, Transport in Rohrleitungen, sonstiges Verkehrsgewerbe												
680	Luftfahrt, Flugplätze												
683	Schiffsmaklerbüros und -agenturen, sonstige Verkehrsvermittler												
VII.	**Kreditinstitute und Versicherungsgewerbe**												
69	Kredit- und Finanzierungsinstitute, Versicherungsgewerbe												
VIII.	**Dienstleistungen, soweit anderweitig nicht genannt**												
79	Rechtsberatung sowie Wirtschaftsberatung und -prüfung												
791	Wirtschaftliche Unternehmensberatung und -prüfung												
82	Wirtschaftswerbung und Ausstellungswesen												
86	Sonstige Dienstleistungen (soweit von Unternehmen und Freien Berufen erbracht)												
860	Schaustellung, Schau- und Fahrgeschäft, Ausspielgeschäft												
861	Bewachung, Aufbewahrung, Botendienste												
863	Abfüll- u. Verpackungsgewerbe												
	Logistikdienstleister												
	Verarbeitendes Gewerbe*												
	Logistiksektor												
	Gesamtwirtschaft		*: Logistikrelevante Bereiche innerhalb der Sektoren Energiewirtschaft,										

Abgrenzung / sozialversicherungspflichtig Beschäftigte im Jahr Y

Dienstleistungsberufe																
V.c									V.d					V.e	V.i	
714 Kfz-Führer	724 Binnenschiffer	725 Sonstige Wasserverkehrsberufe	726 Luftverkehrsberufe	732 Postverteiler	741 Lagerverwalter, Magaziner	742 Transportgeräteführer	743 Stauer, Möbelpacker	744 Lager-, Transportarbeiter	751 Unternehmer, Geschäftsführer, Leiter	752 Unternehmensberater, Organisatoren	763 Verbandsleiter, Funktionäre	771 Kalkulatoren, Berechner	774 DV-Fachleute	813 Rechtsvertreter, Berater	935 Straßenreiniger, Abfallbeseitiger	Summe

Wasserversorgung und Bergbau (II), Verarbeitendes Gewerbe ohne Bergbau (III) und Baugewerbe (IV)

Sektoren (Wirtschaftszweige)		Fertigungsberufe III.r: 521 Warenprüfer, -sortierer	Fertigungsberufe III.r: 522 Warenaufmacher, Versandfertigmacher	Fertigungsberufe III.t: 544 Kranführer	Dienstleistungsberufe V.a: 681 Groß- und Einzelhandelskaufleute, Einhandelskaufleute	Dienstleistungsberufe V.a: 687 Handelsvertreter, -reisende	Dienstleistungsberufe V.b: 691 Bankfachleute	Dienstleistungsberufe V.b: 701 Speditionskaufleute	Dienstleistungsberufe V.b: 704 Makler, Grundstücksverwalter	Dienstleistungsberufe V.b: 705 Vermieter, Vermittler, Versteigerer	Dienstleistungsberufe V.c: 711 Schienenfahrzeugführer	Dienstleistungsberufe V.c: 712 Eisenbahnbetriebsregler	Dienstleistungsberufe V.c: 713 Sonstige Fahrbetriebsregler, Schaffner
V.	**Handel**												
62	Großhandel, Einzel- und Versandhandel sowie Handelsvermittlungen	70	75		**5**			85					
VI.	**Verkehr und Nachrichtenübermittlung**												
63	Eisenbahnen			95				60			**25**	**25**	
64	Bundespost												
65	Straßenverkehr	75	75	95				70					
66	Schiffahrt, Wasserstraßen/Häfen			95	5			**60**			5	5	
67	Spedition, Lagerei, Kühlhäuser	30	80		15			**95**					
68	Luftfahrt und Flugplätze, Transport in Rohrleitungen, sonstiges Verkehrsgewerbe		95		20			**95**					
VII.	**Kreditinstitute und Versicherungsgewerbe**												
69	Kredit- und Finanzierungsinstitute, Versicherungsgewerbe												
VIII.	**Dienstleistungen, soweit anderweitig nicht genannt**												
79	Rechtsberatung sowie Wirtschaftsberatung und -prüfung		5		5								
82	Wirtschaftswerbung und Ausstellungswesen	10	50		5			60					
86	Sonstige Dienstleistungen (soweit von Unternehmen und Freien Berufen erbracht)	40	**90**		20			90				5	
IX.	**Organisationen ohne Erwerbscharakter und pr. HH**												
87	Organisationen des Wirtschaftslebens												
	Verarbeitendes Gewerbe*	50	**95**	95	**45**			75					

Gewichtung der logistikrelevanten Berufsordnungen; *Funktionen* (Berufsordnungen)

*: Logistikrelevante Bereiche innerhalb der Sektoren Energiewirtschaft, Wasserversorgung und Bergbau (II), Verarbeitendes Gewerbe ohne Bergbau (III) und Baugewerbe (IV).

Der Wirtschaftszweig WZ 87 und die Berufsordnungen 687, 691, 704, 705 und 713 entfielen nach der Überprüfung der Definition des Sektors innerhalb der Expertenrunden.

- Alle Zellen mit ≤ 0,1% der sozialversicherungspflichtig Beschäftigten der Berufsordnung gemessen am Wirtschaftszweig (Westdeutschland; Basis 2000) wurden für die Bewertung ausgeblendet (dunkelgraue Flächen).
- Alle Zellen mit ≤ 0,5% der sozialversicherungspflichtig Beschäftigten der Berufsordnung gemessen am Wirtschaftszweig (Westdeutschland; Basis 2000) wurden für die Bewertung ausgeblendet (mittelgraue Flächen).
- Alle Zellen mit ≥ 10,0% der sozialversicherungspflichtig Beschäftigten der Berufsordnung gemessen am Wirtschaftszweig (Westdeutschland; Basis 2000) wurden für die Bewertung gesondert (fett) hervorgehoben.

Eigene Darstellung.

innerhalb der logistikrelevanten Wirtschaftszweige

Dienstleistungsberufe																
V.c									V.d					V.e	V.i	
714 Kfz-Führer	724 Binnenschiffer	725 Sonstige Wasserverkehrsberufe	726 Luftverkehrsberufe	732 Postverteiler	741 Lagerverwalter, Magaziner	742 Transportgeräteführer	743 Stauer, Möbelpacker	744 Lager-, Transportarbeiter	751 Unternehmer, Geschäftsführer, Leiter	752 Unternehmensberater, Organisatoren	763 Verbandsleiter, Funktionäre	771 Kalkulatoren, Berechner	774 DV-Fachleute	813 Rechtsvertreter, Berater	935 Straßenreiniger, Abfallbeseitiger	
95					**95**	95		**95**	5	5		5				
75					50	50		95	5				10			
95				**95**					5				10			
70				5	50		90	95	5				10			
50	**95**	25			50	95	90	**95**	5	5			10			
70					50	95	90	**95**	5			5	10			
95			**30**	95	50	95		**95**	5	5		5	10			
									5	5			5			
5				5	10			5	5	**10**		5	**10**	5		
30				5	15	75		**25**	**5**	5			**5**			
75			50	5	15	75		**50**	5				10			
95					75	95		**95**	**15**	15	5	10	10	5	75	

Wirtschaftszweigsystematik WZ 93 (+Klassifizierungscode) / Wirtschaftszweigsystematik WS 73 (+Klassifizierungscode)		Herst. V. so. Erzeug.	Recycling v. Schrott	Recycling v. Nicht-metallen	Kfz-Handel	Instand. U. Rep. V. Kfz	Kfz-Teile u. Zube-hörhandel	Krafträderhandel	Tankstellen	Handelsvermittlung	Großhandel mit landw. Grundst.	Großhandel mit Nahrungsmitteln	Großhandel mit Ge- u. Verbrauchsgütern	Großhandel mit Rohstoffen	Großhandel mit Maschinen	Sonstiger Großhan-del	Facheinzelhandel m. Nahrungsmitteln	Apotheken	Sonstiger Fachein-zelhandel
		DN 366	DN 371	DN 372	GA 501	GA 502	GA 503	GA 504	GA 505	GA 511	GA 512	GA 513	GA 514	GA 515	GA 516	GA 517	GA 522	GA 523	GA 524
Großhandel	620		0,1	3,8	6,5	1,1	2,7	0,7		15,3	100	100	99,0	88,0	100	100	2,9		1,9
Handelsvermittlung	621				15,0		16,5	7,7	19,9	73,8				12,0					14,8
Versandhandel	624																9,0	13,0	13,4
Deutsche Bundesbahn	630																		
Deutsche Bundespost	640																		
Güterbeförderung mit Kfz.	651					0,0													
Binnenschiffahrt, -wasserstraßen, ...	660																		
See- und Küstenschiffahrt, Seehäfen	661																		
Spedition, Lagerei, Kühlhäuser	670																		
Luftfahrt und Flugplätze, ...	680																		
Schiffsmaklerbüros und –agenturen	683																		
Versicherungen, Finanzinstitute, ...	690																		
Rechts- u. Wirtschaftsberatung, ...	791					0,0													
Ausstellungswesen, ...	820																		
Schaustellung, Fahrgeschäft, ...	860	3,9																	
Aufbewahrung, Botendienste, ...	861					0,1													
Abfüll- und Verpackungsgewerbe	863																		
TOTAL	-	100	100	100	100	100	100	100	100	100	100	100	100	100	100	100	100	100	100

Wirtschaftszweigsystematik WS 73 (+Klassifizierungscode)	Wirtschaftszweigsystematik WZ 93 (+Klassifizierungscode)	Einzelhandel (ohne Vk-Raum)	Eisenbahnen	Sonstiger Landverkehr	See- und Küstenschiffahrt	Binnenschiffahrt	Linienflugverkehr	Gelegenheitsflugverkehr	Raumtransport	Frachtumschlag und Lagerei	So. Hilfs- und Nebentätigk. F. Verk.	Reisebüros und Reiseveranstalter	Spedition, so. Verkehrsvermittler	Postdienste und private Kurierdienste	Fernmeldedienste	Zentralbanken und Kreditinstitute	So. Finanzierungsinstitute	Versicherungsgewerbe	M. d. Kreditgewerbe verbundene Tätigkeit
		GA 526	IA 601	IA 602	IA 611	IA 612	IA 621	IA 622	IA 623	IA 631	IA 632	IA 633	IA 634	IA 641	IA 642	JA 651	JA 652	JA 660	JA 671
Großhandel	620																		
Handelsvermittlung	621	15,9																	
Versandhandel	624	16,1																	
Deutsche Bundesbahn	630		98,0		7,8						3,7								
Deutsche Bundespost	640													54,1	100	4,4			
Güterbeförderung mit Kfz.	651			43,7						3,5				16,6					
Binnenschiffahrt, -wasserstraßen, ...	660				1,7	100				1,1	0,8								
See- und Küstenschiffahrt, Seehäfen	661				90,5					65,1	56,5								
Spedition, Lagerei, Kühlhäuser	670									16,6	16,9	0,3	82,8						
Luftfahrt und Flugplätze, ...	680						100	100	100	13,7	12,5								
Schiffsmaklerbüros und –agenturen	683												17,0						
Versicherungen, Finanzinstitute, ...	690															95,6	100	0,2	100
Rechts- u. Wirtschaftsberatung, ...	791												0,3						
Ausstellungswesen, ...	820																		
Schaustellung, Fahrgeschäft, ...	860																		
Aufbewahrung, Botendienste, ...	861										5,4	0,0		29,4					
Abfüll- und Verpackungsgewerbe	863																		
TOTAL	-	100	100	100	100	100	100	100	100	100	100	100	100	100	100	100	100	100	100

Wirtschaftszweigsystematik WZ 93 (+Klassifizierungscode) / **Wirtschaftszweigsystematik WS 73** (+Klassifizierungscode)		M. d. Versicherungs. verbundene Tätigkeit	Immobilien-vermittlung	Hardwareberatung	Softwarehäuser	Datenverarbeitungs-dienste	Beratungs-unternehmen	Architektur- und Ingenieurbüro	Tech., physik. Und chem. Untersuchung	Werbung	Detekteien und Schutzdienste	Erbringung v. so. Dienstleistungen	Öffentliche Verwal-tung	Wirtschafts-/Berufs-organisationen	So. Interessen-vertretungen	Hörfunk- und Fern-sehanstalten	Erbringung v. so. kultur. Leistungen	Erbringung v. so. Dienstleistungen	TOTAL
		JA 672	KA 702	KA 721	KA 722	KA 723	KA 741	KA 742	KA 743	KA 744	KA 746	KA 748	LA 751	OA 911	OA 913	OA 922	OA 923	OA 930	-
Großhandel	620																		6,43
Handelsvermittlung	621																		1,76
Versandhandel	624																		0,72
Deutsche Bundesbahn	630																		0,66
Deutsche Bundespost	640																		1,14
Güterbeförderung mit Kfz.	651																		0,98
Binnenschiffahrt, -wasserstraßen, ...	660																		0,12
See- und Küstenschiffahrt, Seehäfen	661																		1,64
Spedition, Lagerei, Kühlhäuser	670																		2,53
Luftfahrt und Flugplätze, ...	680																		0,46
Schiffsmaklerbüros und –agenturen	683																		0,46
Versicherungen, Finanzinstitute, ...	690	1,6																	3,25
Rechts- u. Wirtschaftsberatung, ...	791	0,0		100	42,0	55,8	59,9	22,8	39,5			11,5						0,1	3,87
Ausstellungswesen, ...	820		26,5							100		1,9	2,2			0,0			1,47
Schaustellung, Fahrgeschäft, ...	860																1,0	2,8	0,03
Aufbewahrung, Botendienste, ...	861										97,7						3,0	15,7	1,01
Abfüll- und Verpackungsgewerbe	863											16,9							0,19
TOTAL	-	100	100	100	100	100	100	100	100	100	100	100	100	100	100	100	100	100	100

Entwicklung der sozialversicherungspflichtig Beschäftigten im Logistiksektor							
		Bremen		Hamburg		Bundesgebiet-West	
Wirtschaftszweige		1990	2000	1990	2000	1990	2000
V.	**Handel**						
62	Großhandel, Einzel- und Versandhandel sowie Handelsvermittlungen						
620	Großhandel	4.430	3.665	10.362	9.284	233.753	242.573
621	Handelsvermittlung	169	444	635	444	21.657	30.860
624	Versandhandel	7	1	1.819	2.348	13.352	14.108
VI.	**Verkehr und Nachrichtenübermittlung**						
63	Eisenbahnen	337	332	734	605	17.610	13.674
64	Bundespost	1.880	1.481	5.699	2.871	94.376	83.420
65	Straßenverkehr						
651	Güterbeförderung mit Kfz.	1.453	1.456	2.669	4.155	93.142	123.135
66	Schiffahrt, Wasserstraßen und Häfen						
660	Binnenschiffahrt, Binnenwasserstraßen, Häfen	617	256	621	334	6.520	3.940
661	See- und Küstenschiffahrt, Seehäfen	2.986	2.141	6.189	3.604	10.379	7.353
67	Spedition, Lagerei, Kühlhäuser	5.162	5.472	9.156	8.519	133.989	184.684
68	Luftfahrt und Flugplätze, Transport in Rohrleitungen, sonstiges Verkehrsgewerbe						
680	Luftfahrt, Flugplätze	207	288	1.436	476	17.666	18.322
683	Schiffsmaklerbüros und -agenturen, sonstige Verkehrsvermittler	500	356	1.842	1.552	3.022	3.082
VII.	**Kreditinstitute und Versicherungsgewerbe**						
69	Kredit- und Finanzierungsinstitute, Versicherungsgewerbe	60	39	404	331	6.824	4.876
VIII.	**Dienstleistungen, soweit anderweitig nicht genannt**						
79	Rechtsberatung sowie Wirtschaftsberatung und -prüfung						
791	Wirtschaftliche Unternehmensberatung und -prüfung	48	87	339	1.336	3.613	15.233
82	Wirtschaftswerbung und Ausstellungswesen	15	47	131	224	1.758	3.080
86	Sonstige Dienstleistungen (soweit von Unternehmen und Freien Berufen erbracht)						
860	Schaustellung, Schau- und Fahrgeschäft, Ausspielgeschäft	3	2	0	2	186	181
861	Bewachung, Aufbewahrung, Botendienste	66	138	131	965	3.770	14.296
863	Abfüll- und Verpackungsgewerbe	100	247	265	681	4.515	9.566
	Logistikdienstleister	18.038	16.452	42.432	37.730	666.132	772.379
	Verarbeitendes Gewerbe	7.477	6.025	13.237	9.504	768.729	593.720
	Logistiksektor	25.515	22.477	55.669	47.233	1.434.861	1.366.099

Eigene Berechnungen.

Sektoraler Besatz (2000) und Wachstum (1990-2000) der Wirtschaftszweige				
	Wachstum[1]:	positiv		
Besatz		**Bremen**	**Hamburg**	**Bundesgebiet - West**
hoch	1	621 Handelsvermittlung 444[2] 0,16[3] 162,7[4]		621 Handelsvermittlung 30.860 0,14 42,5
hoch	2		624 Versandhandel 2.348 0,31 29,1	
hoch	3	67 Spedition, Lagerei, Kühlhäuser 5.472 1,93 6,0		67 Spedition, Lagerei, Kühlhäuser 184.684 0,81 37,8
hoch	4	680 Luftfahrt, Flugplätze 288 0,10 39,1		680 Luftfahrt, Flugplätze 18.322 0,08 3,7
hoch	5		791 wirtschaftliche Unternehmensberatung und -prüfung 1.336 0,18 294,1	
hoch	6	82 Wirtschaftswerbung und Ausstellungswesen 47 0,02 213,3	82 Wirtschaftswerbung und Ausstellungswesen 224 0,03 71,0	82 Wirtschaftswerbung und Ausstellungswesen 3.080 0,01 72,2
hoch	7		861 Bewachung, Aufbewahrung, Botendienste 965 0,13 636,6	
hoch	8	863 Abfüll- und Verpackungsgewerbe 247 0,09 147,0	863 Abfüll- und Verpackungsgewerbe 681 0,09 157,0	863 Abfüll- und Verpackungsgewerbe 9.566 0,04 111,9
hoch	9			
hoch	10	Σ Beschäftigte: 6.498		
niedrig	1	651 Güterbeförderung mit Kfz 1.456 0,51 0,2	651 Güterbeförderung mit Kfz 4.155 0,54 55,7	651 Güterbeförderung mit Kfz 123.135 0,54 32,2
niedrig	2	791 wirtschaftliche Unternehmensberatung und -prüfung 87 0,03 81,3		791 wirtschaftliche Unternehmensberatung und -prüfung 15.233 0,07 321,6
niedrig	3		860 Schaustellung, Schau- u. Fahrgeschäfte, Ausspielgeschäfte 2 0,00 100,0	
niedrig	4	861 Bewachung, Aufbewahrung, Botendienste 138 0,05 109,1		861 Bewachung, Aufbewahrung, Botendienste 14.296 0,06 179,2
niedrig	5			
niedrig	6			
niedrig	7			
niedrig	8	Σ Beschäftigte: 1.681		

[1]: Besatz ist: a) **hoch**, wenn er über dem des Bundes liegt und
b) **niedrig**, wenn er gleich oder unterhalb des Wertes des Bundes liegt. Ausgewiesen wird er als Prozentsatz aller sozialversicherungspflichtig Beschäftigten in der jeweiligen Gebietskörperschaft. Die Einordnung der Wirtschaftszweige des Bundesgebietes-West erfolgte parallel zu denen Bremens, da hier keine eigene Basis für die Zuordnung der Wirtschaftszweige existiert.

[2]: Sozialversicherungspflichtig Beschäftigte zum 30.06.2000.

[3]: Besatz der sozialversicherungspflichtig Beschäftigten.

[4]: Wachstum der sozialversicherungspflichtig Beschäftigten.

Eigene Darstellung.

im Bereich Logistik / Basis: sozpfl. Beschäftigte; Besatz und Wachstum in %					
negativ					
Bremen		**Hamburg**		**Bundesgebiet - West**	
620 Großhandel	3.665 1,29 -17,3	620 Großhandel	9.284 1,22 -10,4	620 Großhandel	242.573 1,06 3,8
63 Eisenbahnen	332 0,12 -1,5	63 Eisenbahnen	605 0,08 -17,6	63 Eisenbahnen	13.674 0,06 -22,4
64 Bundespost	1.481 0,52 -21,2	64 Bundespost	2.871 0,38 -49,6	64 Bundespost	83.420 0,37 -11,6
660 Binnenschiffahrt, -wasserstraßen, Häfen	256 0,09 -58,5	660 Binnenschiffahrt, -wasserstraßen, Häfen	334 0,04 -46,2	660 Binnenschiffahrt, -wasserstraßen, Häfen	3.940 0,02 -39,6
661 See- und Küsten- schiffahrt, Seehäfen	2.141 0,76 -28,3	661 See- und Küsten- schiffahrt, Seehäfen	3.604 0,47 -41,8	661 See- und Küsten- schiffahrt, Seehäfen	7.353 0,03 -29,2
		67 Spedition, Lagerei, Kühlhäuser	8.519 1,12 -7,0		
683 Schiffsmaklerbüros und -agenturen, sonstige Verkehrsvermittler	356 0,13 -28,8	683 Schiffsmaklerbüros und -agenturen, sonstige Verkehrsvermittler	1.552 0,20 -15,7	683 Schiffsmaklerbüros und -agenturen, sonstige Verkehrsvermittler	3.082 0,01 2,0
		69 Kredit- und Finanzierungsinstitute, Versicherungsgewerbe	331 0,04 -18,1		
Σ Beschäftigte:	8.231				
		621 Handelsvermittlung	444 0,06 -30,1		
624 Versandhandel	1 0,00 -85,7			624 Versandhandel	14.108 0,06 5,7
		680 Luftfahrt, Flugplätze	476 0,06 -66,9		
69 Kredit- und Finanzierungsinstitute, Versicherungsgewerbe	39 0,01 -35,0			69 Kredit- und Finanzierungsinstitute, Versicherungsgewerbe	4.876 0,02 -28,5
860 Schaustellung, Schau- u. Fahrgeschäfte, Ausspielgeschäfte	2 0,00 -33,3			860 Schaustellung, Schau- u. Fahrgeschäfte, Ausspielgeschäfte	181 0,00 -2,7
Verarbeitendes Gewerbe	6.025 2,12 -19,4	Verarbeitendes Gewerbe	9.504 1,25 -28,2	Verarbeitendes Gewerbe	593.720 2,60 -22,8
Σ Beschäftigte:	6.068				

Funktionaler Besatz (2000) und Wachstum (1990-2000) der Wirtschaftszweige				
Wachstum[1]		positiv		
Besatz		**Bremen**	**Hamburg**	**Bundesgebiet - West**
hoch	1		681 Groß- u. Einzelhandelskaufleute, Einkäufer 2.045 0,27 6,6	
	2	711 Schienenfahrzeugführer 43[2] 0,02[3] 168,8[4]		711 Schienenfahrzeugführer 2.623 0,01 124,4
	3	712 Eisenbahnregler 240 0,08 71,4	712 Eisenbahnregler 437 0,06 42,3	712 Eisenbahnregler 7.893 0,03 45,8
	4	726 Luftverkehrsberufe 123 0,04 232,4	726 Luftverkehrsberufe 201 0,03 15,5	726 Luftverkehrsberufe 5.056 0,02 52,9
	5	744 Lager-, Transportarbeiter 5.120 1,81 1,7		744 Lager-, Transportarbeiter 265.825 1,16 13,8
	6		752 Unternehmensberater, Organisatoren 425 0,06 159,1	
	7		774 DV-Fachleute 1.628 0,21 97,3	
	8			
	9			
	10			
	11	Σ Beschäftigte: 5.526		
niedrig	1		521 Warenprüfer, -sortierer 1.320 0,17 7,0	
	2		711 Schienenfahrzeugführer 107 0,01 81,4	
	3	752 Unternehmensberater, Organisatoren 52 0,02 57,6		752 Unternehmensberater, Organisatoren 6.593 0,03 105,5
	4	774 DV-Fachleute 215 0,08 20,8		774 DV-Fachleute 23.903 0,10 78,7
	5	813 Rechtsvertreter, Berater 4 0,00 33,3	813 Rechtsvertreter, Berater 26 0,00 30,0	813 Rechtsvertreter, Berater 360 0,00 31,4
	6		935 Straßenreiniger, Abfallbeseitiger 90 0,01 157,1	
	7			
	8			
	9			
	10			
	11			
	12			
	13			
	14	Σ Beschäftigte: 271		

[1]: Besatz ist: a) **hoch**, wenn er über dem des Bundes liegt und b) **niedrig**, wenn er gleich oder unterhalb des Wertes des Bundes liegt. Ausgewiesen wird er als Prozentsatz aller sozialversicherungspflichtig Beschäftigten in der jeweiligen Gebietskörperschaft. Die Einordnung der Wirtschaftszweige des Bundesgebietes-West erfolgte parallel zu denen Bremens, da hier keine eigene Basis für die Zuordnung der Wirtschaftszweige existiert.

[2]:Sozialversicherungspflichtig Beschäftigte zum 30.06.2000.

[3]: Besatz der sozialversicherungspflichtig Beschäftigten.

[4]: Wachstum der sozialversicherungspflichtig Beschäftigten.

im Bereich Logistik / Basis: sozpfl. Beschäftigte; Besatz und Wachstum in %

negativ

Bremen		**Hamburg**		**Bundesgebiet - West**	
544 Kranführer	502 0,18 -38,7			544 Kranführer	12.843 0,06 -43,3
701 Speditionskaufleute	3.179 1,12 -6,0	701 Speditionskaufleute	7.912 1,04 -14,1	701 Speditionskaufleute	68.434 0,30 0,7
724 Binnenschiffer	239 0,08 -57,1	724 Binnenschiffer	454 0,06 -48,2	724 Binnenschiffer	3.681 0,02 -42,9
725 Sonstige Wasserverkehrsberufe	30 0,01 -3,2			725 Sonstige Wasserverkehrsberufe	219 0,00 1,9
732 Postverteiler	1.451 0,51 -18,0			732 Postverteiler	78.590 0,34 -14,5
741 Lagerverwalter, Magaziner	2.656 0,94 -16,0			741 Lagerverwalter, Magaziner	166.648 0,73 -14,5
742 Transportgeräteführer	1.484 0,52 -20,9			742 Transportgeräteführer	45.165 0,20 -17,1
743 Stauer, Möbelpacker	331 0,12 -56,8	743 Stauer, Möbelpacker	693 0,09 -51,1	743 Stauer, Möbelpacker	8.681 0,04 -16,0
		744 Lager-, Transportarbeiter	10.609 1,39 -1,9		
		751 Unternehmer, Geschäftsführer, Geschäftsstellenleiter	815 0,11 -17,8		
Σ Beschäftigte:	9.872				
521 Warenprüfer, -sortierer	351 0,12 -6,1			521 Warenprüfer, -sortierer	57.585 0,25 -23,7
522 Warenaufmacher, Versandfertigmacher	1.923 0,68 -8,3	522 Warenaufmacher, Versandfertigmacher	2.982 0,39 -35,7	522 Warenaufmacher, Versandfertigmacher	172.463 0,75 -15,5
		544 Kranführer	338 0,04 -34,1		
681 Groß- u. Einzelhandelskaufleute, Einkäufer	470 0,17 -24,1			681 Groß- u. Einzelhandelskaufleute, Einkäufer	55.765 0,24 0,9
714 Kfz-Führer	3.778 1,33 -11,6	714 Kfz-Führer	8.265 1,08 -7,7	714 Kfz-Führer	354.326 1,55 -1,0
		725 Sonstige Wasserverkehrsberufe	24 0,00 -17,2		
		732 Postverteiler	2.359 0,31 -56,8		
		741 Lagerverwalter, Magaziner	5.174 0,68 -22,1		
		742 Transportgeräteführer	1.211 0,16 -2,7		
751 Unternehmer, Geschäftsführer, Geschäftsstellenleiter	242 0,09 -17,4			751 Unternehmer, Geschäftsführer, Geschäftsstellenleiter	22.761 0,10 -12,7
763 Verbandsleiter, Funktionäre	3 0,00 -25,0	763 Verbandsleiter, Funktionäre	5 0,00 -26,7	763 Verbandsleiter, Funktionäre	209 0,00 -23,7
771 Kalkulatoren, Berechner	27 0,01 -41,3	771 Kalkulatoren, Berechner	113 0,01 -18,1	771 Kalkulatoren, Berechner	2.771 0,01 -24,3
935 Straßenreiniger, Abfallbeseitiger	16 0,01 -40,7			935 Straßenreiniger, Abfallbeseitiger	3.714 0,02 31,0
Σ Beschäftigte:	6.810				

Teilsektorale Shift-Share-Analyse: Bremen							
		Strukturfaktor		*Standortfaktor*		*Regionalfaktor*	
Wirtschaftszweige		**absolut**	**%**	**absolut**	**%**	**absolut**	**%**
V.	**Handel**						
62	Großhandel, Einzel- und Versandhandel sowie Handelsvermittlungen						
620	Großhandel	167	3,8	-932	-21,0	-765	-17,3
621	Handelsvermittlung	72	42,5	203	120,2	275	162,7
624	Versandhandel	0	5,7	-6	-91,4	-6	-85,7
VI.	**Verkehr und Nachrichtenübermittlung**						
63	Eisenbahnen	-75	-22,4	70	20,9	-5	-1,5
64	Bundespost	-218	-11,6	-181	-9,6	-399	-21,2
65	Straßenverkehr						
651	Güterbeförderung mit Kfz.	468	32,2	-465	-32,0	3	0,2
66	Schiffahrt, Wasserstraßen und Häfen						
660	Binnenschiffahrt, Binnenwasserstraßen, Häfen	-244	-39,6	-117	-18,9	-361	-58,5
661	See- und Küstenschiffahrt, Seehäfen	-871	-29,2	26	0,9	-845	-28,3
67	Spedition, Lagerei, Kühlhäuser	1.953	37,8	-1.643	-31,8	310	6,0
68	Luftfahrt und Flugplätze, Transport in Rohrleitungen, sonstiges Verkehrsgewerbe						
680	Luftfahrt, Flugplätze	8	3,7	73	35,4	81	39,1
683	Schiffsmaklerbüros und -agenturen, sonstige Verkehrsvermittler	10	2,0	-154	-30,8	-144	-28,8
VII.	**Kreditinstitute und Versicherungsgewerbe**						
69	Kredit- und Finanzierungsinstitute, Versicherungsgewerbe	-17	-28,5	-4	-6,5	-21	-35,0
VIII.	**Dienstleistungen, soweit anderweitig nicht genannt**						
79	Rechtsberatung sowie Wirtschaftsberatung und -prüfung						
791	Wirtschaftliche Unternehmensberatung und -prüfung	154	321,6	-115	-240,4	39	81,3
82	Wirtschaftswerbung und Ausstellungswesen	11	75,2	21	138,1	32	213,3
86	Sonstige Dienstleistungen (soweit von Unternehmen und Freien Berufen erbracht)						
860	Schaustellung, Schau- und Fahrgeschäft, Ausspielgeschäft	0	-2,7	-1	-30,6	-1	-33,3
861	Bewachung, Aufbewahrung, Botendienste	184	279,2	-112	-170,1	72	109,1
863	Abfüll- und Verpackungsgewerbe	112	111,9	35	35,1	147	147,0
	Verarbeitendes Gewerbe	-1.702	-22,8	250	3,3	-1.452	-19,4

*: Die hier ausgewiesenen Ergebnisse sind aufgrund der Dominanz der Untersuchungsregionen Bremen und Hamburg gegenüber dem Anteil am Bund (West) nicht mit den anderen Ergebnissen auf Basis der Wirtschaftszweige vergleichbar. Der Ausweiß erfolgt nur aus Gründen der mathematischen Integrität auf die Gesamtsummen.

Eigene Berechnungen.

Teilsektorale Shift-Share-Analyse: Hamburg							
		Strukturfaktor		*Standortfaktor*		*Regionalfaktor*	
Wirtschaftszweige		**absolut**	**%**	**absolut**	**%**	**absolut**	**%**
V.	**Handel**						
62	Großhandel, Einzel- und Versandhandel sowie Handelsvermittlungen						
620	Großhandel	391	3,8	-1.469	-14,2	-1.078	-10,4
621	Handelsvermittlung	270	42,5	-461	-72,6	-191	-30,1
624	Versandhandel	103	5,7	426	23,4	529	29,1
VI.	**Verkehr und Nachrichtenübermittlung**						
63	Eisenbahnen	-164	-22,4	35	4,8	-129	-17,6
64	Bundespost	-662	-11,6	-2.166	-38,0	-2.828	-49,6
65	Straßenverkehr						
651	Güterbeförderung mit Kfz.	859	32,2	627	23,5	1.486	55,7
66	Schiffahrt, Wasserstraßen und Häfen						
660	Binnenschiffahrt, Binnenwasserstraßen, Häfen	-246	-39,6	-41	-6,6	-287	-46,2
661	See- und Küstenschiffahrt, Seehäfen	-1.804	-29,2	-781	-12,6	-2.585	-41,8
67	Spedition, Lagerei, Kühlhäuser	3.464	37,8	-4.101	-44,8	-637	-7,0
68	Luftfahrt und Flugplätze, Transport in Rohrleitungen, sonstiges Verkehrsgewerbe						
680	Luftfahrt, Flugplätze	53	3,7	-1.013	-70,6	-960	-66,9
683	Schiffsmaklerbüros und -agenturen, sonstige Verkehrsvermittler	37	2,0	-327	-17,7	-290	-15,7
VII.	**Kreditinstitute und Versicherungsgewerbe**						
69	Kredit- und Finanzierungsinstitute, Versicherungsgewerbe	-115	-28,5	42	10,5	-73	-18,1
VIII.	**Dienstleistungen, soweit anderweitig nicht genannt**						
79	Rechtsberatung sowie Wirtschaftsberatung und -prüfung						
791	Wirtschaftliche Unternehmensberatung und -prüfung	1.090	321,6	-93	-27,5	997	294,1
82	Wirtschaftswerbung und Ausstellungswesen	99	75,2	-6	-4,2	93	71,0
86	Sonstige Dienstleistungen (soweit von Unternehmen und Freien Berufen erbracht)						
860	Schaustellung, Schau- und Fahrgeschäft, Ausspielgeschäft	0	-	-	-	-	-
861	Bewachung, Aufbewahrung, Botendienste	366	279,2	468	357,4	834	636,6
863	Abfüll- und Verpackungsgewerbe	296	111,9	120	45,1	416	157,0
	Verarbeitendes Gewerbe	-3.014	-22,8	-719	-5,4	-3.733	-28,2

*: Die hier ausgewiesenen Ergebnisse sind aufgrund der Dominanz der Untersuchungsregionen Bremen und Hamburg gegenüber dem Anteil am Bund (West) nicht mit den anderen Ergebnissen auf Basis der Wirtschaftszweige vergleichbar. Der Ausweiß erfolgt nur aus Gründen der mathematischen Integrität auf die Gesamtsummen.

Eigene Berechnungen.

Tabelle des erweiterten Strukturfaktors				
Wirtschaftszweige		*Relative Branchendynamik*	*Relative Branchenspezialisierung*	
			Bremen	Hamburg
V.	**Handel**			
62	Großhandel, Einzel- und Versandhandel sowie Handelsvermittlungen			
620	Großhandel	8,6	1,07	2,32
621	Handelsvermittlung	47,3	-0,85	-0,37
624	Versandhandel	10,5	-0,90	2,34
VI.	**Verkehr und Nachrichtenübermittlung**			
63	Eisenbahnen	-17,6	0,09	0,09
64	Bundespost	-6,8	0,79	3,66
65	Straßenverkehr			
651	Güterbeförderung mit Kfz.	37,0	-0,80	-1,70
66	Schiffahrt, Wasserstraßen und Häfen			
660	Binnenschiffahrt, Binnenwasserstraßen, Häfen	-34,8	1,96	0,66
661	See- und Küstenschiffahrt, Seehäfen	-24,4	*	*
67	Spedition, Lagerei, Kühlhäuser	42,6	10,89	7,11
68	Luftfahrt und Flugplätze, Transport in Rohrleitungen, sonstiges Verkehrsgewerbe			
680	Luftfahrt, Flugplätze	8,5	-0,42	1,35
683	Schiffsmaklerbüros und -agenturen, sonstige Verkehrsvermittler	6,8	*	*
VII.	**Kreditinstitute und Versicherungsgewerbe**			
69	Kredit- und Finanzierungsinstitute, Versicherungsgewerbe	-23,8	-0,24	0,25
VIII.	**Dienstleistungen, soweit anderweitig nicht genannt**			
79	Rechtsberatung sowie Wirtschaftsberatung und -prüfung			
791	Wirtschaftliche Unternehmensberatung und -prüfung	326,4	-0,06	0,36
82	Wirtschaftswerbung und Ausstellungswesen	80,0	-0,06	0,11
86	Sonstige Dienstleistungen (soweit von Unternehmen und Freien Berufen erbracht)			
860	Schaustellung, Schau- und Fahrgeschäft, Ausspielgeschäft	2,1	0,00	-0,01
861	Bewachung, Aufbewahrung, Botendienste	284,0	0,00	-0,03
863	Abfüll- und Verpackungsgewerbe	116,7	0,08	0,16
	Logistikdienstleister	20,7	2,99	2,68
	Verarbeitendes Gewerbe	-18,0	-24,27	-29,80
	Logistiksektor	-6,9	2,03	1,01

*: in den logistikrelevanten Wirtschaftszweigen 661 und 683 ist eine Einzelausweisung nicht sinnvoll, da die für das Bundesgebiet-West ausgewiesenen sozialversicherungspflichtig Beschäftigten in diesen Bereichen im Schnitt zu ca. 80% diejenigen der Länder Bremen und Hamburg sind (vgl. Tabelle „Entwicklung der sozialversicherungspflichtig Beschäftigten im Logistiksektor").
Eigene Berechnungen.

	Rückwärts gerechnete Shift-Share-Analyse						
		Bremen Veränderung der Strukturkomponente		Typ der Struktur-Entwicklung	*Hamburg* Veränderung der Strukturkomponente		Typ der Struktur-Entwicklung
Wirtschaftszweige		**absolut**	**%**	Typ	**absolut**	**%**	Typ
V.	**Handel**						
62	Großhandel, Einzel- und Versandhandel sowie Handelsvermittlungen						
620	Großhandel	-76,9	20,3	3	-121,3	13,7	3
621	Handelsvermittlung	67,4	84,4	1	-152,9	50,9	3
624	Versandhandel	-0,6	86,5	3	42,2	22,2	1
VI.	**Verkehr und Nachrichtenübermittlung**						
63	Eisenbahnen	-15,9	26,9	2	-7,9	6,2	2
64	Bundespost	13,9	10,9	4	167,1	43,0	4
65	Straßenverkehr						
651	Güterbeförderung mit Kfz.	-130,1	24,2	3	175,3	17,8	1
66	Schiffahrt, Wasserstraßen und Häfen						
660	Binnenschiffahrt, Binnenwasserstraßen, Häfen	67,3	31,3	4	23,8	11,0	4
661	See- und Küstenschiffahrt, Seehäfen	(-8,8)*	1,2	2	(268,4)*	17,8	4
67	Spedition, Lagerei, Kühlhäuser	-508,1	23,1	3	-1.268,4	32,5	3
68	Luftfahrt und Flugplätze, Transport in Rohrleitungen, sonstiges Verkehrsgewerbe						
680	Luftfahrt, Flugplätze	6,0	34,2	1	-83,1	68,0	3
683	Schiffsmaklerbüros und -agenturen, sonstige Verkehrsvermittler	(-10,2)*	30,2	3	(-27,7)*	17,4	3
VII.	**Kreditinstitute und Versicherungsgewerbe**						
69	Kredit- und Finanzierungsinstitute, Versicherungsgewerbe	1,3	9,0	4	-14,1	14,7	2
VIII.	**Dienstleistungen, soweit anderweitig nicht genannt**						
79	Rechtsberatung sowie Wirtschaftsberatung und -prüfung						
791	Wirtschaftliche Unternehmensberatung und -prüfung	-89,3	57,0	3	-72,2	6,5	3
82	Wirtschaftswerbung und Ausstellungswesen	9,5	78,8	1	-2,5	2,4	3
86	Sonstige Dienstleistungen (soweit von Unternehmen und Freien Berufen erbracht)						
860	Schaustellung, Schau- und Fahrgeschäft, Ausspielgeschäft	0,0	31,5	3	0,0	-	1
861	Bewachung, Aufbewahrung, Botendienste	-84,1	44,9	3	350,7	94,3	1
863	Abfüll- und Verpackungsgewerbe	19,3	16,6	1	65,8	21,3	1
	Logistikdienstleister	-531,6	21,3	3	-1.366,2	23,3	3
	Verarbeitendes Gewerbe	-58,2	4,3	2	167,4	7,0	4
	Logistiksektor	132,2	7,5	4	419,9	10,9	4

*: Die hier ausgewiesenen Ergebnisse sind aufgrund der Dominanz der Untersuchungsregionen Bremen und Hamburg gegenüber dem Anteil am Bund (West) nicht mit den anderen Ergebnissen auf Basis der Wirtschaftszweige vergleichbar. Der Ausweiß erfolgt nur aus Gründen der mathematischen Integrität auf die Gesamtsummen.

Eigene Berechnungen.

Allokationseffekt					
		Bremen		*Hamburg*	
Wirtschaftszweige		**absolut**	Typ	**absolut**	Typ
V.	**Handel**				
62	Großhandel, Einzel- und Versandhandel sowie Handelsvermittlungen				
620	Großhandel	-57,5	**3a**	-183,3	**3a**
621	Handelsvermittlung	-259,8	**2a**	149,0	**4a**
624	Versandhandel	210,6	**4a**	304,7	**1a**
VI.	**Verkehr und Nachrichtenübermittlung**				
63	Eisenbahnen	5,0	**1b**	2,4	**1b**
64	Bundespost	-19,4	**3b**	-774,5	**3b**
65	Straßenverkehr				
651	Güterbeförderung mit Kfz.	65,0	**4a**	-221,8	**2a**
66	Schiffahrt, Wasserstraßen und Häfen				
660	Binnenschiffahrt, Binnenwasserstraßen, Häfen	-94,9	**3b**	-24,5	**3b**
661	See- und Küstenschiffahrt, Seehäfen	(24,0)*	**1b**	(-729,8)*	**3b**
67	Spedition, Lagerei, Kühlhäuser	-884,7	**3a**	-1.772,7	**3a**
68	Luftfahrt und Flugplätze, Transport in Rohrleitungen, sonstiges Verkehrsgewerbe				
680	Luftfahrt, Flugplätze	-38,0	**2a**	-529,7	**3a**
683	Schiffsmaklerbüros und -agenturen, sonstige Verkehrsvermittler	(-137,4)*	**3a**	(-305,8)*	**3a**
VII.	**Kreditinstitute und Versicherungsgewerbe**				
69	Kredit- und Finanzierungsinstitute, Versicherungsgewerbe	4,0	**4b**	14,6	**1b**
VIII.	**Dienstleistungen, soweit anderweitig nicht genannt**				
79	Rechtsberatung sowie Wirtschaftsberatung und -prüfung				
791	Wirtschaftliche Unternehmensberatung und -prüfung	39,1	**4a**	-54,7	**3a**
82	Wirtschaftswerbung und Ausstellungswesen	-22,5	**2a**	-2,6	**3a**
86	Sonstige Dienstleistungen (soweit von Unternehmen und Freien Berufen erbracht)				
860	Schaustellung, Schau- und Fahrgeschäft, Ausspielgeschäft	0,1	**4a**	-	-
861	Bewachung, Aufbewahrung, Botendienste	1,8	**4a**	-54,6	**2a**
863	Abfüll- und Verpackungsgewerbe	6,9	**1a**	40,5	**1a**
	Verarbeitendes Gewerbe	-207,2	**2b**	901,6	**4b**

*: Die hier ausgewiesenen Ergebnisse sind aufgrund der Dominanz der Untersuchungsregionen Bremen und Hamburg gegenüber dem Anteil am Bund (West) nicht mit den anderen Ergebnissen auf Basis der Wirtschaftszweige vergleichbar. Der Ausweiß erfolgt nur aus Gründen der mathematischen Integrität auf die Gesamtsummen.
Eigene Berechnungen.

Kennziffern der Netzwerkpositionen der Akteure im Bremer Logistikcluster

Akteur	Grad der Verbun-denheit (Degree)	Rang	WZ-93: 2-Steller	Logistiker-´01/ Größenklasse: 1: < 20 2: 20 – 99 3: 100 – 499 4: 500 – 999 5: 1.000 +	Akteur	Grad der Verbun-denheit (Close ness)	Rang	WZ-93: 2-Steller	Logistiker-´01/ Größenklasse: 1: < 20 2: 20 – 99 3: 100 – 499 4: 500 – 999 5: 1.000 +	Akteur	Grad der Verbun-denheit (Between -ness)	Rang	WZ-93: 2-Steller	Logistiker-´01/ Größenklasse: 1: < 20 2: 20 – 99 3: 100 – 499 4: 500 – 999 5: 1.000 +
B15	9,091	1	34	4	B15	5,905	1	34	4	A22	24,272	1	51	3
A8	9,091	1	27	4	A33	5,864	2	63	3	B15	19,800	2	34	4
A49	7,792	2	74	3	A45	5,820	3	63	3	A41	14,549	3	63	3
A22	7,792	2	51	3	A37	5,811	4	63	3	B38	14,210	4	63	3
A37	7,792	2	63	3	A8	5,803	5	27	4	A8	14,102	5	27	4
A25	6,494	3	60	1	A27	5,798	6	60	2	A5	14,051	6	15	2
A41	6,494	3	63	3	A22	5,794	7	51	3	B44	13,876	7	63	4
A32	6,494	3	63	2	A49	5,789	8	74	3	A37	13,457	8	63	3
A13	5,195	4	35	3	A40	5,789	8	63	3	A45	12,644	9	63	3
B38	5,195	4	63	3	A41	5,781	9	63	3	A33	11,740	10	63	3
A33	5,195	4	63	3	A5	5,772	10	15	2	A27	11,065	11	60	2
B44	5,195	4	63	4	B38	5,768	11	63	3	A32	8,943	12	63	2
A5	5,195	4	15	2	A35	5,768	11	63	4	A49	8,268	13	74	3
...	...	...	...	...	...	...	...	...	...	...	...	...	...	...
...	...	...	...	...	...	...	...	...	...	...	...	...	...	...
A4	1,299	7	15	2	A18	1,282	50	51	1	A55	0,103	36	90	3
A42	1,299	7	63	2	A53	1,282	50	90	2	A47	0,034	37	72	1

Kennziffern der Netzwerkpositionen der Akteure im Bremer Logistiknetzwerk

(Mit einem X markierte Eintragungen in der Tabelle weisen nicht nachträglich eingeholte Informationen zur Beschäftigtengrößenklasse aus)

Akteur	Grad der Verbun-denheit (Degree)	Rang	WZ-93: 2-Steller	Logistiker-´01/ Größenklasse: 1: < 20 2: 20 – 99 3: 100 – 499 4: 500 – 999 5: 1.000 +	Akteur	Grad der Verbun-denheit (Close ness)	Rang	WZ-93: 2-Steller	Logistiker-´01/ Größenklasse: 1: < 20 2: 20 – 99 3: 100 – 499 4: 500 – 999 5: 1.000 +	Akteur	Grad der Verbun-denheit (Between -ness)	Rang	WZ-93: 2-Steller	Logistiker-´01/ Größenklasse: 1: < 20 2: 20 – 99 3: 100 – 499 4: 500 – 999 5: 1.000 +
A52	8,571	1	90	3	A52	1,562	1	90	3	A52	0,828	1	90	3
A8	7,143	2	27	4	A8	1,561	2	27	3	A8	0,745	2	27	3
A44	4,286	3	63	3	A14	1,561	2	40	1	A35	0,414	3	63	4
A13	4,286	3	35	3	A35	1,561	2	63	4	A44	0,290	4	63	4
A55	4,286	3	90	3	B102	1,560	3	31	X	B38	0,248	5	63	3
A33	2,857	4	63	3	B109	1,560	3	37	X	B55	0,248	5	64	X
A45	2,857	4	63	3	A18	1,560	3	51	1	A14	0,248	5	40	1
A35	2,857	4	63	4	B65	1,560	3	90	X	A13	0,207	6	35	3
A4	2,857	4	15	2	B75	1,560	3	37	X	A5	0,166	7	15	2
A14	2,857	4	40	1	B38	1,559	4	63	3	B92	0,166	7	73	1
A5	2,857	4	15	2	B19	1,559	4	35	X	A33	0,124	8	63	3
A25	2,857	4	60	1	B60	1,559	4	72	X	B44	0,124	8	63	4
A49	2,857	4	74	3	B34	1,559	4	61	X	A45	0,124	8	63	3
...	...	...	...	...	...	...	...	...	...	...	...	...	...	...
...	...	...	...	...	...	...	...	...	...	...	...	...	...	...
B34	1,429	5	61	X	A17	1,408	15	50	2	A1	0,041	10	15	1
B19	1,429	5	35	X	A32	1,408	15	63	3	A4	0,041	10	15	2

Strukturwandel und Strukturpolitik

Herausgegeben von Wolfram Elsner

Band 1 Karsten Seidel: Maritime Netzwerke und europäische Industriepolitik. 2000.

Band 2 Dieter Bögenhold (Hrsg.): Kleine und mittlere Unternehmen im Strukturwandel – Arbeitsmarkt und Strukturpolitik. 2000.

Band 3 Thomas Knogge: Umweltschocks und langfristige regionale Wirtschaftsentwicklung. Eine integrative Analyse reginalökonomischer Folgen des globalen Klimawandels. Mit dem Fallbeispiel der nordwestdeutschen Küstenregion. 2002.

Band 4 Wolfram Elsner (Hrsg.): Neue Alternativen des Länder-Finanzausgleichs. Modellrechnungen und Gutachten unter besonderer Berücksichtigung der Stadtstaaten-Problematik. 2002.

Band 5 Stefan Meyer: Strukturerneuerung und Regionalentwicklung durch Kooperationen und Netzwerke. Mit einer Fallstudie zum Autorecycling in Bremen. 2002.

Band 6 Martin Wrobel: Flughäfen in der Region. Regionale Gravitationszentren vor dem Verkehrsinfarkt? Eine Strukturanalyse und Prognose der landseitigen Verkehrssituation – am Beispiel des Airport Bremen. 2002.

Band 7 Martin Heinlein: Innovationen kleiner Unternehmen in regionalen Netzwerken. Die Förderung von Forschung und Entwicklung durch aktive Vermittlung im Wissens- und Technologietransfer. 2004.

Band 8 Martin Wrobel: Die Logistik als Motor regionaler Strukturentwicklung. Sektorale Clusterstrukturen und Netzwerkpotentiale am Beispiel Bremen und Hamburg. 2004.

www.peterlang.de

FSC
www.fsc.org
MIX
Papier | Fördert gute Waldnutzung
FSC® C083411

Kolibri 360 GmbH
Ferdinand-Jühlke-Straße 7
99095 Erfurt, Deutschland
produktsicherheit@kolibri360.de

Druck:
CPI Druckdienstleistungen GmbH
im Auftrag der
Kolibri 360 GmbH
Ferdinand-Jühlke-Str. 7
99095 Erfurt